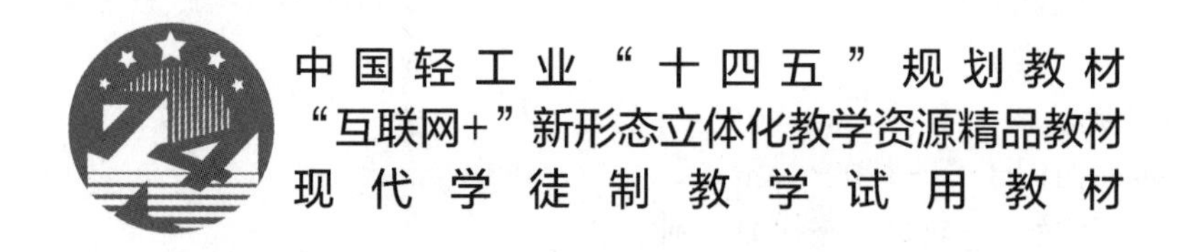

中国轻工业“十四五”规划教材
“互联网+”新形态立体化教学资源精品教材
现代学徒制教学试用教材

传感器与PLC技术

（西门子S7-1200）

第二版

吴卫荣　曹嘉佳　刘涵茜◎编著

中国轻工业出版社

图书在版编目（CIP）数据

传感器与 PLC 技术：西门子 S7-1200/吴卫荣，曹嘉佳，刘涵茜编著 . --2 版 . --北京：中国轻工业出版社，2025. 1. --ISBN 978-7-5184-5018-3

Ⅰ. TP212；TM571. 61

中国国家版本馆 CIP 数据核字第 2024CE2275 号

责任编辑：王　淳　　责任终审：高惠京
文字编辑：宋　博　　责任校对：吴大朋　　封面设计：锋尚设计
策划编辑：王　淳　宋　博　　版式设计：致诚图文　　责任监印：张京华

出版发行：中国轻工业出版社（北京鲁谷东街 5 号，邮编：100040）
印　　刷：北京君升印刷有限公司
经　　销：各地新华书店
版　　次：2025 年 1 月第 2 版第 1 次印刷
开　　本：787×1092　1/16　印张：17. 75
字　　数：430 千字
书　　号：ISBN 978-7-5184-5018-3　定价：49. 80 元
邮购电话：010-85119873
发行电话：010-85119832　010-85119912
网　　址：http：//www. chlip. com. cn
Email：club@ chlip. com. cn

221207J2X201ZBW

第二版前言

根据习近平总书记提出的人才强国战略，实施人才强国是加速中国经济社会发展的重要动力。在实施人才强国的过程中，需要落实创新驱动发展战略，鼓励创新和创业精神，促进人才与产业的深度融合，加快推进高技能人才队伍培养与建设。本教材就是为了适应这种需要而编写的。

在教育部组织制定的《高职高专教育专门课课程基本要求》《高职高专教育专业人才培养目标及规格》以及《新世纪高职高专教育人才培养模式和内容体系改革与建设项目计划》基本精神指导下，本着以就业为导向，以企业需要什么样的技术人才为教学目标的宗旨，通过教学实践，我们编写了第一版《传感器与PLC技术》教材。在第一版教材中突出了理论教学，在第二版的修订中将教学设备升级为西门子S7-1200型号PLC，且将理论教学和实践教学相结合，以项目导入的方式贯穿于理论知识，将传统的死记硬背知识点的教学模式，改为以兴趣驱动的方式，激发学生动手能力，让学生能够轻松完成学习任务。

本书主要以西门子S7-1200 PLC作为主讲对象，对其工作原理、结构硬件、编程软件、指令系统等进行了细致入微的解析。本教材的编写目的就是要使学生学以致用，提高学生动脑与动手能力。同时，在教学组织上进行小班教学，教学地点就在实训室；授课教师全部为“双师型”人才。学生在学习了基本理论知识后，马上用计算机软件进行模拟仿真设计，然后用真实的元件对自己设计的系统进行组装、编程和调试。我们强调学生必须有很强的动手能力，我们希望学生进入企业后，能够快速适应企业，并快速成为具有实干能力的工程技术人员。

本书将“岗、赛、证”与课程内容有机融合，构建了丰富的配套教学资源。本书配套在线开放课程《PLC控制系统的构建与维护》（课程网址 http：//www.chlip.com.cn/qrcode/221207J2X201ZBW/QR2001.htm）。

本书每个项目后面的习题（也可以作为项目训练），大多取自于实际的工业生产化系统中，实用性较强。同时，项目也接近生产企业中的主流设备，这与作者长期在外资企业从事产品的设计开发与工程解决方案设计的经历直接相关，也与学院所处的特殊地理位置（苏州工业园区）以及学生主要从事的就业岗位有关。同时，为了更好地把立德树人、教书育人落实到具体的实践教学中，在本书每个项目的后面均有思政园地，积极引导学生树立正确的国家观、历史观、民族观、文化观，切实提升立德育人的成效。本书共11个项目由吴卫荣、曹嘉佳、刘涵茜编著。项目1~4、11由曹嘉佳老师编写，项目5~8由刘涵茜副教授编写，项目9~10由吴卫荣教授编写。

本书在编写过程中得到了同仁和培训专家们的指点和建议，再次一并感谢！

编　者
于苏州工业园区职业技术学院

第一版前言

在教育部组织制定的《高职高专教育专门课课程基本要求》《高职高专教育专业人才培养目标及规格》以及《新世纪高职高专教育人才培养模式和内容体系改革与建设项目计划》基本精神指导下，本着以就业为导向，以企业需要什么样的技术人才为教学目标的宗旨，通过教学实践，我们编写了《传感器与PLC技术》教材。

在可编程序控制器（Programmable Logic Controller，简称PLC）诞生以前，继电器控制系统广泛应用于顺序型的生产过程控制中。在一个复杂的控制系统中，可能要使用成百上千个继电器，如果控制工艺和要求发生变化，则控制柜内的继电器和接线也要做相应的改变，有时这种变化是相当庞大的，所需费用极高，工期又长，也容易出错，甚至不得不重做一个新的控制柜。

随着工业的发展，自动化程度越来越高，这就有必要改变这种纯硬件的控制方式，从而也就诞生了一种新的控制器——PLC。PLC最早用于代替继电器的逻辑、顺序控制，随着技术的日新月异，目前的PLC不仅可以处理数字逻辑信号，而且也可以处理复杂的、连续的、精度极高的模拟量的控制。与继电器控制相比，PLC具有极大的优势；又由于检测技术的不断发展，PLC在工业自动化生产系统的应用领域越来越广。

传统的本科教材将PLC与传感器技术分为两本书；同时，在编写和讲授上，又偏重理论教学；对于大多数学员而言，只能是“纸上谈兵”；在实际工作中，口才很好，但动手能力很差。我们在长期职业教育中感到，将本科的知识体系直接应用于高职教育，是不太恰当的，也不符合高职教育培养目标和市场需求；所以，我们将“PLC”和“传感器”两本教材合二为一，不一定强调科学的系统性，而是根据市场的需求确定我们学员的定位，以项目、案例的方式进行编著，增强实践环节的教学，培养学生动手的能力。多年来，我们把来自实际中的素材编制成“校本”教材，经过毕业学生在企业实干后的信息反馈，反复修改，在兄弟院校的大力支持下，整理成此教材，希望同行、专家、学生能够对此教材的不足多提宝贵意见，我们将不断修订，使此教材能够在中国高等职业教育的改革中发挥积极的作用。

本教材的编写目的就是要使学生学以致用，提高学生动脑与动手能力。同时，在教学组织上进行小班教学，教学地点就在实训室；授课教师全部为“双师型”人才。学生在学习了基本理论知识后，马上用计算机软件进行模拟仿真设计，然后用真实的元件对自己设计的系统进行组装、编程和调试。同时，在本书一些章节的后面，均有实际的项目/案例分析。我们强调学生必须有很强的动手能力，希望学生进入企业后，能够快速适应企业，并快速成为具有实干能力的工程技术人员。因此我们建议这门课程理论与实践的课时比至少为1∶1；有条件的话，可以达到1∶1.5，当然也可以根据实际情况做调整。

本书每章后面的习题（也可以作为项目训练），大多取自于实际的工业生产化系统中，实用性较强。同时，项目也接近生产企业中的主流设备，这与作者长期在外资企业从事产品的设计开发与工程解决方案设计的经历直接相关，也与学院所处的特殊地理位置（苏州工业园区）以及学生主要从事的就业岗位有关。本书共 10 章，全部由吴卫荣独立编著。

本书的适用对象为：

（1）机电类高职（大、中专）院校的电气工程类、工业自动化、机电一体化专业的学生和教师。

（2）工厂企业中需提高理论知识和操作技能的员工，如操作员，维修工，技术员以及工程师。

（3）从事液压自动化系统及液压设备设计、制作和维护的工程技术人员。

另外，特别感谢魏宣燕、陆伟、邓玲黎、黄冬梅、李军、诸葛晓舟、周文、张安全、王瑞、马彪、黄定明、姚永刚等老师在此书编写中提出宝贵意见和建议。

本书注重实际，着重动手能力的培养，强调实际的应用，是一本工程性、实践性较强的应用类教材，可作为大专院校工业自动化、电气控制、自动控制、机电一体化等专业的教学用书，对广大技术工程人员来说，也是一本更新知识结构的参考书。

由于编者学术水平有限；同时，工业自动化也在不断发展，所以书中难免存在缺点和不足之处，同时由于该书主要的目的是“实训”；故该书的系统性没有“纯理论”教材强。在此，恳请同行专家和读者们不吝赐教，多加批评和指正。

在编写过程中，本人得到了同仁和培训专家们的指点和建议，再次一并感谢！

编　者

于苏州工业园区职业技术学院

目　录

配套课件

项目1 认识
S7-1200 PLC

项目1 认识 S7-1200 PLC

(1) 项目导入

可编程逻辑控制器（Programmable Logic Controller，简称 PLC）是通过软件编程方式实现输入/输出信号的逻辑控制，并引入计算机技术、微电子技术、自动控制技术、数字技术和通信网络技术而形成一代新型通用工业自动化控制装置，用以取代继电器，执行逻辑、定时、计数等顺序控制功能，建造柔性的程控系统，是现代工业控制的重要支柱。

本项目重点围绕西门子 S7-1200 PLC 展开介绍。S7-1200 是 SIMATIC S7-1200 的简称，是一款紧凑型、模块化的 PLC，可完成简单逻辑控制、高级逻辑控制、HMI 和网络通信等任务的控制器。西门子 S7-1200 PLC 的不同型号的 CPU 模块提供了各种各样的特征和功能，可以帮助用户针对不同的应用创建有效的解决方案。

(2) 项目目标

素养目标

① 培养学生严谨求实的工作态度。

② 培养学生自主探究的学习精神。

③ 培养学生较强的安全意识。

知识目标

① 认识 PLC 是什么。

② 学习 PLC 的工作原理。

③ 学习西门子 S7-1200 PLC 硬件组成（CPU 模块、电源模块、信号模块）。

能力目标

① 能正确拆装 PLC 硬件模块。

② 能正确完成 PLC 的硬件接线。

1.1 PLC 概述

配套视频

PLC的概述

可编程序控制器（PLC）是将传统的继电器-接触器控制技术，结合计算机技术、自动化控制技术和通信技术而发展起来的一种通用工业自动化控制装置。它具有高可靠性和较强的恶劣环境适应能力，以显著的优势广泛应用在化工、冶金、交通、电力等领域，实现各种生产机械和生产过程的自动化过程。本书主要以西门子 S7-1200 小型 PLC 为例，介绍可编程控制器（PLC）的基本结构、工作原理、指令系统、功能指令、程序设计及工业应用等。

1.1.1 PLC 的产生及定义

可编程序控制器，是近年来迅速发展并得到广泛应用的新一代工业自动化控制装置。早期的可编程序控制器在功能上只能实现逻辑控制，因此被称为可编程序逻辑控制器，简称 PLC。随着科学技术的进步，微处理器获得广泛应用，一些 PLC 生产厂家开始采用微处理器作为 PLC 的中央处理单元，大大加强了 PLC 的功能；它不仅具有逻辑控制功能，而且具有算术运算功能和对模拟量的控制功能。由于个人计算机也简称 PC，为了区别，目前可编程序控制器还是称为 PLC。

世界上第一台 PLC 是 1969 年美国数字设备公司（DEC）研制成功的。最初的设想是由美国通用汽车公司（GM）根据生产需要提出的。国际电工委员会（IEC）于 1985 年给 PLC 做了以下定义："可编程序控制器是一种数字运算器，是一种数字运算操作的电子系统，专为工业环境应用而设计。它采用可编程序的存储器，用来在其内部存储执行逻辑运算、顺序控制、定时、记数和算术运算等操作的指令，并通过数字式、模拟式的输入和输出，控制各种机械或生产过程。"

近年来，可编程序控制器技术发展很快，其功能已超出上述定义范围。如计算机集成制造系统（CIMS）中的综合化控制系统（EIC）是一种先进的工业过程自动化系统，它由三个方面内容组成：

① 电气控制，以电机控制为主，包括各种逻辑连锁和顺序控制。

② 仪表控制，实现以 PID 为代表的各种回路控制功能，包括各种工业过程参数的检测和处理。

③ 计算机系统，实现各种模型的计算、参数的设定、过程的显示和各种操作运行管理。而 PLC 就是实现 EIC 综合控制系统的整机设备。

由于工业生产对自动控制系统需求的多样性，可编程序控制器的发展方向主要有两个：一是朝小型、简易、价格低廉方向发展（单片机技术的应用）。其二，朝大型、高速和多功能方向发展。在未来的工业生产中，可编程序控制器技术、机器人和 CAD/CAM 技术将成为实现工业生产自动化的三大支柱。

随着技术的发展和市场需求的增加，PLC 的结构和功能也不断改进，生产厂家不断推出功能更强的 PLC 新产品，平均 3~5 年就更新换代一次。西门子目前主流的 PLC 产品为 S7 系列 PLC，包括 S7-200 MART、S7-1200 PLC、S7-300 PLC、S7-400 PLC、S7-1500 PLC 等，具有外观轻巧、速度敏捷、标准化程度高等特点，同时借助优秀的网络通信能力和标准，可以构成复杂多变的控制系统。

1.1.2 PLC 的分类与特点

PLC 的种类繁多，其功能、内存容量、控制规模、外形等方面均存在较大差异。因此，其分类没有严格统一的标准，而是根据其结构形式、控制规模、实现功能、生产厂家等因素进行大致分类。

（1）按结构形式分类

PLC 按硬件的结构形式可分为整体式和组合式。整体式 PLC（图 1-1）

的电源、中央处理单元（CPU）和 I/O 接口都集中在一个机壳内；组合式 PLC（图 1-2）的电源模块、中央处理单元模块和 I/O 信号模块等在结构上是相互独立的，可根据具体的应用要求，选择合适的模板，安装在固定的机架或导轨上，构成一个完整的 PLC 应用系统。

图 1-1　整体式 PLC（S7-1200）

图 1-2　组合式 PLC（S7-1500）

（2）按控制规模分类

按照控制规模（I/O 点数），PLC 可大致分为微型、小型、中型和大型、超大型五种。微型机的 I/O 控制点数仅几十点（<100）；小型 PLC 的 I/O 点数在 256 点以下；中型 PLC 的 I/O 点数在 256 点以上，2048 点以下；大型 PLC 的 I/O 点数在 2048 点以上；超大型 PLC 的 I/O 点数可达上万、甚至几万点。

（3）按实现功能分类

根据 PLC 所能实现功能的不同，可把 PLC 大致分为低档机、中档机和高档机三类。

① 低档机具有逻辑运算、计时、计数、移位、自诊、监控等基本功能，还具有一定的算术运算、数据传送和比较、通信、远程和模拟量处理功能。一般都为整体式结构；可广泛用于代替继电器控制线路，进行逻辑控制；适用于开关量多以及没有或只有很少几路模拟量的场合。

② 中档机除了具有低档机的功能外，还具有较强的算术运算、数据传送和比较、数据转换、远程通信、中断处理和回路控制功能。一般为组合式结构；可广泛适用于具有较多开关量、少量模拟量的场合。如高层建筑中的电梯控制。

③ 高档机除了具有中档机的功能外，还具有带符号数的算术运算、矩阵运算、CRT 显示、打印机打印等功能。一般为组合式结构；可广泛适用于具有大量开关量和模拟量的场合。

（4）按生产厂家分类

① 中国：台达公司、汇川公司、和利时公司等。

② 德国：西门子公司、BOSCH 公司等。

③ 日本：欧姆龙公司、三菱公司、松下电工公司、日立公司、东芝公司、富士公司等。

④ 美国：罗克韦尔公司、通用公司等。

⑤ 法国：施耐德公司等。

1.1.3 PLC 的功能及应用

PLC的功能

（1）逻辑控制功能

逻辑控制功能实际上就是位处理功能，是可编程序控制器的基本功能之一。PLC 设置有“与”“或”“非”等逻辑指令。利用这些指令，根据外部现场（开关、按钮或其他传感器）的状态，按照指定的逻辑进行运算处理后，将结果输出到被控对象（电磁阀、电机等）。因此，PLC 可代替继电器进行开关控制，完成接点的串联、并联、串并联等各种操作。另外，在 PLC 中，一个逻辑位的状态可以频繁改变，逻辑关系的修改和变更也十分方便。

（2）定时控制功能

PLC 中有许多可供用户使用的定时器，功能类似于继电器线路中的时间继电器。继电器的设定值（定时时间）可以在编程时设定，也可以在运行过程中根据需要进行修改，使用方便灵活。程序执行时，PLC 将根据用户指定的定时器指令对某个操作进行限时或延时控制，以满足生产工艺的要求。

（3）计数控制功能

PLC 为用户提供了许多计数器。计数器计数到某一个数值时，产生一个状态信号(计数值到)，利用该状态信号实现对某个操作的计数控制。计数器的设定值可以在编程时设定，也可以在运行过程中根据需要进行修改。程序执行时，PLC 将根据用户用计数器指令指定的计数器对某个控制信号的状态改变次数（如某个开关的闭合次数）进行计数，以完成对某个工作过程的计数控制。

（4）步进控制功能

PLC 为用户提供了若干个移位寄存器，可以实现由时间、计数或其他指定逻辑信号为转步条件的步进控制。即在一道工序完成以后，在转步条件控制下，自动进行下一道工序。有些 PLC 还专门设置了用于步进控制的步进指令和鼓形控制器操作指令，编程和使用十分方便。

（5）数据处理功能

PLC 大部分都具有数据处理功能，可实现算术运算、数据比较、数据传送、数据移位、数制转换、译码编码等操作，还可以和 CRT、打印机连接，实现程序、数据的显示和打印。

（6）模拟控制功能

有些 PLC 具有 A/D、D/A 转换功能，可以方便地完成对模拟量的控制和调节。

（7）数字量的智能控制

利用 PLC 能接收和输出高速脉冲的功能，在配备了相应的传感器（如旋转编码器）或脉冲伺服装置（如环型分配器、功放、步进电机）就能实现数字量的智能控制。

（8）通信联网功能

有些 PLC 采用通信技术，可实现远程 I/O 控制、多台 PLC 之间的同位连接、PLC 与计算机之间的通信等。利用 PLC 同位连接，可把数十台 PLC 用同级或分级的方式联成网络，使各台 PLC 的 I/O 状态相互透明。采用 PLC 与计算机之间的通信连接，可用计算机作为上位机，下面连接数十台 PLC 作为现场控制机，构成“集中管理、分散控制”的分布式控制系统，以完成较大规模的复杂控制。

（9）监控功能

操作人员利用编程器或监视器可对 PLC 的运行状态进行监控。利用编程器或 PLC 的编程软件等，可调整定时器、计数器的设定值和当前值；并可以根据需要改变 PLC 内部逻辑信号的状态及数据区的数据内容，为调试和维护提供了极大的方便。

（10）停电记忆功能

PLC 内部的部分存储器所使用的 RAM 设置了停电保持器件（如备用锂电池等），以保证断电后这部分存储器中的信息不会丢失。利用某些记忆指令，可以对工作状态进行记忆，以保持 PLC 断电后数据内容不变。电源恢复后，可以在原工作基础上继续工作。

（11）故障诊断功能

PLC 可对系统组成、某些硬件状态及指令的合法性等进行自诊断，发现异常情况，发出报警并显示错误类型。它的故障自诊断功能大大提高了 PLC 控制系统的安全性和可维护性。

可见，PLC 具有灵活通用、安全可靠、适应环境强、使用方便、维护简单等特点。但是，与单片机、计算机相比，PLC 速度低，而且价格也是单片机系统的 2~3 倍。

1.1.4　PLC 与其他工业控制器系统的比较

（1） PLC 与继电器控制系统的比较

传统的继电器控制系统是针对一定的生产设备、固定的生产工艺设计的，采用硬接线方式装配而成；它只能完成既定的逻辑控制、定时、计数等功能。一旦生产工艺过程发生改变，则控制柜必须重新设计、重新配线。而 PLC 的各种控制功能都是通过软件来实现的，只要改变程序并改动少量的接线端子，就可适应生产工艺的改变；同时，PLC 内部具有大量的“软继电器（时间继电器、计数器、中间继电器和数据寄存器）”，其特性是：触点可以无限次引用；而传统的继电器由于物理空间的限制，不可能做得无穷大，所以其触点数量是有限的。

从另一个角度来看，PLC 执行顺序是“串行”工作方式，它是从上到下、从左到右依次执行每条指令；传统的继电器控制系统执行顺序是“并行”工作方式。也就是说，在某些情况下，可以避免传统的继电器的“竞争和冒险”的现象。

从能量的特性来看，PLC 持续两端的“母线”上没有物理电流，只是一个“逻辑”能流的概念；而传统的继电器控制系统两端的“母线”上是真实的物理电流。

从适应性、可靠性、方便性及设计、安装、维护等各方面比较，PLC 都有显著的优势；因此传统的继电器控制系统大多数将被 PLC 所取代。

另外，PLC 采用的是微电子技术，大量的开关动作是由无触点的半导体电路来完成的，因此不会出现继电器控制系统中的接线老化、脱焊、触点电弧等现象。因此，它具有可靠性高、抗干扰能力强的特点；平均无故障时间一般可达 3 万~5 万小时。

（2） PLC 与集散控制系统（DCS）的比较

PLC 与集散控制系统在发展过程中，始终是互相渗透互为补充。PLC 是由继电器逻辑控制系统发展而来，所以它在逻辑处理、顺序控制方面具有一定优势，早期主要侧重于开关量顺序控制方面。集散控制系统是由仪表控制系统发展而来的，所以它在模拟量处理、回路调节方面具有一定优势，主要侧重于回路调节功能，也就是侧重于“过程”的控制。随着科学技术的发展，双方都在扩展自己的技术功能。PLC 的 CPU 从 8 位、16 位，发展到目前的 32 位，这也使得其功能有很大的飞跃；不仅具有逻辑运算的功能，而且也有了数值运算、闭环调节等功能，其运算速度也大大提高，输入/输出范围（规模）也不断扩大。在网络和通讯方面，PLC 与上位计算机之间可以相互连成网络，构成以 PLC 为主要部件的初级控制系统。集散控制系统自问世之后，发展非常迅速，特别是单片微处理器的广泛应用和通信技术的成熟，把顺序控制装置、数据采集装置、过程控制的模拟量仪表、过程监控装置有机地结合在一起，产生了满足不同要求的集散型控制系统。

目前的 PLC 的功能越来越强；大多数 PLC 生产厂家开发了各种智能模块和模拟量模块，以适应生产现场的多种特殊要求；所以，目前的 PLC 也具有了 PID（比例、积分、微分）调节功能和构成网络系统组成分级控制的功能，以及集散系统所完成的功能。集散控制系统既有单回路控制系统，也有多回路控制系统，同时也具有顺序控制功能。目前，PLC 与集散控制系统的发展越来越接近，很多工业生产过程既可以用 PLC，也可以用集散控制系统实现其控制功能。综合 PLC 和集散控制系统各自的优势，把二者有机地结合起来，可形成一种新型的全分布式的计算机控制系统。

集散控制系统 DCS 或 TDCS 具有以下特征：

① 分散控制系统 DCS 与集散控制系统 TDCS 是集 4C（Communication，Computer，Control、CRT）技术于一身的监控技术。

② 从上到下的树状拓扑大系统，其中通信（Communication）是关键。

③ PID 在中断站中，中断站连接计算机与现场仪器仪表与控制装置。

④ 树状拓扑和并行连接的链路结构，也有大量电缆从中继站并行到现场仪器仪表。

⑤ 模拟信号，A/D—D/A、带微处理器的混合。

⑥ 一台仪表一对线接到 I/O，由控制站挂到局域网 LAN。

⑦ DCS 是控制（工程师站）、操作（操作员站）、现场仪表（现场测控站）的 3 级结构。

⑧ 缺点是成本高，各公司产品不能互换，不能互操作，大型 DCS 系统是各家不同的。

⑨ 用于大规模的连续过程控制，如石化等。

⑩ 集散控制系统制造商：Bailey（美）、Westinghouse（美）、HITACHI（日）、LEEDS & NORTHRMP（美）、SIEMENS（德）、Foxboro（美）、ABB（瑞士）、Hartmann & Braun（德）、Yokogawa（日）、Honeywell（美）、Taylor（美）等。

DCS 系统的关键是通信。也可以说数据公路是分散控制系统 DCS 的脊柱。由于它的任务是为系统所有部件之间提供通信网络，因此，数据公路自身的设计就决定了总体的灵活性和安全性。数据公路的媒体可以是：一对绞线、同轴电缆或光纤电缆。

通过数据公路的设计参数，基本上可以了解一个特定 DCS 系统的相对优点与弱点：

① 系统能处理多少 I/O 信息。

② 系统能处理多少与控制有关的控制回路的信息。

③ 能适应多少用户和装置（CRT、控制站等）。

④ 传输数据的完整性是怎样彻底检查的。

⑤ 数据公路的最大允许长度是多少。

⑥ 数据公路能支持多少支路。

⑦ 数据公路是否能支持由其他制造厂生产的硬件（可编程序控制器、计算机、数据记录装置等）。

为保证通信的完整，大部分 DCS 厂家都能提供冗余数据公路。

为保证系统的安全性，使用了复杂的通信规约和检错技术。所谓通信规约就是一组规则，用以保证所传输的数据被完整、准确地接收，并且被理解得和发送的数据一样。

目前在 DCS 系统中一般使用两类通信手段，即同步的和异步的，同步通信依靠一个时钟信号来调节数据的传输和接收，异步网络采用没有时钟的报告系统。

（3） PLC 与工业控制计算机（IPC）的比较

工业控制计算机（IPC），简称工控机，是适应工业生产控制要求发展起来的一种控制设备（微型计算机）。其硬件结构方面，总线标准化程度高、兼容性强；而软件资源丰富，特别是有实时操作系统；故对要求快速、实时性强、模型复杂、计算工作量大的工业对象的控制占有优势。但是，使用工业控制计算机控制生产工艺过程，要求开发人员具有较高的计算机专业知识和微机软件编程的能力。

PLC 是针对工业顺序控制的，硬件结构专用性强，通用性差，很多优秀的微机软件也不能直接使用，必须经过二次开发。但是，PLC 使用了工厂技术人员熟悉的梯形图（与继电器原理图极其相似）语言编程，易学易懂，便于推广应用。

从可靠性方面看，PLC 是专为工业现场应用而设计的，结构上采用整体密封或插件组合型，并采取了一系列抗干扰措施，具有很高的可靠性。而工控机虽然也能够在恶劣的工业环境下可靠运行，但毕竟是由通用机发展而来，在整体结构上要完全适应现场生产环境，还要做很多的保护措施，它对工作环境要求较高。另一方面，PLC 用户程序是在 PLC 监控程序的基础上运行的，软件方面的抗干扰措施，在监控程序里已经考虑得很周全，而工控机用户程序则必须考虑抗干扰问题，一般的编程人员很难考虑周全。这也是工控机应用系统比 PLC 应用系统可靠性低的原因。

尽管现代 PLC 在模拟量信号处理、数值运算、实时控制等方面有了很大提高，但在模型复杂、计算量大且较难、实时性要求较高的环境中，工业控制机则更能体现其优势。

1.1.5　PLC 的组成与基本结构

一般来说，PLC 分为整体式和组合（模块）式两种。但它们的原理是相同的，对整体式 PLC 而言，有一块 CPU 板、I/O 板、显示面板、内存块、电源等；对模块式 PLC 而言，有 CPU 模块、I/O 模块、内存、电源模块、底板或机架。无论哪种结构类型的 PLC，都属于总线式开放型结构，其 I/O 能力可按用户需要进行扩展与组合。PLC 的基本结构框图，如图 1-3 所示。

图 1-4 也是 PLC 结构框图，只是将 PLC 的核心部分细化，并加上一些外部设备。

PLC 核心部分是 PLC 的大脑，它主要由中央处理器（CPU）和存储器等组成。

（1）中央处理器（CPU）

PLC 中的 CPU 是 PLC 的核心，起神经中枢的作用，每台 PLC 至少有一个 CPU，它按 PLC 的系统程序赋予的功能接收并存储用户程序和数据，用扫描的方式采集由现场输入

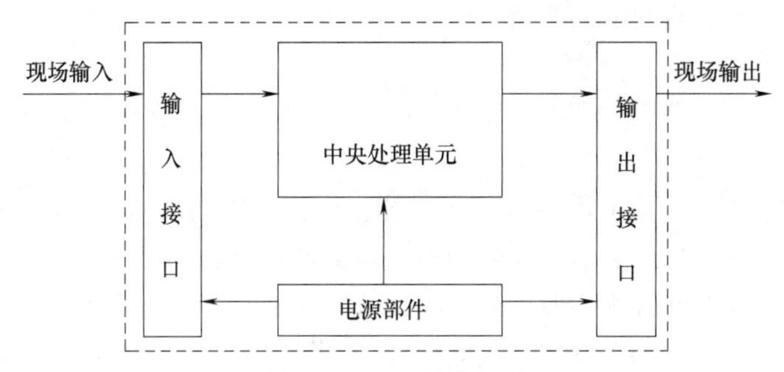

图 1-3　PLC 结构框图

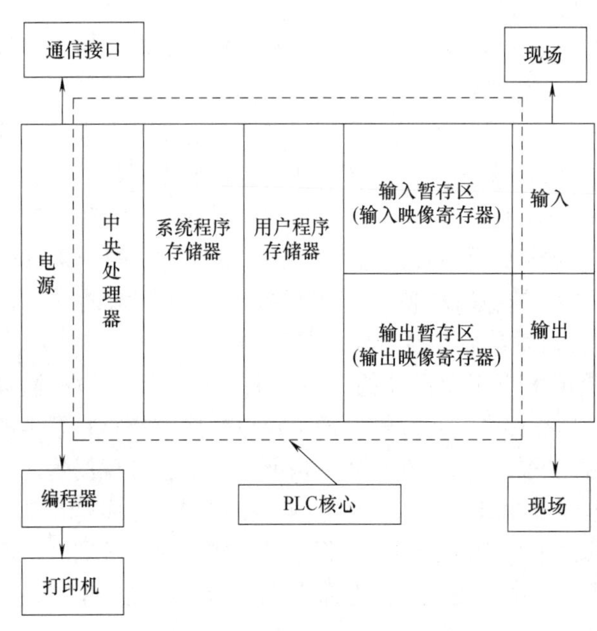

图 1-4　PLC 结构（细化）框图

装置送来的状态或数据，并存入指定的寄存器中；同时，CPU 也诊断电源和 PLC 内部电路的工作状态和编程过程中的语法错误等。进入运行后，从用户程序存储器中逐条读取指令，经分析后再按指令规定的任务产生相应的控制信号，去指挥有关的控制电路；它确定了进行控制的规模、工作速度、内存容量等。内存主要用于存储程序及数据，是 PLC 不可缺少的组成单元。

CPU 一般由控制电路、运算器和寄存器组成，这些电路一般都集成在一个芯片上。CPU 通过地址总线（Address Bus）、数据总线（Data Bus）和控制总线（Control Bus）与存储单元、输入/输出接口电路连接。

CPU 的主要功能如下：

① 从存储器中读取指令：CPU 从地址总线上给出存储地址，从控制总线上给出读命令，从数据总线上得到读出的指令；并存入 CPU 的指令寄存器中。

② 执行指令：先对存放在指令寄存器中的指令操作码进行翻译，译成可以识别的代码；然后执行代码（指令）规定的操作。如读取输入信号、取操作数、进行逻辑或算术运算，将结果输出给有关部分。

③ 准备读取下一条指令：CPU 执行完一条指令后，能根据条件产生下一条指令的地址，以便取出和执行下一条指令。在 CPU 控制下，程序指令即可以顺序执行，也可以转到其他分支。

④ 处理中断：CPU 除顺序执行程序外，还能接收输入/输出接口发来的中断请求，并进行中断处理。处理完中断后，再返回原址，继续顺序执行。

此外，它还有诊断电源、PC 内部电路的工作状态和编程的语法错误等功能。

（2）存储器（Memory）

存储器是具有记忆功能的半导体电路，用来存放系统程序、用户程序、逻辑变量和其他信息。

系统程序是用来控制和完成 PLC 各种功能的程序。这些程序是由 PLC 制造厂家用相应 CPU 指令系统编写的，并固化到 ROM 中。

用户程序存储器是用来存放由编程器或磁带输入的用户程序。用户程序是指使用者根据工程现场的生产过程和工艺要求编写的控制程序，可通过 PC 或编程器修改或增删。

① 只读存储器（ROM）。只读存储器中的内容是由 PLC 制造厂家写入的系统程序。系统程序一般包括下列几部分：

a. 检查程序——PLC 上电后，首先检查程序检查 PLC 各部件操作是否正常，并将检查结果显示给操作人员。

b. 翻译程序——将用户键入的控制程序变换成由微电脑指令组成的程序（机器语言），然后再执行，还可对用户程序进行语法检查。

c. 监控程序——相当于总控程序。根据用户的需要调用相应的内部程序，例如用编程器选择 Run 程序运行工作方式，则总控程序将启动程序。

② 随机存储器（RAM）。随机存储器是可读可写存储器。读出时，RAM 中的内容不被破坏；写入时，刚写入的信息就会替代原来的信息。为防止掉电后，RAM 中的内容丢失，根据需要，有的 PLC 使用专用锂电池对 RAM 供电。RAM 中一般存放以下内容：

a. 用户程序——选择 PROGRAM 编程方式时，用编程器键入的程序经过预处理后，存放在 RAM 的低地址区。

b. 逻辑变量——RAM 中若干个存储单元用来存放逻辑变量。PLC 的逻辑变量分别代表输入、输出继电器，内部辅助继电器，保持继电器，定时器，计数器和移位继电器等。

c. 供内部程序使用的工作单元——不同型号的 PLC 存储器的容量不同。这些由厂家在技术说明中给出。

（3）电源部件（Power Supply）

电源部件的作用是将交流电源转换成直流电源；给 CPU、存储器等电子电路供电。它的好坏直接影响 PLC 的功能和可靠性。因此，目前大部分 PLC 采用开关式稳压电源供电，用锂电池作为断电时的后备电源。

（4）输入/输出部分（Input/Output Unit）

这是 PLC 与被控设备连接的接口电路。用户设备需要输入 PLC 的各种控制信号；如限位开关、行程开关、按钮等信号及其他一些传感器输出开关量或模拟量（要通过 A/D 转换进入机内）等，通过输入接口电路将这些信号转换成 CPU 能够接收和处理的信号。输出接口电路是将 CPU 送出的弱电控制信号转换成现场需要的强电信号输出，以驱动电磁阀、继电器、接触器、电动机等被控设备的执行元件。

一般来说，常用的 I/O 单元可分为“开关量输入/输出单元”和“智能单元”。

① 开关量输入单元。

a. 直流输入单元，如图 1-5 所示。

b. 交流输入单元，如图 1-6 所示。

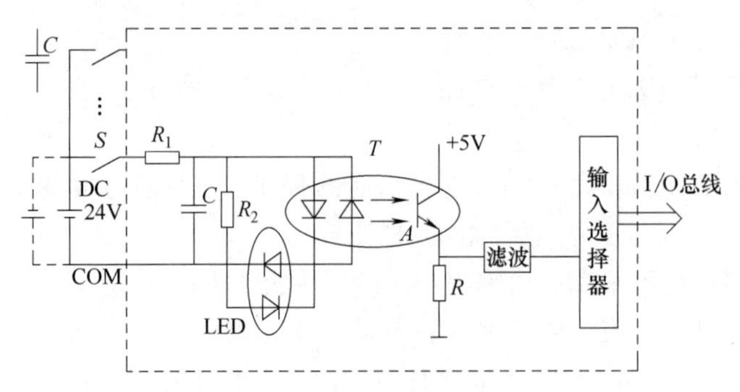

图 1-5　直流输入单元

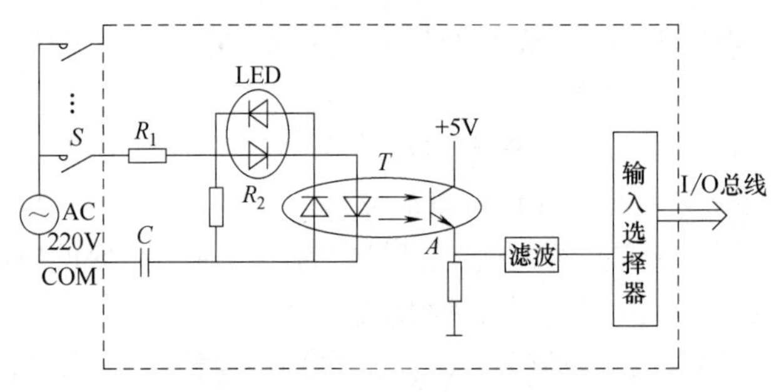

图 1-6　交流输入单元

② 开关量输出单元。

a. 晶体管输出单元，如图 1-7 所示。

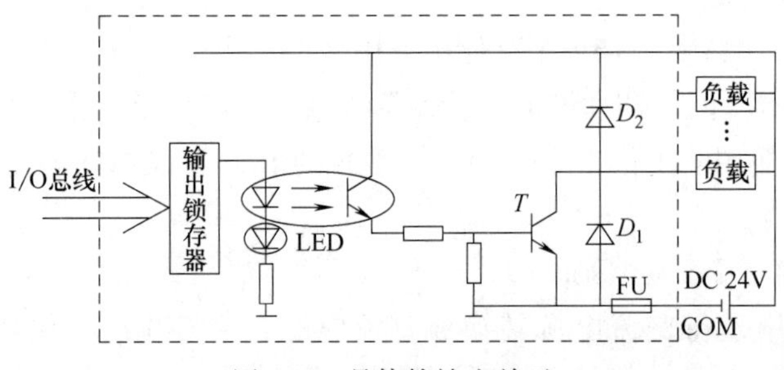

图 1-7　晶体管输出单元

b. 双向晶闸管输出单元，如图 1-8 所示。

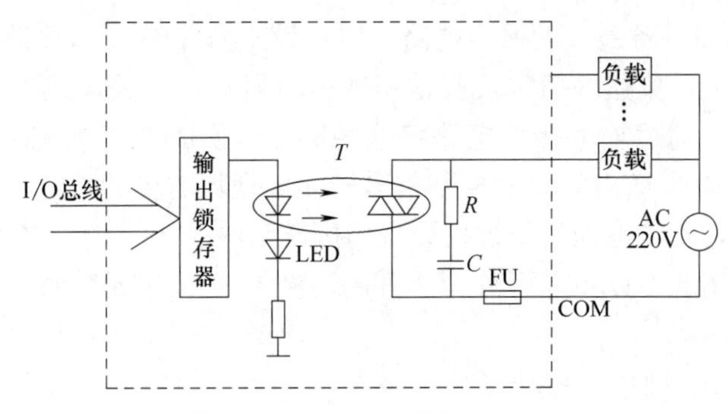

图 1-8　双向晶闸管输出单元

c. 继电器输出单元，如图1-9所示。

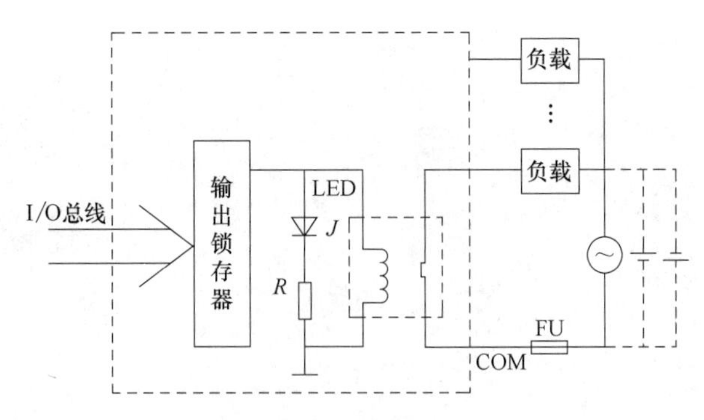

图1-9　继电器输出单元

③智能单元。智能单元本身是一个独立的计算机系统，它有自己的CPU、系统程序、存储器，及与外界过程相连的接口。

目前已开发的常用的智能单元有：A/D单元、D/A单元、高速计数单元、位置控制单元、PID控制单元、温度控制单元和各种通信单元等。

（5）编程器（Programmer）

编程器由键盘、显示器和工作方式选择开关等组成。它是开发、维护PLC自动控制系统不可缺少的外部设备。PLC需要用编程器输入、检查、修改、调试用户程序，也需要用它监视PLC本身的工作情况。PLC一般有两种编程方式：专用编程器和计算机辅助编程。专用编程器也分为两种：a. 简易编程器；b. 图形编程器。计算机辅助编程主要是用厂家的编程软件进行编程。

（6）编程软件（Program Software）

如果程序较长或语句较多，这时候用编程器输入、检查、修改、调试用户程序就显得不方便了。可以用PC（个人电脑）和该PLC支持的编程软件来操作，不仅便利而且可以提高效率，同时监视的界面也较大。比如欧姆龙（OMRON）的SSS，Syswin For Windows，CPT，CS等；三菱（Mitsubishi）的Medoc，Fxgpwin，GPPW，Develop-GX等；西门子（Siemens）的Step7，TIA博途等软件。

1.2　S7-1200 PLC的硬件

1.2.1　S7-1200 PLC产品

德国西门子公司的PLC产品系列包括LOGO、S7-200、S7-300、S7-400、S7-1200、S7-1500等。S7-200目前已经停产，S7-200SMART作为一款过渡产品存在了一定的时间。S7-1200是西门子公司新推出的一款紧凑型、模块化的小型PLC，将逐步取代S7-200 PLC系列。S7-1500 PLC系列也逐步替代S7-300 PLC系列、S7-400 PLC系列。西门子系列产品发展定位如图1-10所示。

本书主要以SIMATIC S7-1200 PLC（简称S7-1200）作为主讲对象。S7-1200 PLC可完成简单与高级逻辑控制、触摸屏（HMI）网络通信等任务。对于需要网络通信功能和单屏或多屏HMI的自动化系统，易于设计和实施。具有支持小型运动控制系统、过程控制系统的高级应用功能。

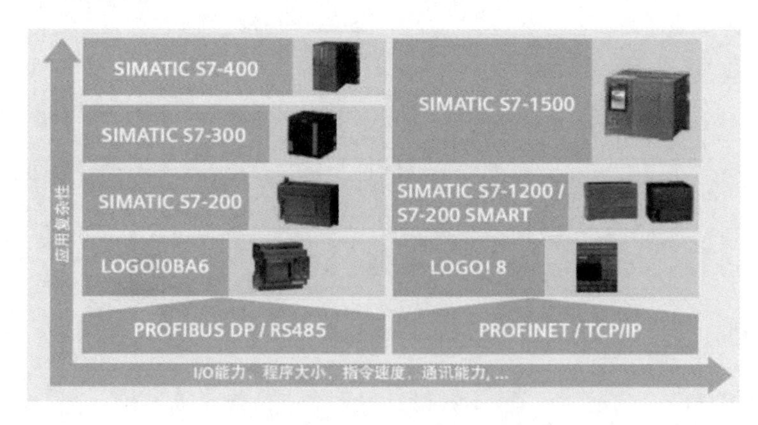

图 1-10　西门子系列产品发展定位

S7-1200 PLC 的实物图如图 1-11 所示，其模块内部包括 CPU 模块、电源、输入信号处理回路、输出信号处理回路、存储区、RJ45 端口及扩展模块接口，如图 1-12 所示。

图 1-11　S7-1200 PLC 实物图

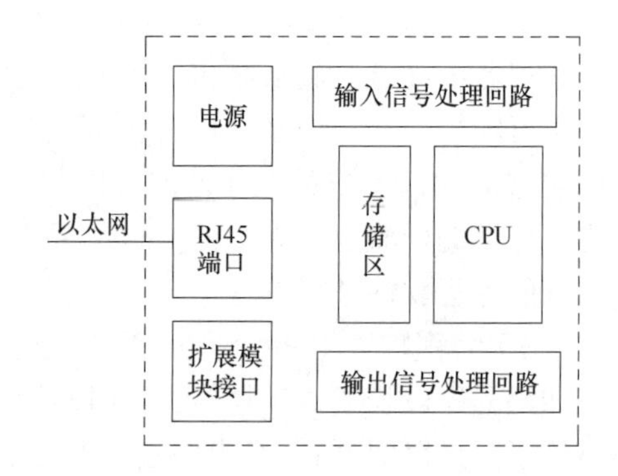

图 1-12　S7-1200 PLC 模块的内部结构

1.2.2　S7-1200 PLC 的硬件结构

配套视频

S7-1200 PLC
硬件介绍

S7-1200 PLC 主要由 CPU 模块、SB 信号板、SM 信号模块和 CM 通信模块、PS 电源模块和编程软件组成，如图 1-13 所示。各模块安装在标准 DIN 轨道上。S7-1200 PLC 的硬件具有高度的灵活性，用户可以根据自身的需求确定 PLC 的结构，系统扩展很方便。

（1） CPU 模块

CPU 是 S7-1200 PLC 的硬件核心。S7-1200 PLC 的 CPU 模块将微处理器、电源、数字量输入/输出电路、模拟量输入/输出电路、PROFINET 以太网接口、高速运动控制 I/O 组合到一个设计紧凑的外壳中。

目前，西门子公司提供 CPU1211C、CPU1212C、CPU1214C、CPU1215C、CPU1217C 等多种类型的 CPU 模块。如表 1-1 所示为 CPU 模块的技术指标，包括型号、物理尺寸、用户存储器、本地集成 I/O、信号模块扩展、高速计数器、脉冲输出、PROFINET 接口

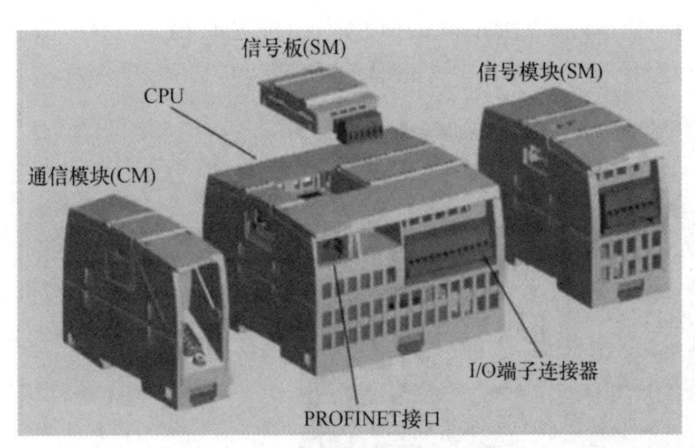

图 1-13　S7-1200 PLC 的硬件系统

等。每种 CPU 又可以分为 3 种版本，CPU 版本特性如表 1-2 所示。

表 1-1　CPU 模块的技术指标

S7-1200 CPU 特性	CPU 1211C	CPU 1212C	CPU 1214C	CPU 1215C	CPU 1217C
本机数字量 I/O 点数 本机模拟量 I/O 点数	6 入/4 出 2 入	8 入/6 出 2 入	14 入/10 出 2 入	14 入/10 出 2 入/2 出	14 入/10 出 2 入/2 出
工作存储器/装载存储器	50KB/1MB	75KB/1MB	100KB/4MB	125KB/4MB	150KB/4MB
信号模块扩展个数	无	2	8	8	8
最大本地数字量 I/O 点数	14	82	284	284	284
最大本地模拟量 I/O 点数	13	19	67	69	69
高速计数器点数	最多可以组态 6 个使用任意内置或信号板输入的高速计数器				
脉冲输出(最多 4 点)	100kHz	100kHz 或 30kHz	100kHz 或 30kHz	同前	1MHz 或 100kHz
上升沿/下降沿中断点数	6/6	8/8	12/12	14/14	14/14
脉冲捕获输入点数	6	8	14	14	14
传感器电源输出电流/mA	300	300	400	400	400
外形尺寸/mm	90×100×75	90×100×75	110×100×75	130×100×75	150×100×75

表 1-2　CPU 版本特性

版本(A/B/C)	电源电压(A)	输入回路电压(B)	输出回路电压(B)
DC/DC/DC	DC24V	DC24V	晶体管输出 DC24V
DC/DC/Relay	DC24V	DC24V	继电器接触器输出 DC 5~30V 或 AC 5~250V
AC/DC/Relay	AC 85~264V	DC24V	继电器接触器输出 DC 5~30V 或 AC 5~250V

S7-1200 PLC 不同型号的 CPU 面板是类似的，如图 1-14 所示为 CPU 1214C 的面板示意图。

CPU 有 3 类状态指示灯，用于提供 CPU 模块的运行状态信息。

① STOP/RUN 指示灯。该指示灯的颜色为纯橙色时指示 STOP 模式，纯绿色时指示 RUN 模式，绿色和橙色交替闪烁时指示 CPU 正在启动。

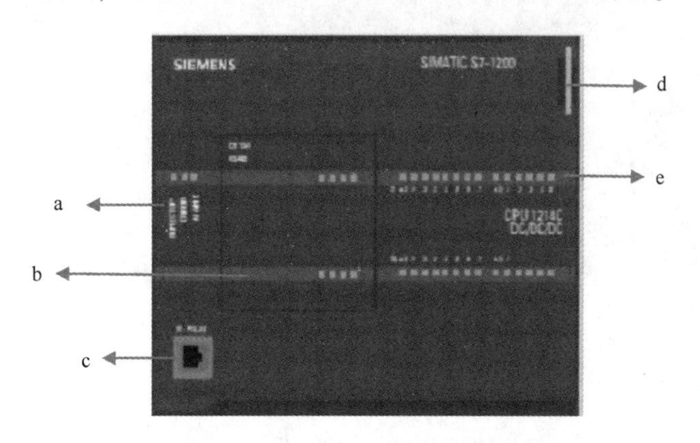

图 1-14　CPU 1214C 的面板示意图

a—CPU 状态指示灯　b—安装信号板处　c—以太网接口　d—存储卡插槽　e—I/O 状态指示灯

② ERROR 指示灯。该指示灯的颜色为红色闪烁时指示有错误，如 CPU 内部错误、存储卡错误或组态错误（模块不匹配）等，纯红色时指示硬件出现故障。

③ MAINT 指示灯。该指示灯在每次插入存储卡时闪烁。

CPU 模块上的 I/O 状态指示灯用来指示各数字量输入或输出的信号状态。

CPU 模块上提供一个以太网通信接口用于实现以太网通信，还提供了两个可指示以太网通信状态的指示灯。其中，“Link”（绿色）点亮指示连接成功，“Rx/Tx”（黄色）点亮指示传输活动。

（2）电源模块（PS）

电源模块不仅可为 S7-1200 PLC 的运行提供内部工作电源，有的还可为输入/输出信号提供电源。

S7-1200 PLC 的工作电源一般为交流单相电源或直流 24V 电源，电源电压必须与额定电压相符，如 110VAC、220VAC、直流 24V。西门子 S7-1200 PLC 对电源的稳定性要求不高，一般允许电源电压在额定值的+15%范围内波动。

（3）信号板（SB）

信号板（Signal Board）是 S7-1200 PLC 所特有的，拆下 CPU 上的挡板可以安装一个信号板，如图 1-15 所示。通过信号板可以在不增加空间的前提下给 CPU 增加 I/O 和 RS485 通信功能。目前，信号板包括数字量输入、数字量输出、数字量输入/输出、模拟量输入、模拟量输出、热电偶和热电阻模拟量输入以及 RS485 通信等类型。信号板的技术规范表如表 1-3 所示。

表 1-3　　信号板的技术规范表

模块分类	模块名称	模块作用
DI/DO	SB1221	数字量输入信号板 DI 4
	SB1222	数字量输出信号板 DQ 4
	SB1223	数字量输入/输出信号板 DI 2/DQ 2
AI/AQ	SB1231	模拟量输入信号板 AI 1×12BIT
	SB1231	热电偶和热电阻模拟量输入信号板 AI 1×RTD、AI 1×TC
	SB1232	模拟量输出信号板 AQ 1×12BIT
通信板	CB1241	带有 RS485 接口,9 针 D-sub 插座

（4）信号模块（SM）

S7-1200 PLC 提供各种信号模块用于扩展 CPU 的能力，主要分为数字量模块（DI/DQ）和模拟量模块（AI/AQ）。如图 1-16 所示，信号模块连接在 CPU 的右侧。

图 1-15　信号板的使用

① 数字量 I/O 模块：可以选用 8 点、16 点和 32 点的数字量 I/O 模块来满足不同的控制需要。

② 模拟量 AI/AQ 模块：在工业控制中，某些输入量（温度、压力、流量、转速等）是模拟量，某些执行机构（如电动调节阀和变频器等）要求 PLC 输出模拟量信号，而有些 PC 的 CPU 只能处理数字量。模拟量 I/O 模块的任务就是实现 A/D 转换和 D/A 转换。模拟量首先被传感器和变频器转换为标准量程的电压或电流，如 4~20mA、1~5V、0~10V，PLC 用模量输入模块的 A/D 转换器将它们转换成数字量。带正负号的电流或电压在 A/D 转换后用二进制补码来表示。模拟量输出模块的 D/A 转换器将 PLC 中的数字量转换为模拟电压或电流，再控制执行机构。A/D 和 D/A 的二进制位数反映了它们的分辨率，位数越多，分辨率越高。

图 1-16　信号模块的位置

图 1-17　通信模块连接示意图

（5）通信模块（CM）

S7-1200 PLC 最多可以扩展 3 个通信模块，是安装在 CPU 左侧的这个通信模块扩展口上。图 1-17 为 CM 连接示意图。支持 PROFIBUS 主从站通信，RS485 和 RS232 通信模块为点对点的串行通信提供连接及 I/O 连接主站。对该通信的组态和编程采用了扩展指令或库功能、USS 驱动协议、Modbus RTU 主站和从站协议，它们都包含在 SIMATIC STEP 7Basic 工程组态系统中。

（6）内存模块

内存模块主要用于存储用户的程序，有的时候还为系统提供辅助的工作内存，在结构上内存模块是附加于 CPU 之中的。

S7-1200 CPU 使用的存储卡为 SD 卡如图 1-18 所示，存储卡中可以存储用户项目文件，有如下几种主要功能：

① 作为 CPU 的装载存储区，用户项目文件可以仅存储在卡中，CPU 中没有项目文件，离开存储卡无法运行。

② 在没有编程器的情况下，作为向多个 S7-1200 PLC 传送项目文件的介质。

③ 忘记密码时，清除 CPU 内部的项目文件和密码。

④ 12MB 以上内存模块可以用于更新 S7-1200 CPU 的固件版本。

如何插入存储卡：

如图 1-19 所示将 CPU 上挡板向下掀开，可以看到右上角有一 MC 卡槽，将存储卡缺口向上插入。

图 1-18 西门子 S7-1200 存储卡

图 1-19 存储卡插入

注意：

- 对于 S7-1200 CPU，存储卡不是必需的。
- 将存储卡插到一个处于运行状态的 CPU 上，会造成 CPU 停机。
- S7-1200 CPU 仅支持由西门子制造商预先格式化过的存储卡。

1.3 S7-1200 PLC 的工作原理与程序结构

1.3.1 PLC 的等效电路

配套视频

S7-1200 PLC 的工作原理

PLC 可看作一个执行逻辑功能的工业控制装置。它的等效电路可分为输入部分、内部控制部分、输出部分，如图 1-20 所示。

① 输入部分：作用是搜集被控设备的信息或操作命令。如上图中 0000、0001、0002 为输入继电器，它们由接到输入端的外部信号驱动，驱动电源可由 PLC 的电源组件提供（如直流 24V），也有的用独立的交流电源（如 AC220V）供给。等效电路中的一个输入继电器，实际上对应于 PLC 输入端的一个输入点及其输入电路。例如一个 PLC 有 16 点输入，那么它相当于有 16 个微型输入继电器。它在 PLC 内部与输入端子相连，并作为 PLC 编程时的常开和常闭接点。

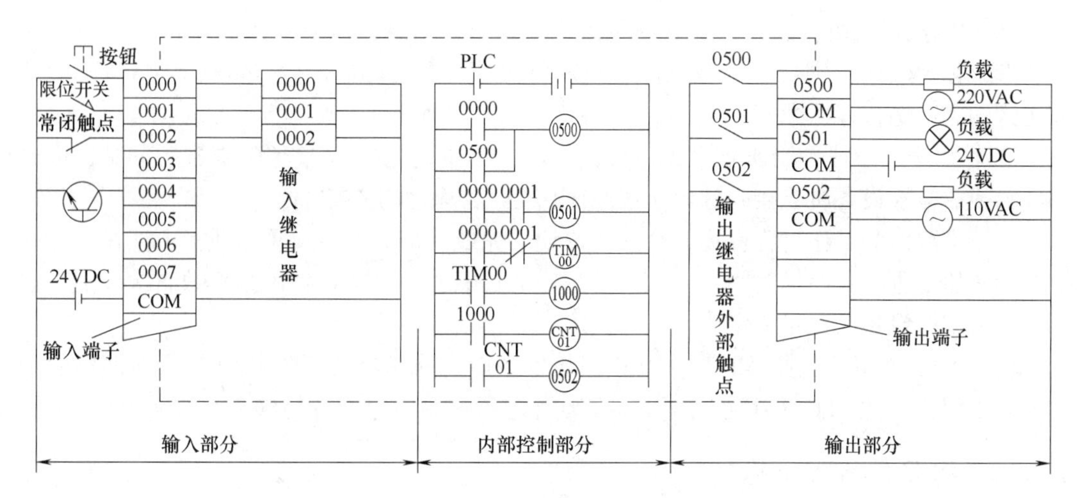

图 1-20　PLC 等效电路

② 内部控制电路：该控制电路是由用户根据控制要求编制的程序组成；作用是按用户程序的控制要求对输入信息进行运算处理，判断哪些信号需要输出，并将得到的结果输出给负载。

③ 输出部分：作用是驱动外部负载。输出端子是 PLC 向外部负载输出信号的端子。如果一个 PLC 的输出点为 12 点，那么它就有 12 个输出继电器。

1.3.2　PLC 的工作方式

PLC 采用循环扫描工作方式。该工作方式是在系统软件控制下依次扫描各输入点的状态，按用户程序进行运算处理，然后，顺序向各输出点发出相应的控制信号。整个工作过程可分为输入采样、执行用户程序、输出刷新三个阶段，如图 1-21 所示。

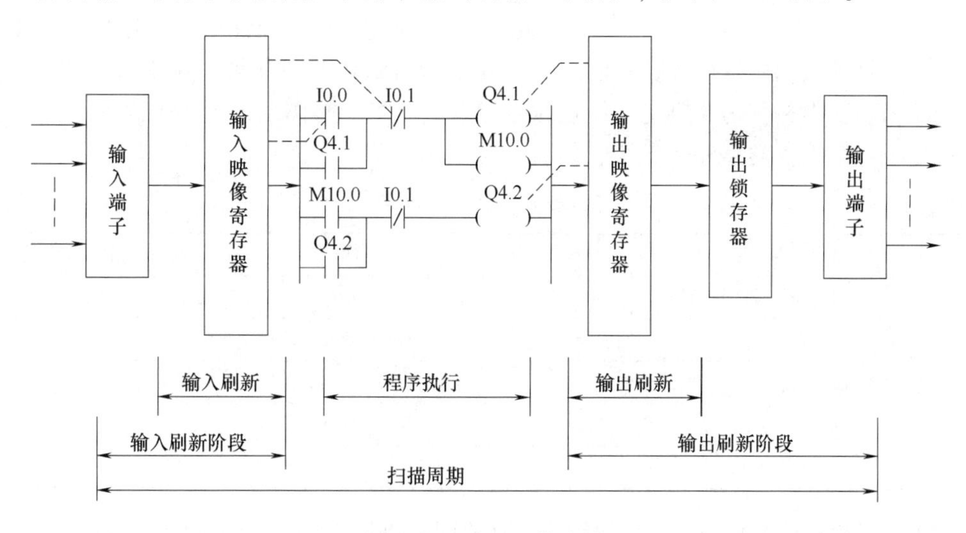

图 1-21　PLC 工作方式

① 输入采样阶段：开始，CPU 对各个输入端进行扫描，将输入端的状态送到输入状态寄存器中。

② 程序执行阶段：然后，CPU 将指令逐条调出并执行，以对输入和原输出状态（这些状态统称为数据）进行“处理”，即按程序对数据进行逻辑、算术运算，再将正确的结果送到输出状态寄存器中。

③ 输出刷新阶段：当所有指令执行完毕时，集中把输出状态寄存器的状态通过输出部件转换成被控设备所能接收的电压或电流信号，以驱动被控设备。

这三个阶段的工作过程称为一个扫描周期。完成一个周期后又重新执行上述过程，扫描周而复始地进行。扫描时间主要取决于程序的长短，一般每秒钟可扫描数十次以上。这对于一般工业设备已经足够了。

由于 PLC 采用反复扫描的工作方式，与生产现场的机器要反复执行一系列操作的工作方式相似，因此 PLC 程序可以与机器的动作过程一一对应，容易编写和改编。

1.3.3 PLC 的程序结构

在 PLC 编程中，具体程序写在块中，各种块组合起来构成用户程序。块结构显著地增加了 PLC 程序的组织透明性、可理解性和易维护性。STET7 中提供的块有：组织块（OB）、功能块（FB）、功能（FC）、系统功能块（SFB）、共享数据块（DB）和背景数据块（DI）、系统功能（SFC）。

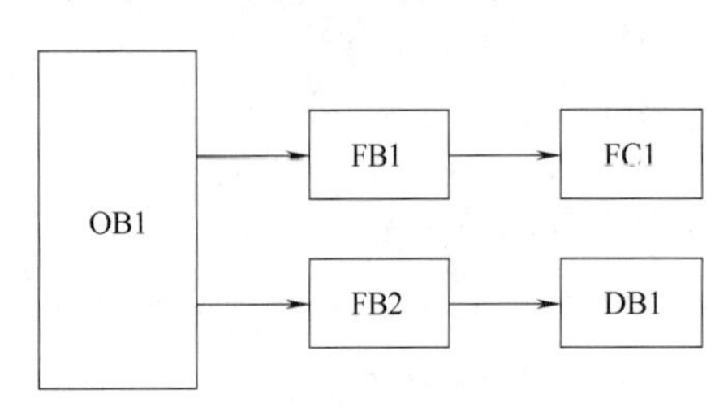

图 1-22　用户程序块结构图

如图 1-22 所示为用户程序块结构图，组织块（OB1）是主程序块，它可以调动功能块（FB）和功能（FC）。功能块和功能也可以调用其他功能和功能块，这种方式称为嵌套。

（1）组织块

在 PLC 中，组织块（Organization Block，OB）是用户程序与操作系统的接口。S7 提供了大量的组织块，这些组织块只能由 CPU 调用。组织块分为 3 大类：启动组织块、循环执行的组织块和中断组织块。中断组织块又分为时间中断、事件中断和诊断中断。为了避免组织块执行时发生冲突，操作系统为每个组织块分配了相应的优先级，组织块类型和优先级，如表 1-4 所示。

表 1-4　　组织块类型和优先级

类型		OB	优先级
循环执行的组织块		OB1	1
中断组织块	时间中断	OB10、OB35 等	2、12
	事件中断	OB20、OB40 等	3、16
	诊断中断	OB80～OB122 等	26
启动组织块		OB100、OB101、OB102	27

OB1 是用户自己编写的主循环组织块，其他程序块只有通过 OB1 的调用才能被 CPU 执行，OB1 是用户程序中唯一不可缺少的程序模块。用户可以把全部程序放在 OB1 中连续不断地循环执行；也可以把程序放在不同的程序块中，在需要的时候由 OB1 调用这些程序块。

OB100 为热启动组织块，即初始化程序，只在 PLC 上电的第一个周期执行一次。

（2）功能块

功能块（Function Block，FB）是用户编写的具有固定存储区的块。它有自己的存储区，即背景数据块，通过背景数据块传递参数。当功能块被执行时，数据块被调用，功能块结束，调用随之结束。存放在背景数据块中的数据在FB块结束后，仍能继续保持，具有“记忆”功能。一个功能块可以有多个背景数据块，使功能块可以被不同的对象使用。

（3）功能

与功能块相比，功能（Function，FC）是不具有“记忆”的逻辑块，即不带背景数据块。当完成操作后，数据不能保持。这些数据为临时变量，对于那些需要保存的数据只能通过共享数据块来存储。调用功能时，需要实参来代替形参。功能一般用于编制重复发生而且复杂的自动化程序。

（4）数据块

数据块是用来分类存储用户程序运行所需的大量数据或变量值，也是用来实现各逻辑块之间的数据交换、数据传递和共享数据的重要途径。与逻辑块不同，数据块只有变量声明部分，没有程序指令部分。根据使用方式不同，数据块分为全局数据块（Data Block，DB）和背景数据块（Instance Data Block，DI），全局数据块又称为共享数据块，用于存储全局的数据，所有逻辑块都可以在全局数据块内存储信息。背景数据块作为块的局部数据，是与被指定的功能块相关联的。

（5）系统块

系统块包含在操作系统中，包括系统功能（System Function，SFC）、系统功能块（System Function Block，SFB）和系统数据块（System Data Block，SDB）。用户可以调用系统功能和系统功能块，但不能对其进行修改。在用户的存储区中，这两个块本身不占据程序空间，而系统功能块被调用时，其背景数据块占用用户的存储空间。

系统块的调用关系，如图1-23所示。

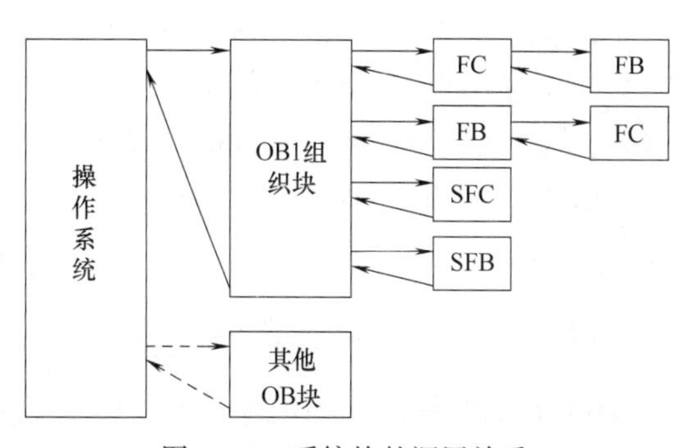

图1-23 系统块的调用关系

1.4 S7-1200 PLC的编程语言

PLC的编程语言与一般计算机语言相比，具有明显的特点，它既不同于高级语言，也不同于一般的汇编语言，它既要满足易于编写，又要满足易于调试的要求。目前，还没有一种对各厂家产品都能兼容的编程语言。如三菱公司的产品有它自己的编程语言，欧姆龙公司的产品也有它自己的语言。但不管什么型号的PLC，其编程语言都具有以下特点。

1.4.1 编程语言特点

（1）图形式指令结构

程序采用图形化的表达方式，指令由不同的图形符号组成，易于理解和记忆。系统的软件开发者已把工业控制中所需的独立运算功能编制成象征性图形，用户根据自己的需要把这些图形进行组合，并填入适当的参数。在逻辑运算部分，几乎所有的厂家都采用类似于继电器控制电路的梯形图，很容易接受。如西门子公司还采用控制系统流程图来表示，它沿用二进制逻辑元件图形符号来表达控制关系，很直观易懂。较复杂的算术运算、定时计数等，一般也参照梯形图或逻辑元件图给予表示，虽然象征性不如逻辑运算部分，也受用户欢迎。

（2）明确的变量常数

图形符相当于操作码，规定了运算功能，操作数由用户填入，如：K400、C10、T10等。PLC 中的变量和常数以及其取值范围有明确规定，由产品型号决定，可查阅产品目录手册。

（3）简化的程序结构

PLC 的程序结构通常很简单，典型的为块式结构，不同块完成不同的功能，使程序的调试者对整个程序的控制功能和控制顺序有清晰的概念。

（4）简化应用软件生成过程

使用汇编语言和高级语言编写程序，要完成编辑、编译和连接三个过程，而使用编程语言，只需要编辑一个过程，其余由系统软件自动完成，整个编辑过程都在人机对话下进行的，不要求用户有高深的软件设计能力。

（5）强化调试手段

无论是汇编程序，还是高级语言程序调试，都是令编辑人员头疼的事，而 PLC 的程序调试提供了完备的条件，使用编程器，利用 PLC 和编程器上的按键、显示和内部编辑、调试、监控等，并在软件支持下，诊断和调试操作都很简单。

总之，PLC 的编程语言是面向用户的，对使用者不要求具备高深的知识、不需要长时间的专门训练。下面简述一下常用的几种编程语言。

1.4.2 PLC 编程语言的国际标准

IEC 61131 是 PLC 的国际标准，1992~1995 年发布了 IEC 61131 标准中的 1~4 部分，我国在 1995 年 11 月发布了 GB/T 15969-1/2/3/4（相当于 IEC61131-1/2/3/4）。

IEC 61131-3 广泛地应用 PLC、DCS 和工控机、“软件 PLC”、数控系统、RTU 等产品。它定义了 5 种编程语言，包括梯形图（LAD），功能块（FBD），指令表（IL），顺序功能图（SFC）和结构化文本（ST）。

（1）梯形图（LAD）

梯形图（LAD）是 PLC 中最广泛的图形编程语言，它由传统的继电器-接触器电路图形符号而来，是一种以图形符号表示控制关系的语言，直观易懂，非常适合熟悉继电器-接触器电路的电气工程师学习掌握。

电机 M1 的继电器-接触器自锁控制电路，如图 1-24 所示，对应的 PLC 梯形图如图 1-25 所示。

如图 1-24 所示的自动控制电路与图 1-25 所示的 PLC 梯形图具有相同的逻辑含义，但表达方式上却有本质的区别。梯形图中的继电器是软器件，而非物理元件，图中的竖线类似于继电器-接触器控制线路中的电源线，被称为母线。一般的梯形图由触点，线圈和

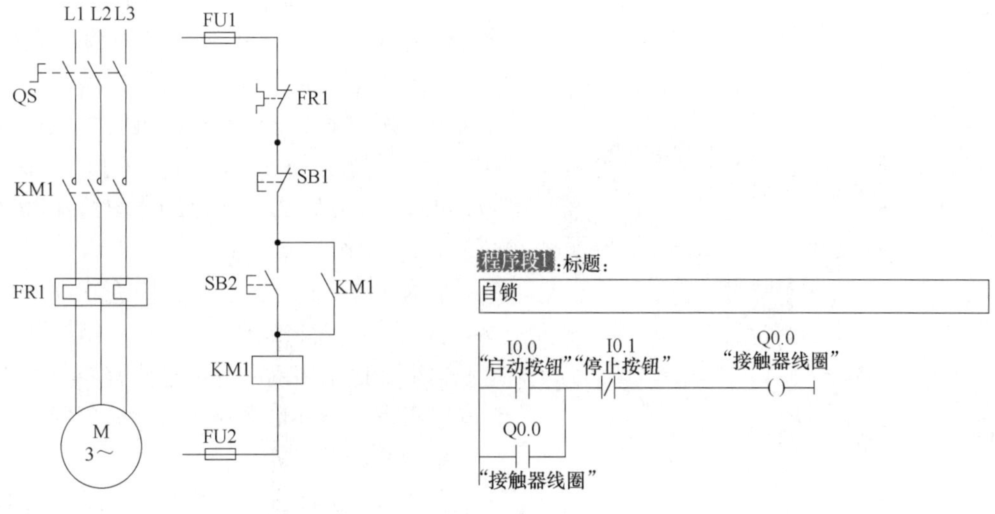

图 1-24　电机 M1 自锁控制电路　　　　图 1-25　PLC 梯形图

指令框组成，触点代表外界输入条件，线圈代表逻辑运算结果，指令框用来表示跳转，定时器和计数器等指令。

（2）功能块图（FBD）

功能块图（FBD）编程语言使用图形逻辑符号来描述程序，功能块图使用方框来表示逻辑运算关系，方框的左侧为输入变量，右侧为输出变量。采用功能图，控制系统被细分，系统操作含义明确，便于设计人员设计思想沟通，有数字电路的人员很容易掌握。电机 M1 自锁控制电路功能块，如图 1-26 所示。

（3）指令表（IL）

指令表（IL）编程语言由指令语句系列构成，类似于助记符汇编语言采用助记符表示操作功能，容易记忆，便于掌握，适合经验丰富的程序员使用。电机 M1 自锁控制电路的指令表，如图 1-27 所示。

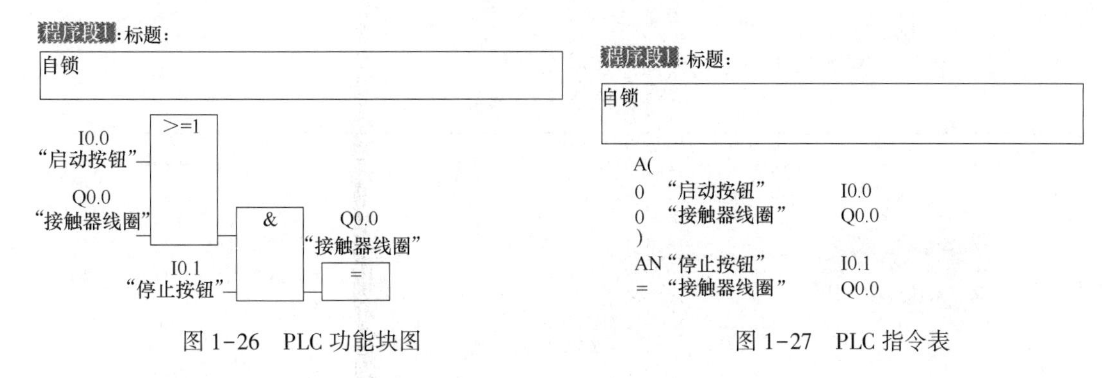

图 1-26　PLC 功能块图　　　　图 1-27　PLC 指令表

（4）顺序功能图（SFC）

顺序功能图（SFC）类似于流程设计，常用来编织顺序控制程序，顺序功能图包含步、动作和转换 3 个要素。该编程方法将复杂控制过程分解，然后按一定顺序控制要求组合。如图 1-28 所示。SFC 主要由状态、转移、动作和有向线段等元素组成，用“流程”

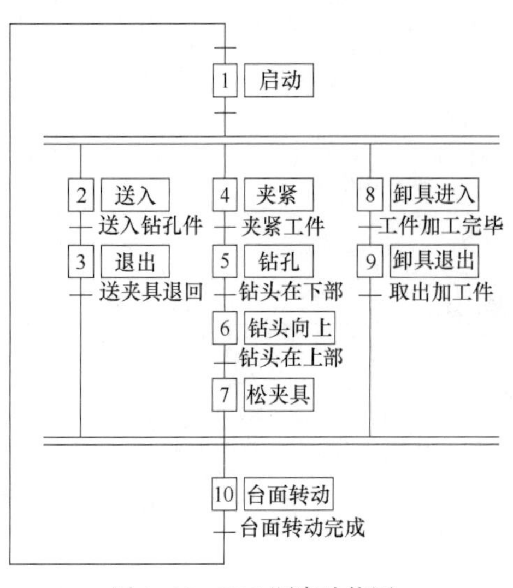

图 1-28　PLC 顺序功能图

的方式来描述控制系统工作过程、功能和特性。以功能为主线，按照功能流程的顺序分配，条理清楚，便于对用户程序理解；同时大大缩短了用户程序扫描时间。西门子 STEP 7 中的该编程语言是 S7 Graph。基于 GX Developer 可进行 FX 型 PLC 顺序功能图的开发。

（5）结构化文本（ST）

结构文本（ST），在 TIA 博途软件中称为 S7-SCL（结构化控制语言），是用结构化的描述语句来描述程序的一种编程语言，类似于高级编程语言，与梯形图相比，它简单紧凑，能实现复杂的数学运算。

在 S7-1200 PLC 中支持梯形图（LAD）、功能块图（FBD）与 SCL 语言编程。

1.5　S7-1200 PLC 的安装与接线

1.5.1　S7-1200 PLC 的安装

PLC 的中央处理器（CPU）、信号模块（SM）、通信模块（CM）和电源模块（PS）等都支持安装在 DIN 导轨或面板上。使用模块上的 DIN 导轨卡夹将设备固定到导轨上。这些卡夹还能掰到一个伸出位置以提供将设备直接安装到面板上的螺钉安装位置。S7-1200 安装时要注意以下几点：

① 可以将 S7-1200 安装在面板或标准导轨上，并且可以水平或垂直安装 S7-1200。

② S7-1200 采用自然冷却方式，因此要确保其安装位置的上、下部分与邻近设备之间至少留出 25mm 的空间，并且 S7-1200 与控制柜外壳之间的距离至少为 25mm（安装深度）。

③ 当采用垂直安装方式时，其允许的最大环境温度要比水平安装方式降低 10℃，此时要确保 CPU 被安装在最下面。

CPU 安装示意图如表 1-5 所示。

表 1-5　　安装 CPU 在 DIN 导轨上

任务	步骤
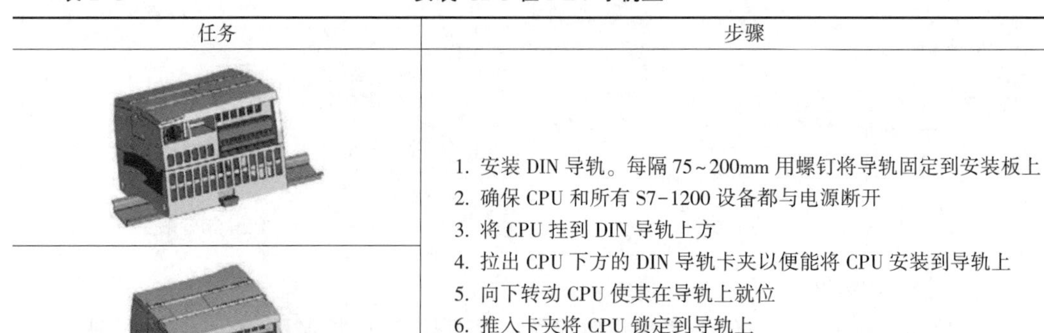	1. 安装 DIN 导轨。每隔 75~200mm 用螺钉将导轨固定到安装板上 2. 确保 CPU 和所有 S7-1200 设备都与电源断开 3. 将 CPU 挂到 DIN 导轨上方 4. 拉出 CPU 下方的 DIN 导轨卡夹以便能将 CPU 安装到导轨上 5. 向下转动 CPU 使其在导轨上就位 6. 推入卡夹将 CPU 锁定到导轨上

SB、CB 或 BB 1297 安装示意图如表 1-6 所示。

表 1-6　　安装 SB、CB 或 BB 1297

任务	步骤
 	1. 确保 CPU 和所有 S7-1200 设备都与电源断开 2. 卸下 CPU 上部和下部的端子板盖板 3. 将螺丝刀插入 CPU 上部接线盒盖背面的槽中 4. 轻轻将盖直接撬起并从 CPU 上卸下 5. 将模块直接向下放入 CPU 上部的安装位置中 6. 用力将模块压入该位置直到卡入就位 7. 重新装上端子板盖子

SM 安装示意图如表 1-7 所示。

表 1-7　　安装 SM 在 DIN 导轨上

任务	步骤
	在安装 CPU 之后安装 SM 1. 确保 CPU 和所有 S7-1200 设备都与电源断开 2. 卸下 CPU 右侧的连接器盖 —将螺丝刀插入盖上方的插槽中 —将其上方的盖轻轻撬出并卸下盖 3. 收好盖以备再次使用
	将 SM 连接到 CPU 1. 将 SM 装在 CPU 旁边 2. 将 SM 挂到 DIN 导轨上方 3. 拉出下方的 DIN 导轨卡夹以便将 SM 安装到导轨上 4. 向下转动 CPU 旁的 SM 使其就位并推入下方的卡夹将 SM 锁定在导轨上
	伸出总线连接器即为 SM 建立了机械和电气连接 1. 将螺丝刀放到 SM 上方的小接头旁 2. 将小接头滑到最左侧,使总线连接器伸到 CPU 中 要接着信号模块再安装信号模块,请按照相同的步骤操作

CM 或 CP 安装示意图如表 1-8 所示。

表 1-8　　安装 CM 或 CP

<table>
<tr><th colspan="2">任务</th><th>步　骤</th></tr>
<tr><td>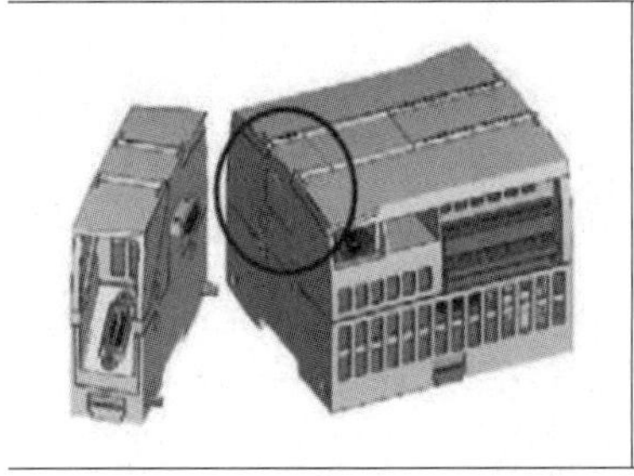</td><td></td><td rowspan="2">1. 确保 CPU 和所有 S7-1200 设备都与电源断开
2. 请首先将 CM 连接到 CPU 上,然后再将整个组件作为一个单元安装到 DIN 导轨或面板上
3. 卸下 CPU 左侧的总线盖
—将螺丝刀插入总线盖上方的插槽中
—轻轻撬出上方的盖
4. 卸下总线盖。收好盖以备再次使用
5. 将 CM 或 CP 连接到 CPU 上
—使 CM 的总线连接器和接线柱与 CPU 上的孔对齐
—用力将两个单元压在一起直到接线柱卡入到位
6. 将 CPU 和 CP 安装到 DIN 导轨或面板上</td></tr>
<tr><td colspan="2">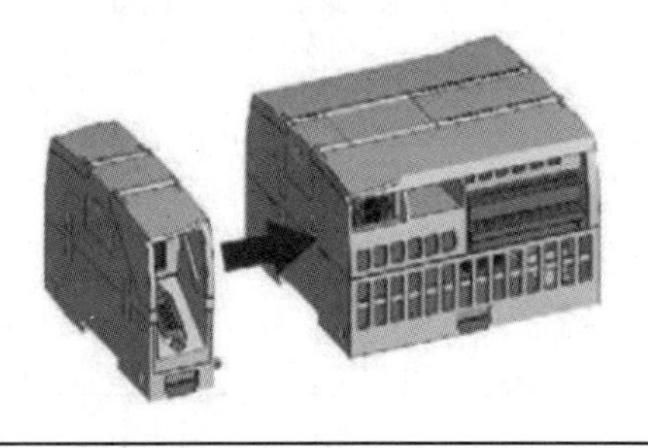</td></tr>
</table>

1.5.2 S7-1200 PLC 的接线

配套视频
S7-1200 PLC 的接线

S7-1200 PLC 的 CPU 规格虽然有点多，但接线方式类似，因此本书仅以 CPU 1212C 为例进行介绍，其余规格产品请参考相关手册。

（1） S7-1200 外部接线

S7-1200 的供电电源可以是 AC110V 或 220V 电源，也可以是 DC24V 电源，接线时是有区别的。具体如下：

① CPU 1212C AC/DC/RLY（6ES7 212-1BE40-0XB0）

CPU 1212C AC/DC/RLY（继电器）的外部接线图，如图 1-29 所示。AC 表示供电电源电压为 120-240V AC；通常用 220V AC，DC 表示输入端电源电压为 24V DC，“RLY”表示输出为继电器输出。

② CPU 1212C DC/DC/RLY（6ES7 212-1HE40-0XB0）

CPU 1212C DC/DC/RLY 的外部接线图，如图 1-30 所示，其电源电压为 DC 24V。

③ CPU 1212C DC/DC/DC（6ES7 212-1AE40-0XB0）

CPU 1212C DC/DC/DC 的外部接线图如图 1-31 所示，其电源电压、输入回路和输出回路电压均为 24V。输入回路也可以使用内置的 DC 24V 电源。

（2） S7-1200 数字量输入接线

CPU1212C 的数字量输入接线方式有两种，对应 PLC 的漏型（PNP）和源型（NPN）。漏型输入时将输入回路的 1M 端子（“1M”为输入端的公共端）与 DC 24V 传感器电源的 M 端子连接起来，将内置的 24V 的 L+端子接到外接触点的公共端。源型输入时将 DC 24V 传感器电源的 L+端子连接到 1 M 端子。当数字量输入为无源触点（行程开关、

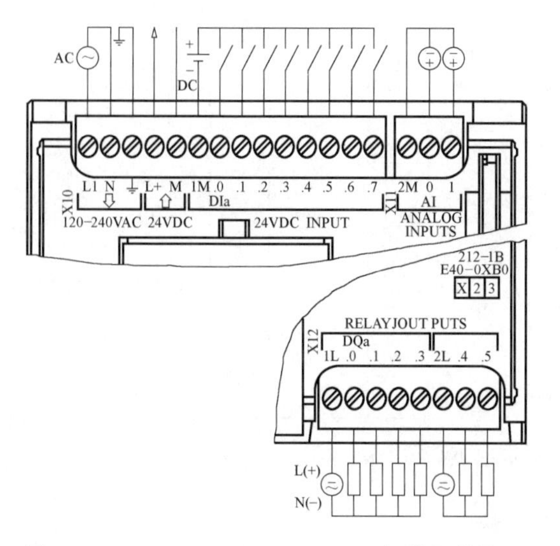

图 1-29　CPU 1212C AC/DC/RLY 的外部接线图

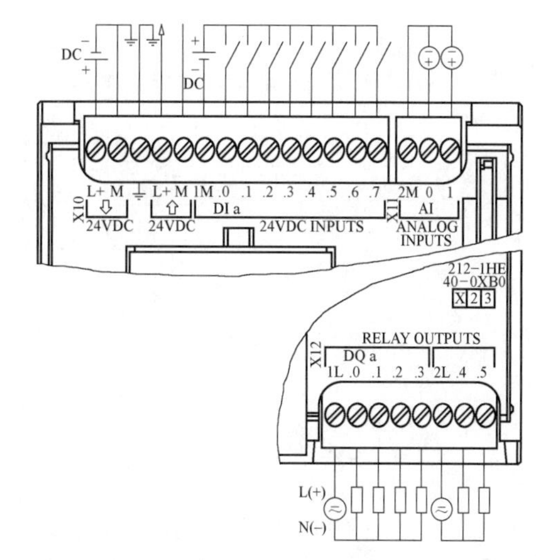

图 1-30　CPU 1212C DC/DC/RLY 的外部接线图

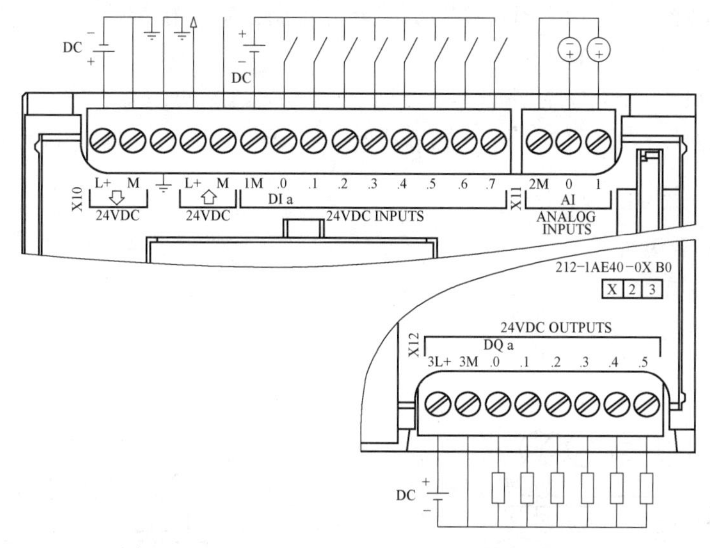

图 1-31　CPU 1212C DC/DC/DC 的外部接线图

接点温度计、压力计）时，其接线，如图 1-32 所示。

当数字量输入为有源直流输入信号接线（一般 5V、12V、24V）时，且和其他无源开关量信号以及其他有源的直流电压信号混合接入 PLC 输入点时，一定要注意电压 0V 点的连接，如图 1-33 所示。

S7-1200 PLC 集成的输入点和信号模板的所有输入点既支持漏型输入又支持源型输入，而信号板的输入点只支持源型输入或漏型输入的一种。

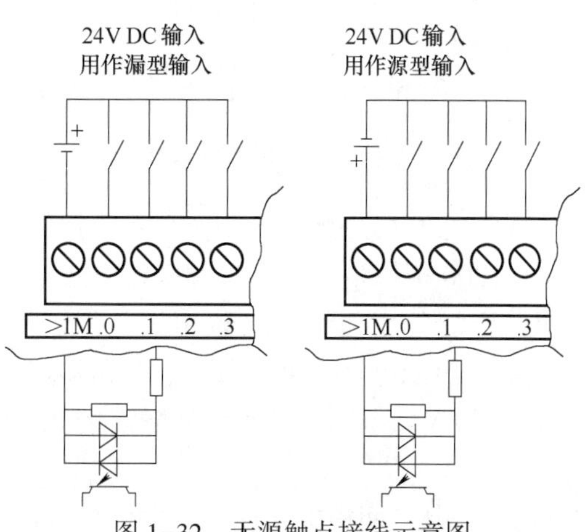

图 1-32　无源触点接线示意图

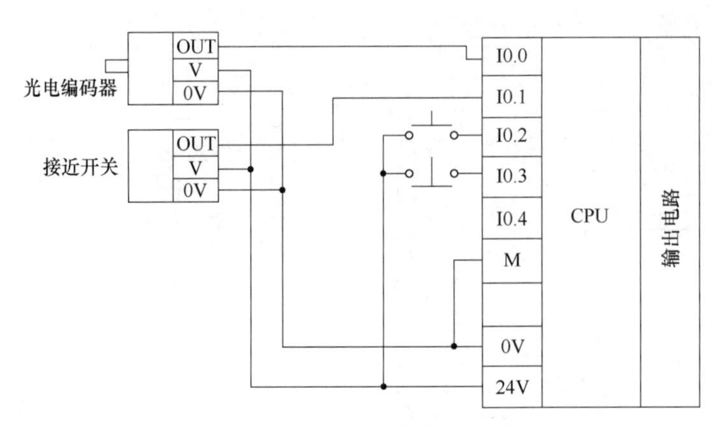

图 1-33　有源触点接线示意图

（3） S7-1200 数字量输出接线

CPU1212C 的数字量输出有两种形式，一种是晶体管输出（输出 24V 直流电压），另一种为继电器输出。晶体管输出形式的负载能力较弱，响应相对较快，而继电器输出形式的负载能力较强，响应相对较慢。

S7-1200 PLC 数字量的输出信号类型，只由 200kHz 的信号板输出，既支持漏型输出又支持源型输出，其他信号板、信号模块和 CPU 集成的晶体管输出都只支持源型输出。

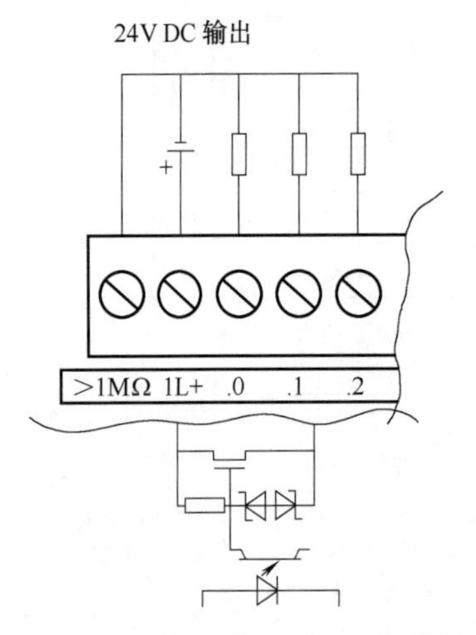

图 1-34　晶体管输出形式的接线图

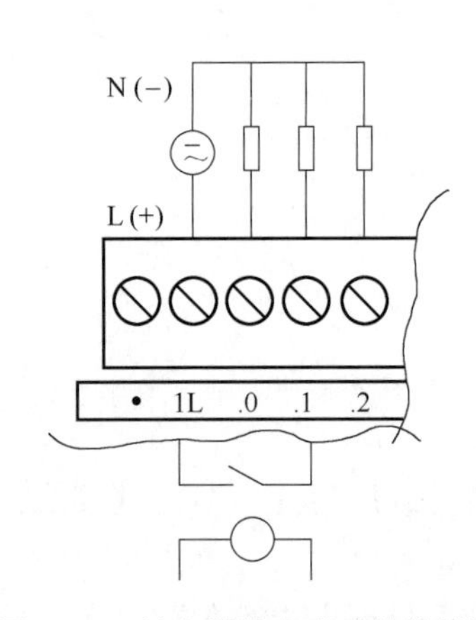

图 1-35　继电器输出形式的接线图

（4） S7-1200 模拟量输入/输出接线

S7-1200 模拟量模块有三种接线方式：

① 二线制：两根线既传输电源又传输信号，也就是传感器输出的负载和电源是串联在一起的，电源是从外部引入的，和负载串联在一起来驱动负载，如图 1-36 所示。

② 三线制：电源正端和信号输出的正端分离，但它们共用一个 COM 端，如图 1-37 所示。

③ 四线制：两根电源线、两根信号线。电源线和信号线分开工作，如图 1-38 所示。

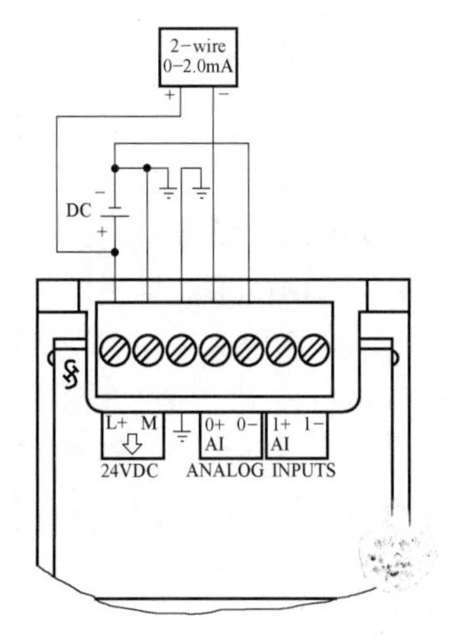

图 1-36　二线制接线示意图

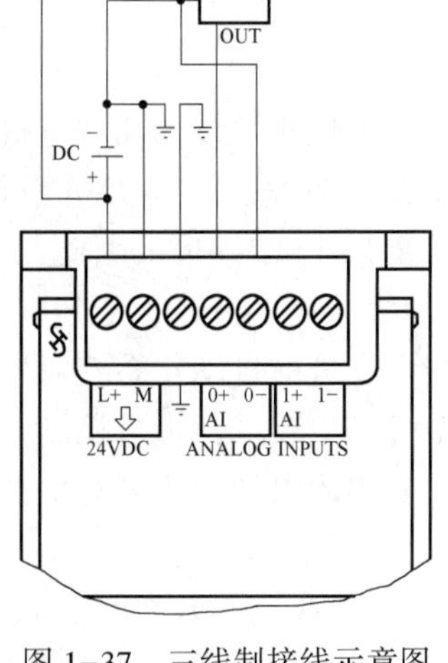

图 1-37　三线制接线示意图

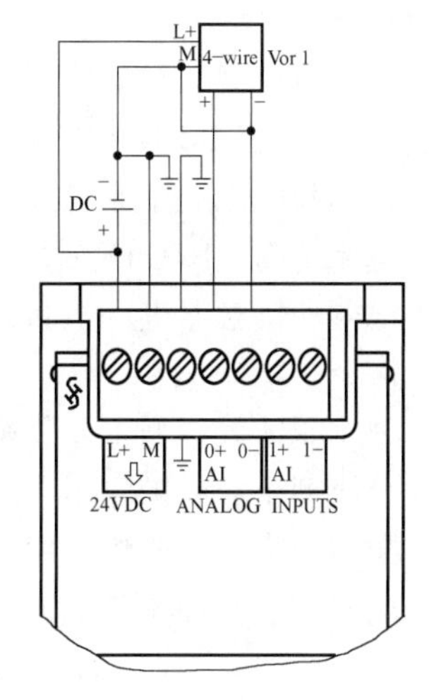

图 1-38　三线制接线示意图

知识扩展与思政园地

（1）PLC 的发展历程

在可编程控制器出现前，在工业电气控制领域中，继电器控制占主导地位，被广泛应用。但是电器控制系统存在体积大、可靠性低、查找和排除故障困难等缺点，特别是其接线复杂、不易更改，对生产工艺变化的适应性差。

1968 年美国通用汽车公司（G. M）为了适应汽车型号的不断更新，生产工艺不断变化的需要，实现小批量、多品种生产，希望能有一种新型工业控制器，它能做到尽可能减少重新设计和更换电器控制系统及接线，以降低成本，缩短周期。于是就设想将计算机功能强大、灵活、通用性好等优点与电器控制系统简单易懂、价格便宜等优点结合起来，制成一种通用控制装置，而且这种装置采用面向控制过程、面向问题的“自然语言”进行编程，使不熟悉计算机的人也能很快掌握使用。

1969 年美国数字设备公司（DEC）根据美国通用汽车公司的这种要求，研制成功了世界上第一台可编程控制器，并在通用汽车公司的自动装配线上试用，取得很好的效果。从此这项技术迅速发展起来。

早期的可编程控制器仅有逻辑运算、定时、计数等顺序控制功能，只是用来取代传统的继电器控制，通常称为可编程逻辑控制器（Programmable Logic Controller）。随着微电子技术和计算机技术的发展，20 世纪 70 年代中期微处理器技术应用到 PLC 中，使 PLC 不仅具有逻辑控制功能，还增加了算术运算、数据传送和数据处理等功能。

20 世纪 80 年代以后，随着大规模、超大规模集成电路等微电子技术的迅速发展，16 位和 32 位微处理器应用于 PLC 中，使 PLC 得到迅速发展。PLC 不仅控制功能增强，同时可靠性提高，功耗、体积减小，成本降低，编程和故障检测更加灵活方便，而且具有通信和联网、数据处理和图像显示等功能，使 PLC 真正成为具有逻辑控制、过程控制、运动控制。

（2）PLC 技术岗位需求

我国工业企业的大规模采用现代科学技术和先进机器设备投入要求自动化程度越来越高，PLC 产品的应用空间也越来越广，如机械行业的设备仍采用传统的继电器和接触器进行控制，都需要用 PLC 替代，因此，PLC 在我国的应用前景更加广泛。

我国大中型企业普遍采用了先进的自动化系统对生产过程进行控制，但绝大部分小型企业尚未应用自动化系统对生产过程进行控制。随着竞争的日益加剧，越来越多的小型企业将采用经济、实用的自动化产品对生产过程进行控制，以提高企业的经济效益和竞争实力。

中国经济在经历了近 40 多年的高速增长之后，近年来已经略显疲态。在人口红利用尽，人工成本年年高涨的情况下，很多企业的发展正面临前所未有的困境，人手不足薪资高涨企业利润越来越薄。迫使企业必须考虑用自动化设备以及自动化生产线，提高自动化水平降低对人工的依赖，不久的将来工厂流水线的产品生产全部由自动化设备或者机器人替代人工已是大势所趋。所以，大量的掌握 PLC 编程等技术自动化人才为企业所急需。

（3）PLC 技术的课程设计

PLC 技术为机电一体化专业学生的核心课程，它的前导课程为电工、电子应用技术，气液动技术。课程来源于制造企业生产过程中针对自动化生产线（或设备）的控制、运行、技术改造、维护和管理等工作任务。本课程是以培养学生独立以及合作完成专项工作任务能力为目标的课程，通过本课程的学习，使学员了解传感器和 PLC 的控制回路的构成，掌握西门子 S7 PLC 的编程方法，能够阅读 PLC 的程序，分析 PLC 控制系统，并能根据工业要求，进行气动回路的设计、安装、调试，并用 PLC 进行编程控制；同时培养学生发现、排除简单故障的能力。

（4）学习资料

PLC 的教学资料可以在西门子（中国）有限公司工业业务领域工业自动化与驱动技术集团的中文网站下载，进入该网站的下载中心即可找到相应的中英文使用手册、产品样本、常见问题及软件等资料。

思考练习

在线自测

项目1　基础知识测试

1. 基础知识在线自测

2. 扩展练习

（1）填空题

① S7－1200 PLC 主要由__________、__________、__________、__________和编程软件组成，各种模块安装在标准 DIN 导轨上。

② S7-1200 CPU 有以下三种工作模式：__________、__________、__________。

③ 当 S7-1200 CPU 处于停止模式时，STOP/RUN 灯亮__________色；处于运行模式时，STOP/RUN 灯亮__________色。

④ S7-1200 PLC 支持三种基本的编程语言，分别是__________、__________、__________。

其中最常用语言的英文简称为__________。

⑤ PLC 按硬件结构分为__________和__________两种。

（2）简答题

① 西门子 S7 家族的产品有哪些，按 PLC 的性能趋势由低到高排列出来。

② 上网查找资料，谈谈当代 PLC 的发展趋势是什么？

③ S7-1200 的硬件主要由哪些部件组成？

④ S7-1200 的 CPU 模块由哪些组成？

配套课件

项目2　指示灯闪烁控制

项目2　指示灯闪烁控制

(1) 项目导入

TIA Portal 是西门子全新的全集成自动化软件，中文名称是博途。这个软件提供了一个新的平台，是所有自动化工程、编程组态、调试设备及驱动产品的基础。本书以博途 V15 为例进行讲解。

TIA Portal V15（博途 V15）是一款由西门子打造的全集成自动化编程软件，整合了 STEP7，WINCC，STARTDRIVE 等，让工程师只需要用博途一个软件就能对触摸屏、PLC、驱动进行编程调试和仿真操作。新版本增强了性能，提高了兼容性，能够支持 Windows 主流操作系统，并进行了 Engineering options 和 Runtime options 两个层面同步更新，增强了对 SIMATIC S7-1200、S7-1500、S7-300/400 和 WinCC 控制器的支持。

(2) 项目目标

素养目标

① 树立学生安全意识、质量意识和工程意识。

② 培养学生独立工作、遇到问题上网查询的能力。

③ 养成良好的思维、学习、工作习惯，增加职业意识。

知识目标

① 掌握 TIA 博途 V15 软件的安装步骤及方法。

② 掌握 S7-1200 PLC 项目的创建步骤与方法。

③ 掌握 PLC 硬件配置操作及 CPU1212C DC/DC/DC 属性设置。

能力目标

① 能正确使用 TIA 博途 V15 软件创建新项目。

② 能够掌握 PLC 的硬件接线。

③ 能使用 TIA 博途 V15 软件进行仿真调试。

2.1　基础知识

配套视频

博途软件的介绍与安装

2.1.1　TIA Portal 博途软件概述

西门子推出的 TIA 博途软件将所有的自动化软件工具统一到一个开发环境中，可在同一开发环境下组态西门子绝大部分的可编程控制器、HMI 和驱动器，如图 2-1 所示。在控制器和驱动器以及 HMI 之间建立通信时的共享任务，可降低连接成本和组态难度。

TIA 博途软件包含 TIA 博途 STEP 7、TIA 博途 WinCC、TIA 博途 Start drive 和 TIA 博

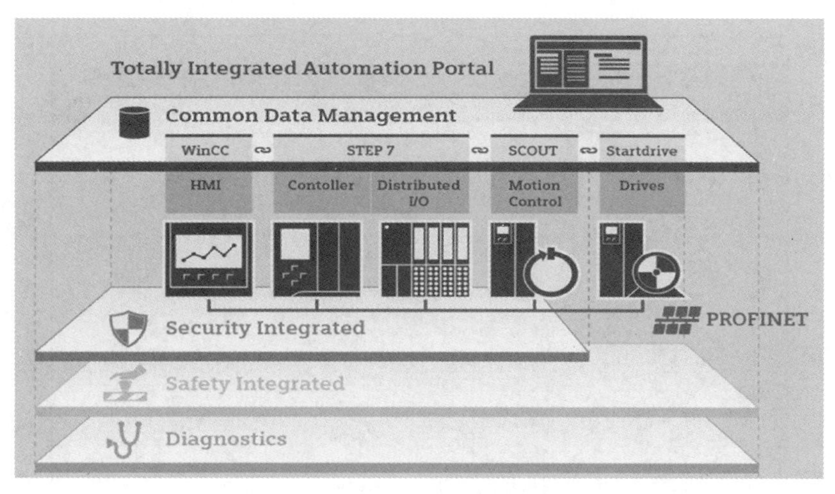

图 2-1　TIA 博途软件平台

途 SCOUT 等。用户可以根据实际应用情况，购买以上任意一种软件产品或者多种产品的组合。TIA 博途软件各种产品所具有的功能和覆盖的产品范围如图 2-2 所示。

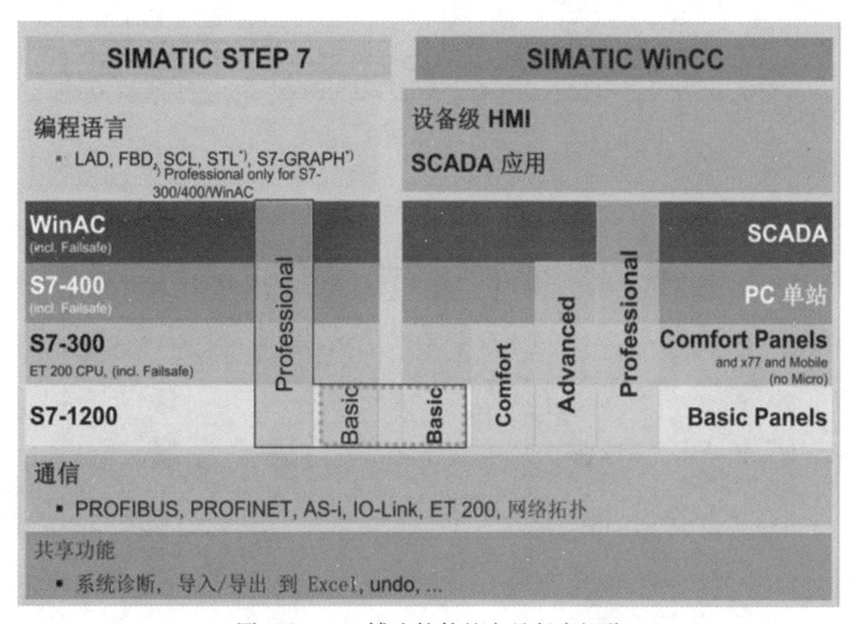

图 2-2　TIA 博途软件的产品版本概览

2.1.2　博途 V15 软件的安装

本书是在 Windows 10 操作系统上安装 STEP 7 Professional V15.1 软件，安装博途软件之前，建议关闭杀毒软件。将安装介质插入计算机的光驱，安装程序将自动启动，如果安装程序没有自动启动，则可通过双击“Start.exe”文件手动启动。具体安装步骤如下：

步骤 1：选择安装所使用的语言，如图 2-3 所示，选择“安装语言：中文”，单击“下一步”按钮。

步骤 2：这里选择“中文”，如图 2-4 所示，然后单击“下一步”按钮。

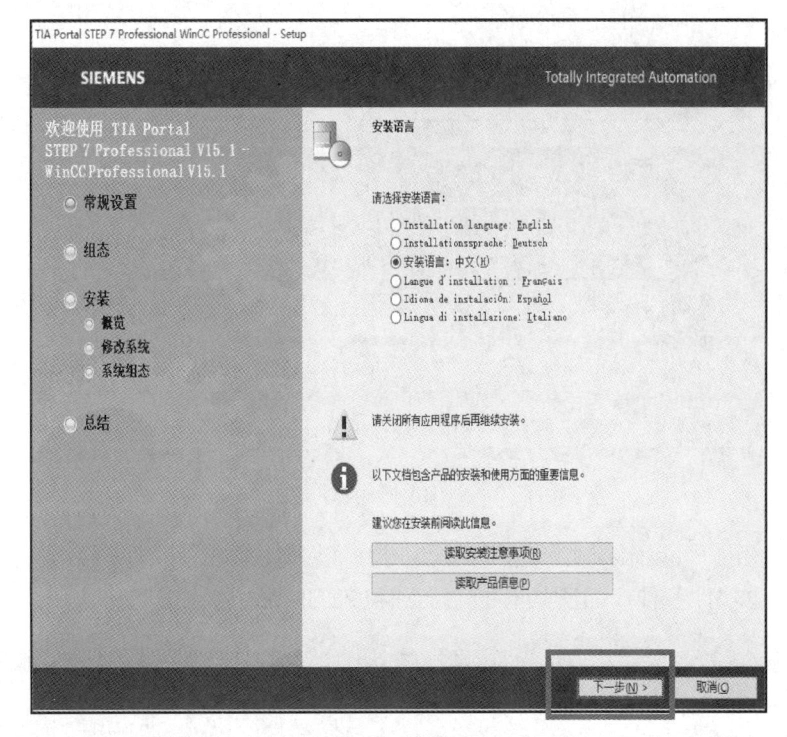

图 2-3　选择安装语言

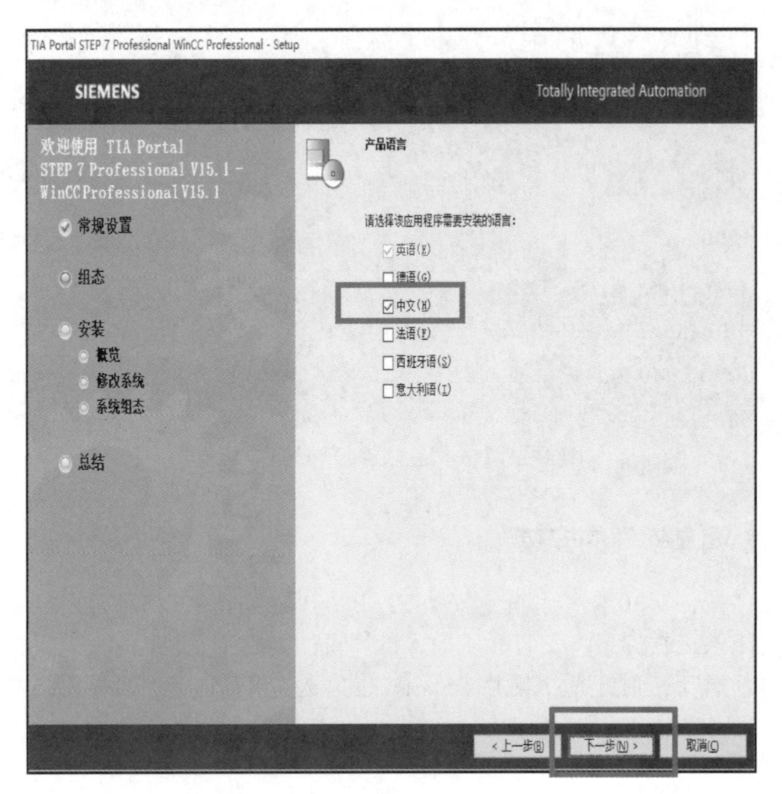

图 2-4　选择程序界面语言

步骤 3：选择要安装的产品，如图 2-5 所示，可以选择最小配置、典型配置和自定义配置安装，同时选择安装路径。本书选择“典型”安装，然后单击“下一步”按钮。

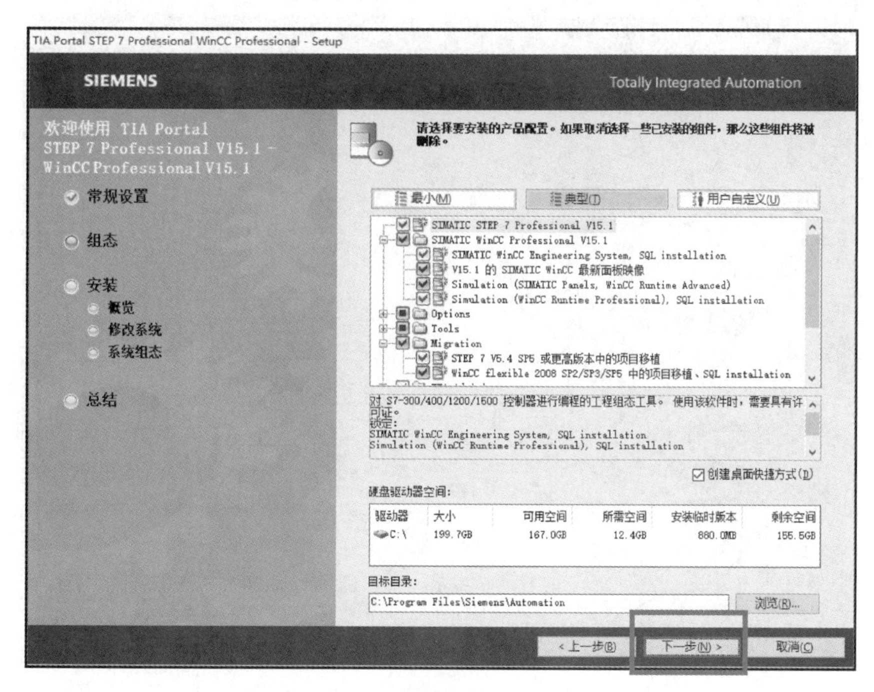

图 2-5　选择安装产品

步骤 4：选择接受许可条款，如图 2-6 所示，然后单击“下一步”按钮。

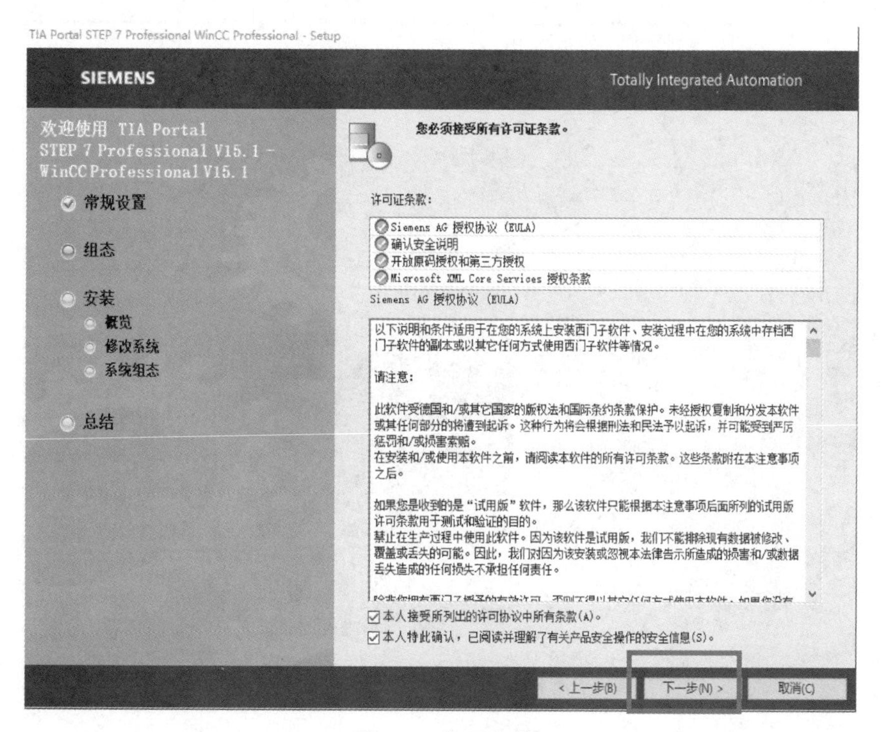

图 2-6　许可条款

步骤 5：如图 2-7 所示的对话框显示安装设置概览，然后单击“下一步”按钮。

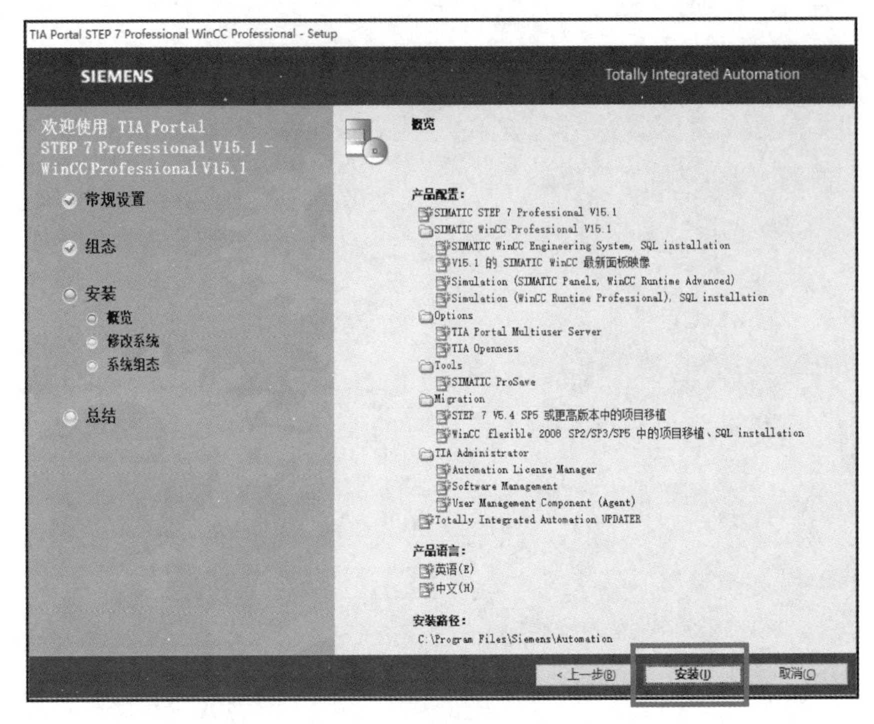

图 2-7　安装设置概览

步骤 6：单击“安装”按钮，启动安装。

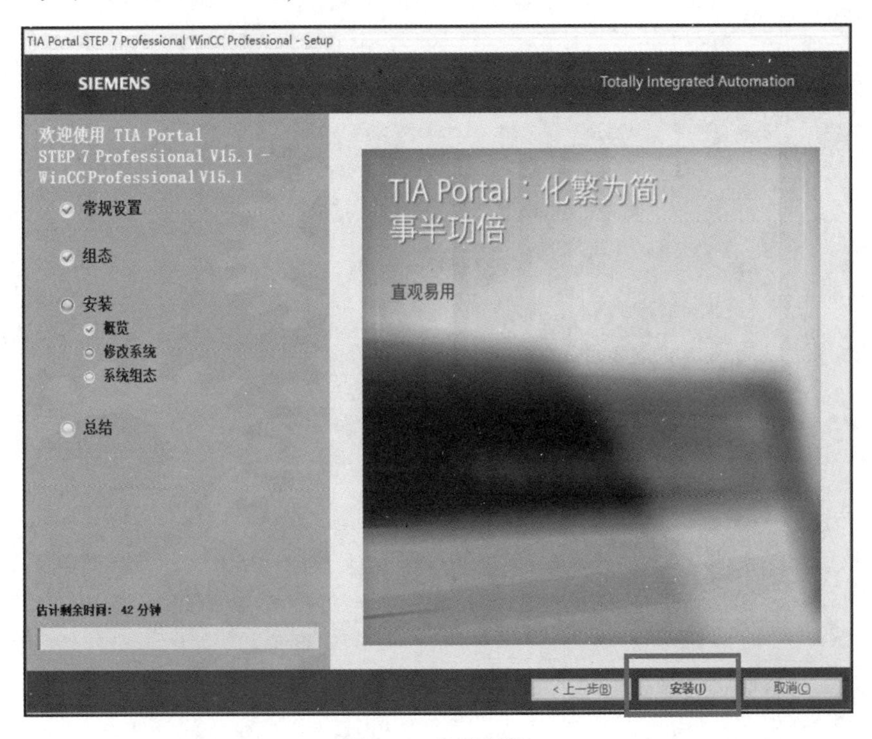

图 2-8　启动安装

步骤 7：当安装完成之后，会出现许可证传送画面，如图 2-9 所示，需要对软件进行许可证密钥授权，如果没有软件的许可证，则单击“跳过许可证传送”按钮。

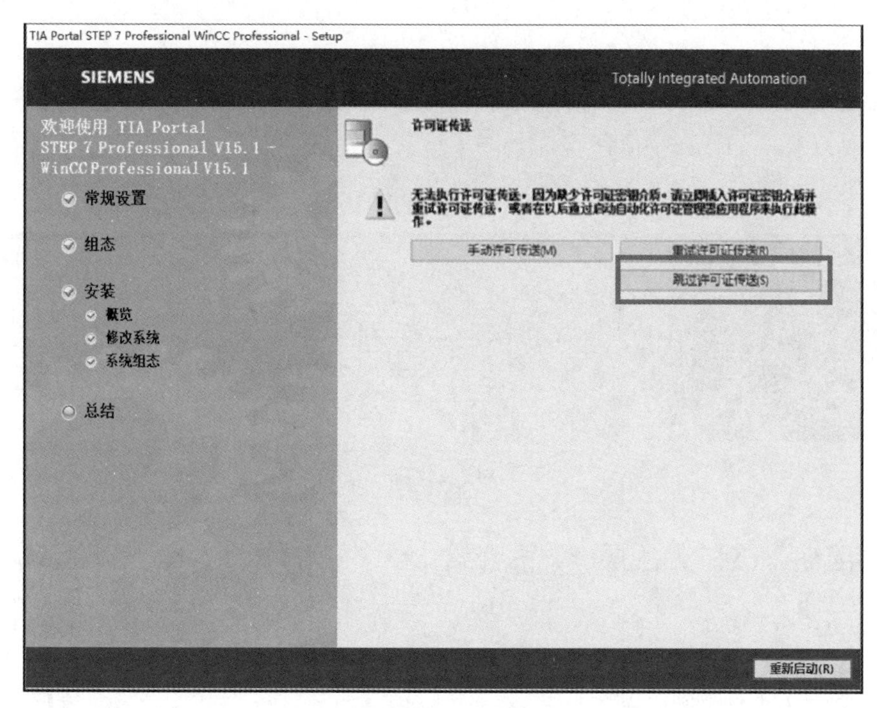

图 2-9　许可证传送

步骤 8：跳过许可证传送之后，直到安装成功，出现如图 2-10 所示画面，单击“重新启动”按钮即可。

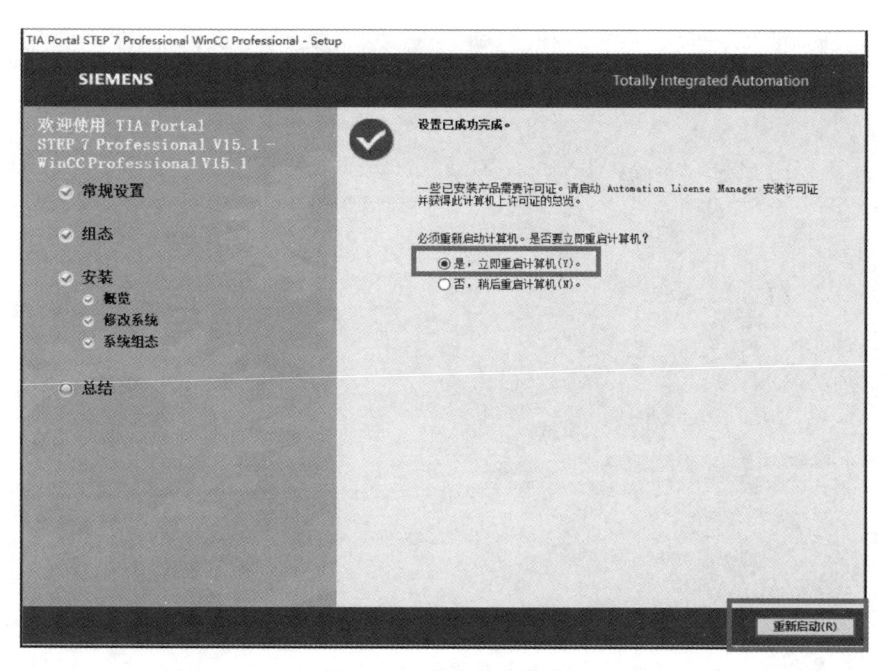

图 2-10　安装成功信息

步骤 9：安装 S7-PLCSIM V14 和 WinCC Professional V14。

S7-PLCSIM V14 和 WinCC Professional V14 与 STEP7 Professional V14 的安装过程几乎完全相同，这里不再详述。

最后安装自动化许可证，如果没有软件的自动化许可证，第一次使用软件时，将会出现提示未激活的对话框。选中“STEP 7 Professional”，单击“激活”按钮，激活试用许可证密钥，可以获得 21 天试用期。

能正常创建项目，如图 2-11 所示，表示安装成功可以正常使用了。

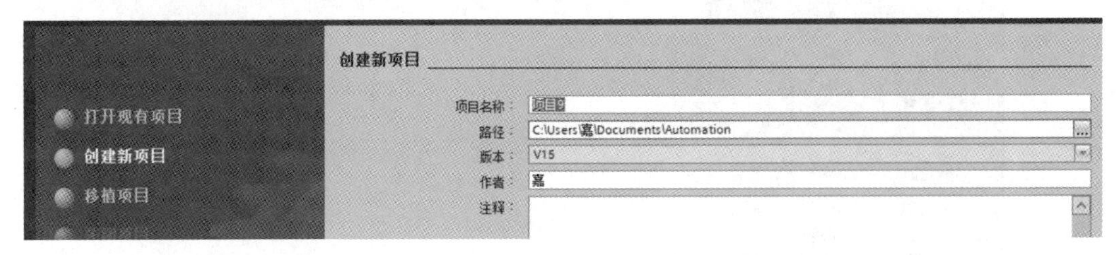

图 2-11　创建新项目

2.1.3　博途 V15 软件的操作界面介绍

（1） Portal 视图

Portal 视图是一种面向任务的视图，初次使用者可以快速上手使用，并且可以进行具体的任务选择。

Portal 视图布局包括以下几个部分，如图 2-12 所示。包括：任务选项、所选任务选项对应的操作、所选操作的选择面板、切换到项目视图和当前打开项目的显示信息。

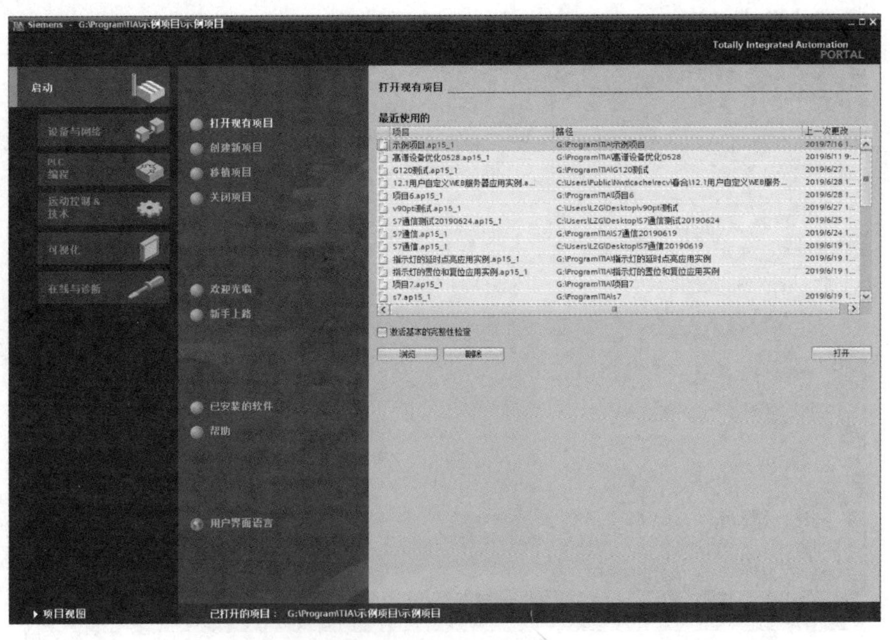

图 2-12　Portal 视图

（2）项目视图

项目视图是有项目组件的结构化视图，使用者可以在项目视图中直接访问所有的编辑器、参数及数据，并进行高效的组态和编程，项目视图的布局包括以下几个部分，如图 2-13 所示。包括：标题栏、菜单栏、工具栏、项目树、详细视图、工作区、巡视窗口、Portal 视图入口、编辑器栏、任务卡和状态栏。

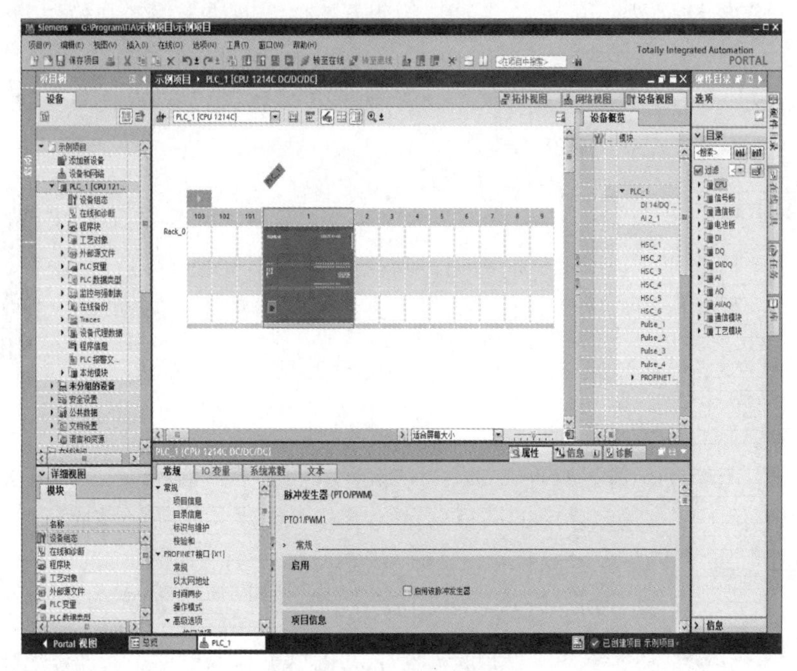

图 2-13　项目视图

（3）项目树

在项目视图左侧项目树界面中主要包括的区域，如图 2-14 所示。

图 2-14　项目树

① 标题栏。项目树的标题栏有两个按钮，可以自动和手动折叠项目树，手动折叠项目树时，此按钮将“缩小”到左边界。它此时会从指向左侧的箭头变为指向右侧的箭头，并可用于重新打开项目树。在不需要时，可以使用“自动折叠”按钮自动折叠到项目树。

② 工具栏。可以在项目树的工具栏下，单击按钮，可以执行创建新的用户文件夹任务。单击按钮，可显示或隐藏列标题。单击按钮，可最大化或者最小化概览视图。

③ 项目。在“项目”文件夹中，可以找到与项目相关的所有对象何操作，例如：设备、语言资源、在线访问等。

④ 设备。项目中的每个设备都有一个单独的文件夹，

该文件夹具有内部的项目名称。属于该设备的对象和操作都排列在此文件夹中。

⑤ 公共数据。此文件夹包含可跨多个设备使用的数据，例如公用消息类、日志、脚本和文本列表。

⑥ 文档设置。在此文件夹中，可以指定要在以后打印的项目文档的布局。

⑦ 语言和资源。可在此文件夹中确定项目语言和文本。

⑧ 在线访问。该文件夹包含了 PG/PC 的所有接口，即使未用于与模块通信的接口也包括在其中。

⑨ 读卡器/USB 存储器。该文件夹用于管理连接到 PG/PC 的所有读卡器和其他 USB 存储介质。

2.1.4 项目组态与调试

配套视频

博途软件创建新项目

这里以一个简单的项目指示灯的亮灭控制为例来介绍 PORTAL 软件的使用及下载。软件向用户提供了非常简单、灵活的项目创建、编辑和下载调试。

（1）创建新项目

新建博途项目的方法如下：

① 方法 1：打开 TIA 博途软件，如图 2-15 所示，选中“启动”→“创建新项目”，在“项目名称”右侧方框中输入新建的项目名称，单击“创建”按钮，完成新建项目。

② 方法 2：如果 TIA 博途软件处于打开状态，在项目视图中，选中菜单栏中“项目”，单击“新建”命令，如图 2-16 所示，弹出如图 2-17 所示的界面，在“项目名称”

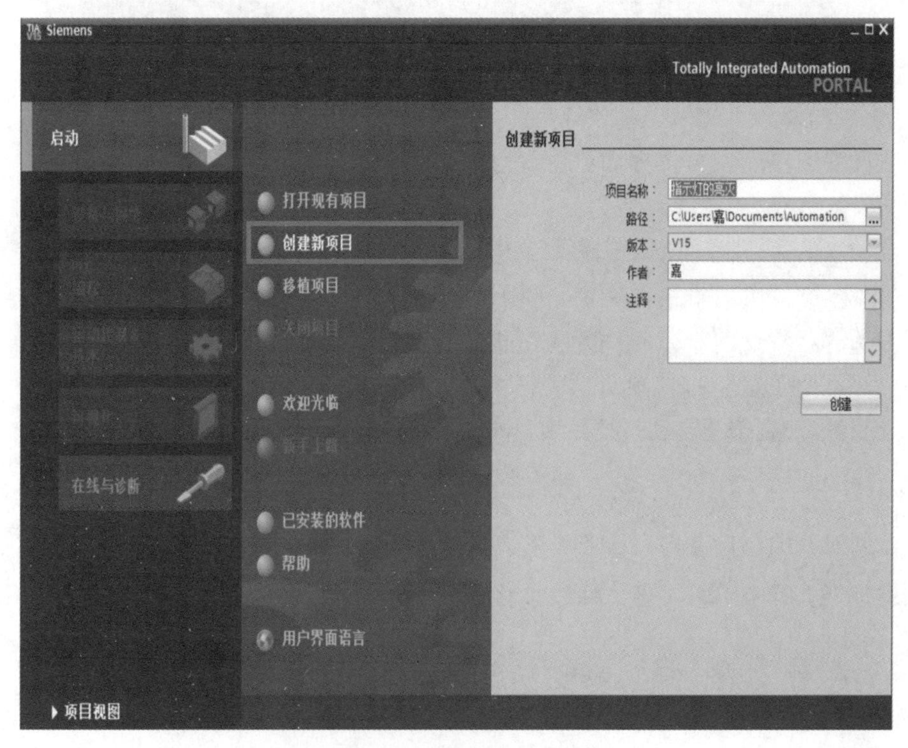

图 2-15 新建项目①

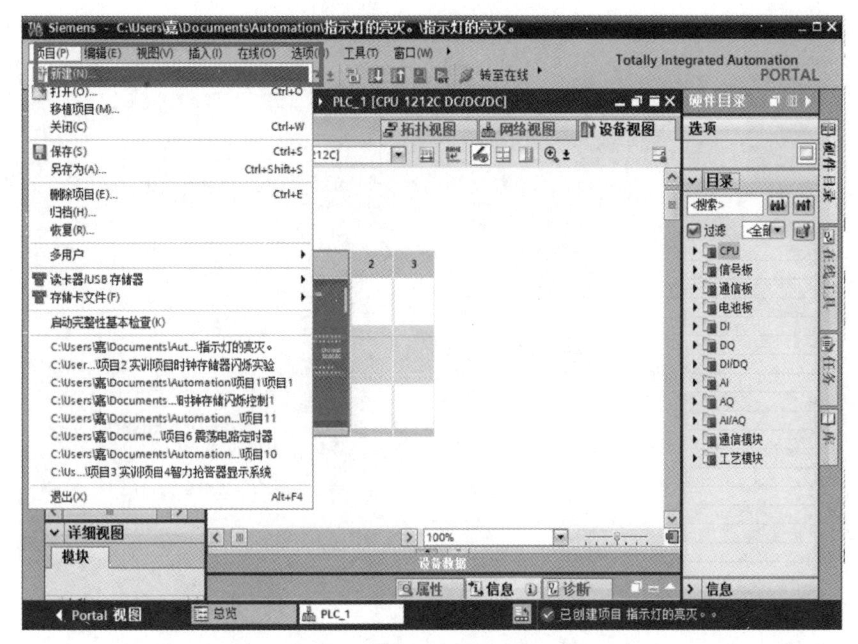

图 2-16　新建项目②

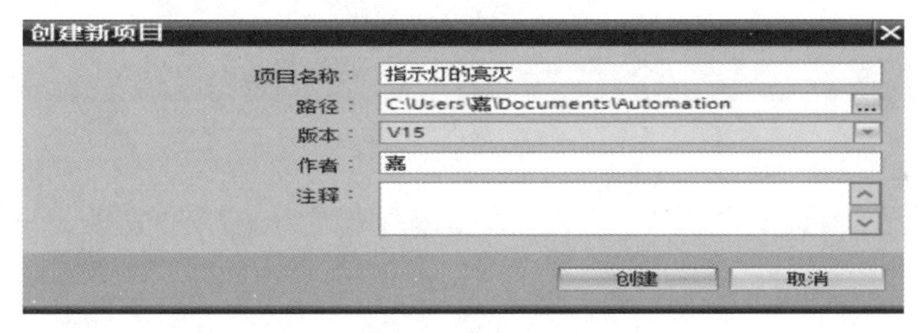

图 2-17　新建项目③

右侧方框中输入新建的项目名称，单击“创建”按钮，完成新建项目。

③ 方法 3：如果 TIA 博途软件处于打开状态，而且在项目视图中，单击工具栏中“新建”按钮，弹出如图 2-17 所示的界面，在“项目名称”右侧方框中输入新建的项目名称，单击“创建”按钮，完成新建项目。

（2）硬件配置

添加新设备。项目视图是 TIA 博途软件的硬件组态和编程的主窗口，在项目树的设备栏中，双击“添加新设备”选项卡栏，弹出“添加新设备”对话框，如图 2-18 所示。可以修改设备名称，也可保持系统默认名称。选择需要的设备，本例为：6ES7211-1AE40-0XB0，勾选“打开设备视图”，单击“确定”按钮，完成新设备添加，并打开设备视图，如图 2-19 所示。

如果要完成硬件配置，则在选择 PLC 的 CPU 类型后，还需要添加和定义其他扩展模块及网络等重要信息。对于扩展模块来说，只需要从右边的“硬件目录”中拖入相应的扩展模块即可。本项目只用到 CPU 一个模块，因此不用再添加其他的扩展模块。

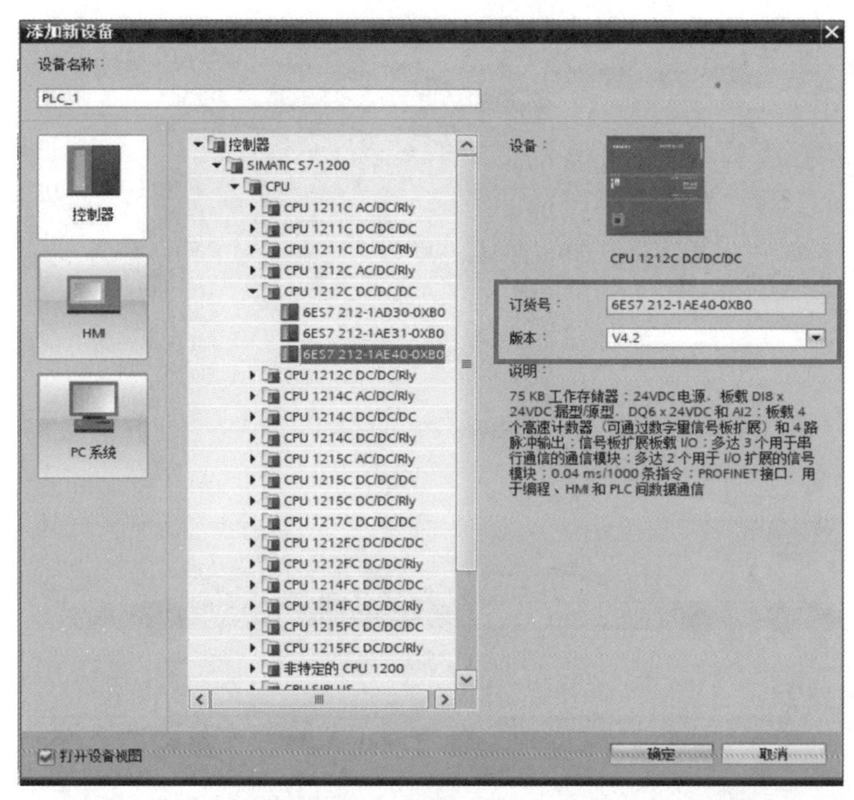

图 2-18　添加新设备①

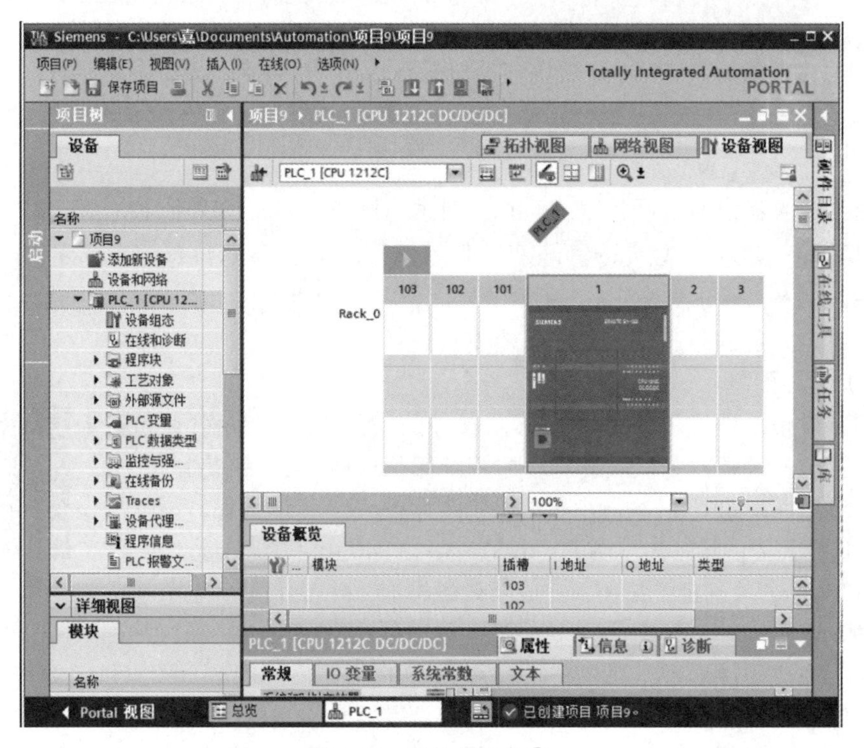

图 2-19　添加新设备②

（3）设置 IP 地址

单击 CPU，再单击“属性”选项卡，在“以太网地址”选项中配置网络，如图 2-20 所示。在“子网”下拉列表中选择新子网，然后将 IP 地址改为 192.168.0.1，子网掩码为 255.255.255.0。

注意：CPU 的 IP 地址和 PC 的 IP 地址需要在同一子网内，这通常意味着它们的前三个字节（网络部分）相同，而最后一个字节（主机部分）不同。

如果操作系统是 Windows 10，在计算机右下方打开“网络和 Internet”设置，打开“以太网”里的相关设置“更改适配器选项”，出现一个“以太网”图标，双击图标打开“以太网属性”窗口，如图 2-21 所示。双击“此连接使用下列项目”列表中的“Internet 协议版本 4（TCP/IPv 4）”，打开“Internet 协议版本 4（TCP/IPv 4）属性”对话框，如图 2-22 所示。选中“使用下面的 IP 地址”，输入 PLC 以太网地址的前 3 个字节：192.168.0，最后一个字节可以取 0~255 中的某个值，但不能与 PLC、触摸屏等其他设备的 IP 地址重复。单击“子网掩码”输入框，自动出现默认的子网掩码 255.255.255.0，一般不用设置网关的 IP 地址。设置好地址，单击“确定”即可完成。

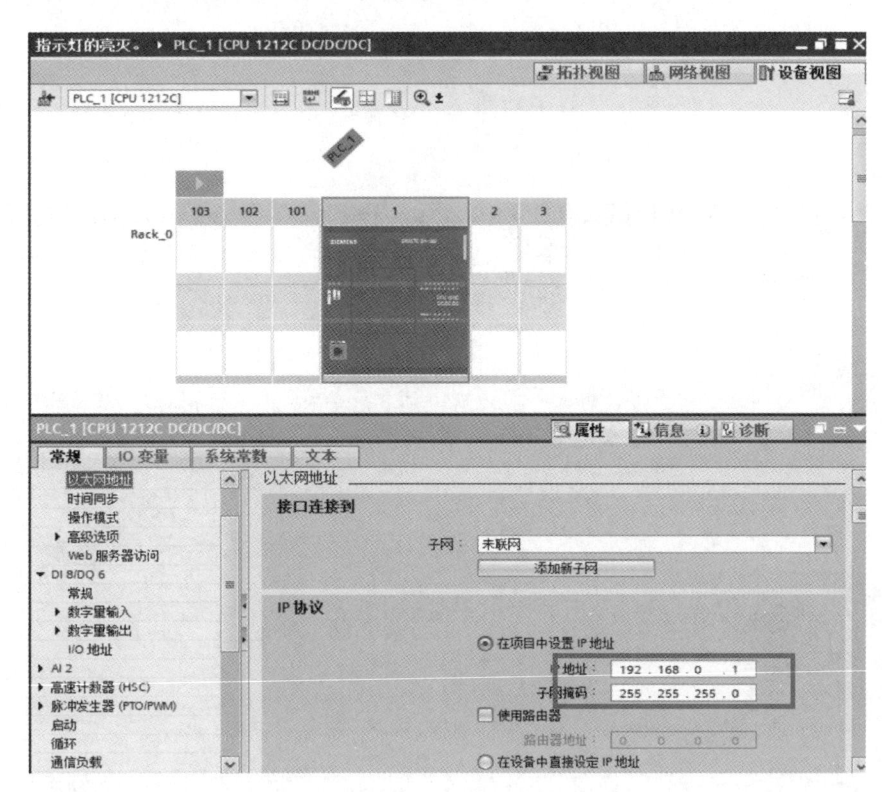

图 2-20　设置 IP 地址

（4）硬件组态下载

在项目树中单击“PLC_1”，然后单击“下载”按钮，弹出如图 2-23 所示的下载界面，选择 PG/PC 接口的类型为 PN/IE。PG/PC 接口为实际的连接以太网的网卡名称；子网的连接这一项选择两者都可以；在找到 PLC_1 后单击“下载”按钮。

图 2-21 “以太网属性”窗口

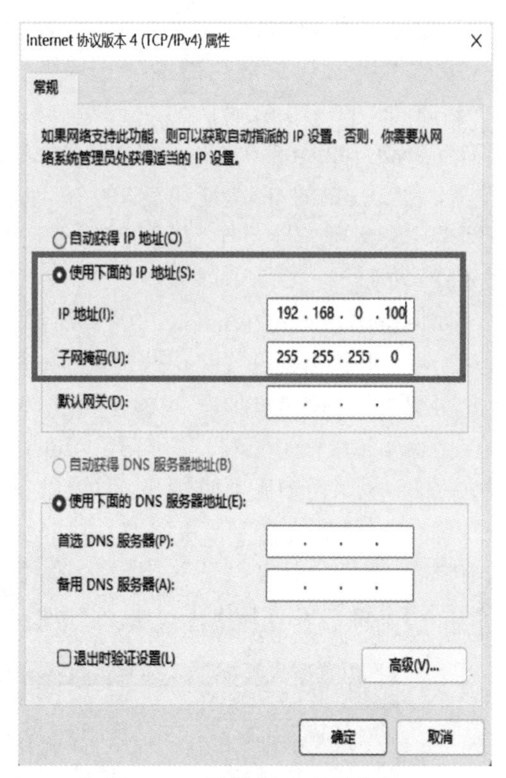

图 2-22 计算机 IP 地址设置

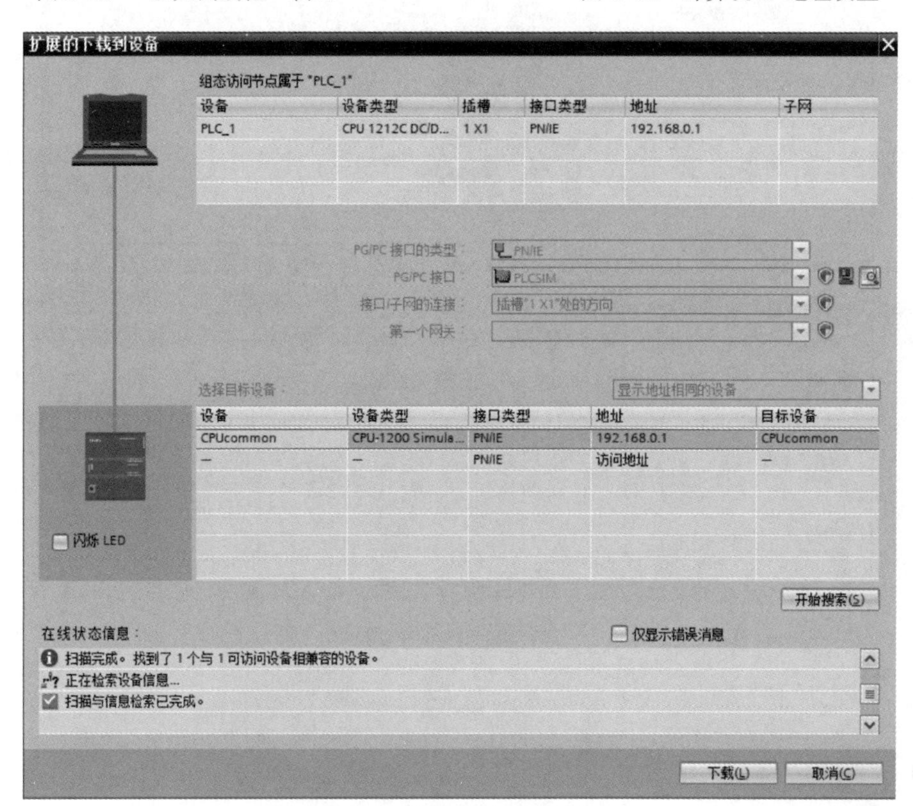

图 2-23 硬件组态下载界面

在下载过程中，根据要求选择停止 PLC，下载后启动 PLC。

下载完成后若各个设备都显示为绿色表明组态成功：若不能正常运行，则说明组态错误，可使用 CPU 的在线诊断工具进行诊断与排错。

注意：若固件版本不同。则可能会发生下载失败现象，可通过在线访问检查固件版本。

（5）编辑变量

S7-1200 PLC CPU 的编程理念中，特别强调符号变量的使用。在开始编写程序之前，用户应当为输入变量、输出变量、中间变量定义相应的符号名，也就是标签，如图 2-24 所示。

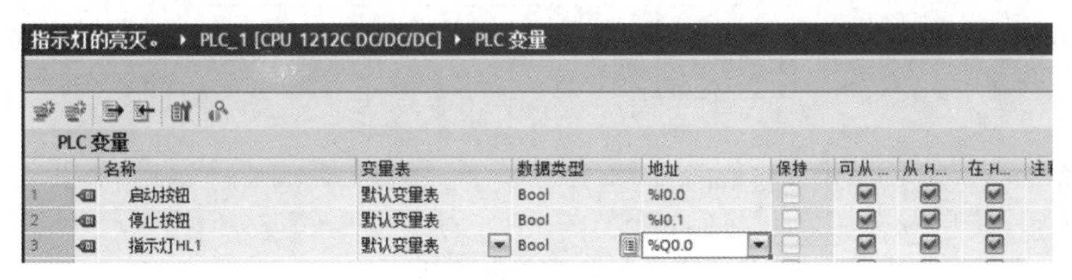

图 2-24　变量定义

具体步骤如下。

① 在 PLC 变量表中声明变量。

② 在程序编辑器中选用和显示变量。

③ 在程序编辑器中定义和改变变量。

（6）编辑程序

单击项目视图左下角的“Portal 视图”，切换到 Portal 视图，选择“PLC 编程”，再双击对象列表中的“Main”，打开项目视图中的主程

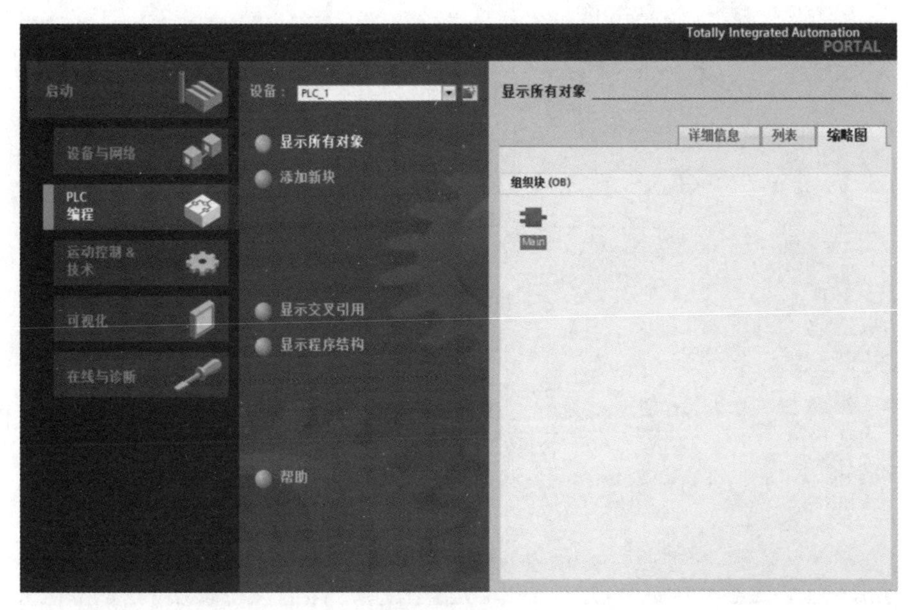

图 2-25　打开主程序

序，进入 OB1 编辑界面，如图 2-25 和图 2-26 所示。也可以在项目树“程序块”中双击“Main［OB1］”，在右侧详细视图中输入如图 2-26 所示程序。

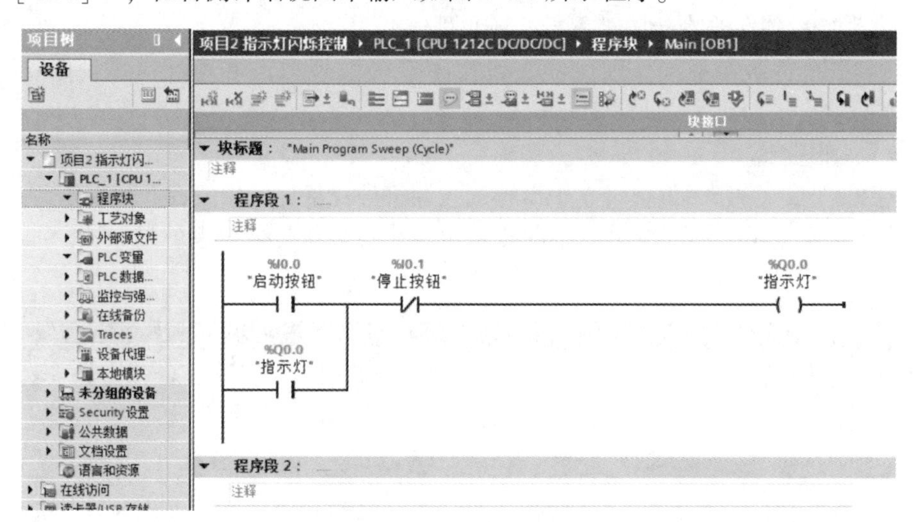

图 2-26　OB1 编辑界面

（7）下载程序

单击博途软件工具栏上的下载按钮，打开“扩展的下载设备”对话框，单击“开始搜索”按钮，如图 2-27 所示。这里要注意 PG/PC 接口和仿真时选择的接口是不一样

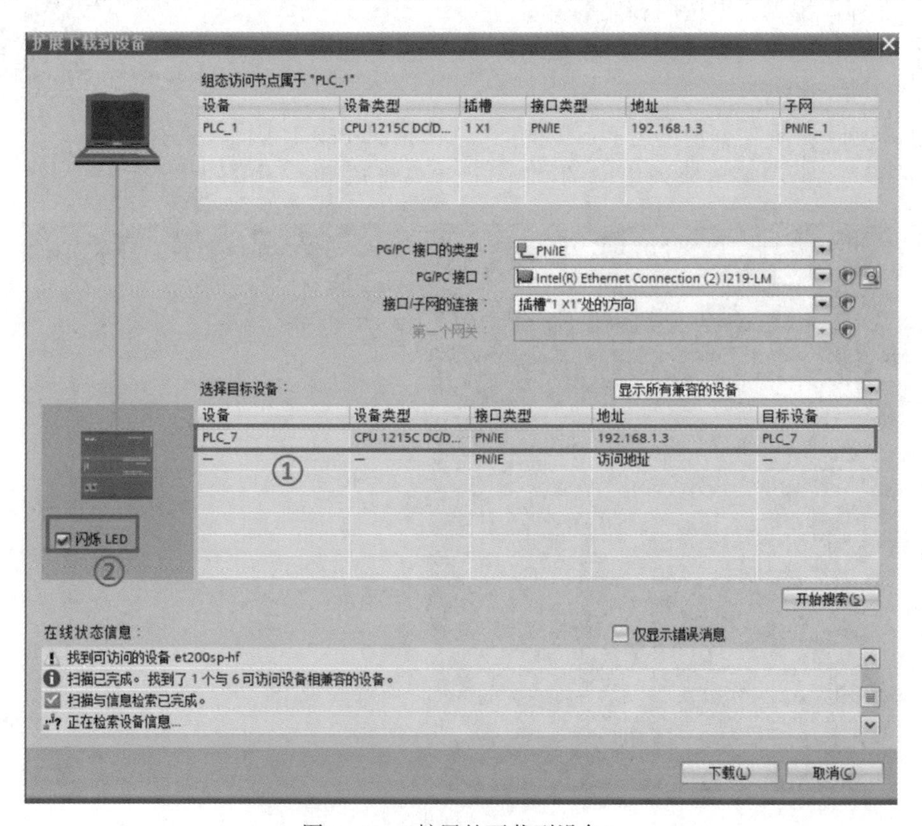

图 2-27　“扩展的下载到设备”

的，单击“下载”按钮。若 PLC 之前已经下载过程序，可能会出现如图 2-28 的对话框，单击“在不同步的情况下继续”。在“下载预览”对话框，如图 2-29 所示，停止模块处选择“全部停止”。单击“装载”按钮，弹出如图 2-30 所示窗口，单击“完成”。PLC 切换到 RUN，可以用“在线”菜单中的命令或右键快捷键菜单中的命令启动下载操作，也可以再打开某代码块时，单击工具菜单栏上的下载按钮，下载该代码块。

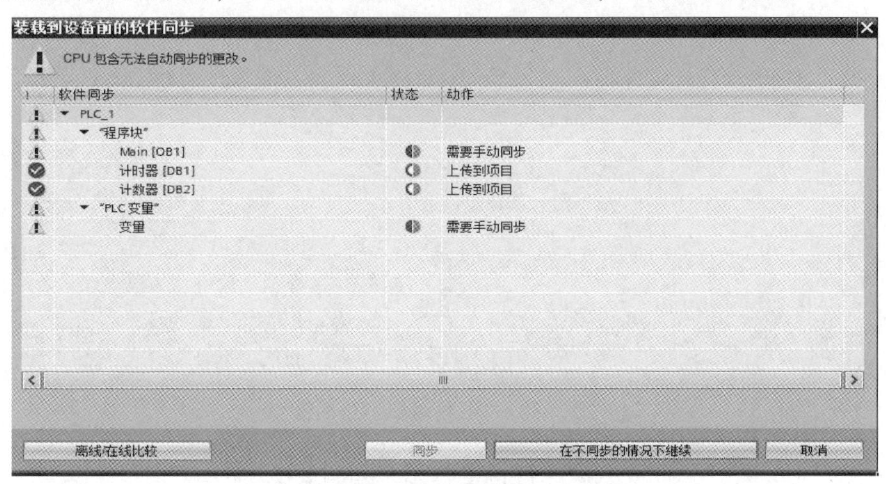

图 2-28　“装载到设备的软件同步”对话框

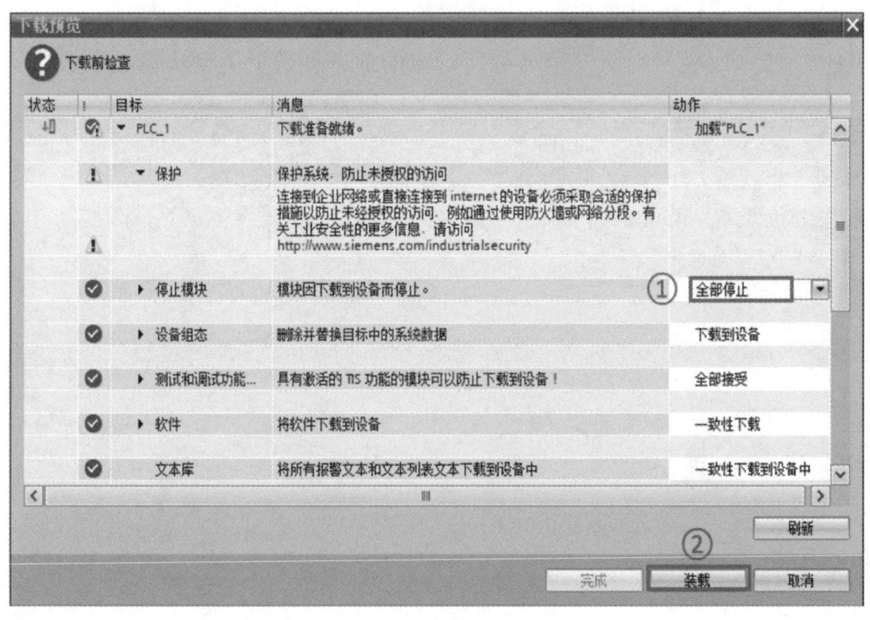

图 2-29　“下载预览”对话框

（8）在线调试

① 程序运行监视。单击工具栏中的“转到在线”按钮，再单击“启用/禁用监视”按钮，如图 2-31 所示。在硬件设备上，按下启动按钮 I0.0，常开触点 I0.0 闭合，有能流（能通量）流过 Q0.0 线圈，Q0.0 为“1”；松开启动按钮 I0.0，常开触点断开，但能流通过与之并

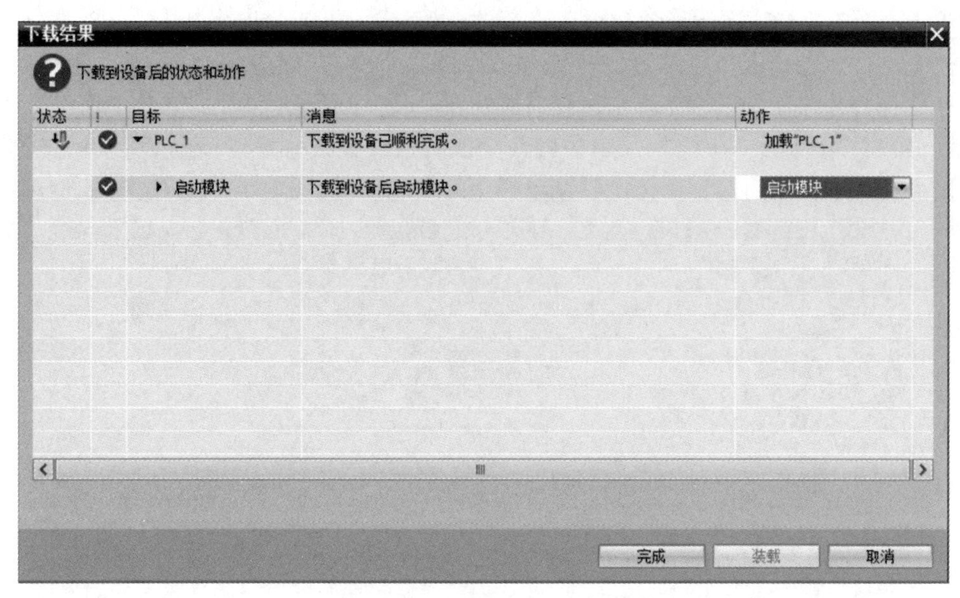

图 2-30 “下载结果”对话框

联的常开触点 Q0.0，使 Q0.0 线圈保持得电状态，如图 2-32 所示。

② 用监控表监视和修改变量。在项目视图中，选择项目树下的“监控与强制表”，双击添加新监控表，则自动建立并打开一个名称为“监控表_1”的监控表，将 PLC 的变量名称输入到监控表的“名称”栏，则该变量名称所对应的地址和数据类型将自动生成。

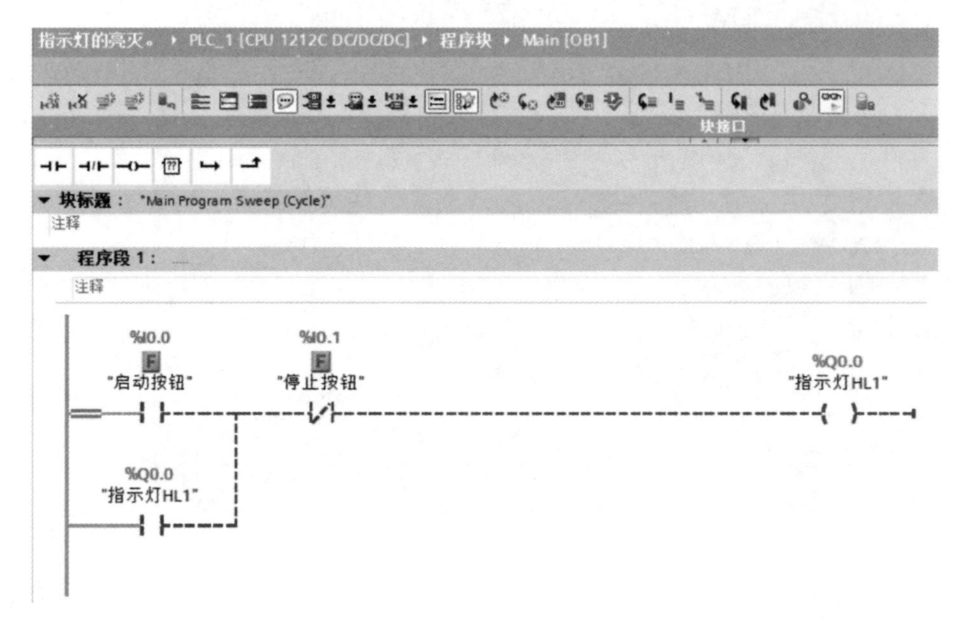

图 2-31 程序运行监视

单击工具栏中的“全部监视”按钮，则在监控表中显示所输入地址的监视值，如图 2-33 所示，监视变量的值为 1（TRUE），对应颜色为绿色（图 2-32 中 Q0.0 信号状态）；监视变量的值为“0”（FALSE），对应颜色为灰色（图 2-31 中 Q0.0 信号状态）。

指示灯的亮灭。 ▸ PLC_1 [CPU 1212C DC/DC/DC] ▸ 程序块 ▸ Main [OB1]
块接口
块标题： "Main Program Sweep (Cycle)"
注释
程序段 1：
注释
%I0.0
"启动按钮"
%I0.1
"停止按钮"
%Q0.0
"指示灯HL1"
%Q0.0
"指示灯HL1"

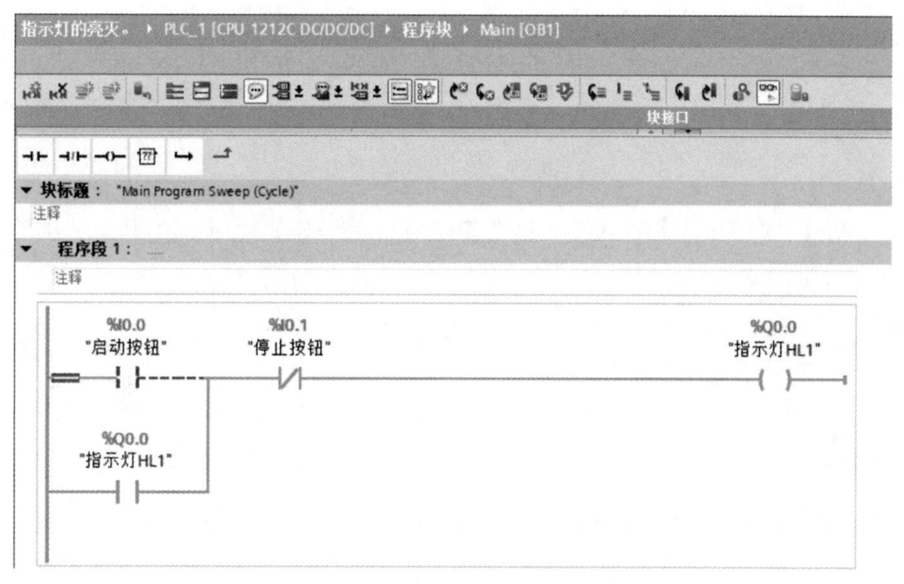

图 2-32　程序调试

项目2 指示灯闪烁控制 ▸ PLC_1 [CPU 1212C DC/DC/DC] ▸ 监控与强制表 ▸ 监控表_1
i 名称 地址 显示格式 监视值 注释
1 "启动按钮" %I0.0 布尔型 FALSE
2 "停止按钮" %I0.1 布尔型 FALSE
3 "指示灯" %Q0.0 布尔型 TRUE

图 2-33　监控表中的监视值

用监控表监视和修改变量，同样也可以在“修改值”列中对一些变量的值进行修改。选中需要修改的变量，单击工具栏中的“一次性修改所有值”按钮，再单击“立即一次性修改选中变量”按钮；或者右击该列，在弹出的快捷菜单中选择“修改”→“修改为 1”命令，都可对变量的值进行修改，如图 2-34 和图 2-35 所示。

项目2 指示灯闪烁控制 ▸ PLC_1 [CPU 1212C DC/DC/DC] ▸ 监控与强制表 ▸ 监控表_1
i 名称 地址 显示格式 监视值 注释 变量注释
1 "启动按钮" %I0.0 布尔型 FALSE
2 "停止按钮" %I0.1 布尔型 FALSE
3 "指示灯" %Q0.0 布尔型 FALSE
4 <添加>
修改(O)
全部监视(M)
立即监视(W)
插入行(I)
添加行(O)
插入注释行(M)
剪切(T) Ctrl+X
复制(Y) Ctrl+C
粘贴(P) Ctrl+V
删除(D) Del
重命名(N) F2
修改为 0 Ctrl+F3
修改为 1 Ctrl+F2
立即修改(N) Shift+F9
使用触发器修改(W) Ctrl+Shift+F9
启用外围设备输出(E)

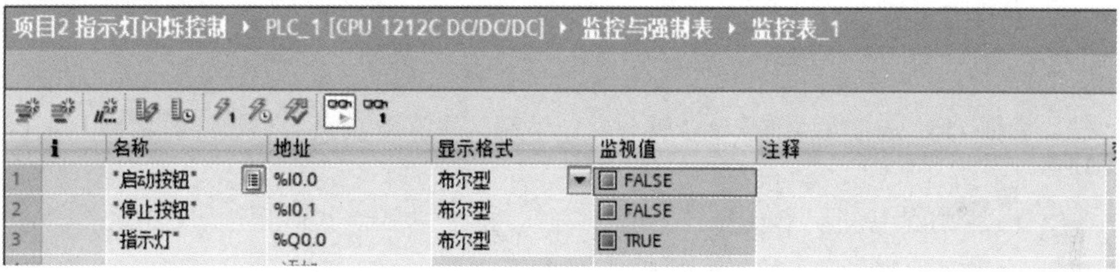

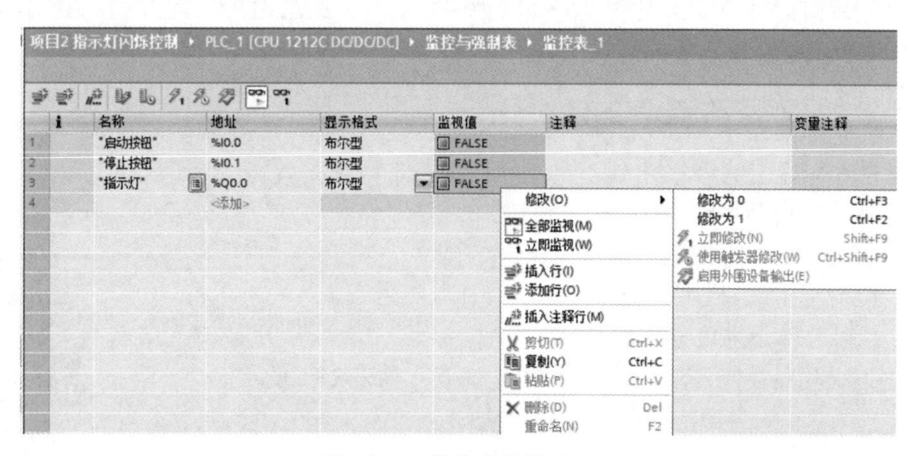

图 2-34　修改变量值（1）

名称	地址	显示格式	监视值	修改值	
"启动按钮"	%I0.0	布尔型	TRUE	TRUE	
"停止按钮"	%I0.1	布尔型	FALSE	FALSE	!
"指示灯"	%Q0.0	布尔型	TRUE	TRUE	!

图 2-35　修改变量值（2）

注意：在 RUN 模式下不能改变 I 区分配给硬件的数字量输入点的状态，因为它们的状态取决于外部输入电路的通断状态。

2.2　项目实施

【项目要求】

① 设置启动 SB1 和停止 SB2 按钮，以及 HL1～HL3 三个指示灯。

② 按动 SB1，三个指示灯同时闪烁，其中，HL1 闪烁最快、HL2 闪烁中等、HL3 闪烁最慢。

③ 按动 SB2，三个指示灯同时熄灭。

【项目分析】

① 根据 TIAPortal 软件的安装步骤建立新项目，并掌握 PLC 硬件接线，使用 PIA Portal 软件进行仿真测试，完成 PLC 硬件配置。

② 在设备组态中进行 CPU1212C 属性设置，将时钟存储字节指定为 MB100，保存编译及下载；指定存储字节：MB0～MB4095。

根据项目要求：

表 2-1 中 HL1 指示灯闪烁最快，根据图 2-36 时钟闪烁频率，选用 M100.0 控制 HLA，其闪烁周期为 0.1s（亮 50ms 灭 50ms），频率为 10Hz；

HL3 指示灯闪烁最慢，根据图 2-36 时钟闪烁频率，选用 M100.7 控制 HLC，其闪烁周期为 2s（亮 1s 灭 1s）闪烁频率为 0.5Hz；

HL2 指示灯闪烁中等，根据表 2-2 时钟闪烁频率，选用 M100.5 控制 HLB，其闪烁周期为 1s（亮 0.5s 灭 0.5s）闪烁频率为 1Hz。

2.2.1　时钟闪烁控制电路的硬件设计

（1）输入/输出信号分析

输入信号：启动按钮 SB1、停止按钮 SB2。

输出信号：指示灯 HL1、HL2、HL3。

（2）新建项目、硬件组态（参考项目 2 基本组态）

（3）输入/输出地址分配表

根据以上项目控制要求，输入/输出地址表，如表 2-1 所示。

（4） CPU 的时钟存储器属性设置

修改 CPU 时钟存储器属性，将 MB100 指定为时钟存储器字节，用

于控制指示灯的闪烁频率，如图 2-36 所示。

表 2-1　　时钟存储闪烁控制 I/O 地址表

输入信号			输出信号		
绝对地址	符号地址	注释	绝对地址	符号地址	注释
I0. 0	SB1	启动按钮	Q0. 0	HL1	指示灯 1
I0. 1	SB2	停止按钮	Q0. 1	HL2	指示灯 2
			Q0. 2	HL3	指示灯 3

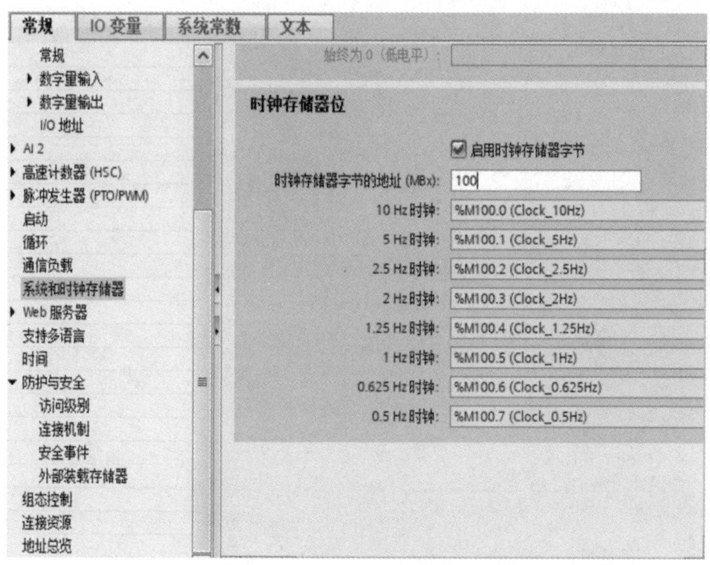

图 2-36　CPU 的时钟存储器属性设置

配套视频

指示灯闪烁控制硬件接线

(5) 时钟存储闪烁控制电路的硬件设计

本项目采用 S7-1200 PLC 的 CPU1212C DC/DC/DC 进行接线和编程，订货号为 6ES7 212-1AE40-0XB0，这是一款紧凑型 CPU，其硬件接线图如图 2-37 所示。

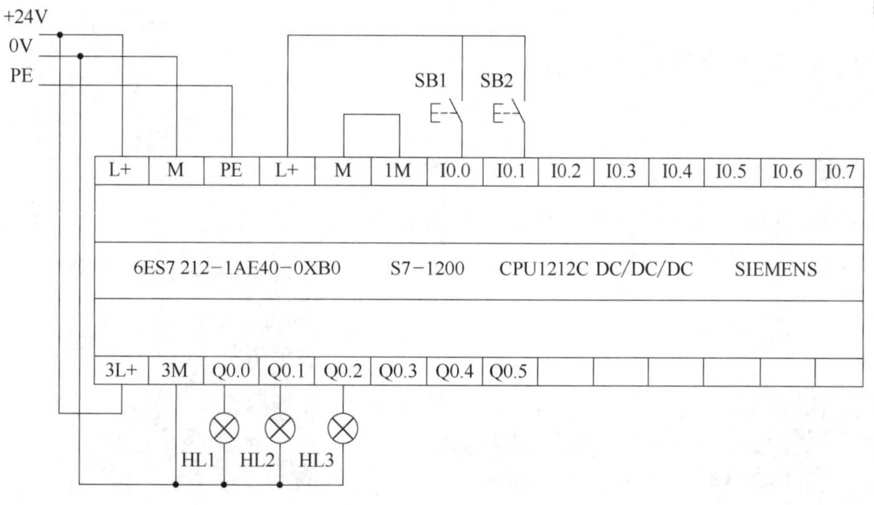

图 2-37　PLC 硬件接线图

2.2.2 时钟闪烁控制电路的软件设计

配套视频

指示灯闪烁控制软件设计及运行调试

程序采用线性化编程，所以程序都在组织块 OB1 中。根据任务要求和输入/输出分配地址表，进行下面的编程，如图 2-38 所示。

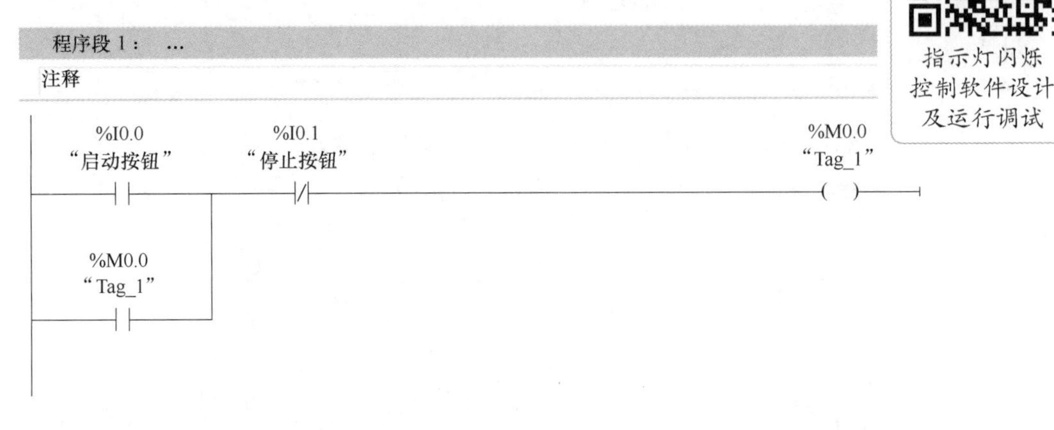

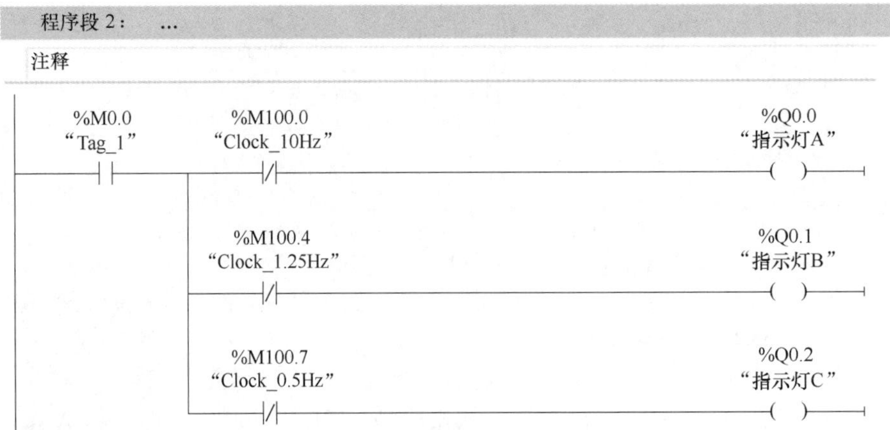

图 2-38　时钟存储闪烁编程程序

2.2.3 时钟闪烁控制电路的仿真调试

（1）启动仿真

单击菜单栏中按钮，或执行菜单命令“在线”→“仿真”→“启动”，如图 2-39 所示。仿真 PLC S7-1200 面板，如图 2-40 所示。

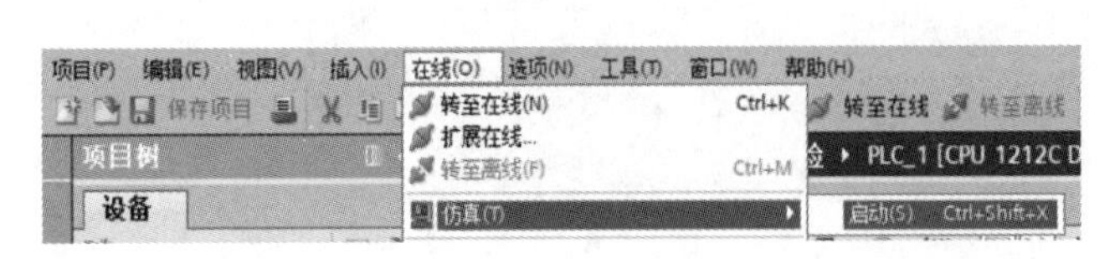

图 2-39　启动仿真

图 2-40　仿真 PLC S7-1200 面板

（2）硬件组态下载

在项目树中，单机“PLC_1”，再单击“下载”按钮，弹出如图 2-41 所示界面，选择“PG/PC 接口类型”为“PN/IE”，PG/PC 接口为 PLCSIM 的网卡名称，如果是实际设备则为实际的网卡名称，“接口/子网的连接”这一项选择两者都可以。单击“开始搜索”按钮，找到“PLC_1”，单击下载按钮，下载硬件与软件，系统自动进行编译下载，装载完成。根据要求可以选择停止 PLC，下载完成后启动 PLC。

下载完成，如各个设备都显示绿色，则说明组态成功；若不能正常运行，则说明组态错误，可使用 CPU 的在线与诊断工具进行诊断与排错。

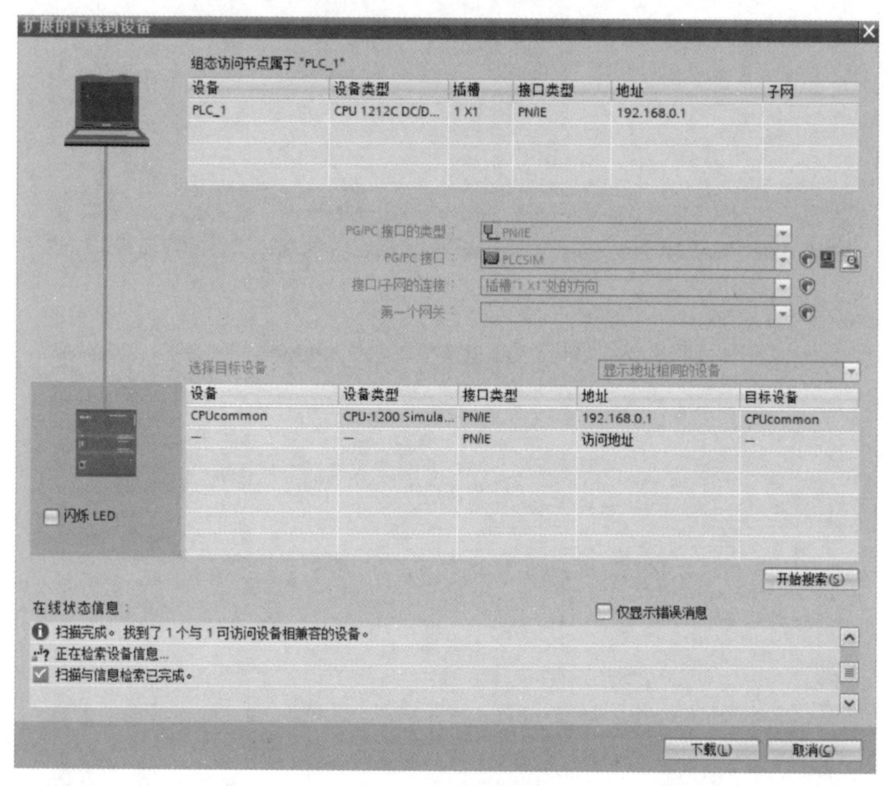

图 2-41　下载界面

（3）仿真调试

① 在 TIA 博途软件中单击“仿真”按钮，可启动 S7-1200 的仿真器，会弹出仿真器对话框的精简图。单击右上角图标切换到项目视图，如图 2-42 所示。

② 单击左上角的“新建”按钮，可以新建一个仿真项目。

③ 回到编辑界面，选中项目里的 PLC，单击“下载”按钮，会弹出如图 2-41 所示界面，按照图中所示选择接口，并单击“开始搜索”按钮，在兼容设备中会显示出仿真器设备。

项目下载成功后，可以单击仿真器上的“RUN”和“STOP”按钮，更改 CPU 的运行模式。

④ 在项目树中可以看到 SIM 表，用户还可以添加自己的 SIM 表，然后在该表中添加变量，进行变量值的监控和修改，如图 2-43 所示。

⑤ 在“SIM 表格_1”中添加程序中的变量 I0.0、I0.1、Q0.0、Q0.1、Q0.2 进行测

图 2-42　项目视图

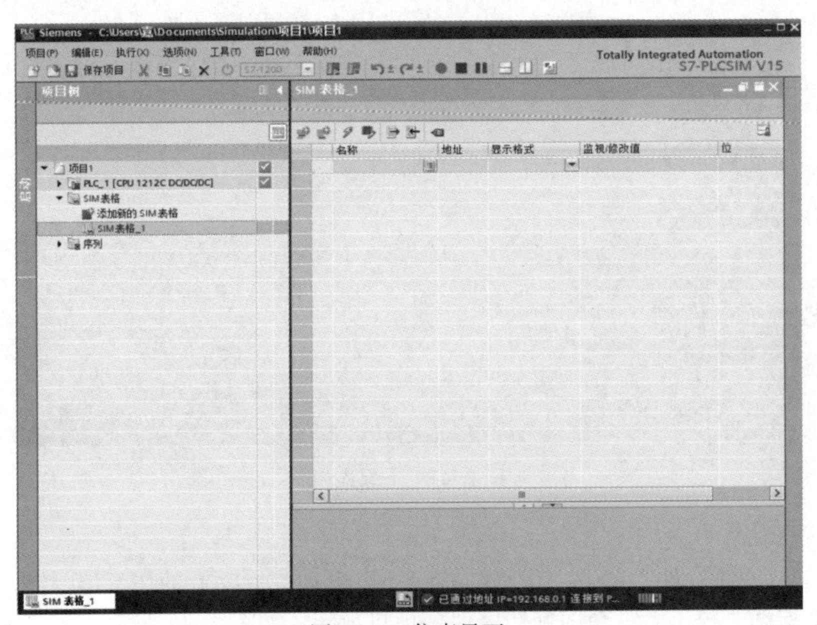

图 2-43　仿真界面

试，复杂项目可根据需要添加变量，如图 2-44 所示。

此时单击“位”列的复选框，可以对 I0.0 的值进行更改，默认情况下，只有输入点是允许更改的，Q 点或者 M 点只能监视无法更改值。如果想更改非输入点的值，需要单击工具栏的“启动/禁用非输入修改”按钮，便可以启动非输入变量的修改功能。启动该功能后，可以对刚刚建立的 Q 点及 M 点变量进行赋值操作。按下启动按钮 I0.0，常开触点 I0.0 闭合，能流流过 M0.0 线圈，使 M0.0 为“1”，此时常开触点 M0.0 闭合形成自锁，同时 M100.0、M100.4、M100.7 三个常开触点分别以不同频率闭合，激励 Q0.0、

SIM 表格_1

名称	地址	显示格式	监视/修改值	位	一致修改	注释
"启动按钮":P	%I0.0:P	布尔型	FALSE		FALSE	
"停止按钮":P	%I0.1:P	布尔型	FALSE		FALSE	
"指示灯HL1"	%Q0.0	布尔型	FALSE		FALSE	
"指示灯HL2"	%Q0.1	布尔型	FALSE		FALSE	
"指示灯HL3"	%Q0.2	布尔型	FALSE		FALSE	

图 2-44　添加变量

Q0.1、Q0.2 分别以不同频率为“1”，显示“√”表示接通；按下停止按钮 I0.1，常闭触点 I0.1 断开，导致 M0.0 线圈失电，M0.0 常开触点恢复常开状态，自锁断开，同时 Q0.0、Q0.1、Q0.2 状态为“0”。仿真结果如图 2-45 所示。

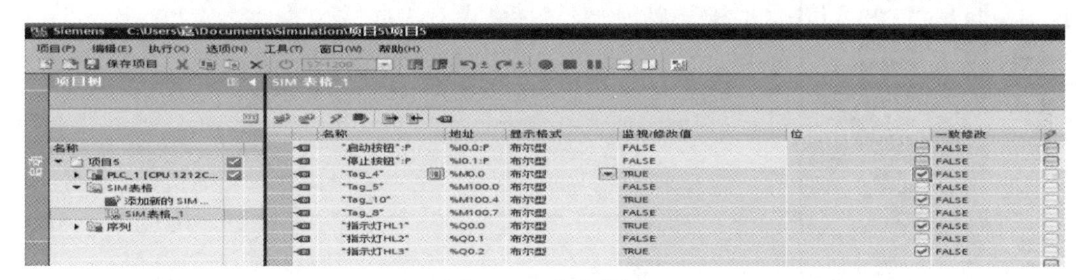

SIM 表格_1

名称	地址	显示格式	监视/修改值	位	一致修改
"启动按钮":P	%I0.0:P	布尔型	FALSE		FALSE
"停止按钮":P	%I0.1:P	布尔型	FALSE		FALSE
"Tag_4"	%M0.0	布尔型	TRUE		FALSE
"Tag_5"	%M100.0	布尔型	FALSE		FALSE
"Tag_10"	%M100.4	布尔型	TRUE		FALSE
"Tag_8"	%M100.7	布尔型	FALSE		FALSE
"指示灯HL1"	%Q0.0	布尔型	TRUE		FALSE
"指示灯HL2"	%Q0.1	布尔型	FALSE		FALSE
"指示灯HL3"	%Q0.2	布尔型	TRUE		FALSE

图 2-45　仿真结果

回到编程界面，在工具栏中单击“启用/禁用监视”按钮，如图 2-46 也可以看到 Q0.0 线圈的接通与断开状态，其中虚线表示未接通，绿色表示已接通，如图 2-47 所示。

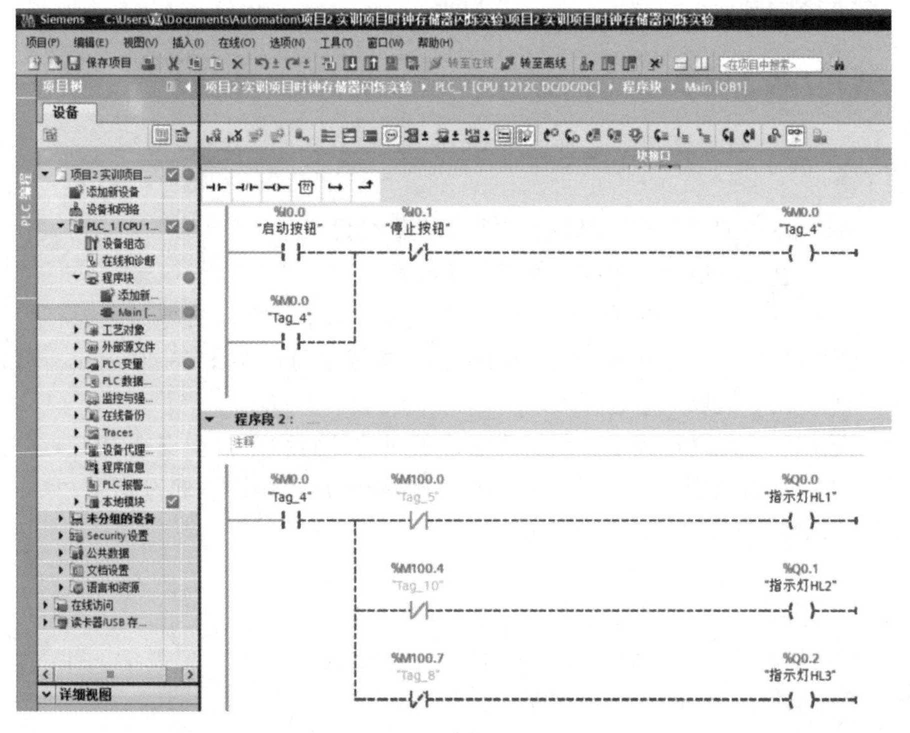

图 2-46　程序运行监视

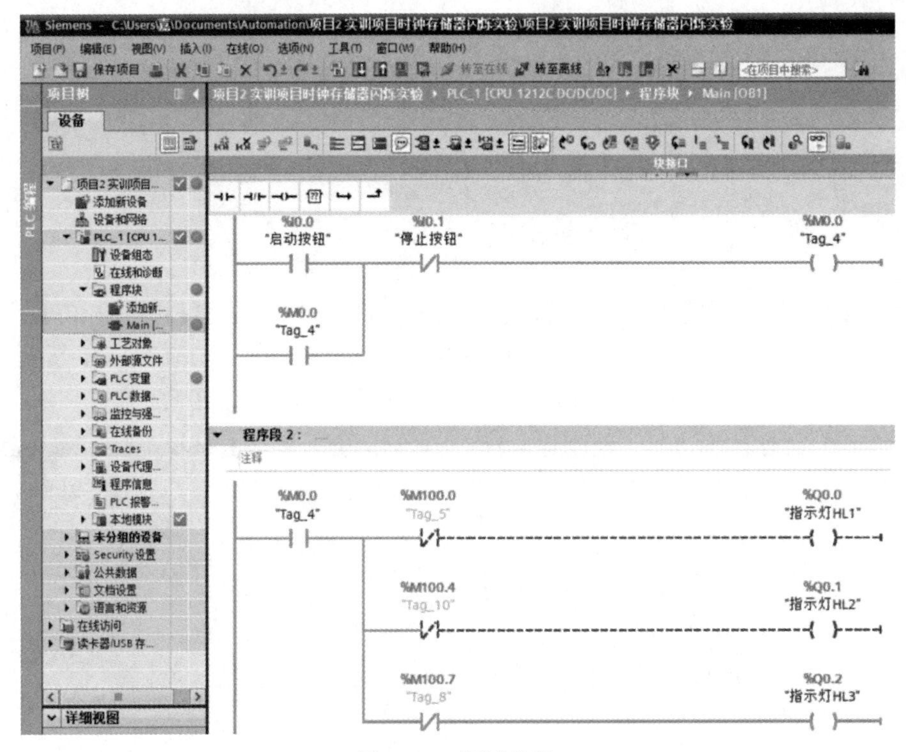

图 2-47　调试程序

2.3　项目拓展

2.3.1　CPU 属性设置

本项目以 CPU1212C 为例，具体介绍 CPU 参数设置，如图 2-48 所示。

（1）常规

单击属性视图中的“常规”选项，进行下列参数设置：

①“项目信息”可以编辑名称，作者及注释等信息。

②“目录信息”查看 CPU 的订货号，组态的固件版本及特性描述。

③“标识与维护”用于标识设备的名称，位置等信息，如图 2-49 所示。可以使用“Get_IM_Data”指令读取信息进行识别。

④“校验和”在编译过程中，系统将通过唯一的校验和来自动识别 PLC 程序。基于该校验和，可快速识别用户程序并判断两个 PLC 程序是否相同。通过指令“Get Checksum”可以读取校验和，如图 2-49 所示。

（2） PROFINET 接口

单击“PROFINET 接口［X1］”，配置以下参数：

①“常规”：标识 PROFINET 接口的名称、作者和注释。

②“以太网地址”：如图 2-50 所示。

配置以太网地址的步骤如下。

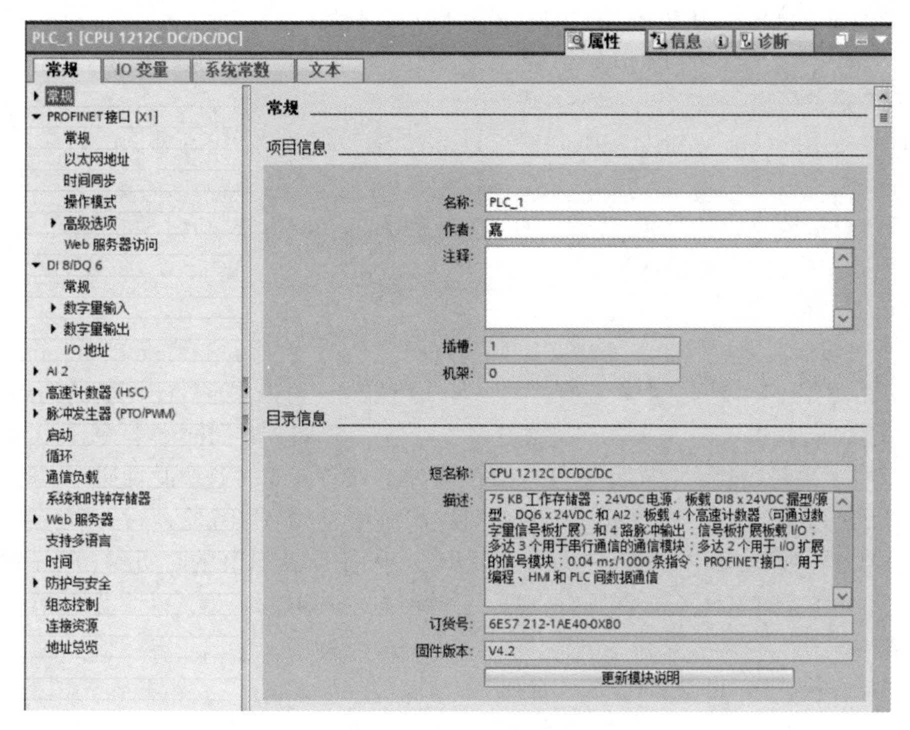

图 2-48　CPU 的属性窗口

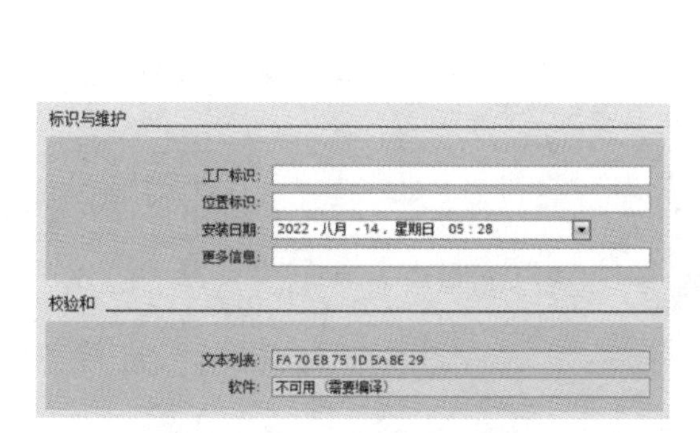

图 2-49　标识与维护及校验和

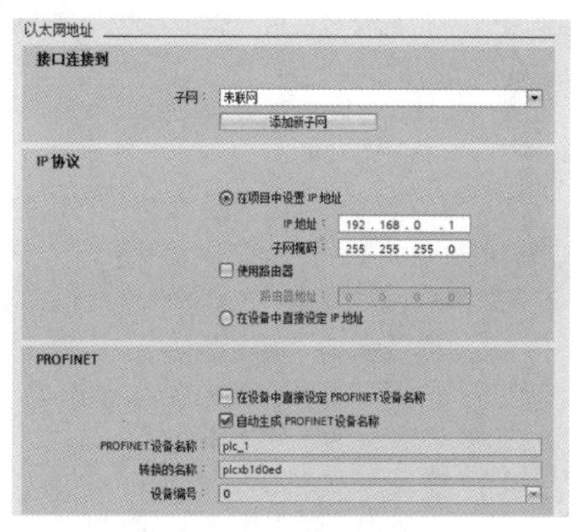

图 2-50　配置以太网地址

a. “接口连接到”：可以从下拉菜单中选择本接口连接到的子网，也可以添加新的网络。

b. “IP 协议”：默认为“在项目中设置 IP 地址”，此时在项目组态中设置 IP 地址，子网掩码等。如果使用路由器，则激活“使用路由器”，并设置路由器地址。也可以选择“在设备中直接设定 IP 地址”，则可以在程序中使用指令“T_CONFIG”分配 IP 地址。

c. “PROFINET”：

（a）激活“在设备中直接设定 PROFINET 设备名称”：表示不在硬件组态中组态设备

名称，而是在程序中使用指令“T_CONFIG”设置设备名。

（b）激活“自动生成 PROFINET 设备名称”，TIA 博途软件根据接口名称自动生成 PROFINET 设备名称。

（c）“转换的名称”：指此 PROFINET 设备名称转换为符合 DNS 惯例的名称，用户不能修改。

（d）“设备编号”：指 PROFINET IO 设备的编号。在发生故障时，可以通过编程读取该编号。对于 I/O 控制器默认为 0，无法修改。

③“时间同步”。

a. 可以激活“通过 NTP 服务器启动同步时间”。NTP（Network Time Protocol）即网络时间协议，可用于同步网络中系统时钟的一种通用机制。可以实现跨子网的时间同步，精度则取决于所使用的 NTP 服务器和网络路径等特性。在 NTP 时间同步模式下，CPU 的接口按设定的“更新间隔”时间（单位为秒）从 NTP 服务器定时获取时钟同步，时间间隔的取值范围在 10 秒到一天之间，这里最多可以添加 4 个 NTP 服务器。

b. “CPU 与该设备中的模块进行数据同步”：指同步 CM/CP 的时间和 CPU 的时间。

注意：建议在 CM/CP 和 CPU 中，只对一个模块进行时间同步，以便使站内的时间保持了一致。

④“操作模式”：可以设置“I/O 控制器”或是“I/O 设备”。如果该 CPU 作为智能设备，则激活“I/O 设备”，并在“已分配的 I/O 控制器中”，选择该 I/O 设备的 I/O 控制器（如果 I/O 控制器不在同一项目中，则选择“未分配”）。并根据需要，选择是否激活“PN 接口的参数，由上位 I/O 控制器进行分配”和“优先启用”等参数，以及设置智能设备的通信传输区等。

⑤“高级选项”：可以对“接口选项”“介质冗余”“实时设定”和“端口”进行设置。

⑥“Web”服务器访问：激活“启用使用该接口访问 Web 服务器”，则可以通过该接口访问集成在 CPU 内部的 Web 服务器。

⑦“硬件标识符”：接口的诊断地址。

（3）数字量输入/输出

①“常规”：单击数字量输入/输出的“常规”选项，可以输入项目信息。

a. “名称”：定义更改组件的名称。

b. “注释”：说明模块或设备的用途。

②“数字量输入”：以通道 0 的组态为例进行说明，如图 2-51 所示。

配置数字量输入通道的步骤如下：

a. “通道地址”：输入通道的地址，首地址在“I/O 地址”项中设置。

b. “输入滤波器”：为了抑制寄生干扰，可以设置一个延迟时间，即在这个时间之内的干扰信号都可以得到有效抑制，被系统自动滤除掉，默认的输入滤波时间为 6.4ms。

c. “启用上升沿或下降沿检测”：可为每个数字量输入启用上升沿和下降沿检测，在检测到上升沿或下降沿时触发过程事件。

（a）“事件名称”：定义该事件名称。

（b）“硬件中断”：当该事件到来时，系统会自动调用所组态的硬件中断组织块一次。

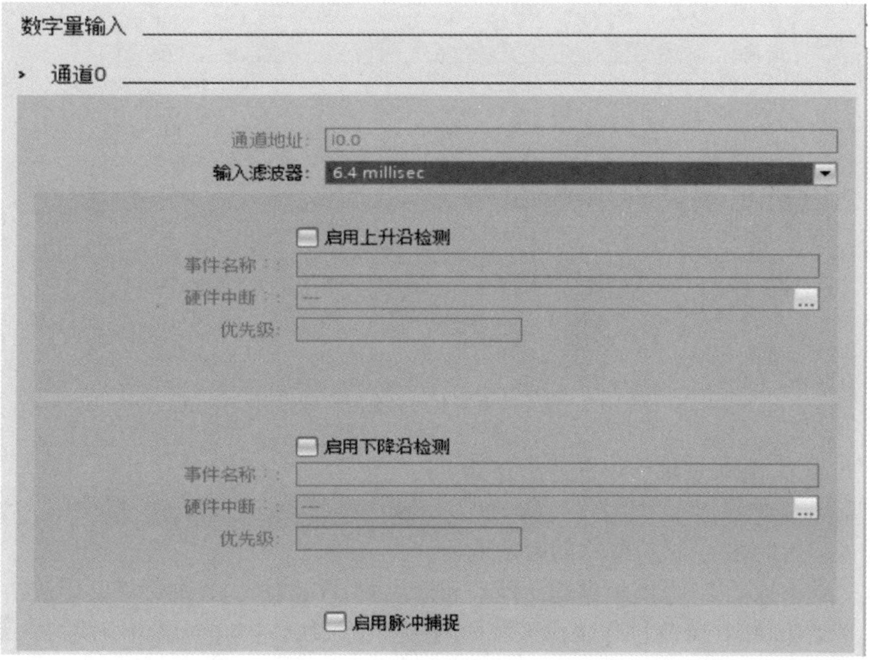

数字量输入

通道0

通道地址： I0.0

输入滤波器： 6.4 millisec

启用上升沿检测

事件名称：

硬件中断： ---

优先级：

启用下降沿检测

事件名称：

硬件中断： ---

优先级：

启用脉冲捕捉

图 2-51　配置数字量输入通道

如果没有已定义好的硬件中断组织块，可以单击后面的省略按钮并新增硬件中断组织块连接该事件。

d. “启用脉冲捕捉”：根据 CPU 的不同，可激活各个输入的脉冲捕捉。激活脉冲捕捉后，即使脉冲沿比程序扫描循环时间短，也能将其检测出来。

③“数字量输出”设置如图 2-52 所示。

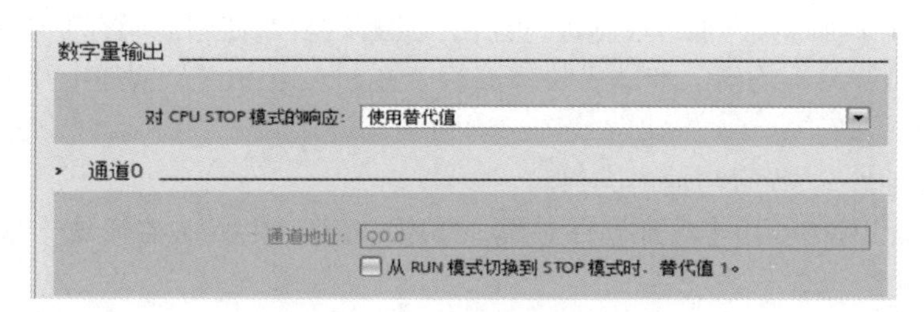

图 2-52　配置数字量输出通道

配置数字量输出通道的步骤如下：

a. “对 CPUS TOP 模式的响应”：设置数字量输出对 CPU 从运行状态切换到 STOP 状态的响应，可以设置为保留最后的有效值或者使用替代值。

b. “通道地址”：输出通道的地址，在“I/O 地址”项中设置首地址。

c. “从 RUN 模式切换到 STOP 模式加时，替代值 1”：如果在数字量输出设置中，选择“使用替代值”，则此处可以勾选，表示从运行切换到停止状态后，输出地址设置出使用“替代值 1”，如果不勾选表示输出使用“替代值 0”。如果选择了“保持上一个值”则此处为灰色不能勾选。

④“I/O 地址”：数字量输入/输出地址设置如图 2-53 所示。

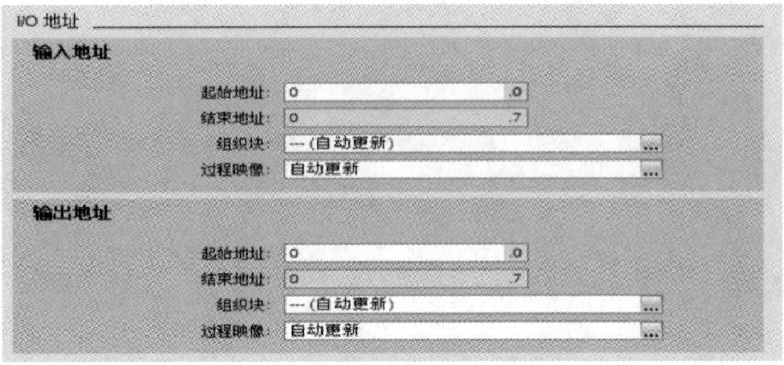

I/O 地址
输入地址
起始地址：0 .0
结束地址：0 .7
组织块：---（自动更新）
过程映像：自动更新
输出地址
起始地址：0 .0
结束地址：0 .7
组织块：---（自动更新）
过程映像：自动更新

图 2-53　数字量输入/输出地址设置

数字量输入/输出地址的设置的步骤如下：

a.“输入地址”：

(a)“起始地址”：模块输入的起始地址。

(b)“结束地址”：系统根据起始地址和模块的 I/O 数量，自动计算并生成结束地址。

(c)“组织块”：可将过程映像区关联到一个组织块，当启用该组织块时，系统将自动更新所分配的过程映像分区。

(d)“过程映像”：选择过程映像分区。

- “自动更新”：在每个程序循环内自动更新 I/O 过程映像（默认）。
- “无”：无过程映像，只能通过立即指令对此 I/O 进行读写。
- “PIP x”：可以关联到③中所选的组织块。同一个映像分区只能关联一个组织块，一个组织块只能更新一个映像分区。系统在执行分配的 OB 时更新此 PIP。如果未分配 OB，则不更新 PIP。
- “PIPO B 伺服”：为了对控制进行优化，将运动控制使用的所有 I/O 模块（如，工艺模块，硬限位开关）均指定给过程映像分区“OB 伺服 PIP”。这样 I/O 模块即可与工艺对象同时处理。

b.“输出地址”：设置与输入类似。

⑤“硬件标识符”：用于寻址硬件对象，常用于诊断，也可以在系统常量中查询。

（4）模拟量

①“常规”：单击模拟量输入/输出的“常规”选项，可以输入项目信息：

- “名称”：定义更改组件的名称。
- “注释”：说明模块或设备的用途。

②“模拟量输入”：组态如图 2-54 所示。

模拟量输入组态的步骤如下：

a.“积分时间”：通过设置积分时间可以抑制指定频率的干扰。

b.“通道地址”：在模拟量的“I/O 地址”中设置首地址。

c.“测量类型”：本体上的模拟量输入只能测量电压信号，所以选项为灰，不可设置。

d.“电压范围”：测量的电压信号范围为固定的 0~10V。

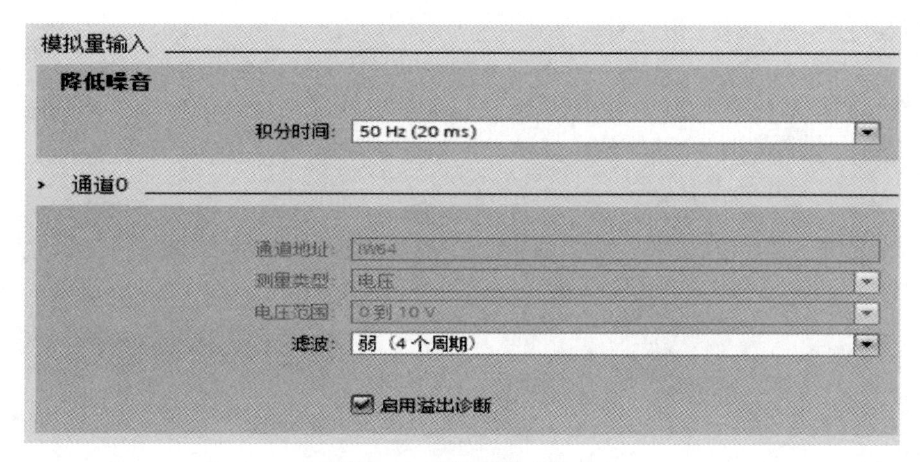

图2-54　模拟量输入组态

e. “滤波”：模拟值滤波可用于减缓测量值变化，提供稳定的模拟信号。模块通过设置滤波等级（无、弱、中、强）计算模拟量平均值来实现平滑化。

f. “启用溢出诊断”：如果激活“启用溢出诊断”，则发生溢出时会生成诊断事件。

③“模拟量输出”：组态如图2-55所示。

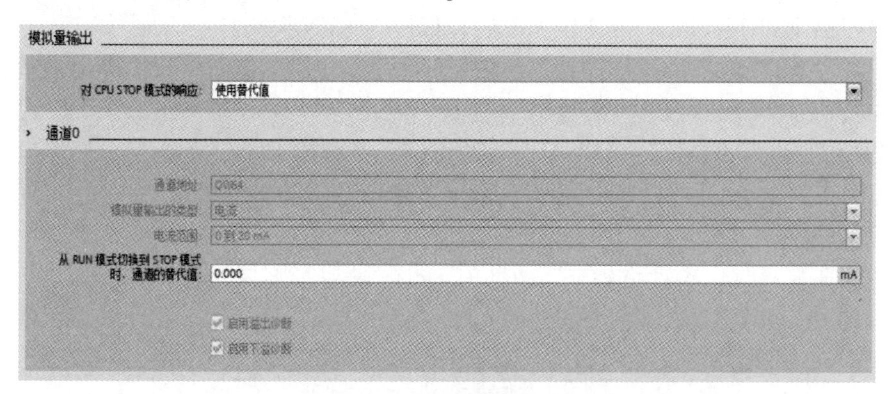

图2-55　模拟量输出组态

模拟量输出的步骤如下：

a. “对 CPUS TOP 模式的响应”：设置模拟量输出，对 CPU 从 RUN 模式切换到 STOP 模式的响应，可以设置为保留最后的有效值或者使用替代值。

b. “通道地址”：在模拟量的“I/O 地址”中设置模拟量输出首地址。

c. “模拟量输出的类型”：本体上的模拟量输出只支持电流信号，所以选项为灰，不可设置。

d. “电流范围”：输出的电流信号范围为固定的0~20mA。

e. “从 RUN 模式切换到 STOP 模式时，通道的替代值”：如果在模拟量输出设置中，选择“使用替代值”，则此处可以设置替代的输出值，设置值的范围为0.0~20.0mA，表示从运行切换到停止状态后，输出使用设置的替代值。如果选择了“保持上一个值”则此处为灰色不能设置。

f. “启用溢出（上溢）/下溢诊断”：激活溢出诊断，则发生溢出时会生成诊断事件。

集成模拟量都是激活的，而扩展模块上的则可以选择是否激活。

④“I/O 地址”模拟量 I/O 地址设置与数字量 I/O 地址设置相似。

（5）启动

“启动”：设置如图 2-56 所示。

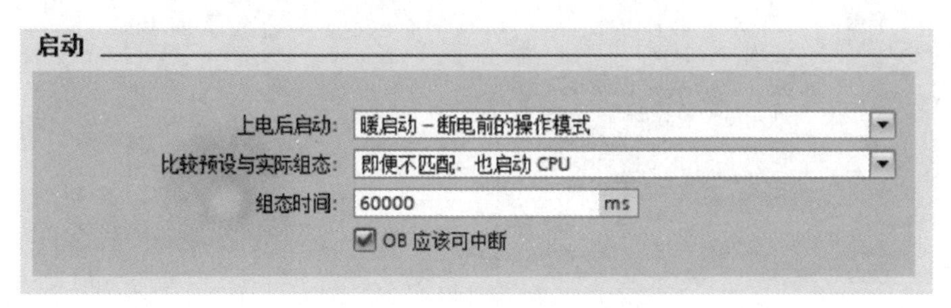

图 2-56　CPU 启动选项设置

CPU 启动选项设置的步骤如下：

①“上电后启动”：定义了 CPU 上电后的启动特性，共有以下 3 个选项，用户可根据项目的特点及安全性来选择，默认选项为“暖启动-断电前的操作模式”。

a. “不重新启动（保持为 STOP 模式）”：CPU 上电后直接进入 STOP 模式；

b. “暖启动-RUN 模式”：CPU 上电后直接进入 RUN 模式；

c. “暖启动-断电前的操作模式”：选择该项后，CPU 上电后将按照断电前该 CPU 的操作模式启动，即断电前 CPU 处于 RUN 模式，则上电后 CPU 依然进入 RUN 模式；如果断电前 CPU 处于 STOP 状态，则上电后 CPU 进入 STOP 模式。

②“比较预设与实际组态”：定义了 S7-1200 PLC 站的实际组态与当前组态不匹配时的 CPU 启动特性。

a. “仅在兼容时，才启动 CPU”：所组态的模块与实际模块匹配（兼容）时，才启动 CPU；

b. “即便不匹配，也启动 CPU”：所组态的模块与实际模块不匹配（不兼容）时，也启动 CPU。

③“组态时间”：在 CPU 启动过程中，为集中式 I/O 和分布式 I/O 分配参数的时间，包括为 CM 和 CP 提供电压和通信参数的时间。如果在设置的“组态时间”内完成了集中式 I/O 和分布式 I/O 的参数分配，则 CPU 立刻启动；如果在设置的“组态时间”内，集中式 I/O 和分布式 I/O 未完成参数分配，则 CPU 将切换到 RUN 模式，但不会启动集中式 I/O 和分布式 I/O。

④“OB 应该可中断”：激活“OB 应该可中断”后，在 OB 运行时，更高优先级的中断可以中断当前 OB，在此 OB 处理完后，会继续处理被中断的 OB。如果不激活“OB 应该可中断”，则优先级大于 2 的任何中断只可以中断循环 OB，但优先级为 2～25 的 OB 不可被更高优先级的 OB 中断。

（6）循环

“循环”的设置如图 2-57 所示。CPU 循环时间设置的步骤如下：

①“循环周期监视时间”：设置程序最大的循环周期时间，范围为 1～6000ms，默循环周期监视时间：150ms。超过这个设置时间，CPU 会报故障。超过 2 倍的最大循环周期

检测时间，无论是否编程时间错误中断 OB80，CPU 都会停机。在编程时间错误中断 OB80 后，当发生循环超时 CPU 将响应触发执行 OB80 的用户程序，程序中可使用指令“RE_TRIG R”来重新触发 CPU 的循环时间监控，最长可延长到已组态“循环周期监视时间”的 10 倍。

②“最小循环时间”：如果激活了“启用循环 OB 的最小循环时间”，当实际程序循环时间小于这个时间，操作系统会延时新循环的启动，直到达到了最小循环时间。在此等待时间内，将处理新的事件和操作系统服务。

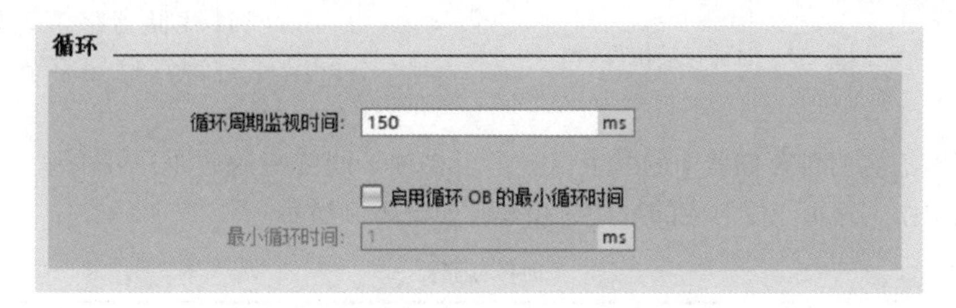

图 2-57　CPU 循环时间设置

（7）系统和时钟存储器

“系统和时钟存储器”：页面可以设置 M 存储器的字节给系统和时钟存储器，然后程序逻辑可以引用他们的各个位用于逻辑编程。

①“系统存储器位”：用户程序可以引用 4 个位：首次循环、诊断状态已更改、始终为 1、始终为 0，设置如图 2-58 所示。

系统存储器设置的步骤如下：

图 2-58　系统存储器设置

a. 激活：“启用系统存储器字节”。

b. 系统存储器字节地址：设置分配给“系统存储器字节地址”的 MB 的地址。

c. 首次循环：在启动 OB 完成后，第一个扫描周期该位置为“1”，之后的扫描周期复位为“0”。

d. 诊断状态已更改：在诊断事件后的一个时钟存储器位扫描周期内置位“1”。由于直到启动 OB 和程序循环 OB 首次执行完才能置位该位，所以在启动 OB 和程序循环 OB 首次执行完成才能判断是否发生诊断更改。

e. 始终为“1”（高电平）：该位始终置位为“1”。

f. 始终为“0”（低电平）：该位始终设置为“0”。

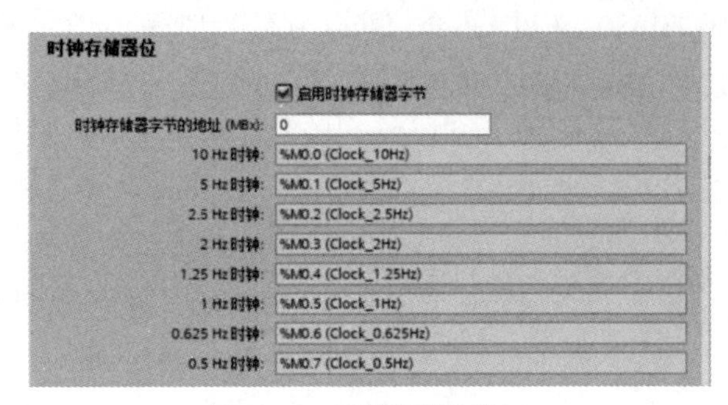

图 2-59　时钟存储位设置

②“时钟存储器位”：设置时钟存储器，如图 2-59 所示，组态的时钟存储器的每一个位都是不同频率的时钟方波。

时钟存储器设置步骤如下：

a. 激活“启用时钟存储器字节”。

b. 时钟存储器字节地址：设置分配给“时钟存储器字节地址”的 MB 的地址。

c. 被组态为时钟存储器中的 8 个位提供了 8 种不同频率的方波，可在程序中用于周期性触发动作。其每一位对应的周期与频率，如表 2-2 所示。

表 2-2　　时钟存储器

位号	7	6	5	4	3	2	1	0
周期/s	2. 0	1. 6	1. 0	0. 8	0. 5	0. 4	0. 2	0. 1
频率/Hz	0. 5	0. 625	1	1. 25	2	2. 5	5	10

（8） Web 服务器

如果要使用 Web 服务器，在此界面激活“在此设备上的所有模块上激活 Web 服务器”。

（9）支持多语言

用于在 Web 服务器或 HMI 上显示消息和诊断的文本语言，S7-1200 PLC 最多支持两种语言，在下拉列表中选择所使用的语言，如图 2-60 所示。可选择的语言是在项目树的“语言与资源>项目语言”中启用。

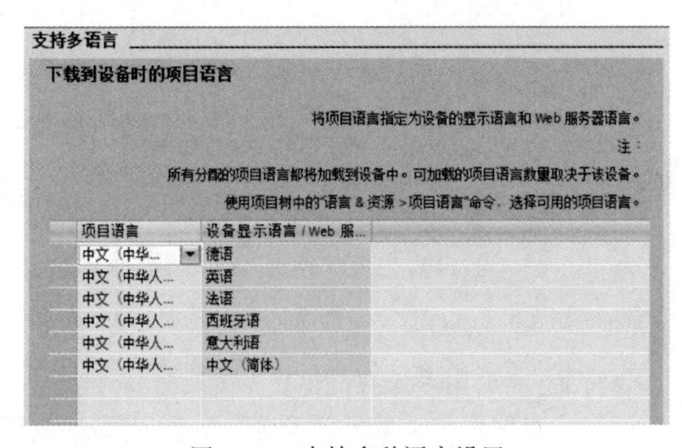

图 2-60　支持多种语言设置

（10）时间

为 CPU 设置时区，如图 2-61 所示。

时间设置的步骤如下：

①“本地时间”：为 CPU 设置本地时间的“时区”，一般中国选择东 8 区，如图 2-61 所示。

②“夏令时”：如果需要使用夏令时，则可以选择“激活夏令时”，并进行相关设置，中国目前不支持夏令时。

（11）防护与安全

①“访问级别”：此界面可以设置该 PLC 的访问等级，共可设置 4 个访问等级，如图 2-62 所示。

可以选择以下保护等级：

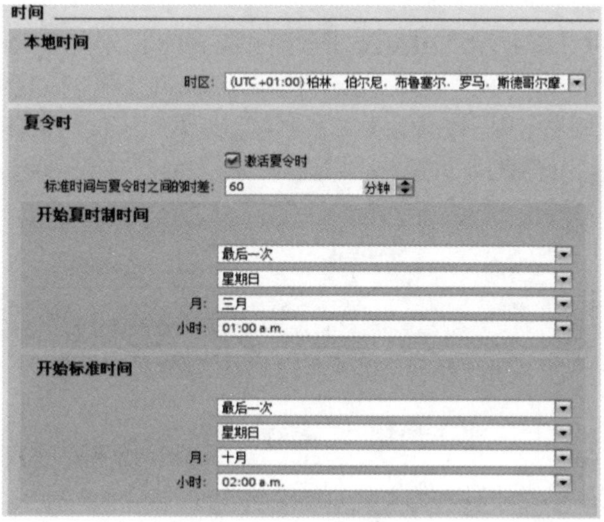

时间
本地时间
时区：(UTC +01:00) 柏林，伯尔尼，布鲁塞尔，罗马，斯德哥尔摩，
夏令时
激活夏令时
标准时间与夏令时之间的时差：60 分钟
开始夏时制时间
最后一次
星期日
月：三月
小时：01:00 a.m.
开始标准时间
最后一次
星期日
月：十月
小时：02:00 a.m.

图 2-61　时间设置

访问级别
选择该 PLC 的存取等级。
访问级别
访问
HMI
读取
写入
完全访问权限（无任何保护）
读访问权限
HMI 访问权限
不能访问（完全保护）

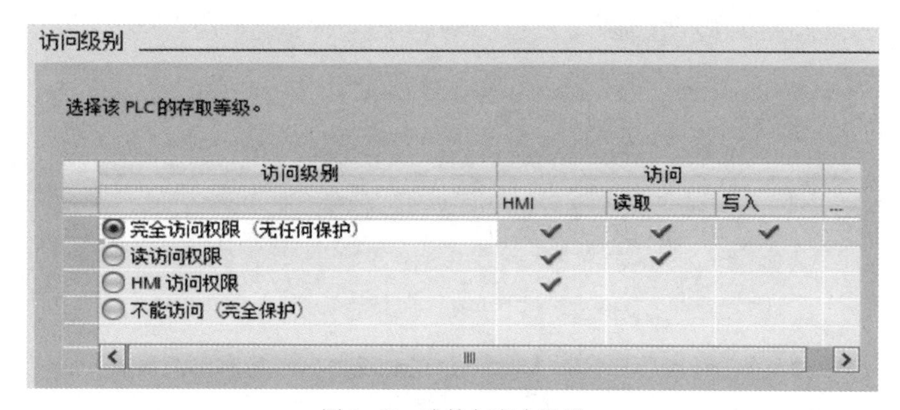

图 2-62　防护与安全设置

a. “完全访问权限（无任何保护）”：为默认设置，无密码保护，允许完全访问。

b. “读访问权限”：在没有输入密码的情况下，只允许进行只读访问，无法更改 CPU 上的任何数据，也无法装载任何块或组态。选择这个保护等级需要指定“完全访问权限（无任何保护）”的密码：“密码 1”。如果需要写访问，则需要输入“密码 1”。

c. “HMI 访问权限”：选择这个保护等级对于 SIMATIC HMI 访问没有密码保护，但需要指定“完全访问权限（无任何保护）”的密码：“密码 1”。“读访问权限”的密码：“密码 2”可选择设置，如果不设置则无法获得该访问权限。

d. “不能访问（完全保护）”：不允许任何访问，但需要指定“完全访问权限（无任何保护）”的密码：“密码 1”。“读访问权限”的密码：“密码 2”和“HMI 访问权限”的密码：“密码 3”为可选设置，但如果不设置，就无法获得相应的访问权限。

对于“读访问权限”“HMI 访问权限”“不能访问”这三种保护等级都可以设置层级保护密码，设置的密码分大小写。其中“完全访问权限”的“密码 1”永远是必填密码，而“读访问权限”“HMI 访问权限”为可选密码。可以根据不同的需要将不同的保护等级

分配给不同的用户。

如果将具有“HMI 访问权限”的组态下载到 CPU 后，可以在无密码的情况下实现 HMI 访问功能。要具有“读访问权限”，用户必须输入“读访问权限”的已组态密码“密码 2”。要具有“完全访问权限”，用户必须输入“完全访问权限”的已组态密码“密码 3”。

②“连接机制”：设置激活“允许来自远程对象的 PUT/GET 通信访问”后，如图 2-63 所示，CPU 才允许与远程伙伴进行 PUT/GET 通信。

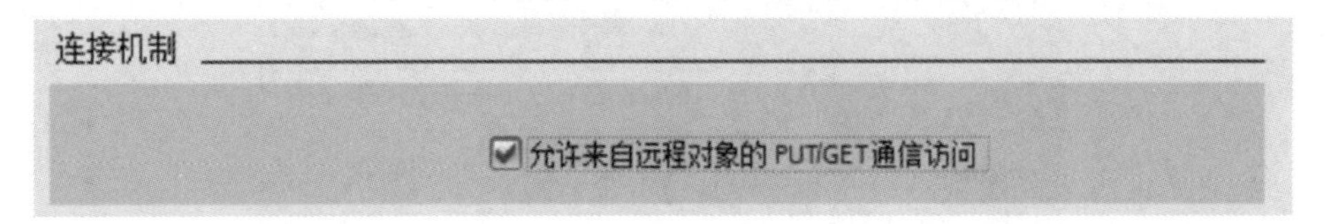

图 2-63　连接机制设置

③“安全事件”：部分安全事件会在诊断缓冲区中生成重复条目，可能会堵塞诊断缓冲区。通过组态时间间隔来汇总安全事件可以抑制循环消息，时间间隔的单位可以设置为秒、分钟或小时，数值范围设置为 1～255。在每个时间间隔内，CPU 仅为每种事件类型生成一个组警报，如图 2-64 所示。

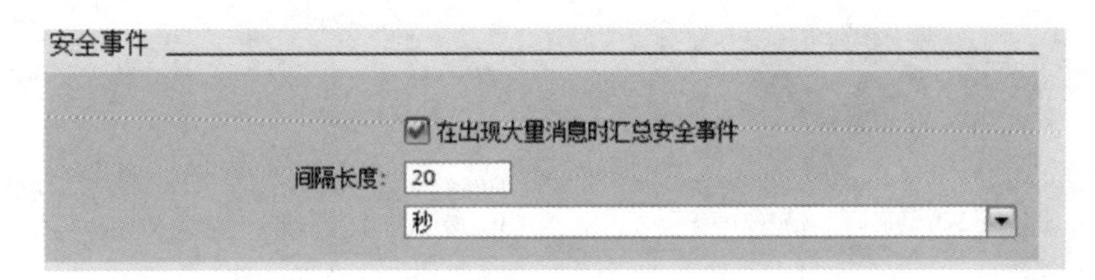

图 2-64　安全事件设置

如果选择对安全事件进行限定，即激活“在出现大量消息时汇总安全事件”，将限定（汇总）以下几种类型的事件：

- 使用正确或错误的密码转至在线状态；
- 检测被操控的通信数据；
- 检测存储卡上被操控的数据；
- 检测被操控的固件更新文件；
- 更改后的保护等级（访问保护）下载到 CPU；
- 限制或启用密码合法性（通过指令或 CPU 显示器）；
- 由于超出允许的并行访问尝试次数，在线访问被拒绝；
- 当前在线连接处于禁用状态的超时；
- 使用正确或错误的密码登录到 Web 服务器；
- 创建 CPU 的备份；
- 恢复 CPU 组态；
- 在启动过程中：

a. SIMATIC 存储卡上的项目发生变更（SIMATIC 存储卡不变）。

b. 更换了 SIMATIC 存储卡。

④“外部装载存储器”激活“禁止从内部装载存储器复制到外部装载存储器”，可以防止从 CPU 集成的内部装载存储器到外部装载存储器的复制操作，如图 2-65 所示。

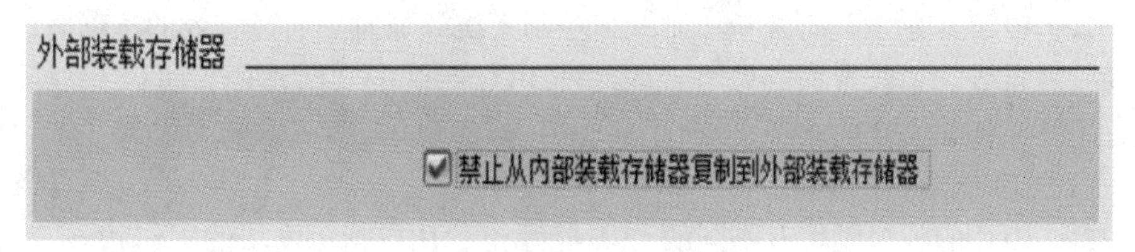

图 2-65　外部装置存储器设置

（12）组态控制

组态控制可用于组态控制系统的结构，将一系列相似设备单元或设备所需的所有模块都在具有最大组态的主项目（全站组态方式）中进行组态，操作员可通过人机界面等方式，根据现场特定的控制系统轻松地选择某种站组态方式。他们无需修改项目，因此也无需下载修改后的组态。

节约了重新开发的很多工作量。要想使用组态控制，首先要激活“允许组态控制通过用户程序重新组态设备”，如图 2-66 所示，然后创建规定格式的数据块，通过指令 WRREC，将数据记录 196 的值写入到 CPU 中，然后通过写数据记录来实现组态控制。

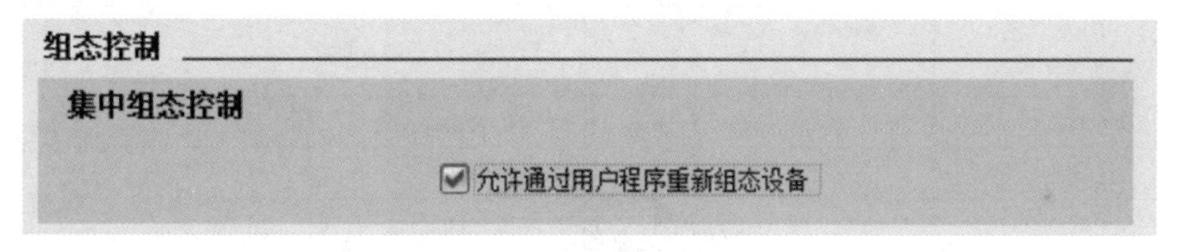

图 2-66　组态控制配置

（13）地址总览

“地址总览”可以以表格的形式显示已经配置使用的所有输入和输出地址，通过选中不同的复选框，可以设置要在地址总览中显示的对象：输入、输出、地址间隙和插槽。地址总览表格中可以显示地址类型、起始地址、结束地址、字节大小、模块信息、机架、插槽、设备名称、设备编号、归属总线系统（PN，DP）、过程映像分区和组织块等信息，如图 2-67 所示。

地址总览

地址总览

过滤器：☑输入　☑输出　☐地址间隙　☑插槽

类型	起始地	结束地	大小	模块	机架	插槽	设备名称	设备...	主...	PIP	OB
I	0	0	1字节	DI 8/DQ 6_1	0	1 1	PLC_1 [CPU 1212C DC/DC/DC]	-	-	自动更新	-
O	0	0	1字节	DI 8/DQ 6_1	0	1 1	PLC_1 [CPU 1212C DC/DC/DC]	-	-	自动更新	-
I	64	67	4字节	AI 2_1	0	1 2	PLC_1 [CPU 1212C DC/DC/DC]	-	-	自动更新	-
I	1000	1003	4字节	HSC_1	0	1 16	PLC_1 [CPU 1212C DC/DC/DC]	-	-	自动更新	-
I	1004	1007	4字节	HSC_2	0	1 17	PLC_1 [CPU 1212C DC/DC/DC]	-	-	自动更新	-
I	1008	1011	4字节	HSC_3	0	1 18	PLC_1 [CPU 1212C DC/DC/DC]	-	-	自动更新	-
I	1012	1015	4字节	HSC_4	0	1 19	PLC_1 [CPU 1212C DC/DC/DC]	-	-	自动更新	-
I	1016	1019	4字节	HSC_5	0	1 20	PLC_1 [CPU 1212C DC/DC/DC]	-	-	自动更新	-
I	1020	1023	4字节	HSC_6	0	1 21	PLC_1 [CPU 1212C DC/DC/DC]	-	-	自动更新	-
O	1000	1001	2字节	Pulse_1	0	1 32	PLC_1 [CPU 1212C DC/DC/DC]	-	-	自动更新	-
O	1002	1003	2字节	Pulse_2	0	1 33	PLC_1 [CPU 1212C DC/DC/DC]	-	-	自动更新	-

图 2-67　地址总览

2.3.2 S7-1200 PLC 诊断功能

S7-1200 PLC 具有强大的诊断功能，当控制系统故障时，通过有效的诊断方法，可以提高现场故障排查、系统维护的效率；同时对 PLC 系统的实时诊断，可以在故障状态下确保设备始终工作在安全的状态下。

（1） LED 指示灯的诊断

S7-1200 PLC 的各个模块有不同的 LED 指示灯，用以指示模块的工作状态。S7-1200 CPU 模块顶端有 3 个 LED 指示灯，从左向右分别为 RUN/STOP （运行/停止），ERROR（错误），MAINT （维护）。而扩展模块都有一个状态诊断 LED 指示灯 DIAG。CPU 正常工作时，CPU 上的 RUN/STOP 指示灯绿色常亮，其余指示灯熄灭；扩展模块正常工作时，DIAG 指示灯为绿色常亮。

S7-1200 CPU 模块上不同 LED 指示灯状态含义，如表 2-3 所示。

表 2-3　　CPU 上 LED 指示灯状态含义

LED 指示灯			含义
RUN/STOP	ERROR	MAINT	
灭	灭	灭	断电
闪烁 （黄色和绿色交替）	—	灭	启动、自检和固件更新
亮（黄色）	—	—	停止模式
亮（绿色）	—	—	运行模式
亮（黄色）	—	闪烁	取出存储卡
亮（黄色或绿色）	闪烁	—	故障
亮（黄色或绿色）	—	亮	请求维护： ● 激活 I/O 强制 ● 需要更换电池（如果安装了电池板）
亮（黄色）	亮	亮	硬件出故障
闪烁 亮（黄色或绿色）	闪烁	闪烁	LED 测试或 CPU 固件出故障
亮（黄色）	闪烁	闪烁	CPU 组态版本未知或不兼容

CPU 的指示灯状态也可以通过 TIA 博途软件在线后的“测试”窗口显示。

S7-1200 PLC 信号模块 SM 上都有状态 LED 指示灯 DIAG （诊断），除此之外。模拟量模块还有用于通道诊断的 I/O 通道 LED 指示灯，具体含义，如表 2-4 所示。

表 2-4　　SM 模块上 LED 指示灯状态含义

LED 指示灯		含义
DIAG	I/O 通道	
闪烁（红色）	全部闪烁（红色）	模块 DC24V 电源故障
闪烁（绿色）	灭	启动、自检和固件更新
亮（绿色）	亮（绿色）	模块已组件、并且没有故障

续表

LED 指示灯		含义
DIAG	I/O 通道	
闪烁(红色)	—	故障状态
—	闪烁(红色)	通道故障(启用诊断时)
—	亮(绿色)	通道故障(禁用诊断时)

（2） TIA 博途软件的诊断

S7-1200 PLC 出现故障时，可以通过 TIA 博途软件的设备视图在线窗口，实现对多种故障类型的诊断。在“设备视图”的在线窗口中，通过 CPU 和扩展模块的在线图标，可以显示模块的工作状态，如图 2-68 所示。

CPU 的运行状态图标含义，如表 2-5 所示。

设备和模块的工作状态图标含义，如表 2-6 所示。

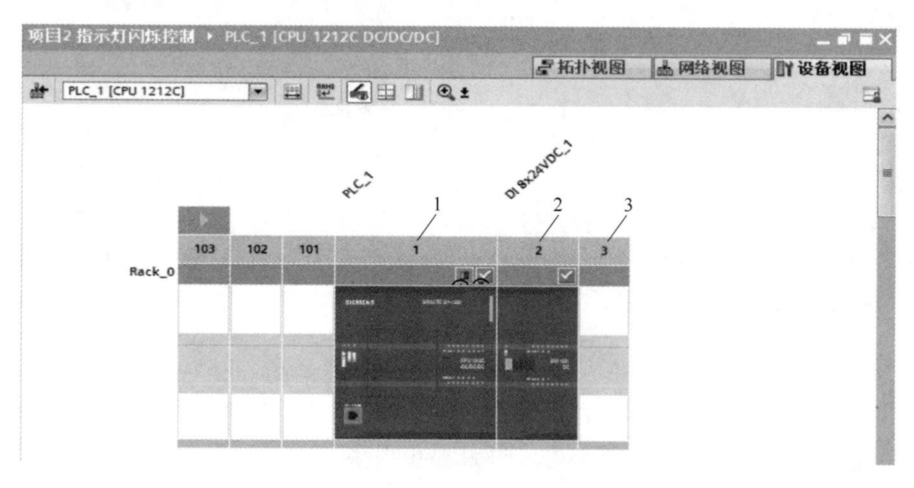

图 2-68　“设备视图”诊断

1—CPU 运行状态　2—CPU 工作状态　3—模块工作状态

表 2-5　　CPU 运行状态图标含义

图标	含义	图标	含义
(绿色)	运行		缺陷
(黄色)	停止		未知运行状态
(黄绿)	启动		组态的模块不支持显示运行状态
	保持		

表 2-6　　设备和模块的工作状态图标含义

图标	含　义	图标	含　义
	正在建立到 CPU 的连接		模块或设备被禁用
	无法通过设置的地址访问 CPU		无法访问模块或设备
	组态的 CPU 和实际 CPU 型号不兼容		无输入或输出数据可用，因为（子）模块已经阻塞了其输入或输出通道
	在建立与受保护 CPU 的在线连接时，密码对话框终止而没有指定正确密码		在线组态数据与离线组态数据不同，因而无法获得诊断数据
	无故障		在线组态与离线组态不同，因而无法获得诊断数据
	需要维护		连接已建立，但模块状态尚未确定或未知
	要求维护		组态的模块不支持显示诊断状态
	故障		下位组件发生硬件错误

知识扩展与思政园地

鲁班：万世工人祖，千秋艺者师

鲁班出生于春秋时期鲁国的一个工匠世家，年幼时就展现出对土木建筑的兴趣。不同于同龄人演习苦读，小鲁班每天都花很多时间摆弄树枝、砖石等小玩意。左邻右舍都认为他不学无术，没有出息。只有母亲非常支持鲁班，她鼓励他从生活中汲取知识，在实践中发展才干，做自己喜欢的事情。

正因为母亲的大力支持，鲁班从贪玩的孩子成长为一名优秀的建筑工匠。然而，年少养成的习惯使他并不安于成为一名普通木匠，而是非常留心观察日常生活，在实践中获得灵感，不断改进、创新自己的工艺和工具。

一次，他在爬山时被边缘长着锋利细齿的山草划破了手指，想到自己砍伐木料时，常因为斧子不够锋利而苦恼，心中顿时一亮。他请铁匠照草叶的边缘打造了一把带齿的铁片，又做了个木框使铁片变得更直、拉得更紧，打造了一把锯木的好工具——就是后世使用的锯子。不仅如此，鲁班还发明了墨斗、石磨、锁钥等工具，是名副其实的发明大家。

日复一日的劳作使他练就了善于发现的眼睛，自我提升的要求使他养成了不断创新的思想，而精益求精的钻研使他成为建筑行业的先师，广为后世称道。鲁班的事迹也凝结为以爱岗敬业、刻苦钻研、勇于创新等品质为内核的“鲁班精神”，成为世代工匠追求的自我修养。

思考练习

1. 基础知识在线自测

2. 扩展练习

（1）填空题

① S7－1200 CPU 默认的 IP 地址是__________，子网掩码是__________。

② PLC 仿真中，__________色虚线表示能流断开，__________色实线表示能流导通。

③ 在监控表的“名称”列输入 PLC 变量表中定义过的变量的__________，“地址”列格会自动出现该变量的__________。

④ 模拟量输出设置“电流范围”输出的电流信号范围为__________。

⑤“循环周期监视时间”设置程序最大的循环周期时间，范围为默认__________。

（2）简答题

① TIA 博途软件的特点有哪些？

② 在博途软件的 PORTAL 视图下怎样添加新设备？

③ 计算机与 S7-1200 通信时，怎样设置网卡的 IP 地址和子网掩码？

④ 若软件添加的设备与实际设备的型号不相符，怎样更改设备型号？

⑤ 怎样打开 S7-1200 PLC SIM 和下载程序到 S7-1200 PLC SIM？

配套课件

项目3　三相异步电机正反转控制

项目 3　三相异步电机正反转控制

（1）项目导入

随着科学技术的不断发展，原有的电气控制系统存在着线路复杂、故障率高、维护工作量大、可靠性低、灵活性差等缺点，用 PLC 控制代替继电器-接触器控制系统进行技术改造，保证了电气系统的快速性、准确性、合理性，可以更好地满足实际生产的需要，提高经济效益。

传送带在现代化工业生产线中应用较为广泛，其场景的运动形式有启动、停止及正反转等，其驱动装置多为电机，其采用 PLC 作为控制。本项目主要介绍利用西门子 S7-1200 PLC 控制三相交流异步电动机拖动传送带实现启动、停止、正反转。

（2）项目目标

素养目标

① 培养学习的兴趣、形成科学的态度。

② 培养学习能力、处理问题的方法能力。

③ 通过实训增强学习成就感和自信心。

知识目标

① 掌握 S7-1200 PLC 基本位逻辑指及其应用。

② 掌握 SR 触发器、RS 触发器指令的工作原理及应用。

③ 掌握 PLC 对电机的正反转控制程序设计。

④ 熟练掌握博途（TIA Portal）编程软件的使用和程序监控调试的方法。

能力目标

① 能够使用博途软件进行梯形图的简单编程。

② 能够熟练掌握 PLC 的硬件接线。

③ 能够熟练掌握 PLC 程序的编写、下载及调试。

3.1　基础知识

配套视频

位逻辑指令触点、线圈

位逻辑指令是 PLC 编程中最基本、使用最频繁的指令。S7-1200 PLC 中的位逻辑指令按不同的功能用途具有不同的形式，可以分为基本位逻辑指令、置位/复位指令、上升沿/下降沿指令。

本项目中将会用到触点、线圈指令，这是指令的基础。同时触点之间的与、或、非、异或等逻辑关系，可以方便地构造出多种梯形图，完成程序的设计。

位逻辑指令解释信号状态 0 和 1，并根据布尔逻辑将其组合，这些组合产生“逻辑运算结果”（RLO）的结果 0 或 1。

3.1.1　触点与线圈指令

基本位逻辑指令，包括常开触点、常闭触点、逻辑取反、输出线圈、取反输出线圈。在“bit”处需要填入一个BOOL型变量。

（1）常开触点与常闭触点

S7-1200 PLC编程梯形图中触点指令包含常开触点和常闭触点两种，如图3-1所示。触点位地址的数据类型是BOOL（布尔型），位地址的存储区可以是I、Q、M、L、DB，表示某存储区选中的位，比如I0.0表示输入寄存器的第0位。

“IN” —| |— (a)　　“IN” —|/|— (b)

图3-1　触点指令
（a）常开触点（b）常闭触点

常开/常闭触点的激活取决于指定位地址的信号状态。当为触点指定位信号状态为“1”时，常开触点处于闭合状态，常开触点输出状态为“1”；常闭触点处于断开状态，常闭触点输出状态为“0”。与此同时，当存触点指定位信号状态为“0”时，常开触点处于断开状态，常开触点输出状态为“0”；常闭触点处于闭合状态，常闭触点输出状态为“1”。

【特别强调】：梯形图程序常开触点/常闭触点个数可以无限制地设置。

（2）取反逻辑

取反（NOT）指令用来转换能流输入的逻辑状态。如果没有能流流入NOT触点，则有能流输出；如果有能流输入NOT触点，则没有能流输出。梯形图中，NOT取反指令符号，如图3-2所示。

（3）输出线圈

输出线圈是PLC编程中的一种指令，用于表示逻辑输出，其符号如图3-3所示。

输出线圈与继电器控制电路中的线圈一样，如果有能流流入线圈，则线圈输出状态为“1”；如果没有能流流入线圈，则线圈输出状态为“0”。输出线圈只能出现在梯形图逻辑串的最右边，输出线圈所使用的操作数可以是：Q、M、L、DB。

（4）线圈

取反线圈中有“/”符号如图3-4所示，是对逻辑运算结果的信号状态取反。如果有能流流入线圈，则取反线圈输出状态为“0”；如果没有能流流入线圈，则取反线圈输出状态为“1”。取反输出线圈所使用的操作数可以是：Q、M、L、DB。

“IN” —| NOT |—

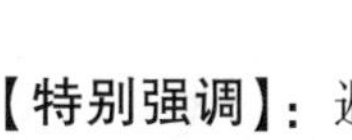

图3-2　NOT取反指令

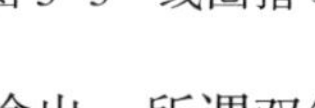

“OUT” —( )—

图3-3　线圈指令

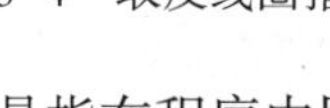

“OUT” —(/)—

图3-4　取反线圈指令

【特别强调】：避免双线圈输出，所谓双线圈输出是指在程序中同一个地址的输出线圈出现两次或者两次以上。

配套视频

位逻辑指令基本编程方法自锁控制

3.1.2　基本位逻辑

基本逻辑指令包括与（A）、与非（AN）、或（O）、或非（ON）、异或（X）和异或非（XN）等指令。位逻辑运算是对“0”和“1”的布尔操作指令进行扫描，经过相应的位逻辑运算将逻辑结果“0”或“1”送到状态字的 RLO 位。

（1）逻辑“与”（A）和“与非”（AN）

逻辑“与”操作，表示串联连接单个常开触点。逻辑“与非”操作，表示串联连接单个常闭触点。使用“与”和“与非”指令可以检查被寻址位的信号状态是否为“1”或“0”，并将结果与逻辑运算结果（RLO）进行“与”运算。

编程示例如下：

示例 1：如图 3-5 所示为逻辑“与”操作程序，如果（I0.0=“1”与 I0.1=“1”），Q0.0 线圈输出为“1”。

示例 2：如图 3-6 所示为逻辑“与非”操作程序如果（I0.0=“1”与 I0.1=“0”），Q0.0 线圈输出为“1”。

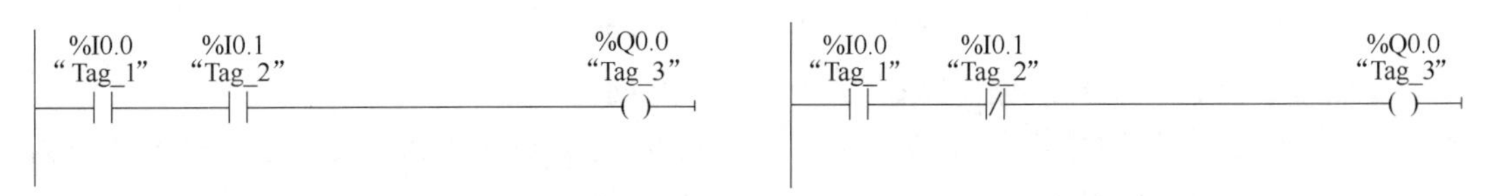

图 3-5　逻辑“与”操作程序　　图 3-6　逻辑“与非”操作程序

（2）逻辑“或”（O）和“或非”（ON）

逻辑“或”操作，表示并联连接一个常开触点。逻辑“或非”操作，表示并联连接一个常闭触点。使用“或”指令可以检查被寻址位的信号状态是否为“1”，使用“或非”指令可以检查被寻址位的信号状态是否为“0”，并将结果与逻辑运算结果（RLO）进行“或”运算。

编程示例如下：

示例 1：如图 3-7 所示为逻辑“或”操作程序，如果（I0.0=“1”或 I0.1=“1”），Q0.0 线圈输出为“1”。

示例 2：如图 3-8 所示为逻辑“或非”操作程序，如果（I0.0=“1”或 I0.1=“0”），Q0.0 线圈输出为“1”。

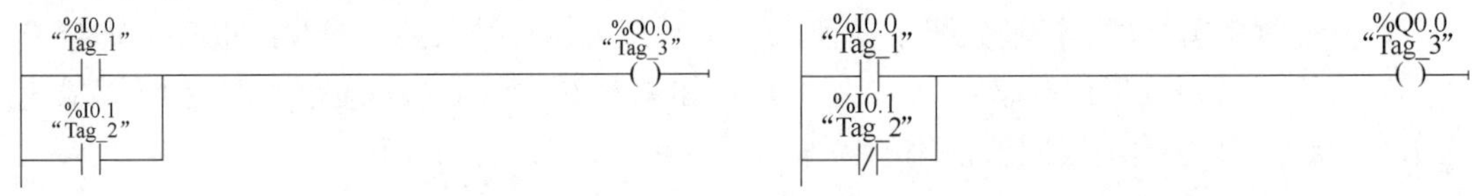

图 3-7　逻辑“或”操作程序　　图 3-8　逻辑“或非”操作程序

（3）逻辑“异或”（X）和“异或非”（XN）

“异或”指令可以检查被寻址位的信号状态是否为“1”，并将检查结果与逻辑运算结果（RLO）进行“异或”运算。

“异或非”指令可以检查被寻址位的信号状态是否为“0”，并将检查结果与逻辑运算结果（RLO）进行“异或非”运算。

编程示例如下：

示例 1：如图 3-9 所示为逻辑“异或”操作程序，如果（I0.0=“0”与 I0.1=“1”）或者（I0.0=“1”与 I0.1=“0”），Q0.0 线圈输出为“1”。

示例 2：如图 3-10 所示为逻辑“异或非”操作程序，如果（I0.0=“0”与 I0.1=“0”）或者（I0.0=“1”与 I0.1=“1”），Q0.0 线圈输出为“1”。

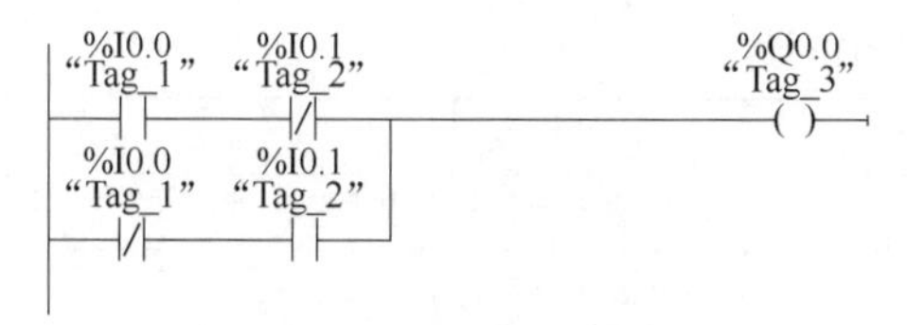

图 3-9　逻辑“异或”操作程序

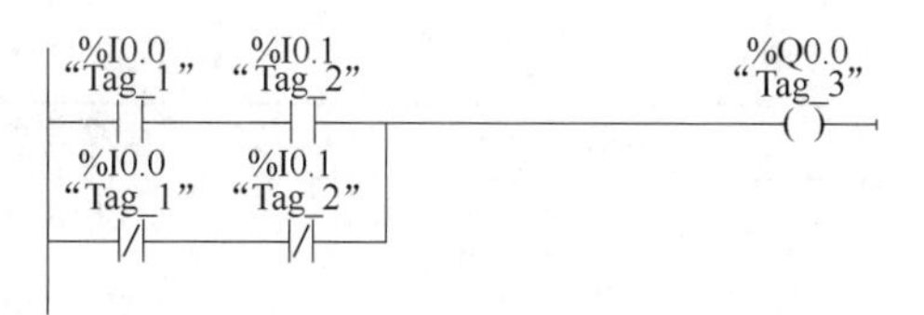

图 3-10　逻辑“异或非”操作程序

3.1.3　置位指令和复位指令

配套视频
位逻辑指令
置位和复位指令

（1）置位指令

S（Set，置位或置 1）指令符号如图 3-11（a）所示，线圈上方是输入的位地址，该位地址的数据类型是 BOOL（布尔型）。位地址的存储区可以是 Q、M、L、D。

S 指令根据逻辑运算结果（RLO）的值，来决定操作数的信号状态是否改变，对于置位指令，只有在前面指令的逻辑运算结果（RLO）为“1”（能流通过线圈）时，才会执行置位线圈。当逻辑运算结果（RLO）为“1”时，则操作数的状态置“1”，当 RLO 又变为“0”，输出仍保持为“1”；若 RLO 为“0”，则操作数的信号状态保持不变，这一特性又成为静态的置位。

图 3-11　置位/复位指令符号
（a）置位指令　（b）复位指令

（2）复位指令

R（Reset，复位或置 0）复位指令符号如图 3-11（b）所示，线圈上方是输入的位地址，该位地址的数据类型是 BOOL（布尔型）。位地址的存储区可以是 Q、M、L、D、T、C。

R 指令，只有在前面指令的 RLO 为“1”（能流通过线圈）时，才会执行复位线圈。如果 RLO 为“1”，则操作数的状态复位为“0”；若 RLO 为“0”（没有能流通过线圈时），将不起作用，单元指定地址的状态将保持不变。

注意：在梯形图中，置位和复位指令都要放在逻辑串的最右端，而不能放在逻辑串中间。

3.1.4　RS 触发器和 SR 触发器指令

配套视频
位逻辑指令
SR、RS触发器
指令

RS 触发器为“置位优先”型触发器（当 R 和 S1 驱动信号同时为“1”时，触发器最终为置位状态，输出地址 OUT 将为“1”）。SR 触发器为“复位优先”型触发器（当 R 和 S1 驱动信号同时为“1”时，触发器最终为复位状态，输出地址 OUT 将为“0”），Q 反映“OUT”地址的信号状态。置位/复位

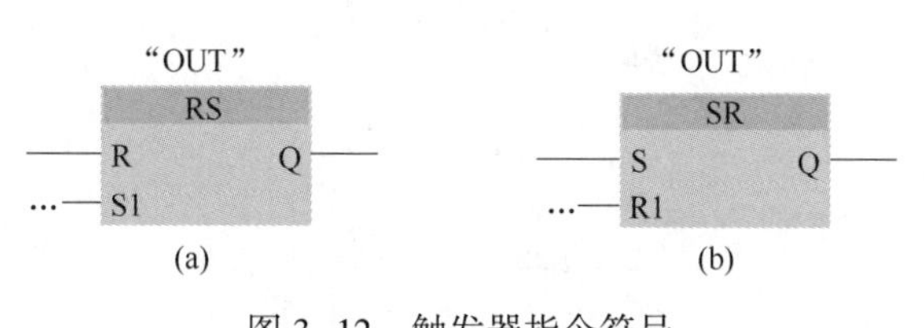

图 3-12　触发器指令符号
（a）RS 触发器　（b）SR 触发器

触发器指令符号如图 3-12 所示，参数含义如表 3-1 所示，RS 触发器和 SR 触发器的输入、输出关系如表 3-2 所示。

表 3-1　置位/复位触发器指令的符号

参数	数据类型	说明
S、S1	BOOL	置位输入，S1 表示优先输入
R、R1	BOOL	复位输入，R1 表示复位优先
OUT	BOOL	分配的位输出“out”
Q	BOOL	遵循“out”状态

表 3-2　RS 触发器和 SR 触发器的输入、输出关系

RS 触发器			SR 触发器		
R	S	Q	S	R	Q
0	0	不变	0	0	不变
1	0	0	0	1	0
0	1	1	1	0	1
1	1	1	1	1	0

3.2 项目实施

【项目要求】

普通的三相电机正反转控制电路，如图 3-13 所示。

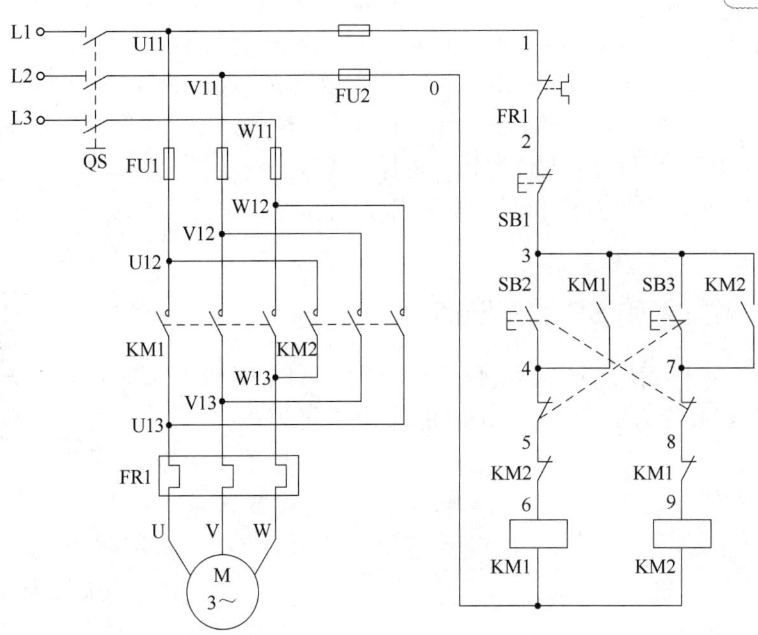

图 3-13　三相电机正反转控制电路

（1）原理图分析

根据原理图所示，合上 QS 隔离开关。按下 SB2 启动按钮，交流接触器 KM1 得电，KM1 辅助触点吸合，自锁线路接通，主回路 KM1 得电，电机转动，记为正转；按下 SB1 停止按钮，线路失电，交流接触器 KM1 断开，电动机停止转动；按下 SB3 启动按钮，交流接触器 KM2 得电，KM2 辅助触点吸合，自锁线路接通，主回路 KM2 得电，电机转动，记为反转。

（2）电气控制基本规律

① 自锁：控制回路中并联在启动按钮上端的为自锁，在启动按钮松开的时候线路依旧得电；

② 联锁（互锁）：控制回路中有两个联锁内容，第一个互锁是电气互锁，也就是正转电路中 KM2 的常闭触点，反转电路中的 KM1 常闭触点，在正转的状态下，接触器 KM2 无法吸合，在反转状态下，KM1 无法吸合。第二个是机械互锁：控制回路中的虚线连接部分就是按钮的常闭，如果没有这个按钮互锁，电路是无法直接正反转切换，需要按下停止按钮才可以，但是加了这个按钮互锁，就可以在不按下停止按钮的情况下，直接使用启动按钮切换。

要求设计采用 PLC 来控制电机正转/反转，画出硬件接线图，并进行软件编程。

【项目分析】

根据项目要求，可以利用转换设计法来进行 PLC 控制设计。转换设计法就是将继电器或接触器控制电路图转换成与原有功能相同的 PLC 的梯形图。

任务中的控制应设计有“正转”“反转”和“停止”按钮。另外，本项目采用西门子 S7-1200 CPU1212DC/DC/DC 作为控制器，控制电机的运行，从而控制传送带的运行。由于此型号 PLC 输出回路电压为 24V，不能直接驱动电压为 AC220 电动机，所以采用间接控制模式，PLC 只控制继电器的线圈通断电，继电器的触点来控制接触器的通断，再间接控制电动机的运行，从而控制传送带的运行。

另外，在主电路还设计了熔断器、热继电器，实现了短路保护、过载保护，对电动机外壳及人易于接触到的金属部分，通过接地，实现接地保护。

3.2.1　三相异步电机正反转控制电路的硬件设计

配套视频

三相异步电机正反转硬件接线

（1）输入/输出地址表

根据项目要求，三相电机正反转控制电路中的 3 个按钮 SB1～SB3 分别接入 PLC 输入地址 I0.0-I0.2，热继电器常闭触点 FR 接到 I0.3；控制电机正反转的中间继电器 KA1 和 KA2 分别接到 PLC 输出地址 Q0.0 和 Q0.1。列出 I/O 地址分配表，如表 3-3 所示。

（2）控制电路接线图

本项目中 S7-1200 CPU 采用 CPU1212C DC/DC/DC 进行接线和编程，其订货号为 6ES7 212-1AE40-0XB0，其输入回路和输出回路电压均为 DC24V，PLC 外部接线图，如图 3-14（a）所示，继电器转换电路，如图 3-14（b）所示。

表 3-3　　三相异步电机正反转控制 I/O 地址分配表

输入信号			输出信号		
绝对地址	符号地址	注释	绝对地址	符号地址	注释
I0. 0	SB1	正转按钮	Q0. 0	KA1	控制电机正转
I0. 1	SB2	反转按钮	Q0. 1	KA2	控制电机反转
I0. 2	SB3	停止按钮			
I0. 3	FR	热继电器常闭触点			

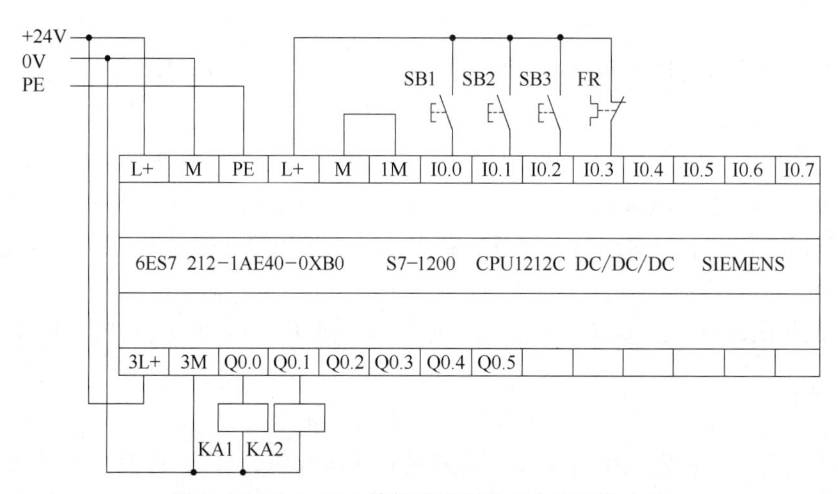

图 3-14　（a）PLC 外部接线图及继电器转换电路

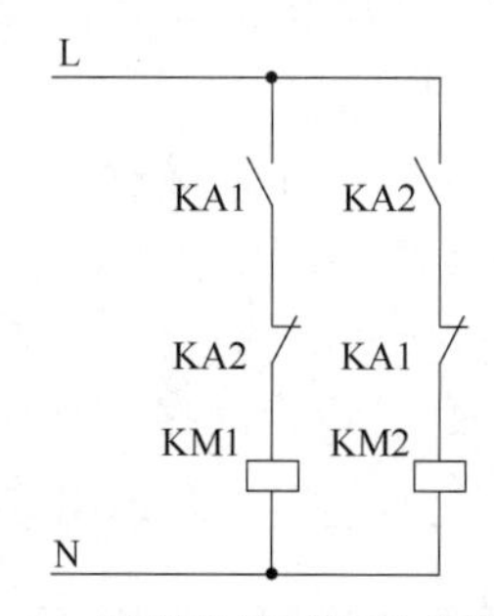

图 3-14　（b）PLC 外部接线图及继电器转换电路（续）

（3）硬件组态

① 第一步：创建项目运行 TIA Portal 软件，在对话框中单击“创建新项目”，项目名称是“三相异步电机正反转控制”，通过“路径”选项可以修改程序在硬盘中存储的位置，并标明作者、注释等信息，如图 3-15 所示，然后单击“创建”。

项目创建成功后出现如图 3-16 所示 Portal 视图。可在 Poral 视图左下角切换到项目视图，同样，可在项目视图左下角从项目视图切换到 Portal 视图。

② 第二步：组态设备在 Poral 视图中单击“组态设备”，选择“添加新设备”，进入如图 3-17 所示界面。选择要使用的 CPU1212CDC/DC/DC，选中相应的订货号和右侧对应的版本号，单击右下方“添加”按钮，这样就把 CPU 添加到项目中来了。设备

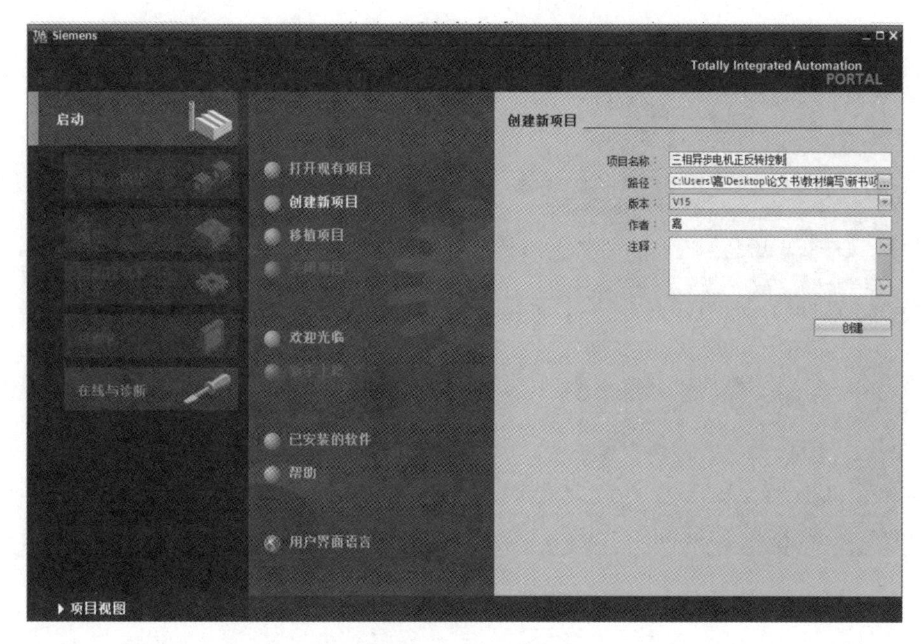

图 3-15　新建项目

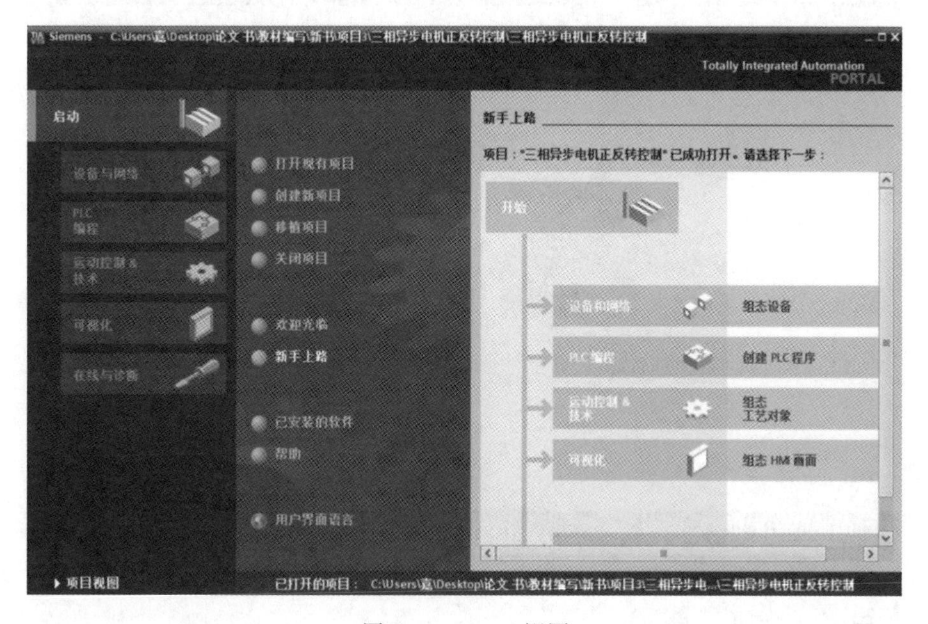

图 3-16　Portal 视图

名称默认为“PLC_1”，可以根据需要修改设备名称。硬件组态添加 CPU 完成，如图 3-18 所示。

（4）编译变量

新建变量表如图 3-19 所示，单击“添加新变量表”，新建一个“变量表_三相异步电机正反转”，然后新建 5 个变量“正转按钮”“反转按钮”“停止按钮”“热继电器触点”、“电机正转线圈 KM1”和“电机反转线圈 KM2”。

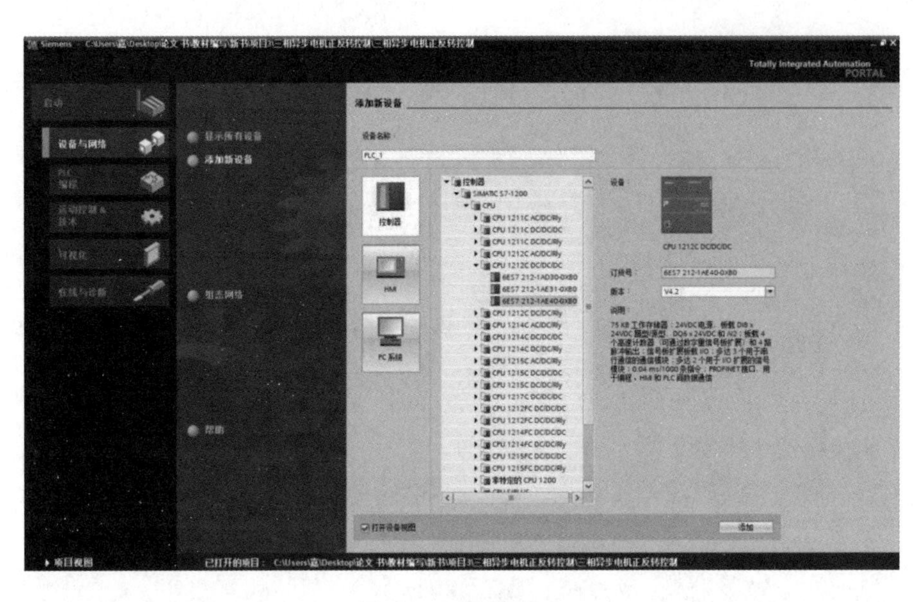

图 3-17　添加 CPU

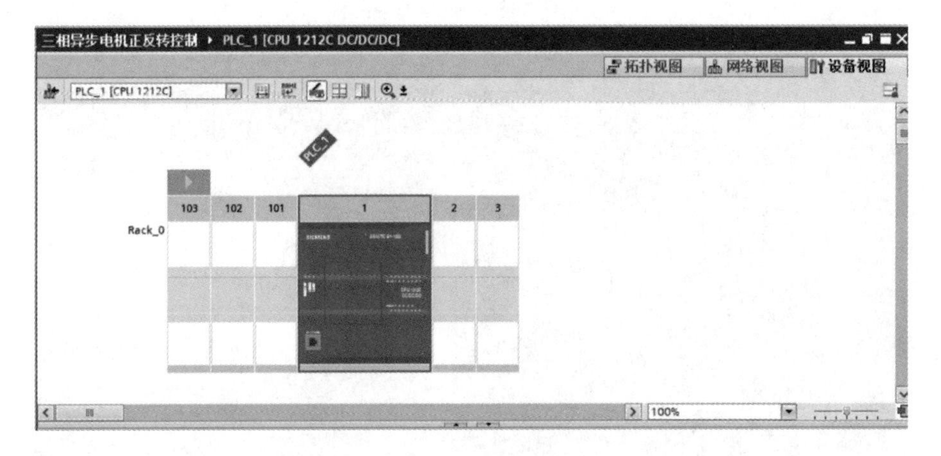

图 3-18　CPU 添加完成

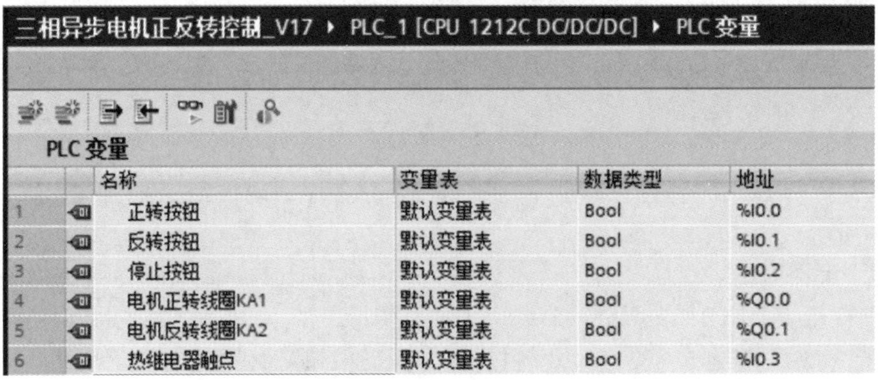

三相异步电机正反转控制_V17 ▸ PLC_1 [CPU 1212C DC/DC/DC] ▸ PLC 变量

PLC 变量

	名称	变量表	数据类型	地址
1	正转按钮	默认变量表	Bool	%I0.0
2	反转按钮	默认变量表	Bool	%I0.1
3	停止按钮	默认变量表	Bool	%I0.2
4	电机正转线圈KA1	默认变量表	Bool	%Q0.0
5	电机反转线圈KA2	默认变量表	Bool	%Q0.1
6	热继电器触点	默认变量表	Bool	%I0.3

图 3-19　新建“变量表_三相异步电机正反转”

3.2.2　三相异步电机正反转控制电路的软件设计

三相电机的正反转控制 PLC 程序如图 3-20 所示。这个程序是按照转换设计法转换而来的，由于 PLC 外部接入的是热继电器的常闭触点，所以对应的输入寄存器 I0.3 要串入常开触点才能使电机停止，起到断电保护作用。在电机停止状态下，按下正转按钮 SB1，I0.0 常开触点接通，此时电机若没有过载，那么 I0.3 常开触点是接通的，能流流过 Q0.0 线圈使其接通，输出元件 KA1 中间继电器线圈接通，KA1 常开触点接通使接触器 KM1 通电，电机正转。在停止状态下，电机反转的工作过程类似。在正转状态下，按下反转按钮 SB2，对应的 I0.1 常闭触点断开，断开正转回路，I0.1 常开触点闭合，接通反转回路，电机反转。在反转状态下，按下正转按钮 SB1 的工作过程类似。按下停止按钮 SB3，电机立即停止。在 PLC 程序中，需要实现软件互锁功能，类似于传统接触器控制电路中的互锁。具体实现方式为：将 Q0.1 的常闭触点串联到 Q0.0 的控制回路中，同时将 Q0.0 的常闭触点串联到 Q0.1 的控制回路中，以防止正反转输出同时接通导致短路。

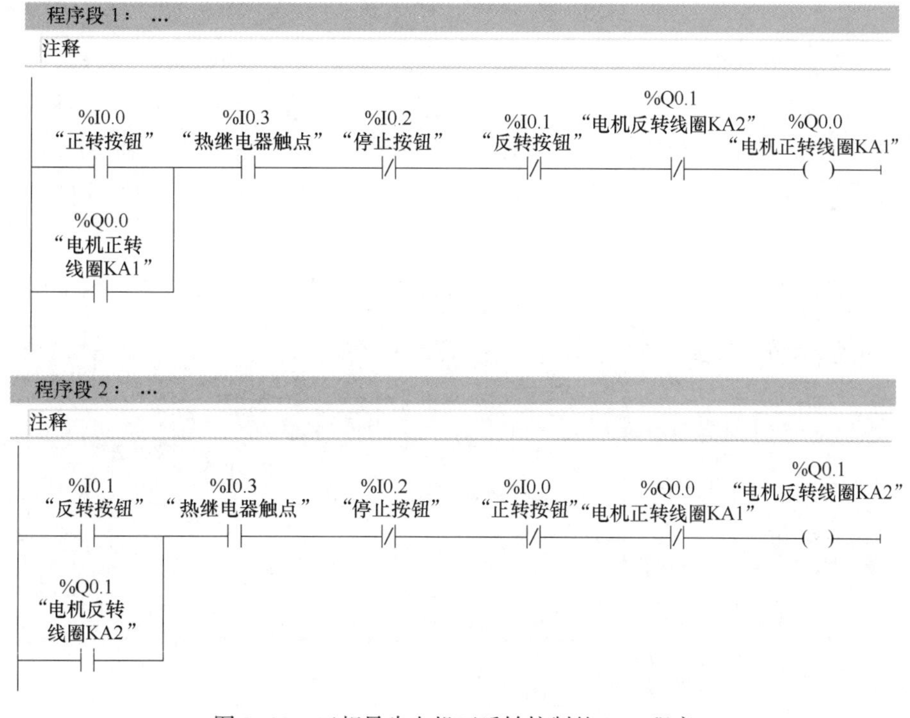

图 3-20　三相异步电机正反转控制的 PLC 程序

在设计电机正反转控制程序时要注意软件和硬件双重互锁（或称联锁）。如果没有硬件互锁，从正转切到反转，由于切换过程中电感的延时作用，可能会出现原来接通的接触器的主触点还未断弧，另一个接触器的主触点已经合上的现象，从而造成电流瞬间短路的故障。此外，若没有硬件互锁，且因为主电路电流过大或接触器质量不好，则某一接触器的主触点被断电时产生的电弧熔焊而被黏结，其线圈断电后主触点仍然是接通的，这时如果另一个接触器的线圈通电，就会造成三相电源短路故障。在该任务中，如图 3-14 所示的继电器转换电路中采用了硬件互锁。

3.2.3 三相异步电机正反转控制电路的仿真调试

（1）程序下载

程序下载在编辑阶段只是完成了基本编辑语法的输入验证，但是要验证程序的可行性，还必须执行“编译”命令。在一般情况下，用户可以直接选择下载命令，博途软件会自动先执行编译命令。当然，也可以单独选择编译命令，选择“编辑”→“编译”菜单命令，编译完成后，就可以获得整个程序的编译信息，如图 3-21 所示。

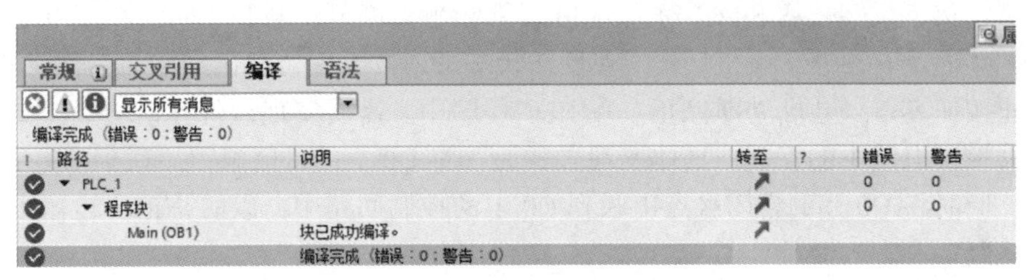

图 3-21 编译信息

本控制系统将使用仿真软件进行调试，所以首先单击“启动仿真”按钮，打开仿真软件，如图 3-22 所示，选中 PLC，单击“下载”。第一次下载时将出现设备搜索界面，如图 3-23 所示，单击“开始搜索”，当搜索到相应 PLC 时，单击“下载”。进行一系列下载前检查后，单击“装载”，如图 3-24 所示，将程序下载到仿真器 PLC 中，单击“完成”。

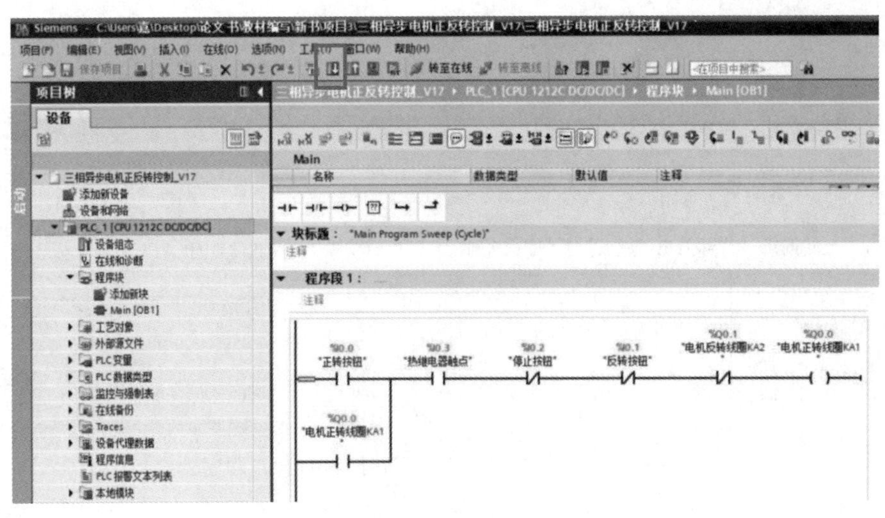

图 3-22 下载项目

（2）仿真调试

仿真调试打开“启用/禁用监视”，程序处在监视状态下，最左侧母线和 I0.0 触点前的能流线是绿色（通过状态），I0.0 常开触点和 Q0.1 线圈是灰色（断开状态），以上是初始状态，如图 3-25 所示。

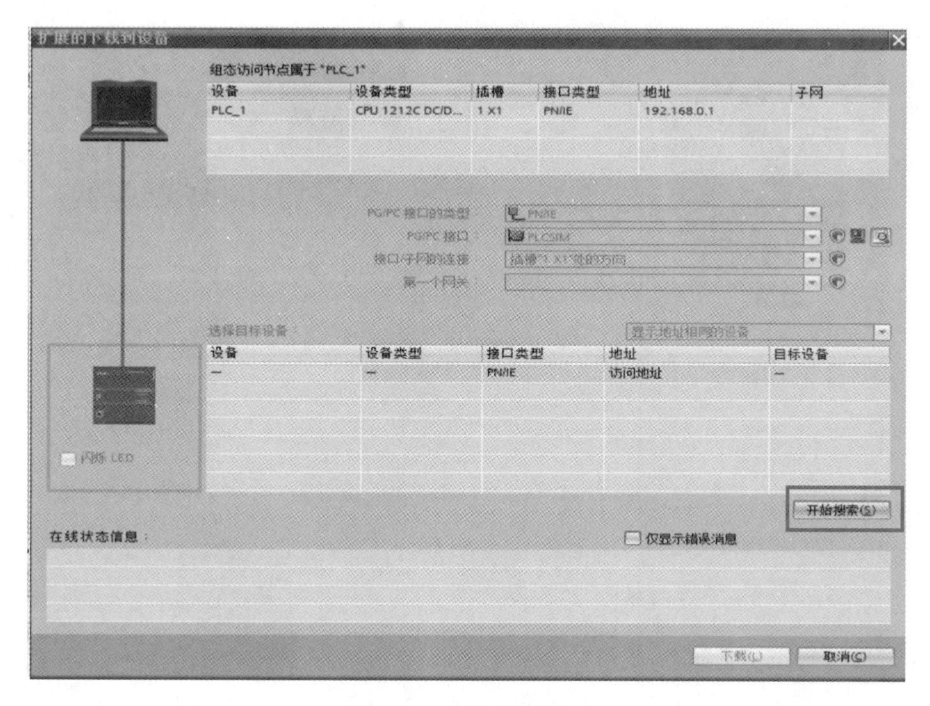

图 3-23　设备搜索界面

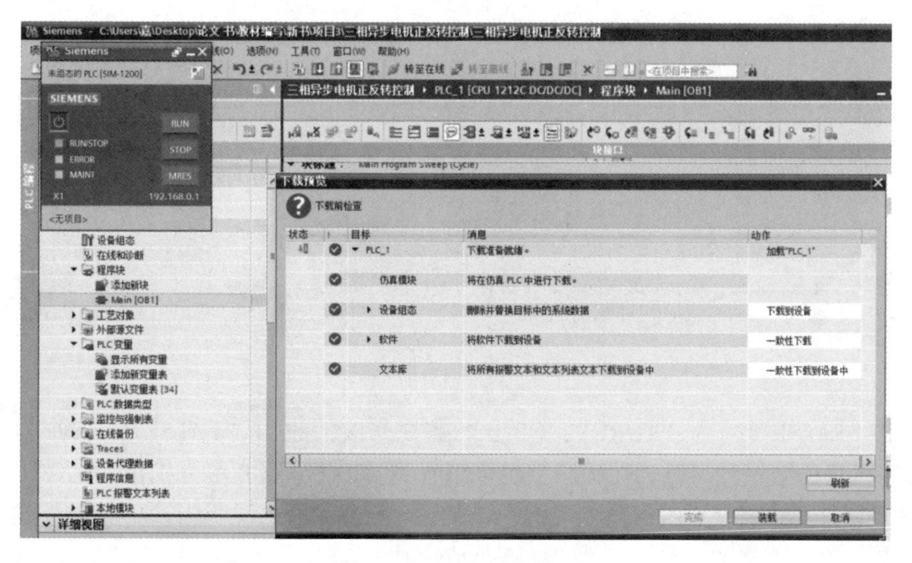

图 3-24　程序下载界面

将仿真器切换到项目视图，选择“项目”→“新建”菜单命令，新建一个仿真项目，根据需要命名项目名称为“三相异步电机正反转控制”，双击左侧项目树的“SIM 表格”，双击打开默认的 SIM 表格_1，也可以单击“添加新的 SIM 表格”并命名。双击打开 SIM 表格_1 或新建的 SIM 表格，输入需要监控的变量，仿真系统自动出现该变量与程序中的相应信息，如图 3-26 所示。

仿真器监视状态下，在 SIM 表格_1 中勾选 I0.0“位”和 I0.3“位”（置 1），监视/

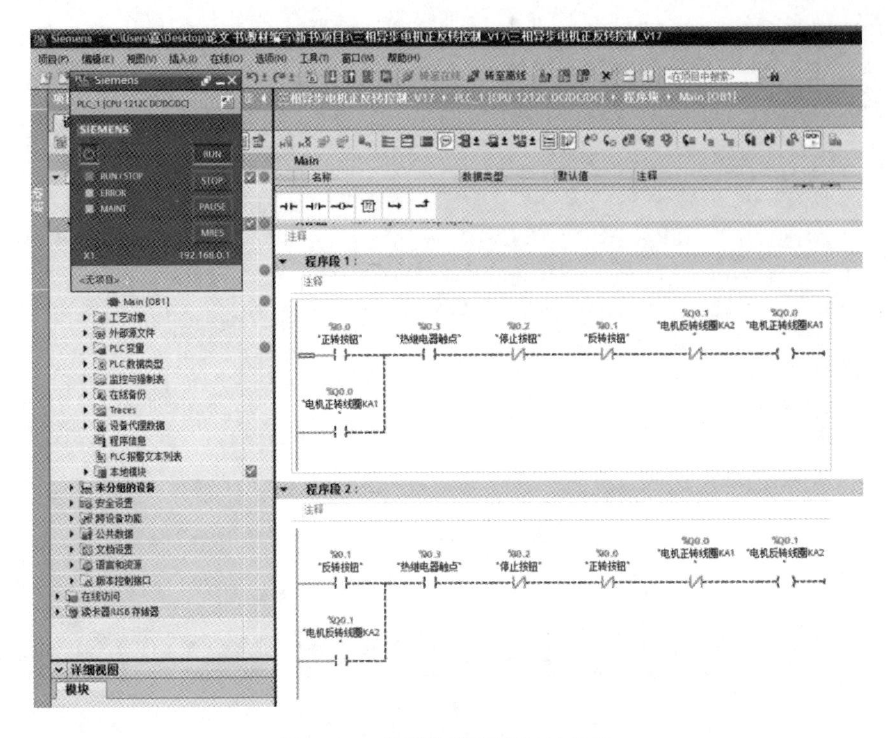

图 3-25　仿真监控程序初始状态

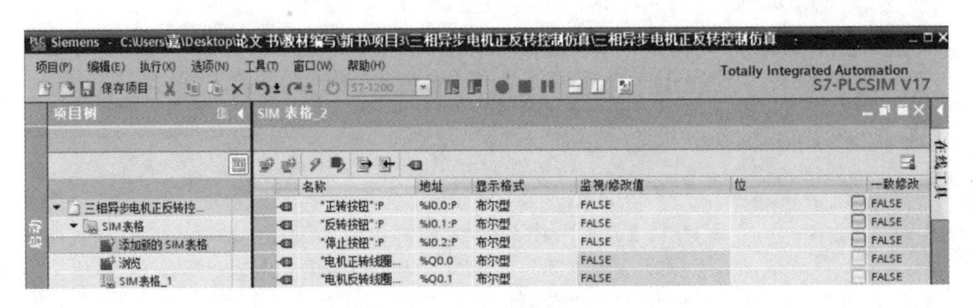

图 3-26　仿真监控表

修改值由“FALSE”变为“TURE”，Q0.0 的监视修改值也由“FALSE”变为“TURE”，这是程序执行的结果。同时，在程序中也可以看到：I0.0 和 Q0.1 分别由“FALSE”变为“TURE”时，其颜色分别由灰色变成绿色，如图 3-27 所示。说明当按下正转按钮，电机正转；勾选 I0.2“位”（置 1），监视/修改值由“FALSE”变为“TURE”，Q0.0 的监视修改值也由“TRUE”变为“FALSE”，说明当按下停止按钮，电机停转；同样在 SIM 表格_1 中勾选 I0.1“位”和 I0.3“位”（置 1），监视/修改值由“FALSE”变为“TURE”，Q0.1 的监视修改值也由“FALSE”变为“TURE”，这是程序执行的结果。同时，在程序中也可以看到：I0.1 和 Q0.1 分别由“FALSE”变为“TURE”时，其颜色分别由灰色变成绿色，如图 3-28 所示。说明当按下反转按钮，电机反转；调试过程和结果完全符合控制要求，实际上是典型的电动控制系统。

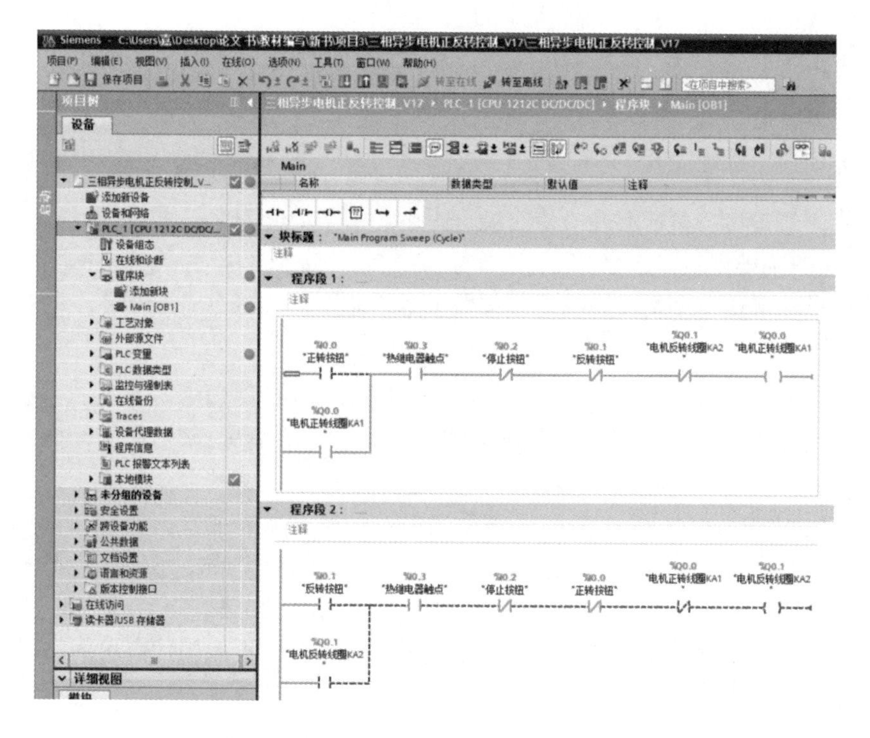

图 3-27　电机正转仿真调试

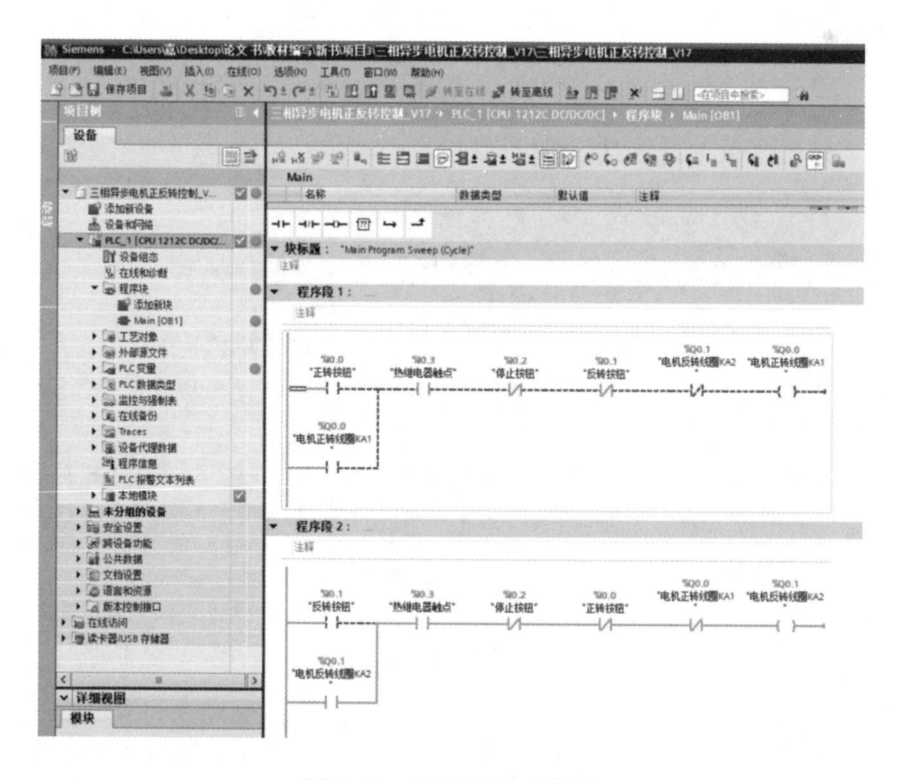

图 3-28　电机反转仿真调试

3.3　项目拓展

3.3.1　边沿检测触点指令

边沿检测触点指令包括上升沿检测触点指令和下降沿检测触点指令。

（1）上升沿检测触点指令

上升沿检测触点指令又称为扫描操作数上升沿指令。其指令符号如图 3-29 程序段中带 P 的触点指令。上升沿检测触点指令 “IN” —| P |— “M-BIT” 当输入信号 “IN” 由 “0” 状态转变为 “1” 状态，侧该触点接通扫描一个扫描周期。P 触点可以放置在程序段中除分支、结尾外的任何位置。

如图 3-29 所示为上升沿检测触点指令的简单例子。I0.6 的上升沿由 “0” 状态转为 “1” 状态，该触点接通一个扫描周期 M5.0 开始的连续 4 个存储位位置。M4.3 为边沿存储位，用来存储上一次扫描循环时 I0.6 的状态。通过比较 I0.6 前后两次循环状态，来检测信号的边沿。边沿存储位的地址只能在程序中使用一次，不能用代码块的临时局部数据或 I/O 变量来作边沿存储位。

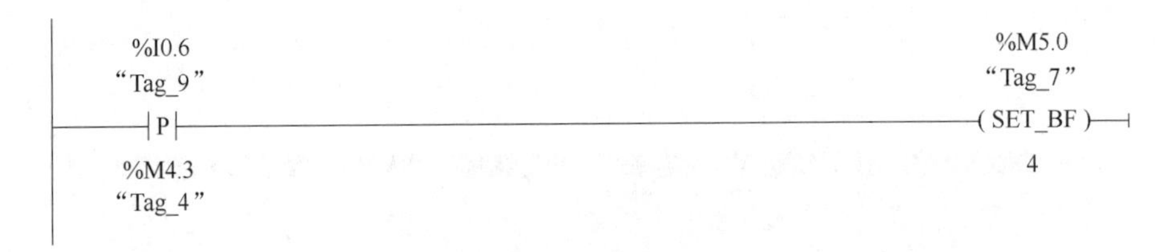

图 3-29　上升沿检测触点指令

（2）下降沿检测触点指令

下降沿检测触点指令又称为扫描操作数下降沿指令。其指令符号如图 3-30 程序段中带 N 的触点指令。上升沿检测触点指令 “IN” —| N |— “M-BIT” 当输入信号 “IN” 由 “1” 状态转变为 “0” 状态，侧该触点接通扫描一个扫描周期。N 触点可以放置在程序段中除分支、结尾外的任何位置。

如图 3-30 所示为下降沿检测触点指令的简单例子。M4.3 的下降沿由 “1” 状态转为 “0” 状态，该触点接通一个扫描周期，RESET-BF 的线圈 “通电” 一个扫描周期，M5.4 开始的连续 3 个存储位复位。该触点下的 M4.4 为边沿存储位。

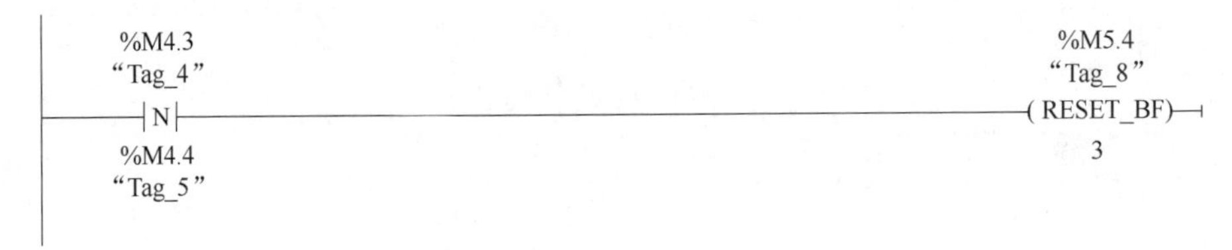

图 3-30　下降沿检测触点指令

3.3.2　边沿检测线圈指令

边沿检测线圈指令分为上升沿检测线圈指令和下降沿检测线圈指令。

（1）上升沿检测线圈指令

"OUT"
—(P)—
"M-BIT"上升沿检测线圈在进入线圈的能流中检测到正跳变（"0"到"1"）时，分配的位 OUT 状态为"1"，且位置一个扫描周期。能流输入状态总是通过线圈后变为能流输出状态。边沿检测指令可以放置在程序段的任何位置，边沿线圈不会影响逻辑运算结果 RLO，它对能流是畅通无阻额，其输入的逻辑结果被立刻送到线圈的输出点。

【应用案例】　上升沿检测线圈指令应用

上升沿检测线圈指令示例如图 3-31 所示，M3.0 为操作数 1，M3.1 为操作数 2。当 I.0 状态为"0"时，M3.0 的状态也为"0"，因此 M3.0 存储在 M3.1 中的状态也为"0"，则 Q0.1 输出状态为"0"；当 I0.0 状态为"1"时，M3.0 上次查询状态为"0"，本次周期查询状态为"1"，则出现上升沿，M3.0 导通一个扫描周期，其常开触点也导通一个扫描周期，驱动置位线圈，所以 Q0.1 状态为"1"，并自保持。

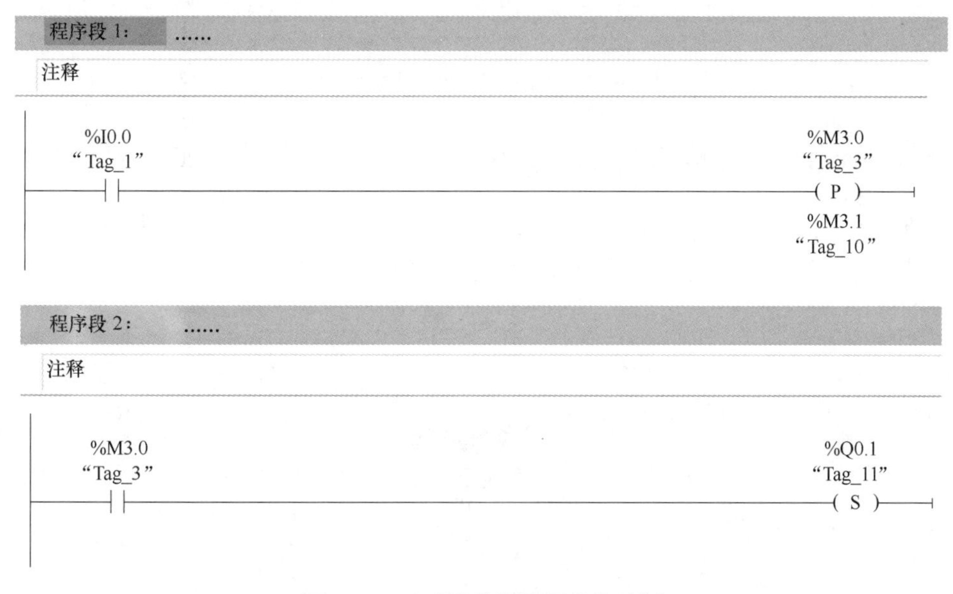

图 3-31　上升沿检测线圈指令示例

（2）下降沿检测线圈指令

"OUT"
—(N)—
"M-BIT" 下降沿测线圈在进入线圈的能流中检测到负跳变（"1"到"0"）时，分配的位 OUT 状态为"1"，且位置一个扫描周期。能流输入状态总是通过线圈后变为能流输出状态。

【应用案例】　下降沿检测线圈指令应用

下降沿检测线圈指令示例如图 3-32 所示，M3.0 为操作数 1，M3.1 为操作数 2。当 I.0 状态为"1"时，M3.0 的状态也为"1"，因此 M3.0 存储在 M3.1 中的状态也为

“1”，则 Q0.1 输出状态为“0”；当 I0.0 状态为“0”时，M3.0 上次查询状态为“1”，本次周期查询状态为“0”，则出现上升沿，M3.0 导通一个扫描周期，其常开触点也导通一个扫描周期，驱动置位线圈，所以 Q0.1 状态为“1”，并自保持。

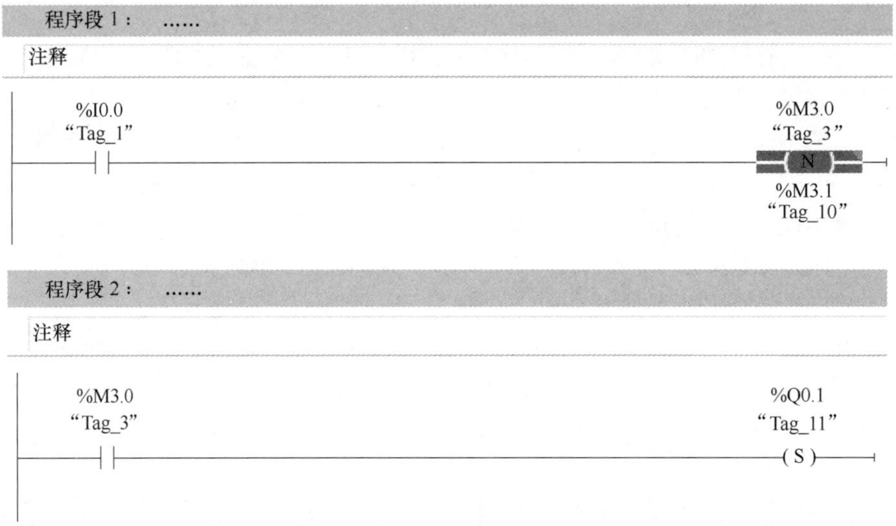

程序段 1： ......
注释
%I0.0
"Tag_1"
%M3.0
"Tag_3"
N
%M3.1
"Tag_10"
程序段 2： ......
注释
%M3.0
"Tag_3"
%Q0.1
"Tag_11"
S

图 3-32 下降沿检测线圈指令示例

3.3.3 P-TRIG 指令与 N-TRIG 指令

在流进 P_TRIG 指令的 CLK 输入端（图 3-33）的能流的上升沿（能流刚出现），Q 端输出脉冲宽度为一个扫描用期的能流，使 Q0.0 置位。P_TRIG 指令框下面的 M10.0 是脉冲存储器位。

%I0.0
"Tag_1"
%I0.1
"Tag_12"
P_TRIG
CLK
Q
%M10.0
"Tag_14"
%Q0.0
"Tag_13"
S
N_TRIG
CLK
Q
%M10.1
"Tag_15"
%Q0.0
"Tag_13"
R

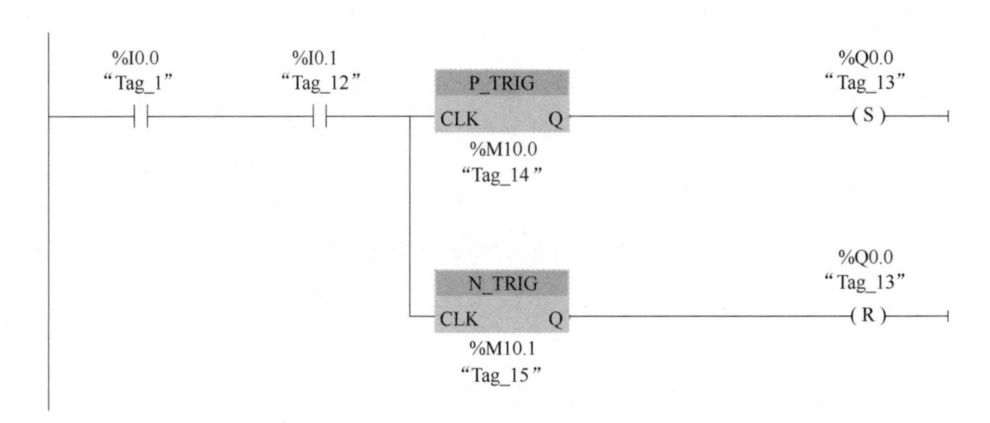

图 3-33 P-TRIG 指令与 N-TRIG 指令

在流进 N_TRIG 指令的 CLK 输入端的能流的下降沿（能流刚消失），Q 端输出脉冲宽度为一个扫描周期的能流，使 Q0.0 复位。N_TRIG 指令框下面的 M10.1 是脉冲存储器位。

P_TRIG 指令与 N_TRIG 指令不能放在电路的开始处和结束处。

3.3.4　多点置/复指令

SET_BF（Set bit field，多点置位）指令将指定的地址开始的连续的若干个位地址置位（变为“1”状态并保持）。在图3-34的I0.0的上升沿（从“0”状态变为“1”状态），从Q0.0开始的4个连续的位被置位为“1”并保持“1”状态。

RESET_BF（Reset bit field，多点复位）指令将指定的地址开始的连续的若干个位地址复位（变为“0”状态并保持）。在图3-34的I0.1的下降沿（从“1”状态变为“0”状态），从Q0.0开始的4个连续的位被复位为“0”并保持“0”状态。

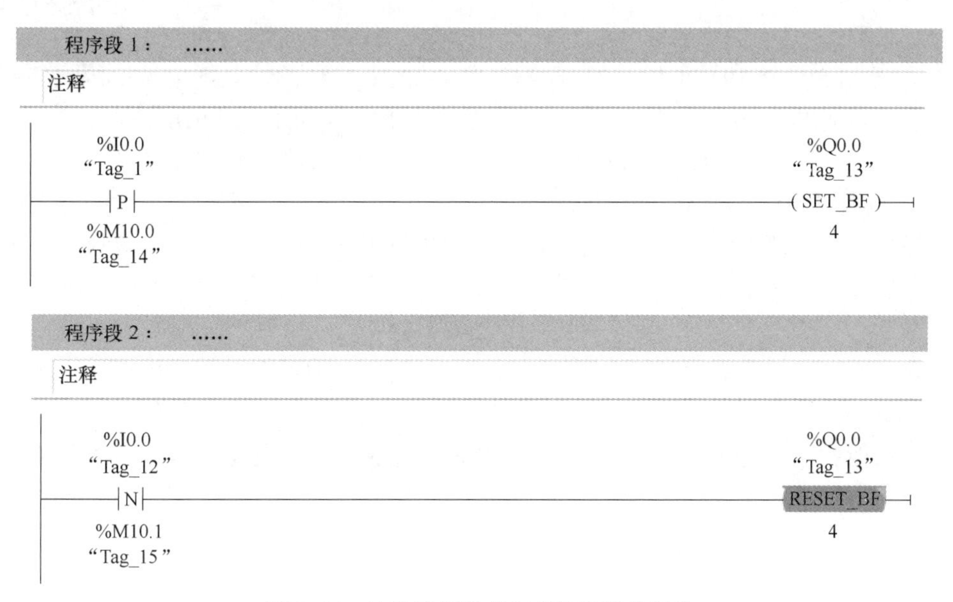

图3-34　边沿检测触点与多位置置位复位

知识扩展与思政园地

钟兆琳：桃李满天下的电工专家

钟兆琳（1901~1990）浙江德清县人，男，中国电机工程专家、电机工程教育家，中国科学院院士。20世纪30年代，指导并参与研制出我国第一台交流发电机和电动机，促成了我国第一家民族电机制造厂。成功地设计了分列芯式电流互感器、频率表、同步指示器等仪器仪表。

1990年3月22日，上海华东医院，一位老人在弥留之际留下了这样的遗言：“本人自1923年投身教育已有60余年，一生为中华民族的教育、科技与人才培养以及工业化而努力……我愿将我工资积蓄的主要部分贡献出来，建立教育基金，奖励后学，促进我国教育事业，以遂我毕生所愿……祝祖国繁荣昌盛。”这位老人就是中国电机工程专家、电机工程教育家、西安交通大学著名教授钟兆琳。

钟兆琳长期担任教学工作，其启发式教学方法深受学生们欢迎，从事教育60余载，学子遍布海内外，为我国教育事业做出了重要贡献。

春蚕到死丝方尽，蜡炬成灰泪始干。从青年时代的护师护校运动，到年届花甲扎根黄土地、初心不改，他用一生的时间，书写了与国家、与交大的不解情缘！

思考练习

1. 基础知识在线自测
2. 扩展练习

PLC 编程练习

① 将按钮 SB1 接 PLC 的输入继电器 I0.0，SB2 接 PLC 的输入继电器 I0.1，指示灯接输出继电器 Q0.0，控制要求如下：按 SB1，当 SB1 按钮弹起时，指示灯亮；按下 SB2 时，指示灯灭。请设计出程序梯形图。

② 根据要求设计一个 4 组抢答器。

任务提出：设计一个 4 组抢答器，任一组抢先按下抢答按钮后，对应指示灯显示抢答结果，同时锁定抢答器，使其他组抢答按钮无效。在主持人按下复位开关后，可重新开始抢答。

要点说明：a. 由于抢答按钮一般均为非自锁按钮，为保持抢答输出结果，就需要输出线圈所带触点并联在输入触点上，实现自锁功能。b. 要实现一组抢答后，其他组不能再抢答的功能，就需要在其他组控制线路中串联本组输出线圈的常闭触点，从而形成互锁关系。

项目4　十字路口交通信号灯系统设计

(1) 项目导入

社会的发展使汽车进入家庭的步伐不断加快，城市汽车的数量越来越多，城市道路交通问题显得异常重要。解决好十字路口交通信号灯控制问题是保障交通安全、有序、快速运行的重要组成部分。其中，红灯亮表示该方向道路禁止通行；黄灯亮表示该方向道路上未过停车线的车辆禁止通行，已过停车线的车辆可以继续行驶至对面或安全区域；绿灯亮表示该条道路允许通行。

本项目的控制要求如下：交通灯由一个启动按钮控制，按动“启动”按钮，东西方向红灯亮时，南北方向绿灯亮，当绿灯亮到设定时间时，黄灯闪烁三次，闪烁周期为 2s（亮 1.5s 灭 0.5s），当南北方向黄灯熄灭后，东西方向绿灯亮，南北方向红灯亮，当东西方向绿灯亮到设定时间时，黄灯闪烁三次，闪烁周期为 2s（亮 1.5s 灭 0.5s），当东西方向黄灯熄灭后，再转回东西方向红灯亮，南北方向绿灯亮……周而复始，不断循环。按动“停止”按钮，交通灯停止工作。

(2) 项目目标

素养目标

① 培养学生精益求精的大国工匠精神。
② 树立学生安全意识、质量意识和工程意识。
③ 培养学生自主探究的学习精神。

知识目标

① 掌握 S7-1200 PLC4 种定时器的类型。
② 掌握振荡电路的梯形图设计。

能力目标

① 能够完成交通信号灯的硬件接线。
② 能够完成交通信号灯的编程及调试。
③ 掌握 S7-1200 PLC 编程的基本原则。
④ TIA 博途软件的使用和程序调试方法。

4.1　基础知识

4.1.1　定时器的种类

S7-1200 PLC 的定时器为 IEC 定时器，用户程序中可以使用的定时器数量仅受 CPU 的存储器容量限制。使用定时器时，需要为其分配定时器相关的背景数据块，或者数据类型为 IEC_TIMER（包括 TP_TIME、TON_TIME、TOF_TIME、TONR_TIME）的 DB 块变量，不同的上述变量代表着不同的定时器。

注意：S7-1200 PLC 的 IEC 定时器没有定时器号（即没有 T0、T37 这种带定时器号的定时器）。

S7-1200 PLC 包含 4 种定时器：脉冲定时器（TP）、接通延时定时器（TON）、关断延时定时器（TOF）、保持型接通延时定时器（TONR）；此外还包含复位定时器（RT）和加载持续时间（PT）这两个指令。指令的说明如表 4-1 所示，定时器引脚如表 4-2 所示。

表 4-1　　6 种定时器格式及说明

LAD/FBD 功能框	LAD 线圈	说明
IEC_Timer_0 TP Time IN　Q PT　ET	TP_DB —(TP)— "PRESET_Tag"	TP 定时器可生成具有预设宽度时间的脉冲
IEC_Timer_1 TON Time IN　Q PT　ET	TON_DB —(TON)— "PRESET_Tag"	TON 定时器在预设的延时过后将输出 Q 设置为 ON
IEC_Timer_2 TOF Time IN　Q PT　ET	TOF_DB —(TOF)— "PRESET_Tag"	TOF 定时器在预设的延时过后将输出 Q 重置为 OFF
IEC_Timer_3 TONR Time IN　Q R　ET PT	TONR_DB —(TONR)— "PRESET_Tag"	TONR 定时器在预设的延时过后将输出 Q 设置为 ON。在使用 R 输入重置经过的时间之前，会跨越多个定时时段一直累加经过的时间
PT PT 仅FBD	TON_DB —(PT)— "PRESET_Tag"	PT（预设定时器）线圈会在指定的 IEC_Timer 中装载新的 PRESET 时间值。
RT 仅FBD	TON_DB —(RT)—	RT（复位定时器）线圈会复位指定的 IEC_Timer

表 4-2　　定时器引脚说明

输入的变量			
名称	说明	数据类型	备注
IN	启用定时输入	BOOL	
PT	设定的时间输入	TIME	
R	复位	BOOL	仅出现在 TONR 指令中

续表

输出的变量			
名称	说明	数据类型	备注
Q	输出位	BOOL	
ET	已计时的时间	TIME	

定时器的输入/输出参数说明如表 4-2，参数 IN 从“0”变为“1”，将启动 TP、TON、TO NR，从“1”变为“0”，将启动 TOF。ET 为定时开始后经过的时间，或称为已耗时间值，数据类型为 32 位的 Time，单位为 ms。IEC 定时器的时间值是一个 32 位的双整型变量（DInt），默认为毫秒（ms），最大定时值为 2 147 483 647ms。当然，以毫秒计算有时候是不方便的，S7-1200 也支持以天-小时-分钟-秒的方式计时，在时间值的前面加上符号“T#”，比如定时 200s，写作：T#200s；定时 1 天-2 小时-30 分钟-5 秒-200 毫秒，写作：T#1d_2h_30m_5s_200ms，如图 4-3 所示。

以接通延时定时器为例，在指令窗口中选择“定时器操作”中的 TON 指令（图 4-1），将其拖入程序段中如图 4-3 所示，此时会跳出一个“调用数据块”窗口（图 4-2），选择自动编号后，会直接生成 DB1 数据块，也可以选择手动编号，根据用户需要生成 DB 数据块。

基本指令

名称	描述
常规	
位逻辑运算	
定时器操作	
TP	生成脉冲
TON	接通延时
TOF	关断延时
TONR	时间累...
-(TP)-	启动脉...
-(TON)-	启动接...
-(TOF)-	启动关...
-(TONR)-	时间累...
-(RT)-	复位定...
-(PT)-	加载持...

图 4-1　定时器指令

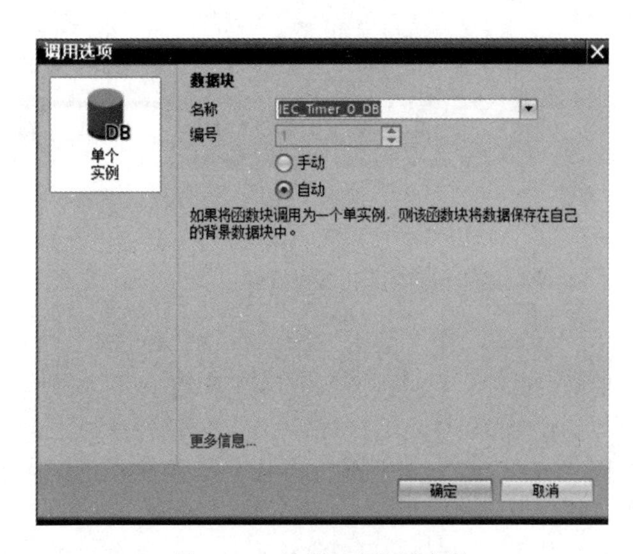

图 4-2　TON 指令调用数据块

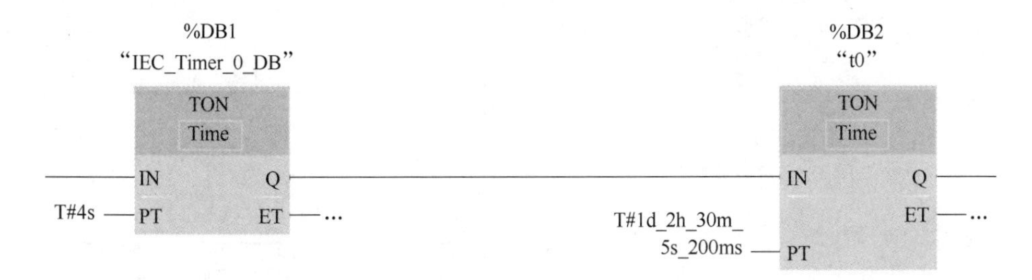

图 4-3　定时器的时间书写格式

在项目树的“程序块”中可以看到自动生成的 IEC_Timer_O_DB［DB1］数据块（图 4-4），双击进入，即可读取 DB1 定时器的各个数据，变量的数据类型为 IEC_Timer，如图 4-5 所示。

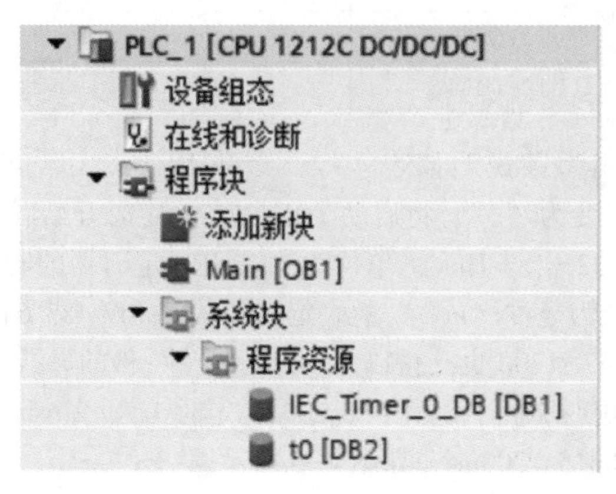

图 4-4　DB 参数位置

IEC_Timer_0_DB_1

	名称	数据类型	起始值
1	▼ Static		
2	■ PT	Time	T#0ms
3	■ ET	Time	T#0ms
4	■ IN	Bool	false
5	■ Q	Bool	false

图 4-5　DB1 数据块 IEC_Timer_0 内容

4.1.2　TP 脉冲定时器指令

脉冲型定时器的指令标识为 TP，该指令用于可生存具有预设宽度时间的脉冲，定时器指令的 IN 管脚用于启用定时器，PT 管脚表示定时器的设定值，Q 表示定时器的输出状态，ET 表示定时器的当前值，如图 4-6 所示为脉冲型定时器指令的指令格式及定时器指令执行时的时序图。

使用 TP 指令，可以将输出 Q 置位为预设的一段时间，当定时器的使能端的状态从

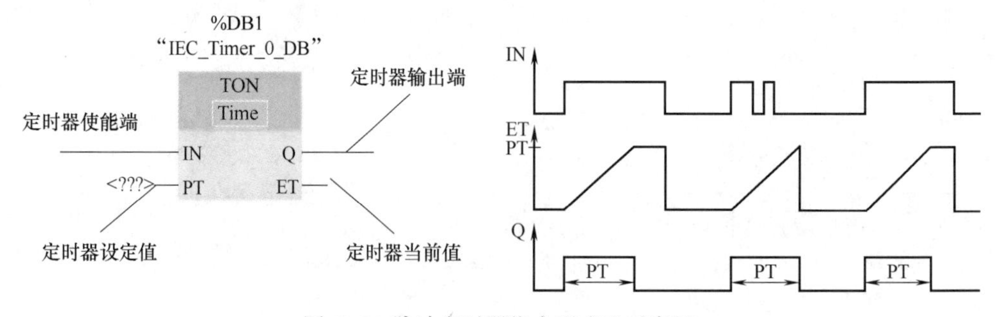

图 4-6　脉冲定时器指令形式及时序图

OFF 变为 ON 时，可启动该定时器指令，定时器开始计时。无论后续使能端的状态如何变化，都将输出 Q 置位由 PT 指定的一段时间。若定时器正在计时，即使检测到使能端的信号在此从 OFF 变为 ON 的状态，输出 Q 的信号状态也不会受到影响。

【应用案例】 电机延时自动关闭控制应用

下面是一个电机延时自动关闭控制的程序如图 4-7 所示。

按下启动按钮 I0.0，电机 Q0.0 立即启动，延时 5s 后自动关闭，运转过程中按下停止按钮 I0.1，电机立即停止。用定时器的背景数据块名称来指定需要复位的定时器。该程序中的 I0.1 为“1”时，定时器复位线圈（RT）通电，定时器被复位。

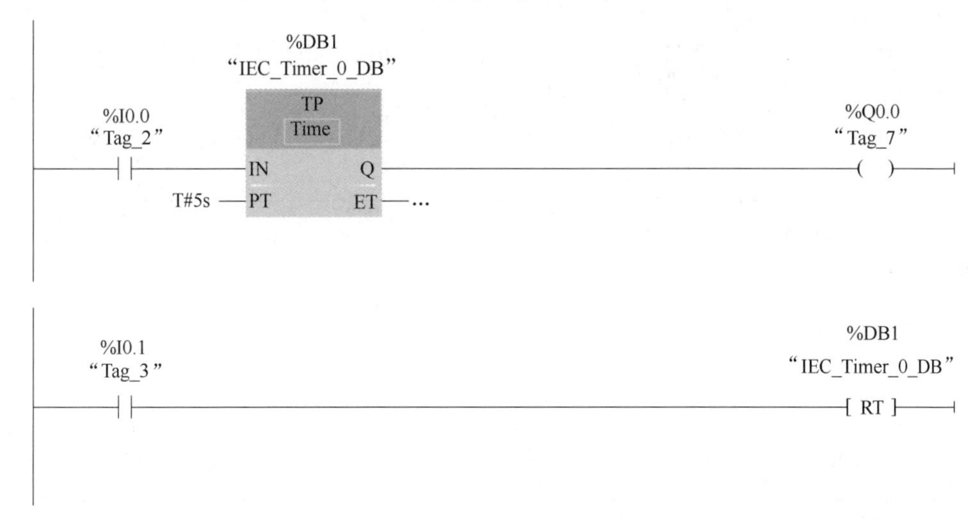

图 4-7　电机延时自动关闭控制的程序

4.1.3　TON 接通延时定时器指令

接通延时定时器的指令标识符为 TON，接通延时定时器输出端 Q 在预设的延时时间过后，输出状态为 ON，指令中管脚定义与 TP 定时器指令管脚定义一致。如图 4-8 所示描述的接通延时定时器的指令格式及执行时序图。

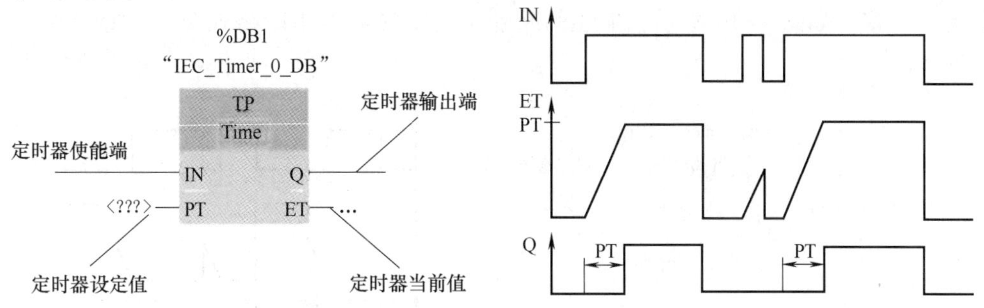

图 4-8　接通延时定时器指令及时序图

当定时器的使能端为“1”时启动该指令。定时器指令启动后开始计时。在定时器的当前值 ET 与设定值 PT 相等于时，输出端 Q 输出为 ON。只要使能端的状态仍为 ON，输出端 Q 就保持输出为 ON。若使能端的信号状态变为 OFF，则将复位输出端 Q 为 OFF。在使能端再次变为 ON 时，该定时器功能将再次启动。

【应用案例】 电机延时启动控制程序的应用

下面是一个电机延时启动控制的程序，如图 4-9 所示。

按下启动开关 I0.0，电机 Q0.0 延时 5s 后启动，运转过程中按停止按钮 I0.1 或断开启动开关 I0.0，电机立即停止。该程序中的 I0.1 为“1”状态时，定时器复位线圈 RT 通电，定时器被复位，当前时间被清零，Q 输出变为“0”状态。复位输入 I0.1 为“0”状态时，如果 IN 输入信号为“1”状态，将开始重新定时。

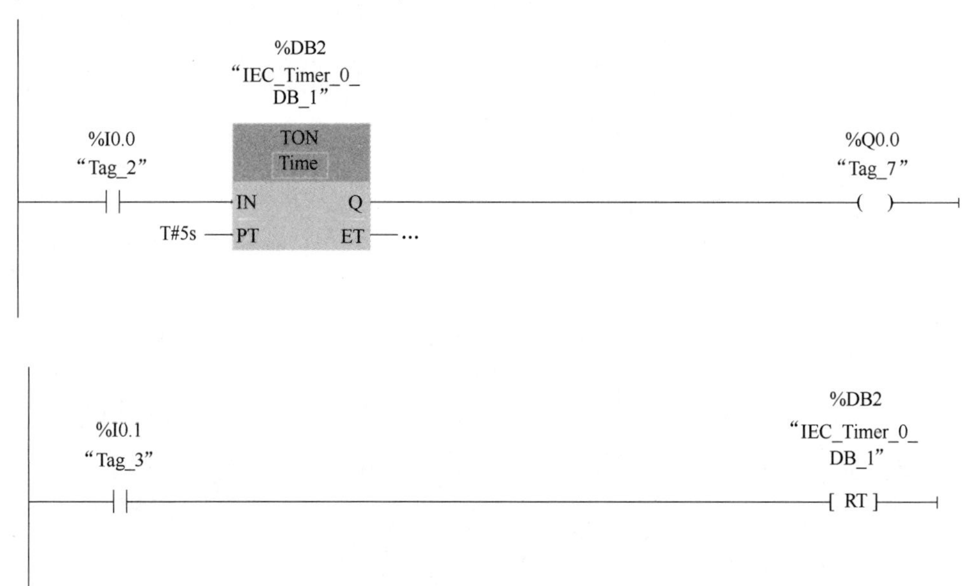

图 4-9 电机延时启动控制的程序

4.1.4 TOF 关断延时定时器指令

断开延时定时器的指令标识符为 TOF，断开延时定时器输出在预设的延时时间过后，重置为 OFF。指令中管脚定义与 TP/TON 定时器指令管脚定义一致。如图 4-10 所示，描述的断开延时定时器的指冷格式及执行时序图。

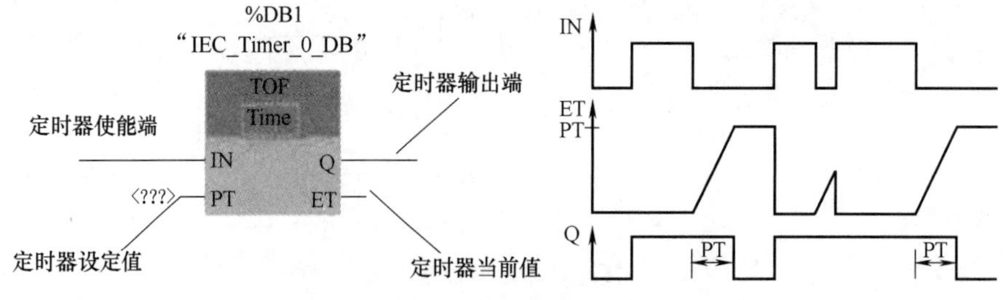

图 4-10 关断延时定时器指令及时序图

当定时器的使能端为 ON 时，将输出端 Q 置位为 ON。当使能端的状态变回 OFF 时，定时器开始计时。只要 ET 的值小于 PT 的值时，则输出端 Q 就保持置位。当 ET 的值等于 PT 的时，则将复位输出端 Q。如果输使能端的信号状态在 ET 的值小于 PT 值时变为 ON，则复位定时器，输出 Q 的信号状态仍将为 ON。

【应用案例】 电机启动与延时关断控制程序的应用

下面是一个电机启动与延时关断控制的程序。

如图 4-11 所示。按下启动开关 I0.0，电机 Q0.0 立即启动，断开启动开关 I0.0，电机延时 5s 后停止。该程序中的 I0.1 为“1”时，定时器复位线圈 RT 通电。如果此时 IN 输入信号为“0”状态，则定时器被复位，当前时间被清零，输出 Q 变为“0”状态。如果复位时 IN 输入信号为“1”状态，则复位信号不起作用。

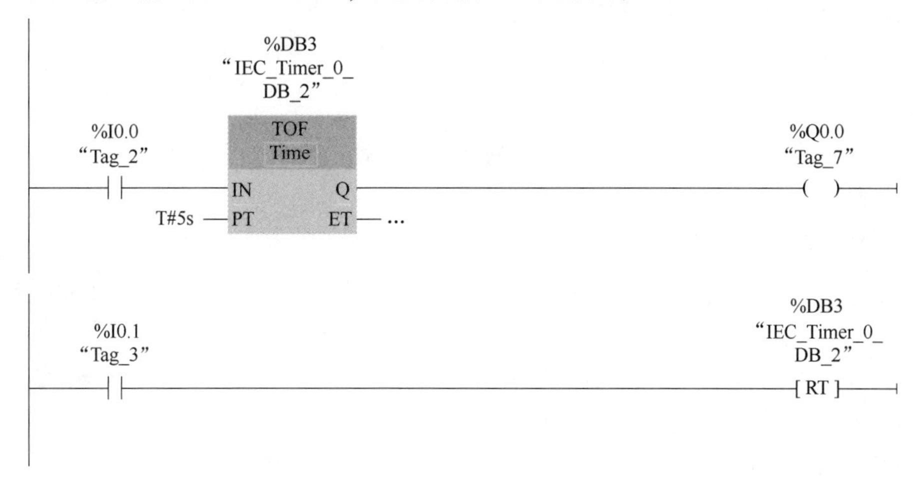

图 4-11　电机启动与延时关断控制程序

4.1.5　TONR 保持型接通延时定时器

保持型接通延时定时器的标识符为 TONR，保持型接通延时定时器的功能与接通延时定时器的功能基本一致，区别在于保持型接通延时定时器，在定时器的输入端的状态变为 OFF 时，定时器的当前值不清零，而接通延时定时器，在定时器的输入端的状态变为 OFF 时，定时器的当前值会自动清零，如图 4-12 所示，描述的是保持型接通延时定时器的指令格式及指令执行时的时序图。

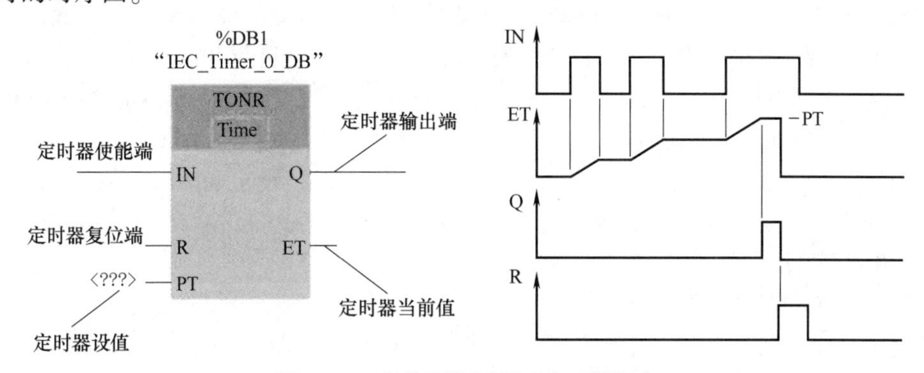

图 4-12　保持型接通延时定时器指令

【应用案例】 保持型接通延时定时器输出程序的应用

下面是一个保持型接通延时定时器的输出程序。

如图 4-13 所示。按下启动开关 I0.0，输出 Q0.0 延时 5s 后接通，延时过程中若外部开关 I0.0 断开，时间保持当前状态，下次 I0.0 接通时，继续计时，直到累加到 5s 后输出接通，按下复位按钮 I0.1，输出 Q0.0 立即断开。

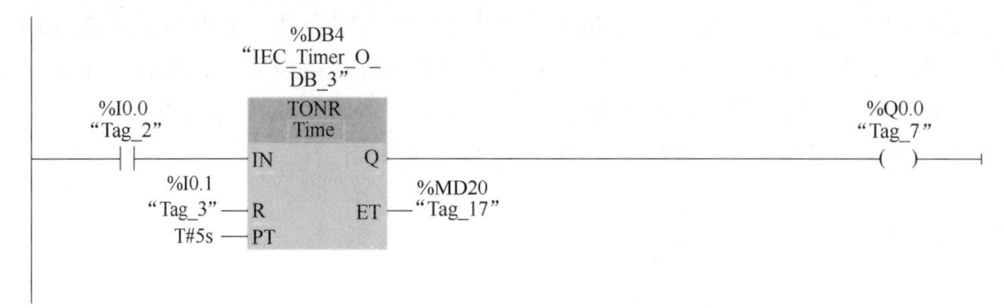

图 4-13 时间累加的延时输出程序

4.1.6 定时器的应用案例

【应用案例 1】 应用定时器指令实现周期振荡回路控制

（1） PLC 控制要求

① 按动 SB1，指示灯 HL1“亮 3s、灭 2s”的频率闪烁。

② 按动 SB2，HL1 灯灭。

（2） I/O 地址分配

表 4-3 为输入/输出的定义。

表 4-3 I/O 分配表

输入信号			输出信号		
绝对地址	符号地址	注释	绝对地址	符号地址	注释
I0.0	SB1	启动按钮	Q0.0	HL1	指示灯
I0.1	SB2	停止按钮			

（3） PLC 编程

根据任务说明，需要设置两个定时器，梯形图如图 4-14 所示。闪烁指示灯的高、低电平时间分别由两个定时器的 PT 值确定。程序段 1 用于启动按钮为 ON 时，置位指示灯 Q0.0 和中间变量 M0.0。程序段 2 在指示灯 Q0.0 变为 ON 时进行 TON 定时（此为定时器 1），时长为 3s，时间到后，关闭指示灯。程序段 3 是中间变量 M0.0 继续 ON 而指示灯 Q0.0 为 OFF 的情况下，定时 TON（此为定时器 2），时长为 2s，时间到后，点亮指示灯。至此，如果在程序段 2 和程序段 3 之间进行循环执行，则指示灯 Q0.0 就会按任务要求进行闪烁。程序段 4 是停止按钮被按下后，将指示灯 Q0.0 和中间变量 M0.0 均复位。

【应用案例 2】 运料小车自动往返控制

（1） PLC 控制要求

送料小车由一台三相异步电动机拖动控制，电机正转时驱动小车前进，电机反转时驱动小车后退。运料小车自动往返运动示意图，如图 4-15 所示。

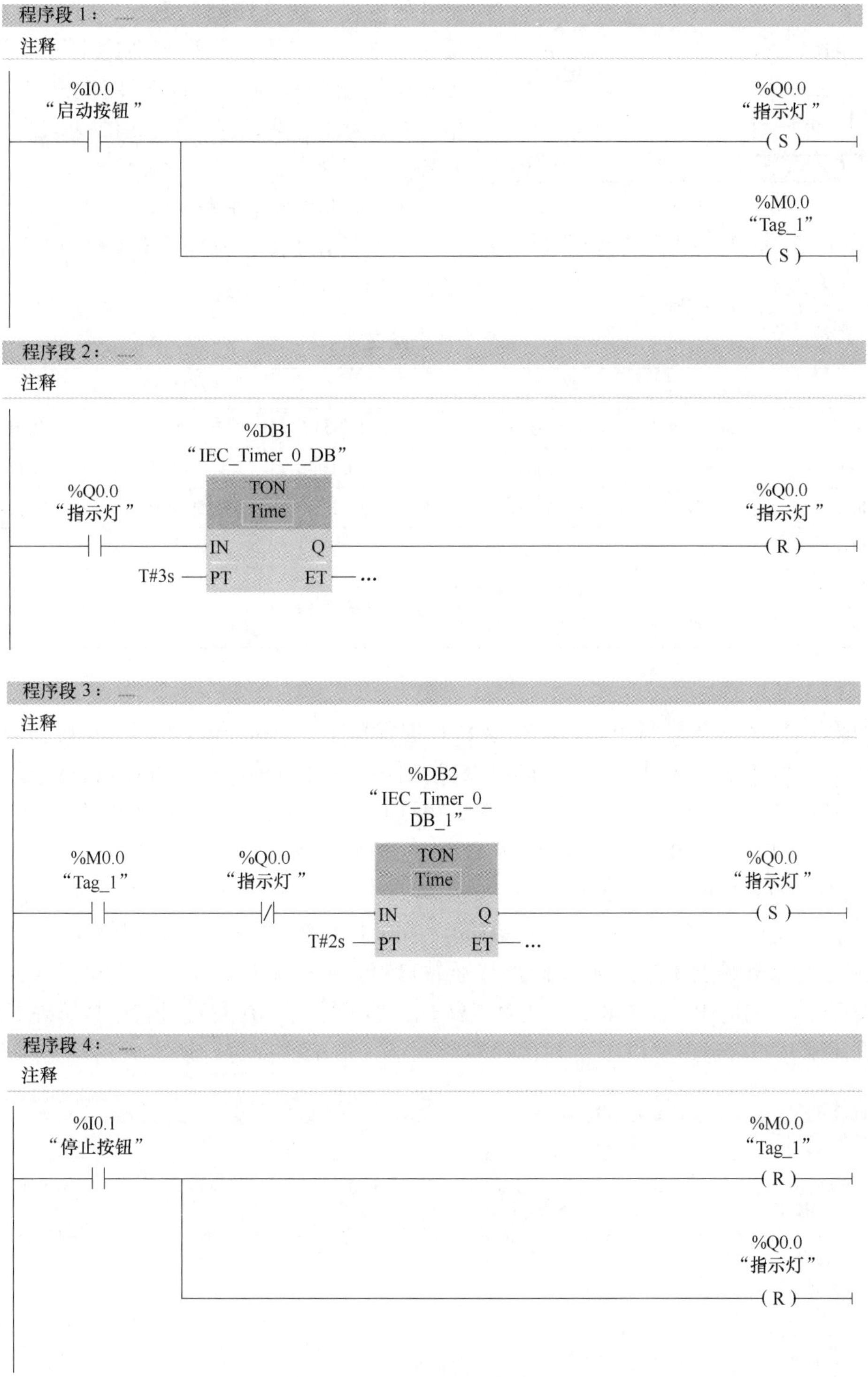

程序段 1：……

注释

%I0.0
“启动按钮”

%Q0.0
“指示灯”
(S)

%M0.0
“Tag_1”
(S)

程序段 2：……

注释

%DB1
“IEC_Timer_0_DB”

%Q0.0
“指示灯”

TON
Time
IN　Q
T#3s — PT　ET — …

%Q0.0
“指示灯”
(R)

程序段 3：……

注释

%DB2
“IEC_Timer_0_
DB_1”

%M0.0
“Tag_1”

%Q0.0
“指示灯”

TON
Time
IN　Q
T#2s — PT　ET — …

%Q0.0
“指示灯”
(S)

程序段 4：……

注释

%I0.1
“停止按钮”

%M0.0
“Tag_1”
(R)

%Q0.0
“指示灯”
(R)

图 4-14　周期振荡回路的 PLC 程序

按下小车右行启动按钮 SB1，运料小车右行，按下小车左行启动按钮 SB2，运料小车左行。运料小车在 ST1 处卸料，8s 后卸料结束开始右行；到达 ST2 后装料，6s 后装料结

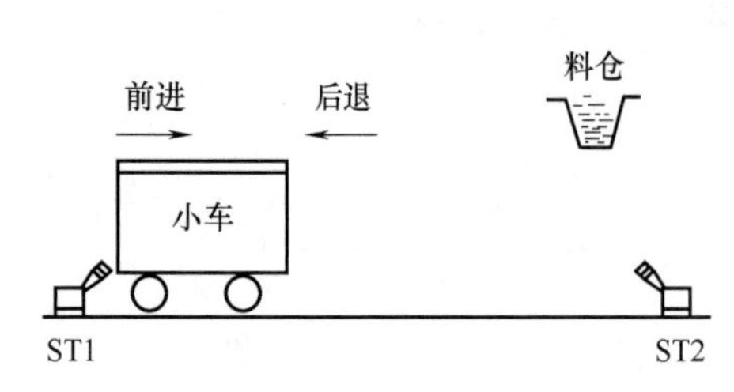

图 4-15　运料小车自动往返示意图

束开始左行；就这样周而复始，直到按下停止按钮 SB3，小车停止。小车在途中可以任意按下相应按钮实现左行、右行及停止，图 4-17 中，ST1 为左终点行程开关，ST2 为右终点行程开关。

（2）I/O 地址分配

根据任务要求，确定该任务 PLC 的 I/O 分配表，如表 4-4 所示。

表 4-4　为 I/O 分配表

输入信号			输出信号		
绝对地址	符号地址	注释	绝对地址	符号地址	注释
I0.0	SB1	左行按钮	Q0.1	KA1 继电器	左行
I0.1	SB2	右行按钮	Q0.2	KA2 继电器	右行
I0.2	SB3	停止按钮			
I0.3	ST1	左终点行程开关			
I0.4	ST2	右终点行程开关			

（3）PLC 程序

如图 4-16 所示为运料小车自动往返 PLC 编程程序。当按下右行按钮 SB1，I0.0 常开触点接通，Q0.1 线圈接通并自锁，同时 M10 线圈接通并自锁，小车开始右行；碰到右限位开关 ST2，I0.4 常开触点接通，I0.4 常闭触点断开，Q0.1 断电，小车停止，T2 定时器接通并开始计时，M0.0 接通并自锁，使定时器 T2 维持通电，6s 后，T2 的常开触点闭合，Q0.2 线圈接通并自锁，小车开始左行；碰到左限位开关 ST1，I0.3 常闭触点断开，Q0.2 断电，小车停止，T1 定时器接通并开始计时，M0.1 接通并自锁，使定时器 T1 维持通电。8s 后，T1 的常开触点闭合，Q0.1 线圈接通并自锁，小车又开始左行，就这样周而复始，中途按下停止按钮 SB3 后，I0.2 常闭触点断开，小车停止。在右行过程中按下左行按钮，I0.1 常闭断开右行通道，I0.1 常开接通左行通道，小车就从右行切换成左行；同理在左

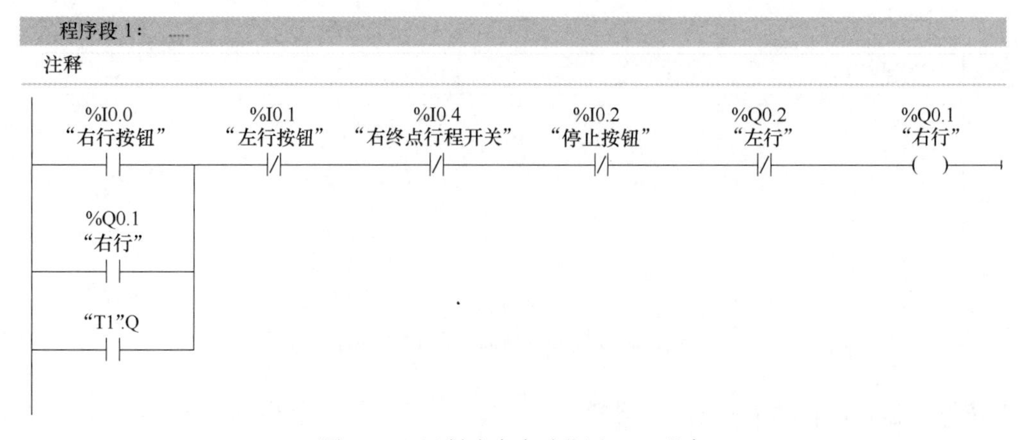

图 4-16　运料小车自动往返 PLC 程序

程序段 2：......

注释

%I0.1
“左行按钮”
%I0.0
“右行按钮”
%I0.3
“左终点行程开关”
%I0.2
“停止按钮”
%Q0.1
“右行”
%Q0.2
“左行”
%Q0.2
“左行”
“T2”.Q

程序段 3：......

注释

%DB1
“T2”
TON
Time
%I0.3
“左终点行程开关”
%M1.0
“停止标志位”
%Q0.1
“右行”
IN
Q
T#6s
PT
ET
T#0ms
%M0.0
“Tag_2”
%M0.0
“Tag_2”

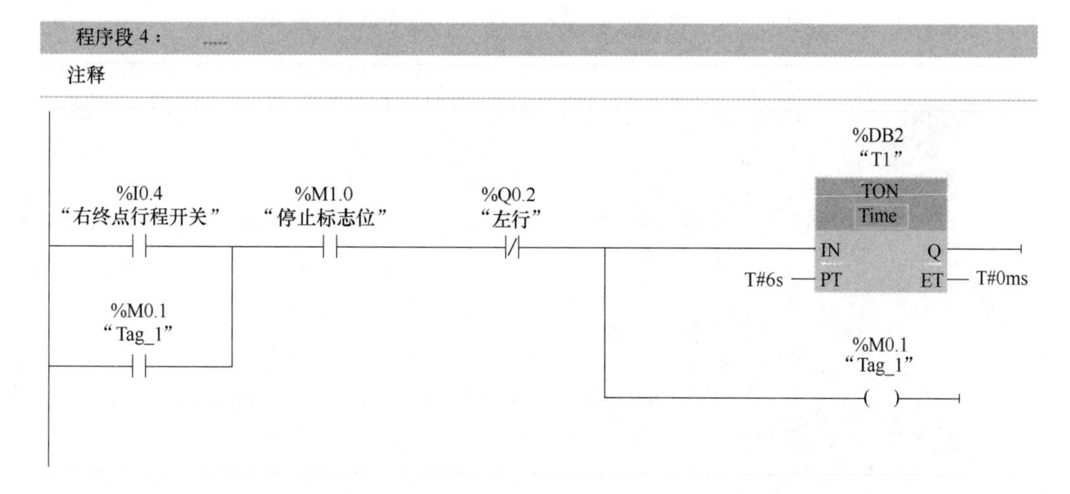

图 4-16　运料小车自动往返 PLC 程序（续）

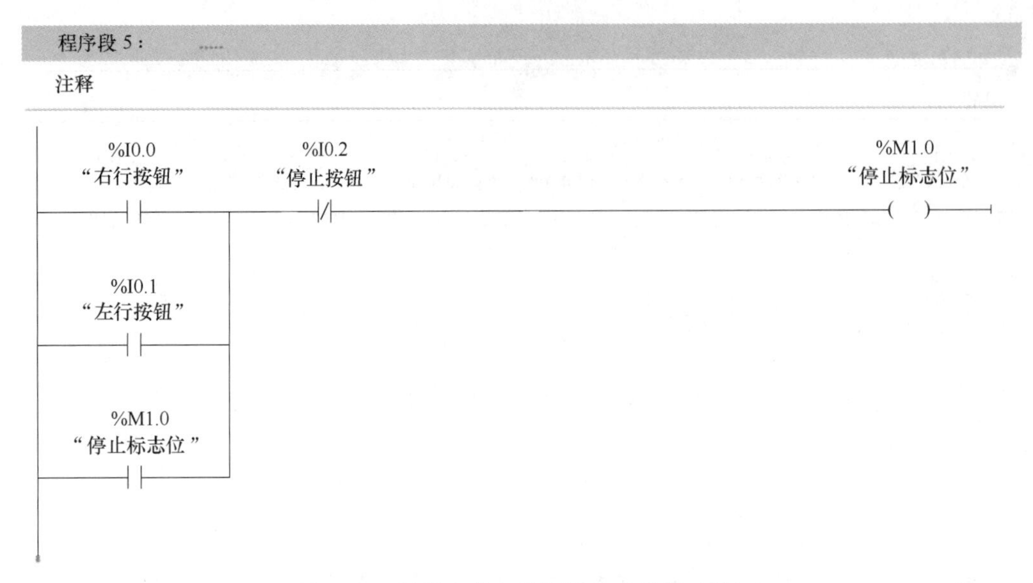

图 4-16　运料小车自动往返 PLC 程序（续）

行过程中按下右行按钮也可以让小车直接从左行切换成右行。为避免小车停在左右终点位置时，定时器就开始接通计时，把启停标志位 M1.0 的常开触点串到左右行的支路中，保证在启动按钮按下后，定时器才可以计时。PLC 程序的调试步骤和前文的项目类似，把编译完成的程序下载到 PLC 中，打开 MAIN 窗口，单击工具栏中的启用/禁用监视图标，进入程序状态监视界面，按下相应的按钮，根据监控界面梯形图的能流颜色，观察输出的通断状态。

4.2　项目实施

【项目要求】

十字路口的交通信号灯示意图，如图 4-17 所示，控制要求如下：

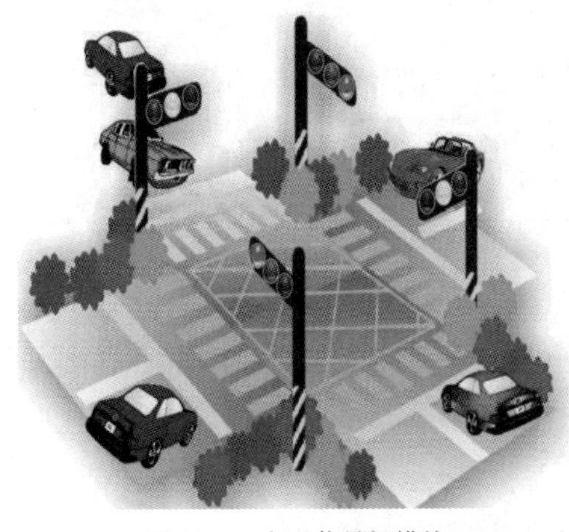

图 4-17　交通信号灯模块

启动信号灯系统由一个启动按钮和一个停止按钮控制，当按动启动按钮，该信号灯系统开始工作，当按动停止按钮，所有信号灯熄灭。

南北方向红灯亮并维持 12s。在南北方向红灯亮的同时东西方向绿灯也亮，并维持 6s。到 6s 时，东西黄灯闪亮 6s（亮 1.5s 灭 0.5s）后熄灭。此时到 6s 时，东西黄灯熄灭，东西红灯亮。同时南北红灯熄灭绿灯亮。

东西方向红灯亮并维持 12s。在东西方向红灯亮的同时南北方向绿灯也亮，并维持

6s。到6s时，南北绿灯闪亮6s（亮1.5s灭0.5s）后熄灭。同时南北黄灯亮维持6s后熄灭。这时，南北红灯亮，东西红灯灭绿灯亮。

【项目分析】

设计该程序时应解决南北方向和东西方向的红绿灯控制。可采用通电延时定时器，利用时间控制原则进行设计。

配套视频

十字路口交通信号灯系统设计硬件设计

4.2.1　十字路口交通灯系统的硬件设计

（1）I/O地址分配

根据任务分析可知，该系统有2个输入信号，分别是启动按钮和停止按钮；输出信号有3个，分别是南北绿灯、南北黄灯、南北红灯、东西绿灯、东西黄灯和东西红灯。具体地址分配如表4-5所示。

表4-5　I/O地址分配表

输入			输出		
绝对地址	符号地址	注释	绝对地址	符号地址	注释
I0.0	SB1	启动按钮	Q0.0	HL1	南北绿灯
I0.1	SB2	停止按钮	Q0.1	HL2	南北黄灯
			Q0.2	HL3	南北红灯
			Q0.3	HL4	东西绿灯
			Q0.4	HL5	东西黄灯
			Q0.5	HL6	东西红灯

（2）控制电路接线图

S7-1200 CPU采用CPU1212C DC/DC/DC，其订货号为6ES7 212-1AE40-0XB0，其输入回路和输出回路电压均为DC24V，其控制电路接线图如图4-18所示。

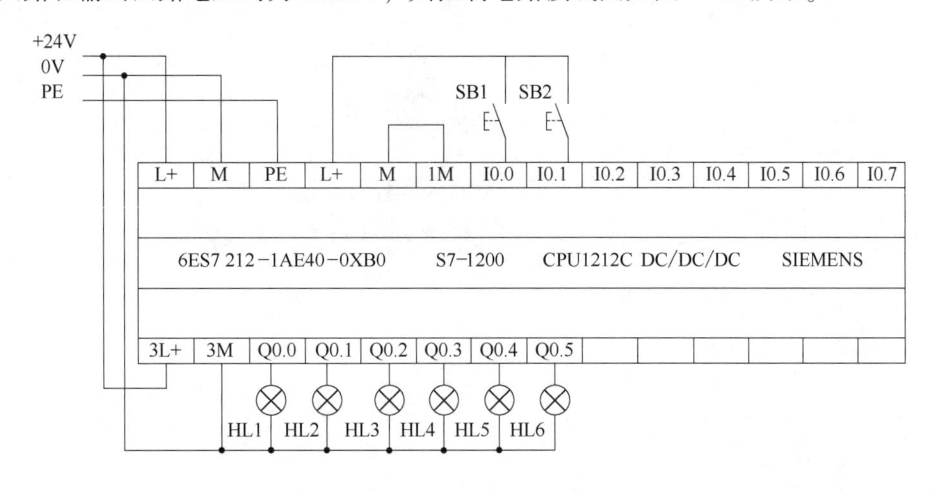

图4-18　硬件接线图

4.2.2 十字路口交通灯系统的软件设计

用接通延时定时器指令实现十字路口交通灯系统电路梯形图，如图 4-19 所示。程序段 1 为起保停回路，按下启动按钮 I0.0 系统开设运行，按下停止按钮 I0.1 系统停止运行。程序段 2 使用三个定时器数据块 DB1 “T1”、DB2 “T2”、和 DB3 “T3” 分别用于设定南北方向绿灯（6s）、南北黄灯（6s）和

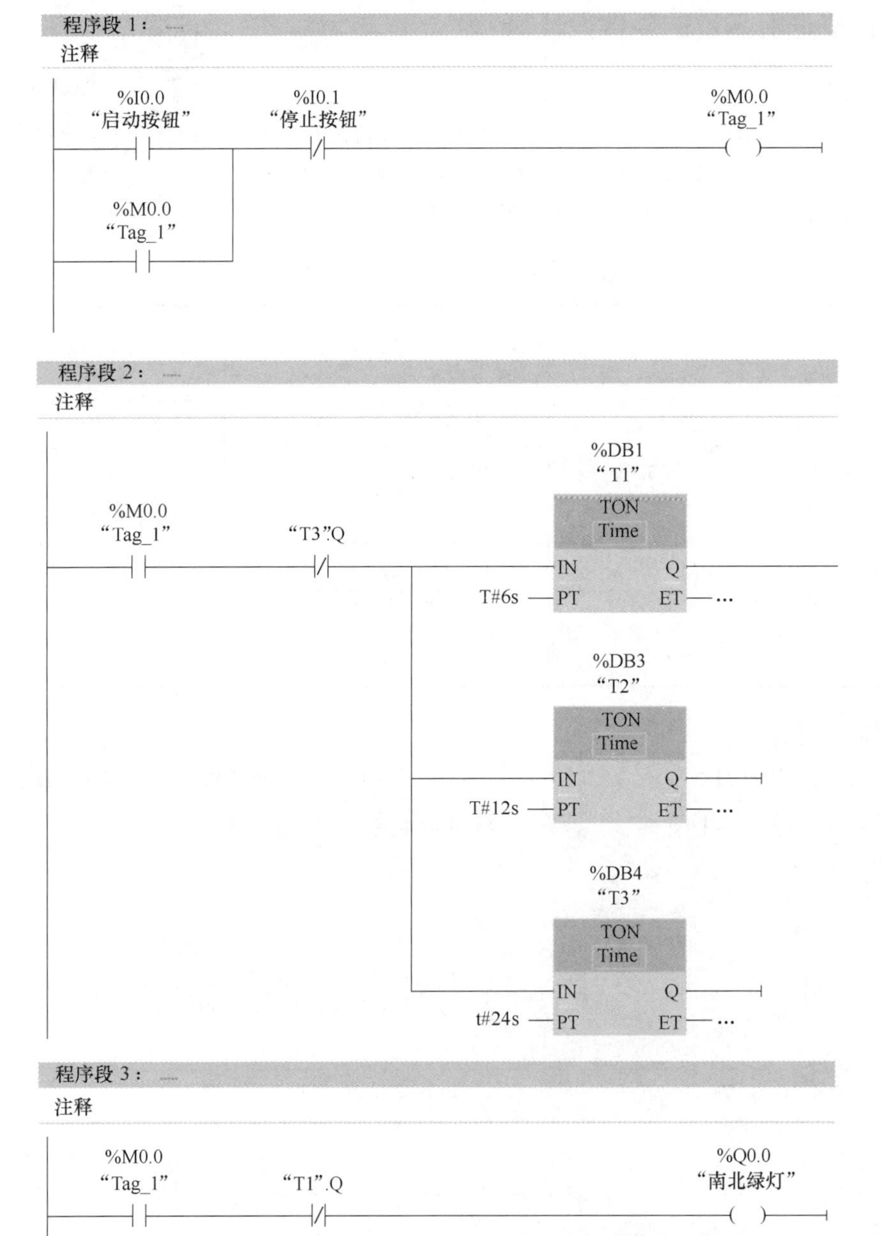

图 4-19　十字路口交通灯系统 PLC 程序设计

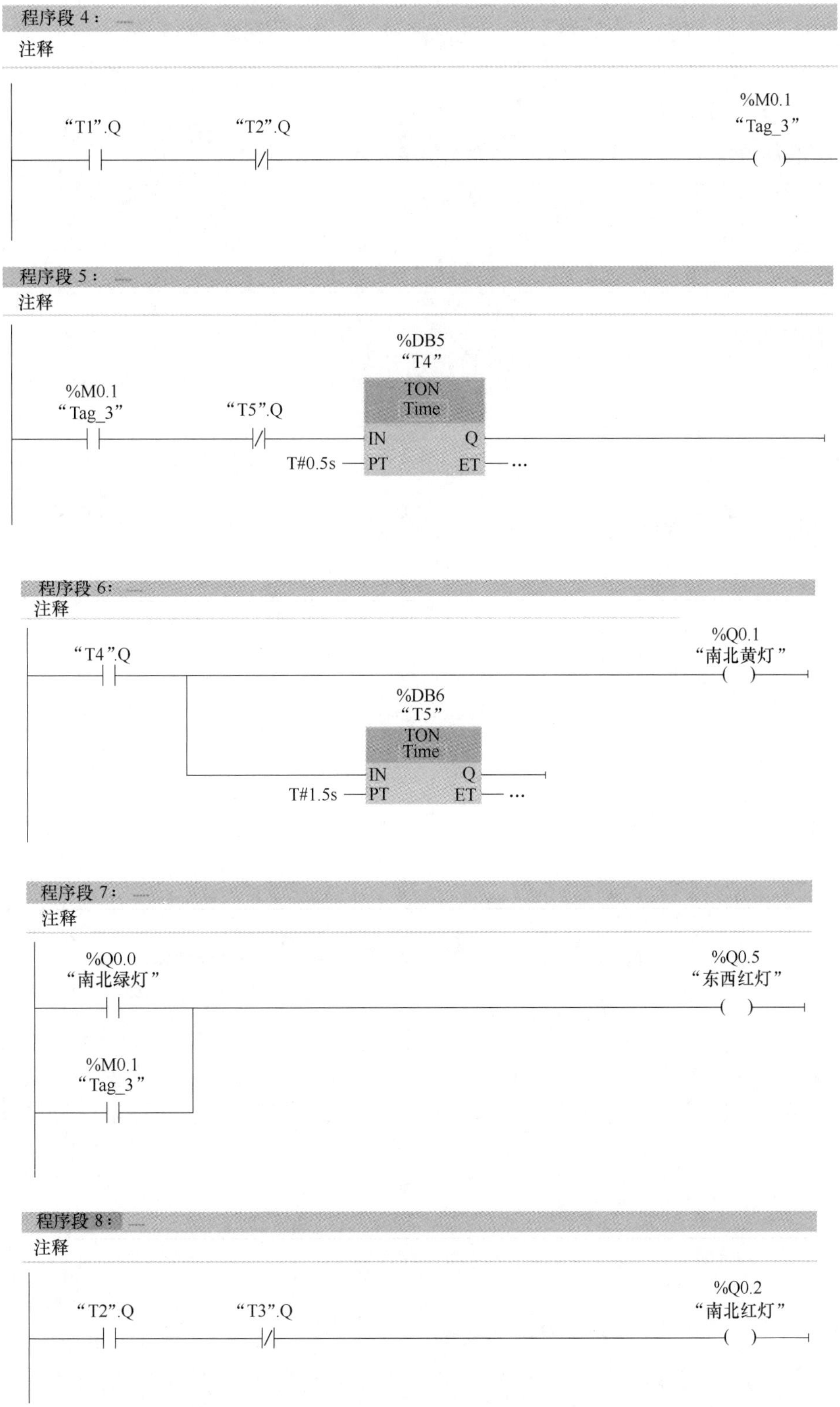

程序段 4：……
注释

"T1".Q　"T2".Q　%M0.1 "Tag_3"

程序段 5：……
注释

%M0.1 "Tag_3"　"T5".Q　%DB5 "T4" TON Time IN Q T#0.5s PT ET …

程序段 6：……
注释

"T4".Q　%Q0.1 "南北黄灯"　%DB6 "T5" TON Time IN Q T#1.5s PT ET …

程序段 7：……
注释

%Q0.0 "南北绿灯"　%M0.1 "Tag_3"　%Q0.5 "东西红灯"

程序段 8：……
注释

"T2".Q　"T3".Q　%Q0.2 "南北红灯"

图 4-19　十字路口交通灯系统 PLC 程序设计（续）

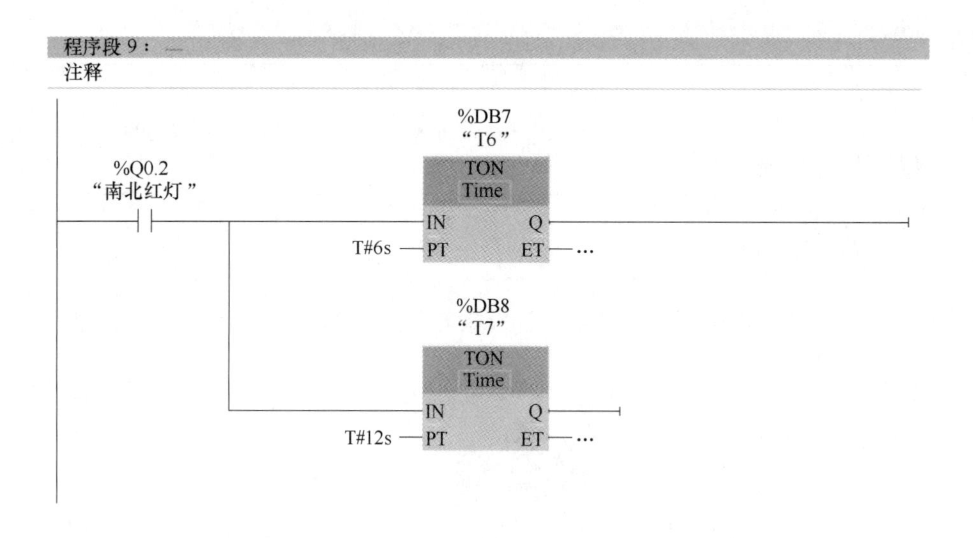

程序段 10：
注释

%Q0.2 "南北红灯"　"T6".Q　%Q0.3 "东西绿灯"

程序段 11：
注释

"T6".Q　"T7".Q　%M0.2 "Tag_2"

程序段 12：
注释

%DB9 "T8"　TON Time

%M0.2 "Tag_2"　"T9".Q　IN　Q

T#0.5s　PT　ET

图 4-19　十字路口交通灯系统 PLC 程序设计（续）

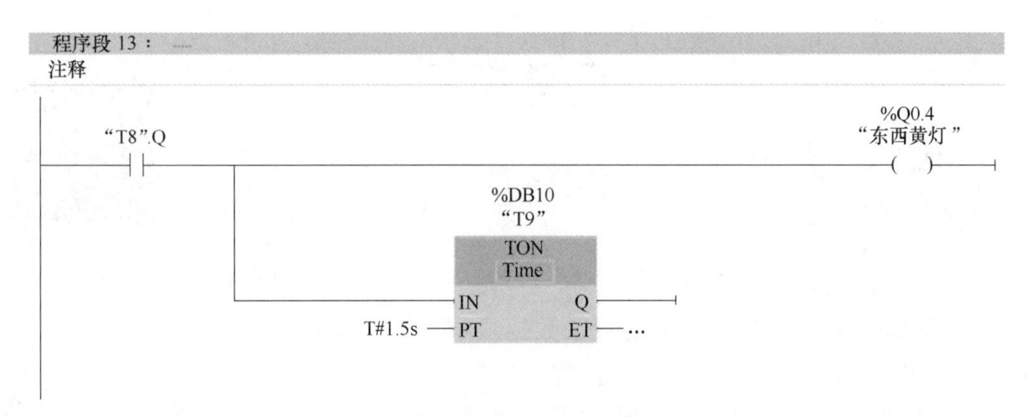

图 4-19　十字路口交通灯系统 PLC 程序设计（续）

南北红灯（12s）的运行时间。程序段 3 实现了南北绿灯亮即 Q0.0 信号为“1”，到 6s 后，“T1.Q”常闭触点断开，南北绿灯灭；同时程序段 4 仲“T1.Q”常开触点闭合，激励线圈 M0.1 信号为“1”，从而激励程序段 6 中 Q0.1 即南北黄灯开始闪烁。程序段 5 和程序段 6 组成振荡回路实现南北黄灯的闪烁控制。程序段 7 实现了南北绿灯和黄灯亮的同时，东西的红灯亮即 Q0.5 信号为“1”。程序 8 实现南北红灯亮，当 DB3“T3”定时器延时到，“T3.Q”常闭触点断开，南北红灯灭即 Q0.2 信号为“0”。程序段 9 中 DB7“T6”和 DB8“T7”定时器数据块分别用于设定东西绿灯（6s）和东西黄灯（6s）的运行时间。程序段 10 实现了东西绿灯亮。程序段 11 至 13 实现东西黄灯的闪烁控制。

知识扩展与思政园地

交通信号灯的起源及发展历程

红绿灯的起源可追溯到 19 世纪初的英国。当时包括英国在内的部分欧洲国家已经普及了马车，但却并没有指导行人与马车通行的信号指示设备，因此无论是在山间小路还是市中心的繁华大道上，马车轧人的事故经常出现，这不仅对行人的安全造成了危害，更会经常造成交通混乱、拥堵的现象。

当时在英国中部的约克城，女性的着装不是随心所欲的，红、绿两种颜色分别代表女性的不同身份。其中，着红装的女人表示已经结婚，而着绿装的女人则必须是未婚者。1866 年，当时英国铁路信号灯工程师 J. P. Knight 从女性红、绿两色的着装上受到启发，提出了设计带有红、绿两种颜色交通信号灯的想法，并很快付诸实施，交通信号灯由此逐渐产生。

1868 年 12 月 10 日，历史上第一盏交通信号灯出现在英国威斯敏斯特议会大楼前，这个交通信号灯高约 7m，在它的顶端悬挂着红、绿两色可旋转的煤气提灯，为了将红、绿两色的提灯进行切换，在这盏灯下必须站立一名手持长杆的警察，通过皮带拉拽提灯进行颜色的转换，后来还在这盏信号灯的中间加装了红、绿两色的灯罩，前面有红、绿两块玻璃交替进行遮挡，白天不点亮煤气灯，仅以红、绿灯罩的切换引导人们前进或停止，夜晚则将煤气灯点燃，照亮红、绿两色灯罩。

思考练习

在线自测

项目4 基础知识测试

1. 基础知识在线自测

2. 扩展练习

（1）填空题

① S7-1200 PLC 的定时器为__________，有__________种定时器，使用定时器需要使用定时器相关的背景数据块或者数据类型为 IEC_TIMER 的 DB 块变量。

② 定时器的 PT 为__________值，ET 为定时开始后经过的时间，称为__________值，它们的数据类型为__________位的__________，单位为__________。

③ 接通延时定时器用于将__________操作延时 PT 指定的一段时间；关断延时定时器用于将__________操作延时 PT 指定的一段时间。

（2）PLC 编程练习

① 定时器编程练习。

a. 按下启动按钮，HL1 亮并保持；5s 后 HL2 亮并保持同时 HL1 灭；6s 后 HL3 亮并保持同时 HL2 灭；4s 后 HL3 灭。

b. 按下启动按钮，HL1-HL3 同时亮；每间隔 5s 一盏灯灭。

② 三相电机的星-三角降压启动控制系统。

控制要求：按下正转按钮，三相异步电机正转星形启动，10s 后，电机三角形正常运行，整个过程中，按下反转按钮不起作用；若按下反转按钮，电机反转星形启动，10s 后三角形正常运行，整个过程中，按下正转按钮，不起作用。任何时间按下停止按钮，电机立即停止。

③ 多级运输带的 PLC 控制。

控制要求：运输带控制，两条运输带顺序相连，为了避免运输的物料在 1 号运输带上堆积，按下启动按钮（I0.1），1 号运输带运行，8s 后 2 号运输带运行。停机的顺序与启动的顺序正好相反，按下停止按钮（I 0.2），先停 2 号运输带，8s 后停 1 号运输带。PLC 通过 Q0.0、Q0.1 控制两台电机 M1、M2。

项目 5　数码管显示控制

（1）项目导入

数码显示器是数码显示电路的末级电路，它用来将输入的数码还原成数字。数码显示器有许多类型，应用的场所也不相同。在数字电路中使用较多的是液晶显示器（LCD）和发光二极管显示器（LED）。

本项目主要讲解计数器指令、比较指令相关知识，学生在前面的课程中已经熟练掌握了 S7-1200 PLC 的编程及运行调试，本节课学生将学习新的 PLC 指令：计数器指令的工作原理，同时借助数码显示控制项目来掌握计数器、比较器指令的应用，并进一步熟练 PLC 的硬件接线及故障排除的能力。

（2）项目目标

素养目标

① 培养学生守时遵规的良好习惯。

② 培养学生安全意识、创新意识。

③ 培养学生自主探究的学习精神。

知识目标

① 了解数码管显示系统的工作原理。

② 掌握计数器指令的工作原理及应用。

③ 掌握比较指令的工作原理及应用。

能力目标

① 能够完成生数码管显示控制系统程序设计及运行调试。

② 能够进行故障排除和程序优化。

5.1　基础知识

5.1.1　计数器指令

S7-1200 PLC 的计数器包含 3 种计数器：加计数器（CTU）、减计数器（CTD）、加减计数器（CTUD），其指令符号及指令位置如图 5-1 和图 5-2 所示。其中 CU 和 CD 分别是加计数输入和减计数输入，在 CU 或 CD 信号的上升沿，当前计数器值 CV 被加 1 或减 1。PV 为预设计数值，CV 为当前计数器值，R 为复位输入，Q 为布尔输出，具体指令的参数说明如表 5-1 所示。

S7-1200 PLC 的计数器为 IEC 计数器，用户程序中可以使用的计数器数量仅受 CPU 的存储器容量限制。这里所说的是软件计数器，最大计数速率受所在 OB 的执行速率限制。指令所在 OB 的执行频率必须足够高，以检测输入脉冲的所有变化，如果需要更快的计数操作，请参考高速计数器（HSC）。

注意：S7-1200 PLC 的 IEC 计数没有计数器号（即没有 C0、C1 这种带计数器号的计数器）。

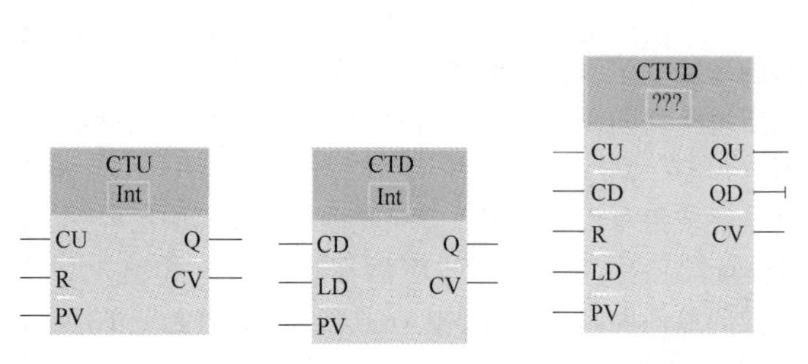

图 5-1　3 种计数器

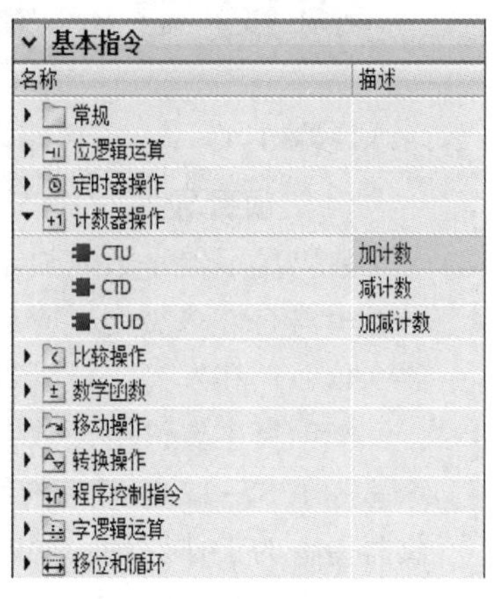

图 5-2　计数器指令位置

表 5-1　3 种计数器指令的参数说明

输入变量		
参数	数据类型	说明
CU	BOOL	加计数输入脉冲
CD	BOOL	减计数输入脉冲
R	BOOL	将计数值重置为零(CV 清 0)
LOAD	BOOL	预设值的装载控制(CV 设置为 PV)
PV	Sint、Int、Dint、USInt、UInt、UDInt	预设计数值
输出变量		
参数	数据类型	说明
Q、QU	BOOL	输出位 CV>=PV 时为真
QD	BOOL	输出位 CV<=0 时为真
CV	Sint、Int、Dint、USInt、UInt、UDInt	当前计数值

（1） CTU 加计数器

加计数器指令应用如图 5-3 所示，当参数 CU 端 I0.0 的值从“0”变为“1”，CV 增加 1；当 CV 值大于等于预设值 PV 时，Q0.0 输出状态为“1”；CV 继续增加 1 直到达到计数器指定的整数类型的最大值，此后输入端 CU 的状态变化不再起作用，CV 值不再增加。在任意时刻，当 R 端 I0.1 的值从“0”变为“1”时，Q0.0 输出状态为“0”，CV 立即停止计数并回到 0。第一次执行程序时，CV 被清零，如图 5-4 所示加计数器的时序图。

（2） CTD 减计数器

减计数器指令应用如图 5-5 所示，当参数 CU 端 I0.2 的值从“0”变为“1”，CV 减少 1；当 CV 值小

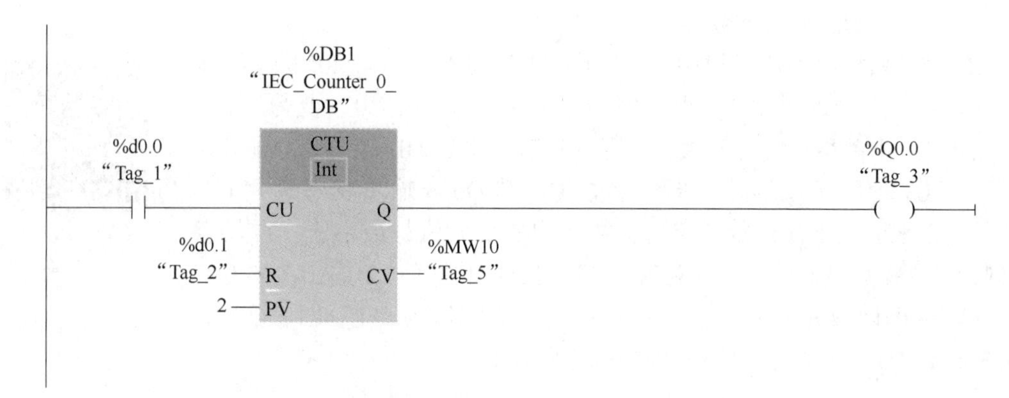

图 5-3　加计数器指令应用

于或等于 0 时，Q0.1 输出状态为“1”；此后每当 CU 从“0”变为“1”，Q0.1 的状态保持输出为“1”，CV 继续减少 1 直到达到计数器指定的整数类型的最小值。在任意时刻，只要 LD 端 I0.3 的值为“1”时，Q0.1 输出状态为“0”，CV 立即停止计数并回到 PV 值。第一次执行程序时，CV 被清零，如图 5-6 所示加计数器的时序图。

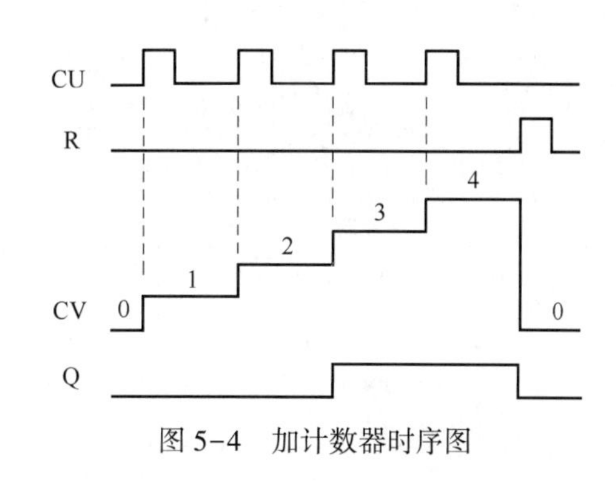

图 5-4　加计数器时序图

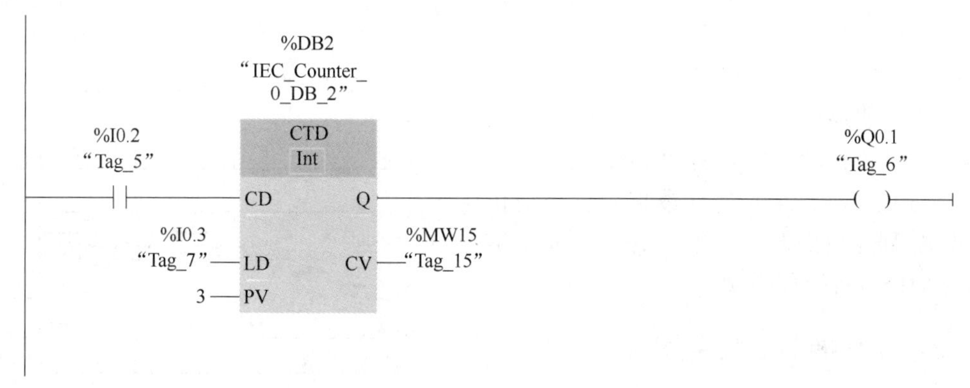

图 5-5　减计数器指令应用

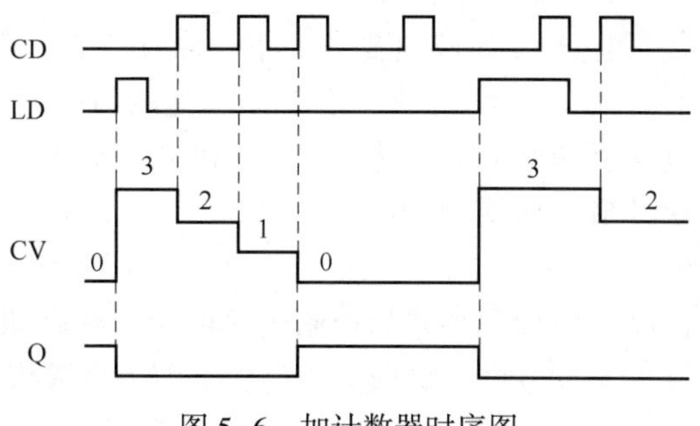

图 5-6　加计数器时序图

（3） CTUD 加减计数器

加减计数器指令应用如图 5-7 所示，当参数 CU 端 I0.4 的值从“0”变为“1”，CV 增加 1，当参数 CD 端 I0.5 的值从“0”变为“1”，CV 减少 1；当参数 CV 的值大于等于 PV 时，参数 QU 端 Q0.2 输出为“1”，当 CV 值小于或等于零时，参数 QD 端 Q0.3 输出状态为“1”；CV 的上下限取决于计数器指定的整数类型的最大值与最小值。在任意时刻，只要参数 R 端 I0.6 的值为“1”时，QU 端 Q0.2 输出为“0”，CV 立即停止计数并回到 0；只要 LD 端 I0.7 的值为“1”时，QD 端 Q0.3 输出“0”，CV 立即停止计数并回到 PV 值。

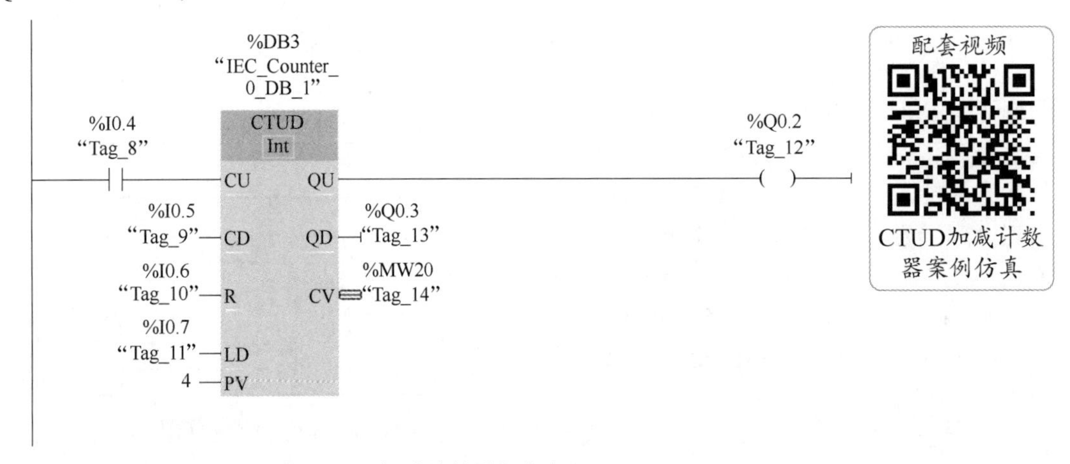

图 5-7　加减计数器指令应用

（4） S7-1200 计数器创建

调用计数器指令时，需要生成保存计数器数据的背景数据块。将计数器指令直接拖入块中，自动生成计数器的背景数据块，该块位于“系统块>程序资源”中，如图 5-9 所示。需要在指令中修改计数值类型。

图 5-8　加计数器时序图

5. 1. 2　计数器指令应用案例

【应用案例 1】　传送带产品计数控制

设计一个传送带产品计数控制，具体要求如下：

自动生产线上产品数量检测装置控制要求如下。启动按钮、停止按钮控制电机的运动，电机拖动传送带运转，以驱动传送带传输工件。光电传感器 PH 检测通过产品的数量，每凑够 3 个产品，机械手动作 1 次，进行包装，机械手动作后延时 2s，把机械手电磁铁切断，重新开始下一次计数，如图 5-10 所示。

（1） I/O 地址分配

根据自动生产线上产品数量检测装置的控制要求可知，有启动按钮、停止按钮、光电传感器共计 3 个数字量输入，有电机、机械手共计 2 个数字量输出，表 5-2 是产品数量检测的 I/O 分配表。

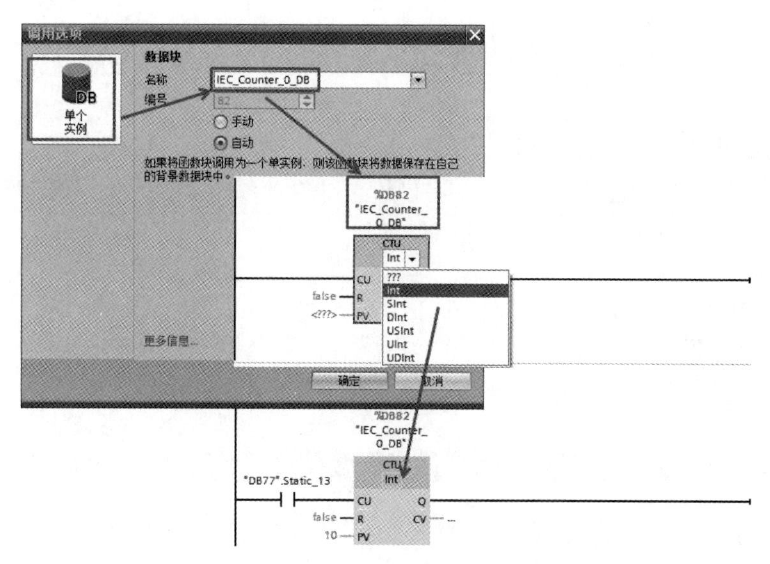

图 5-9　自动生成计数器的背景数据块

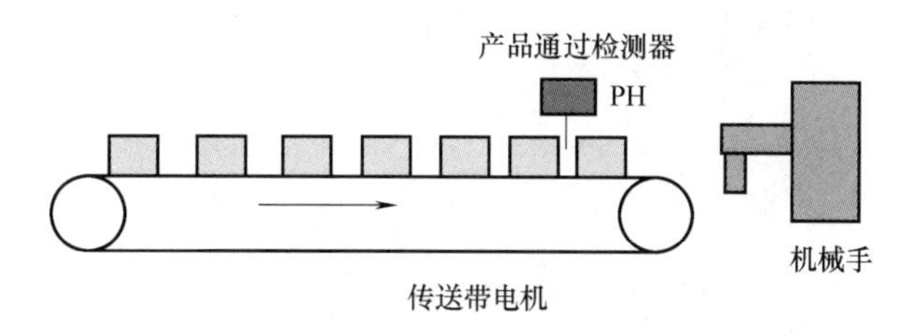

图 5-10　传送带产品计数示意图

表 5-2　　**传送带产品计数 I/O 地址分配表**

输入信号			输出信号		
绝对地址	符号地址	注释	绝对地址	符号地址	注释
I0. 0	SB1	启动按钮	Q0. 0	KM	传送带电机
I0. 1	SB2	停止按钮	Q0. 1	YV1	机械手
I0. 2	S1	光电传感器			

（2） PLC 程序设计

传送带产品计数 PLC 程序，如图 5-11 所示。按下启动按钮 I0. 0，Q0. 0 接通并自锁，传送带电机运行。传送带上每次检测到有产品时，I0. 2 接通一次，CTU 加计数器计数一次，计到 5 次时，M0. 0 接通，定时器接通并开始计时，Q0. 1 接通，机械手工作。计时 2s 后，M0. 1 接通，其常闭触点断开，Q0. 1 断开，机械手停止，同时计数器复位，重新开始计数。若按下停止按钮，传送带电机停止。

【应用案例 2】　图书馆人数指示系统

设计一个图书馆人数指示控制，具体要求如下：

现有一图书馆，最多可容纳 200 人。图书馆进口和出口各装一个传感器，每当有一人

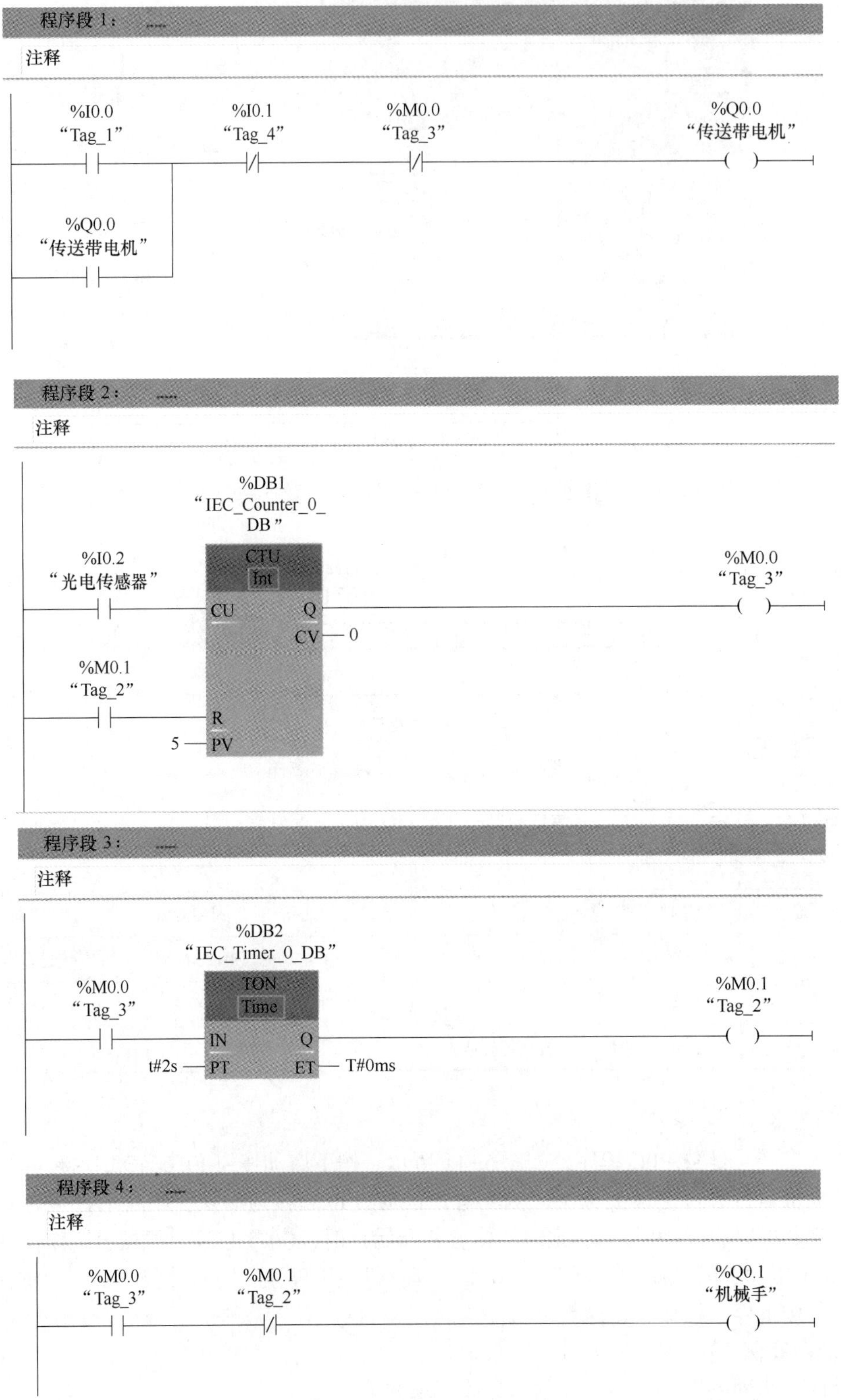

程序段 1： ......

注释

%I0.0 "Tag_1"　%I0.1 "Tag_4"　%M0.0 "Tag_3"　%Q0.0 "传送带电机"

%Q0.0 "传送带电机"

程序段 2： ......

注释

%DB1 "IEC_Counter_0_DB"

CTU Int

%I0.2 "光电传感器"　CU　Q　%M0.0 "Tag_3"

CV — 0

%M0.1 "Tag_2"　R

5 — PV

程序段 3： ......

注释

%DB2 "IEC_Timer_0_DB"

TON Time

%M0.0 "Tag_3"　IN　Q　%M0.1 "Tag_2"

t#2s — PT　ET — T#0ms

程序段 4： ......

注释

%M0.0 "Tag_3"　%M0.1 "Tag_2"　%Q0.1 "机械手"

图 5-11　传送带产品计数 PLC 程序

进出，传感器就给出一个脉冲信号。试编程实现，当图书馆内不足 200 人时，绿灯亮，表示可以进入；当图书馆内满 200 人时，红灯亮，表示不准进入。

（1） I/O 地址分配

根据控制要求分析，输入信号包括：启动按钮、进口传感器、出口传感器；输出信号包括：指示灯（绿）、指示灯（红）；具体地址分配表，如表 5-3 所示。

表 5-3　　图书馆人数指示系统 I/O 地址分配表

输入			输出		
绝对地址	符号地址	注释	绝对地址	符号地址	注释
I0.0	SB1	启动按钮	Q0.0	HL1	指示灯(绿)
I0.1	S1	进口传感器	Q0.1	HL2	指示灯(红)
I0.2	S2	出口传感器			

（2） PLC 程序设计

图书馆人数指示系统 PLC 程序，如图 5-12 所示，图书馆进出人数通过加减计数器用

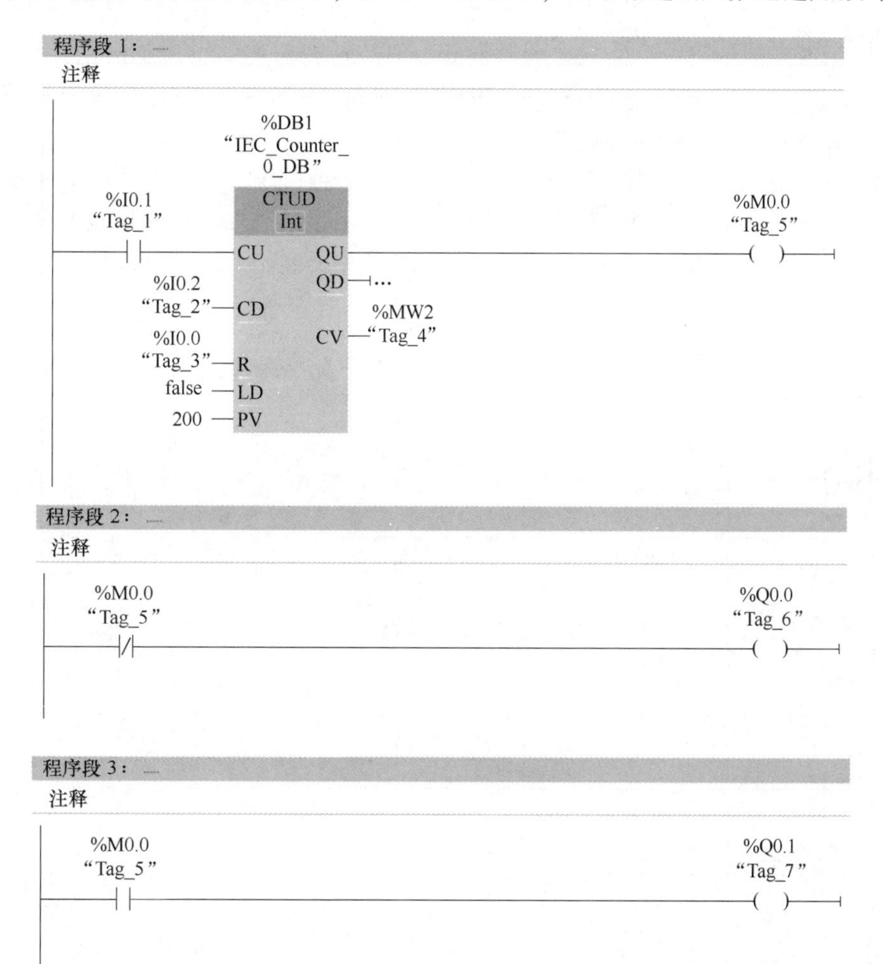

图 5-12　图书馆人数指示系统程序图

来计算如图 5-12 种程序段 1 中所示，其中 CU 连接 I0.1 信号为进口传感器，用来记录进入图书馆的人数；CD 端连接 I0.2 信号为出口传感器，用来记录走出图书馆的人数。程序段 2 中 Q0.0 有信号即指示灯为绿色状态，表示可以进入。程序段 3 中 Q0.1 有信号即指示灯为红色状态，表示不准进入。

配套视频

比较指令

5.1.3 比较指令

（1）关系比较指令

关系比较指令用来比较数据类型相同的两个操作数的大小。满足比较关系式给出的条件时，等效触点接通。操作数可以是 I、Q、M、L、D 存储区中的变量或常数。比较指令需要设置数据类型，可以设置比较条件。

▼ 比较操作	
CMP ==	等于
CMP <>	不等于
CMP >=	大于或等于
CMP <=	小于或等于
CMP >	大于
CMP <	小于
IN_Range	值在范围内
OUT_Range	值超出范围
-|OK|-	检查有效性
-|NOT_OK|-	检查无效性

图 5-13　S7-1200 PLC 比较指令

S7-1200 PLC 共有 10 个常见的比较指令操作，如图 5-13 所示，比较指令用来比较数据类型相同的两个数 IN1 与 IN2 的大小，IN1 与 IN2 分别在触点的上面和下面，比较结果为真则输出为“1”，否则为“0”。比较的数据类型包 Byte、Word、DWord、Sint、Int、Dint、USInt、UInt、UDInt、Real、LReal、String、WString、Char、Time、Date、DTL、常数。表 5-4 所示为等于、不等于、大于或等于、大于、小于 6 种比较指令触点接通应满足的条件，且要比较的两个值必须为相同的数据类型。

表 5-4　　比较指令说明

指令	关系类型	满足以下条件时比较结果为真
<???> == ??? <???>	=等于	IN1 等于 IN2
<???> <> ??? <???>	<>不等于	IN1 不等于 IN2
<???> >= ??? <???>	>=大于或等于	IN1 大于或等于 IN2
<???> <= ??? <???>	<=小于或等于	IN1 小于或等于 IN2

续表

指令	关系类型	满足以下条件时比较结果为真
<???> > ??? <???>	>大于	IN1 大于 IN2
<???> < ??? <???>	<小于	IN1 小于 IN2

这里以“小于”比较指令为例进行说明：如图 5-14（a）所示，可以使用“小于”指令确定第一个比较值（<操作数 1>）是否小于第二个比较值（<操作数 2>）。比较器运行指令可以通过指令右上角黄色三角的第一个选项选择小于、大于、等于等常见比较器类型，如图 5-14（b）所示，也可以通过右下角黄色三角的第二个选型来选择数据类型，比如整数、实数等，如图 5-14（c）所示。

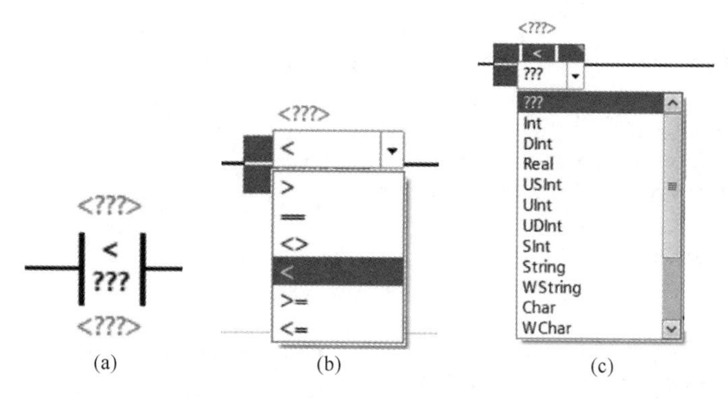

图 5-14　小于比较指令

（a）CMP<指令　（b）第一个选型　（c）第二个选型

（2） IN_Range（范围内值）和 OUT_Range（范围外值）

“值在范围内”指令 IN_RANGE 与“值超出范围”指令 OUT_RANGE 可以等效为一个触点。如果有能流流入指令方框，执行比较，反之不执行比较。图 5-15 中 IN_RANGE 指令的参数 VAL 满足 MIN≤VAL≤MAX（-3752≤MW22≤27535），或 OUT_RANGE 指令的参数 VAL 满足 VAL<MIN 或 VAL>MAX（MB20<24 或 MB20>124）时，等效触点闭合，指令框为绿色。不满足比较条件则等效触点断开，指令框为蓝色的虚线。这两条指令的 MIN、MAX 和 VAL 的数据类型必须相同，可选整数和实数，可以是 I、Q、M、L、D 存储区中的变量或常数。

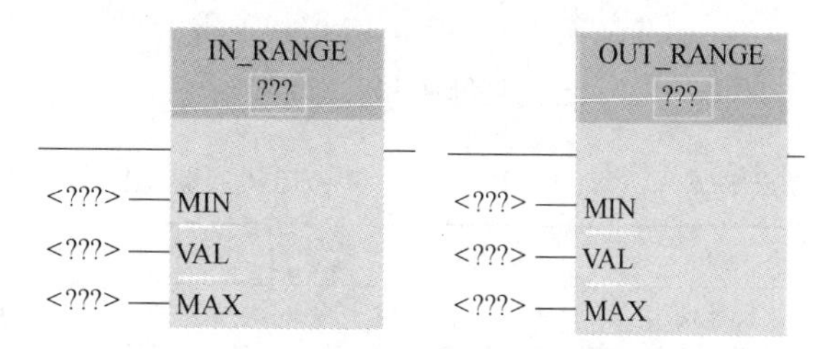

图 5-15　范围内指令和范围外指令的符号

5.1.4 比较指令应用案例

【应用案例 1】 用接通延时定时器和比较指令组成占空比可调的脉冲发生器

如图 5-16 所示为接通延时定时器和比较指令组成占空比可调的脉冲发生器 PLC 程序。“T1”.Q 是 TON 的位输出，PLC 进入 RUN 模式时，TON 的 IN 输入端为“1”状态，TON 的当前值从 0 开始不断增大。当前值等于预设值时，“T1”.Q 变为“1”状态，其常闭触点断开，定时器被复位，“T1”.Q 变为“0”状态。下一扫描周期其常闭触点接通，定时器又开始定时。TON 的当前时间“T1”.ET 按锯齿波形变化。比较指令用来产生脉冲宽度可调的方波，Q1.0 为“0”状态的时间取决于比较触点下面的操作数的值。

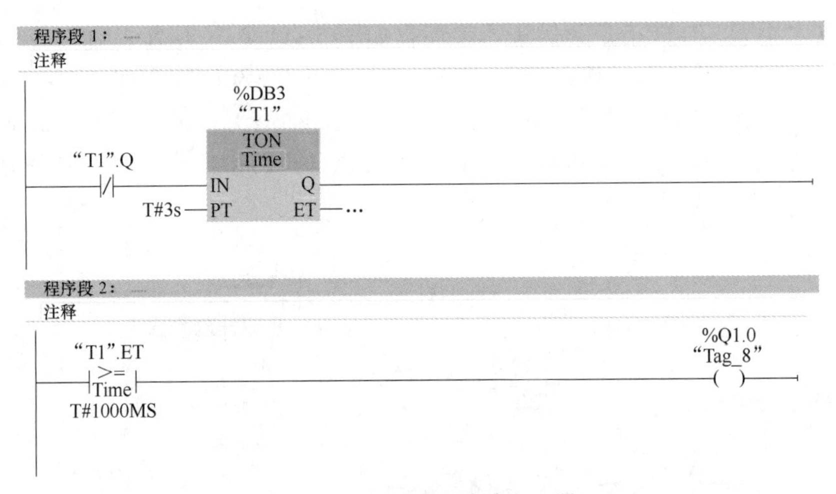

图 5-16 占比可调脉冲发生器

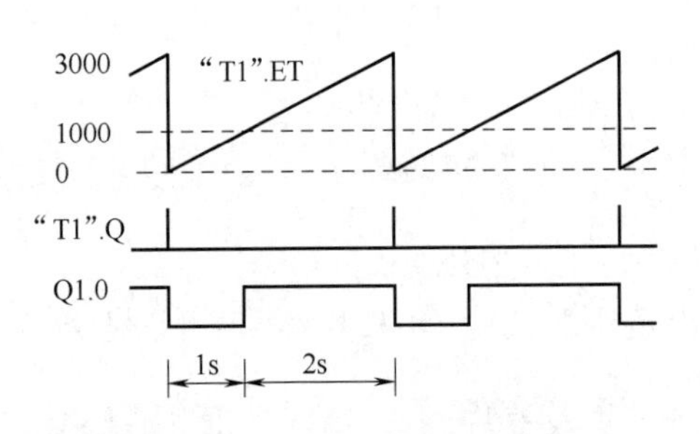

图 5-17 占比可调脉冲发生器时序图

【应用案例 2】 四台电机启动停止控制

设计一个四台电机启停控制，具体要求如下：一个启动按钮，每按一次就启动一台电机，一共 4 台电机。按下停止按钮，全部停止。

（1）I/O 地址分配

表 5-5 为 4 台电机启停止控制 I/O 地址分配表。

表 5-5　　4 台电机启停止控制 I/O 地址分配表

输入信号			输出信号		
绝对地址	符号地址	注释	绝对地址	符号地址	注释
I0.0	SB1	启动按钮	Q0.0	KM1	1 号电机
I0.1	SB2	停止按钮	Q0.1	KM2	2 号电机
			Q0.2	KM3	3 号电机
			Q0.3	KM4	4 号电机

（2） PLC 程序设计

根据 4 台电机起停控制的任务要求，可以确定 I/O 分配（表 5-4）。电机起停比较控制 PLC 程序，如图 5-18 所示。按下启动按钮 I0.0，计数器计数一次，计数器的当前值 MW0 为“1”，程序段 2 的相等比较指令触点接通，Q0.0 置位，1 号电机启动；再次按下 I0.0，计数器的当前值 MW0 变为 2，程序段 3 的相等比较指令触点接通，Q0.0、Q0.1 都置位，1 号电机和 2 号电机都启动；再次按下按钮 I0.0，计数器再计数一次，计数器的当前值 MW0 变为 3，程序段 4 的相等比较指令触点接通，Q0.0、Q0.1、Q0.2 都置位，3 个电机都启动，再次按下按钮 I0.0，计数器再计数一次，计数器的当前值 MW0 变为 4，程序段 5 的相等比较指令触点接通，Q0.0、Q0.1、Q0.2、Q0.4 都置位，4 个电机都启动。按下停止按钮 I0.1，程序段 6 的复位指令将所有输出型号都复位，即 Q0.0、Q0.1、Q0.2、Q0.4 都复位为“0”，4 个电机都停转，同时计数器复位，下次按下启动按钮时重

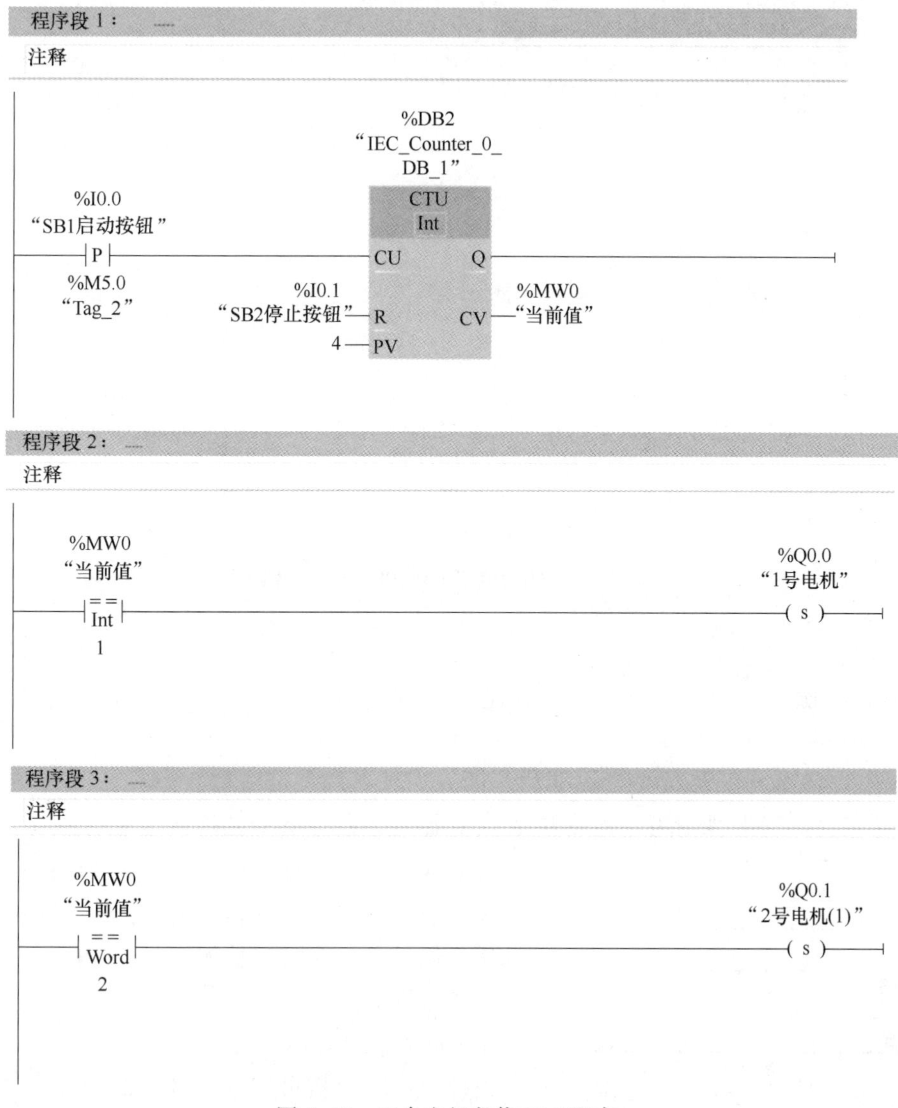

图 5-18　四台电机起停 PLC 程序

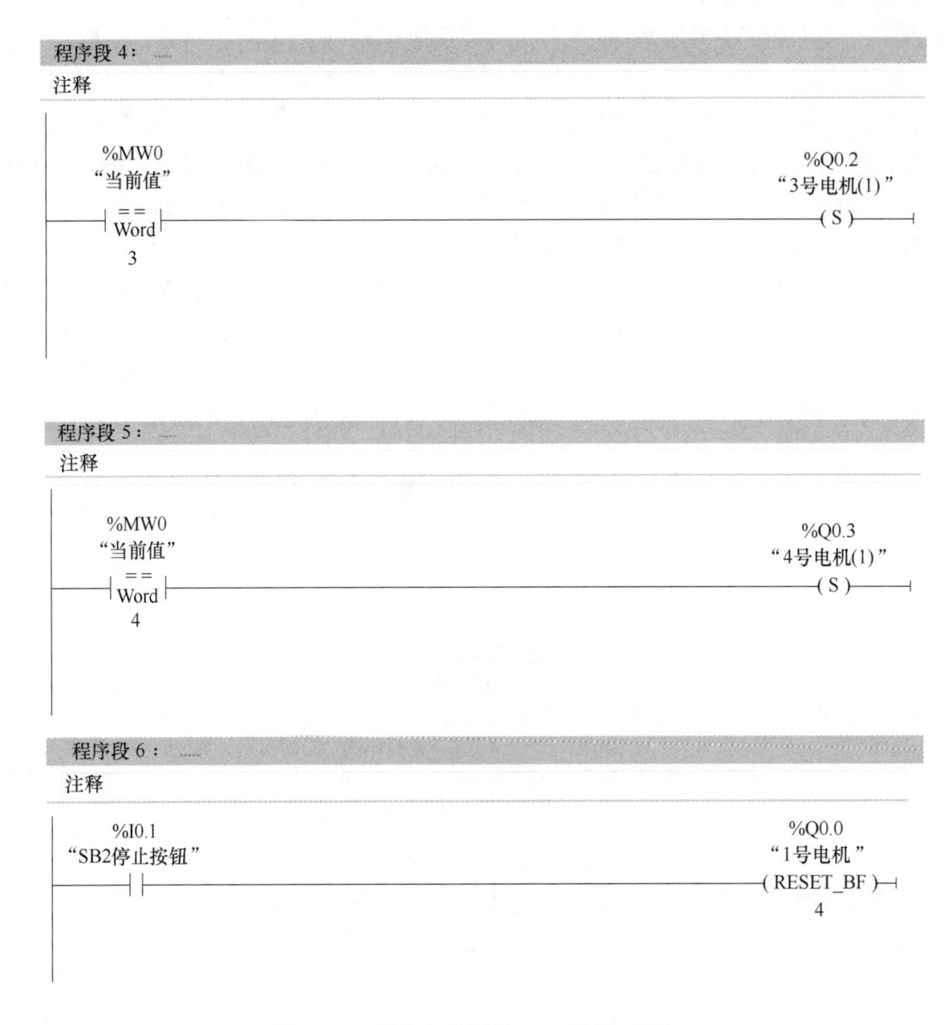

图 5-18　四台电机起停 PLC 程序（续）

新开始计数。

【应用案例 3】 运货小车的 PLC 控制

（1）控制要求

如图 5-19 所示是运货小车运动示意图。当按下启动按钮后，小车在 A 地等待 1min 进行装货，然后向 B 地前进，到达 B 地后停止，等待 2min 后卸货，卸货后再返回 A 地停下，又等待 1min 进行装货，然后向 C 地前进（途经 B 地不停，继续前进），到达 C 地后停止，等待 3min 进行卸货，卸货后再返回 A 地停下（A、B、C 三地各设有一个接近开关）。

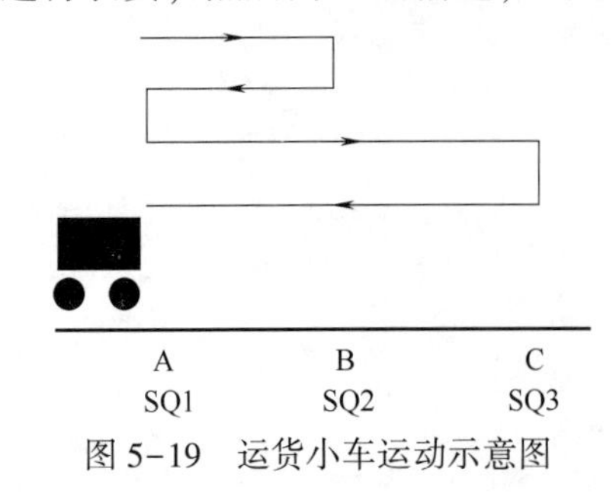

图 5-19　运货小车运动示意图

（2） I/O 地址表

由控制要求分析可知，该设计需要 5 个输入和 2 个输出，其 I/O 地址分配表，如表 5-6 所示。

表 5-6　　I/O 地址表

输入信号			输出信号		
符号地址	注释	绝对地址	符号地址	注释	绝对地址
SB1	启动按钮	I0. 0	KM1	小车前进	Q0. 0
SB2	停止按钮	I0. 1	KM2	小车后退	Q0. 1
SQ1	A 地接近开关	I0. 2			
SQ2	B 地接近开关	I0. 3			
SQ3	C 地接近开关	I0. 4			

（3） PLC 程序设计

小车到达 A 地、B 地、C 地时分别用 SQ1、SQ2、SQ3 来定位，由于小车在第一次到达 B 地时要改变运行方向，第二次、第三次到达 B 地时不需要改变运行方向，可利用计数器的计数功能来决定是否改变运行方向，梯形图如图 5-20 所示。

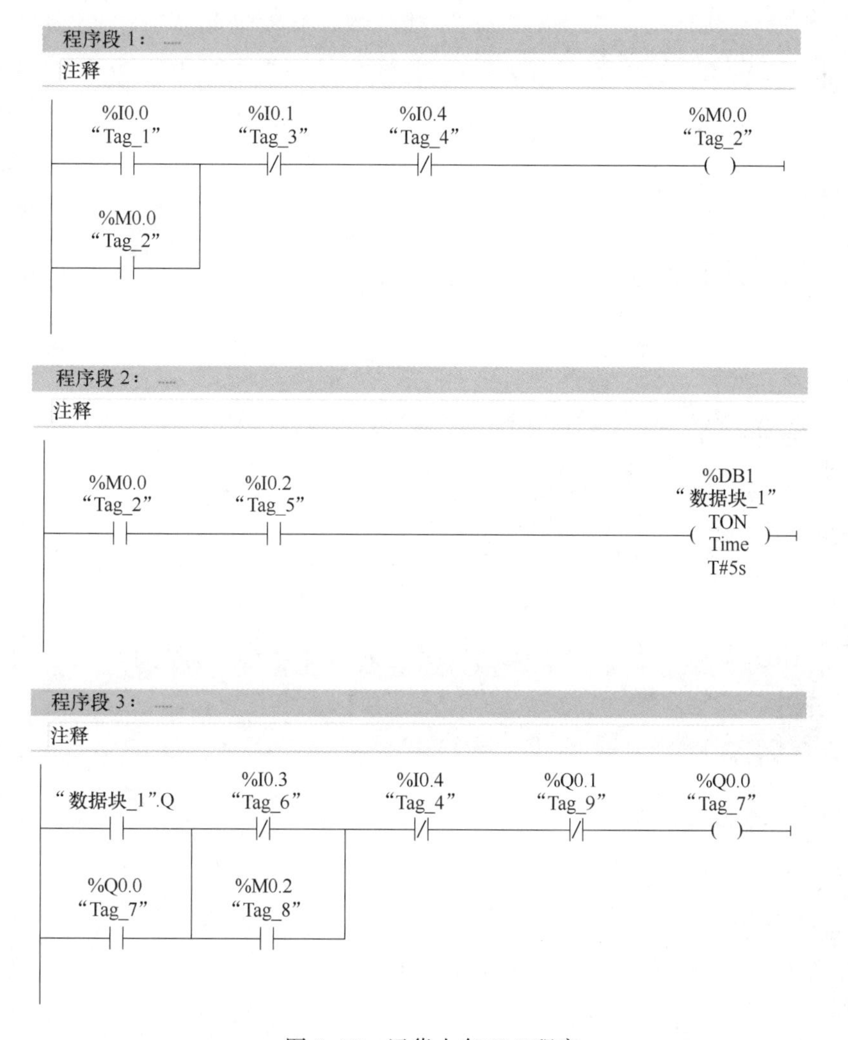

图 5-20　运货小车 PLC 程序

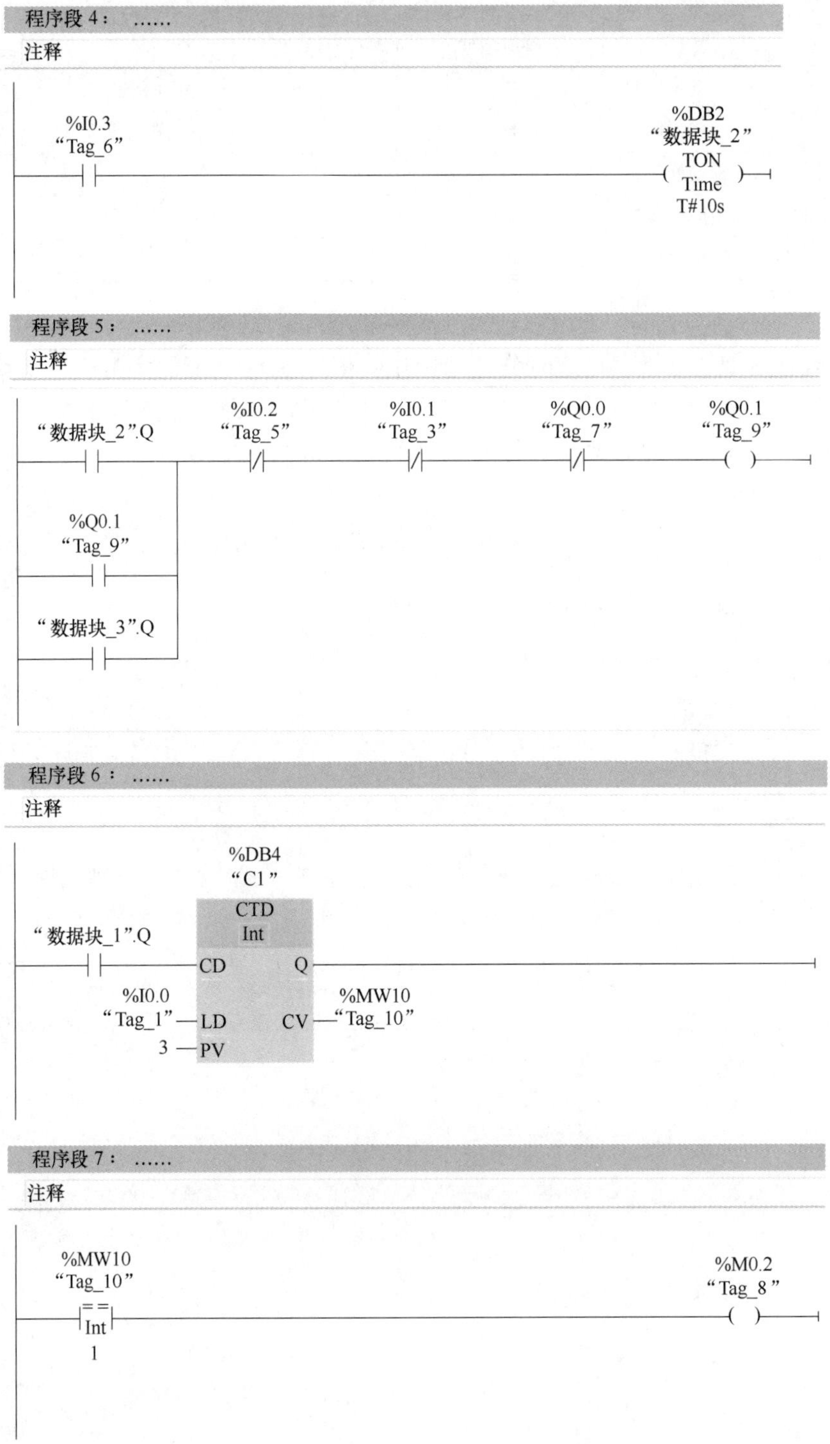

程序段 4： ......

注释

%I0.3
"Tag_6"

%DB2
"数据块_2"
TON
Time
T#10s

程序段 5： ......

注释

"数据块_2".Q

%I0.2
"Tag_5"

%I0.1
"Tag_3"

%Q0.0
"Tag_7"

%Q0.1
"Tag_9"

%Q0.1
"Tag_9"

"数据块_3".Q

程序段 6： ......

注释

%DB4
"C1"
CTD
Int

"数据块_1".Q — CD　Q

%I0.0
"Tag_1" — LD　CV — %MW10 "Tag_10"

3 — PV

程序段 7： ......

注释

%MW10
"Tag_10"
==
Int
1

%M0.2
"Tag_8"

图 5-20　运货小车 PLC 程序（续）

图 5-20　运货小车 PLC 程序（续）

配套视频
数码管显示控制项目实施

5.2　项目实施

【项目要求】

如图 5-21 所示现有一数码管的显示受 PLC 控制，具体控制要求如下：

① 当按动一下“启动”按钮，数码管显示为“1”并保持，按动两下“启动”按钮，数码管显示为“2”……　以此类推，直到显示“9”。

② 按动“停止”按钮，数码管显示为“0”。再次按动一下“启动”按钮，数码管显示为“1”……以此类推，直到显示“9”。

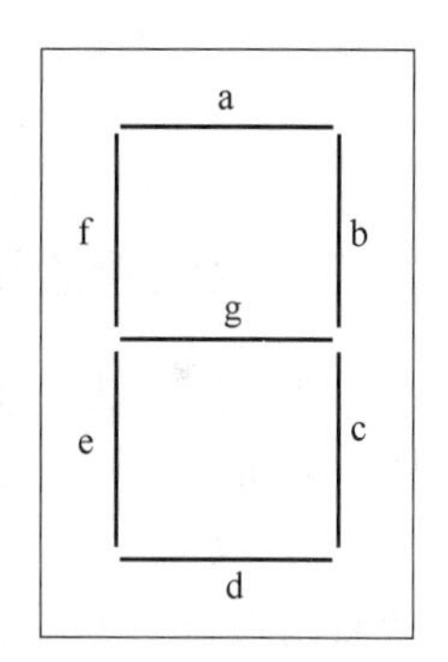

图 5-21　八段数码管

【项目分析】

数码管实际上是由七个发光管组成 8 字形构成的，这些段分别由字母 a，b，c，d，e，f，g 来表示如图 5-21 所示。根据任务分析可知，该系统有 2 个输入信号和 7 个输出信号，具体信号地址分配如表 5-6 所示。设计该程序可利用比较指令和加计数指令来实现数码管 1-9 数字显示。

5.2.1　数码管显示控制系统的硬件设计

（1） I/O 地址表

数码管显示控制系统 I/O 地址分配表，如表 5-7 所示。

表 5-7　　数码管显示控制系统 I/O 地址分配表

输入信号			输出信号		
绝对地址	符号地址	注释	绝对地址	符号地址	注释
I0. 0	SB1	启动按钮	Q0. 0	HL1	a
I0. 1	SB2	停止按钮	Q0. 1	HL2	b
			Q0. 2	HL3	c
			Q0. 3	HL4	d
			Q0. 4	HL5	e
			Q0. 5	HL6	f
			Q0. 6	HL7	g

（2）硬件接线图

由于 S7-1200 CPU 1212C DC/DC/DC 型号仅包含 8 个输入信号和 6 个输出信号无法满足本项目控制要求，因此采用 S7-1200 中 CPU 型号 1214C DC/DC/DC 的 PLC，包含 14 个输入信号和 10 个输出信号，其订货号为 6ES7 214-1AG40-0XB0，其输入回路和输出回路电压均为 DC24V，其控制电路接线图，如图 5-22 所示。

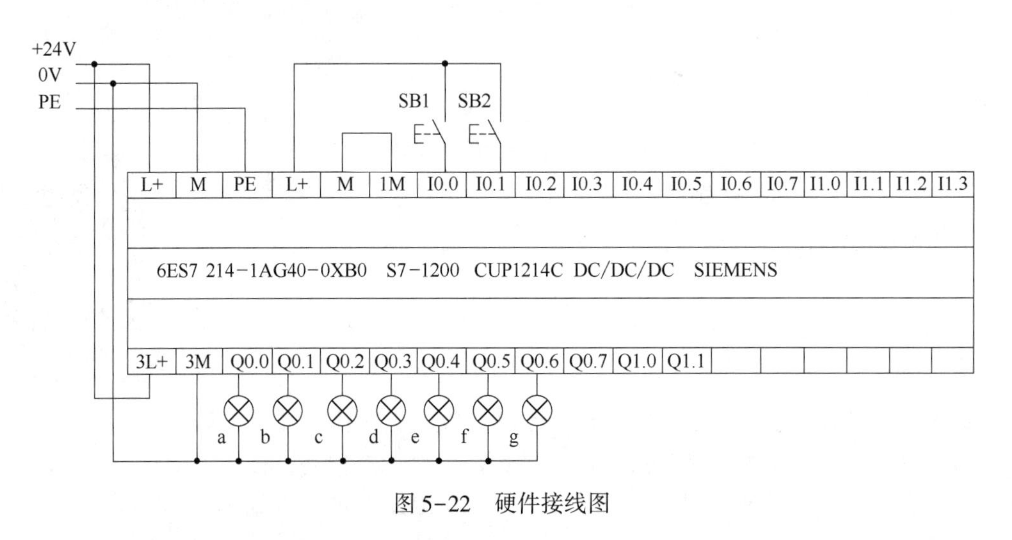

图 5-22 硬件接线图

5.2.2 数码管显示控制系统的软件设计

用比较指令和加计数指令实现数码管显示控制电路梯形图如图 5-23 所示。程序段 1 实现按动启动按钮 9 次计数，按动停止按钮复位计数器。程序段 2 至程序段 11 利用比较指令判断当前计数值 1~9。程序段 12~18 用于激励数码管的发光二极管输出信号（Q0.0-Q0.6），即使数码管显示 1~9 数值。

当按下一次启动按钮，即参数 CU 端 I0.0 信号为“1”时，此时 CV 端当前值为“1”寄存于 MW10 内，程序段 3 中比较指令上端 MW10 内存储值等于下端值 1，输出线圈 M0.1 信号状态为“1”，对应 M0.1 常开触点闭合，激励程序段 12 中 QO.1 和程序段 13 中的 Q0.2 状态为“1”，此时数码管显示 1。再次按下启动按钮 I0.0，参数 CV 端当前值为 2，寄存于 MW10 中，程序段 4 中比较指令上端 MW10 内存储值等于下端值 2，输出线圈 M0.2 信号状态为“1”，对应 M0.2 常开触点闭合，激励程序段 12、13、15 和 16，使 Q0.0、Q0.1、Q0.3、Q0.4 和 Q0.6 有信号，此时数码管显示 2。第三次按下启动按钮 I0.0，参数 CV 端当前值为 3，寄存于 MW10 中，程序段 5 中比较指令上端 MW10 内存储值等于下端值 3，输出线圈 M0.3 信号状态为“1”，对应 M0.3 常开触点闭合，激励程序段 12、13、14、15 和 18，使 Q0.0、Q0.1、Q0.2、Q0.3 和 Q0.6 有信号，此时数码管显示 3。第四次按下启动按钮 I0.0，参数 CV 端当前值为 4，寄存于 MW10 中，程序段 6 中比较指令上端 MW10 内存储值等于下端值 4，输出线圈 M0.4 信号状态为“1”，对应 M0.4 常开触点闭合，激励程序段 13、14、17 和 18，使 Q0.1、Q0.2、Q0.5 和 Q0.6 有信号，此时数码管显示 4。第五次按下启动按钮 I0.0，参数 CV 端当前值为 5，寄存于 MW10 中，程序段 7 中比较指令上端 MW10 内存储值等于下端值 5，输出线圈 M0.5 信号状态为“1”，

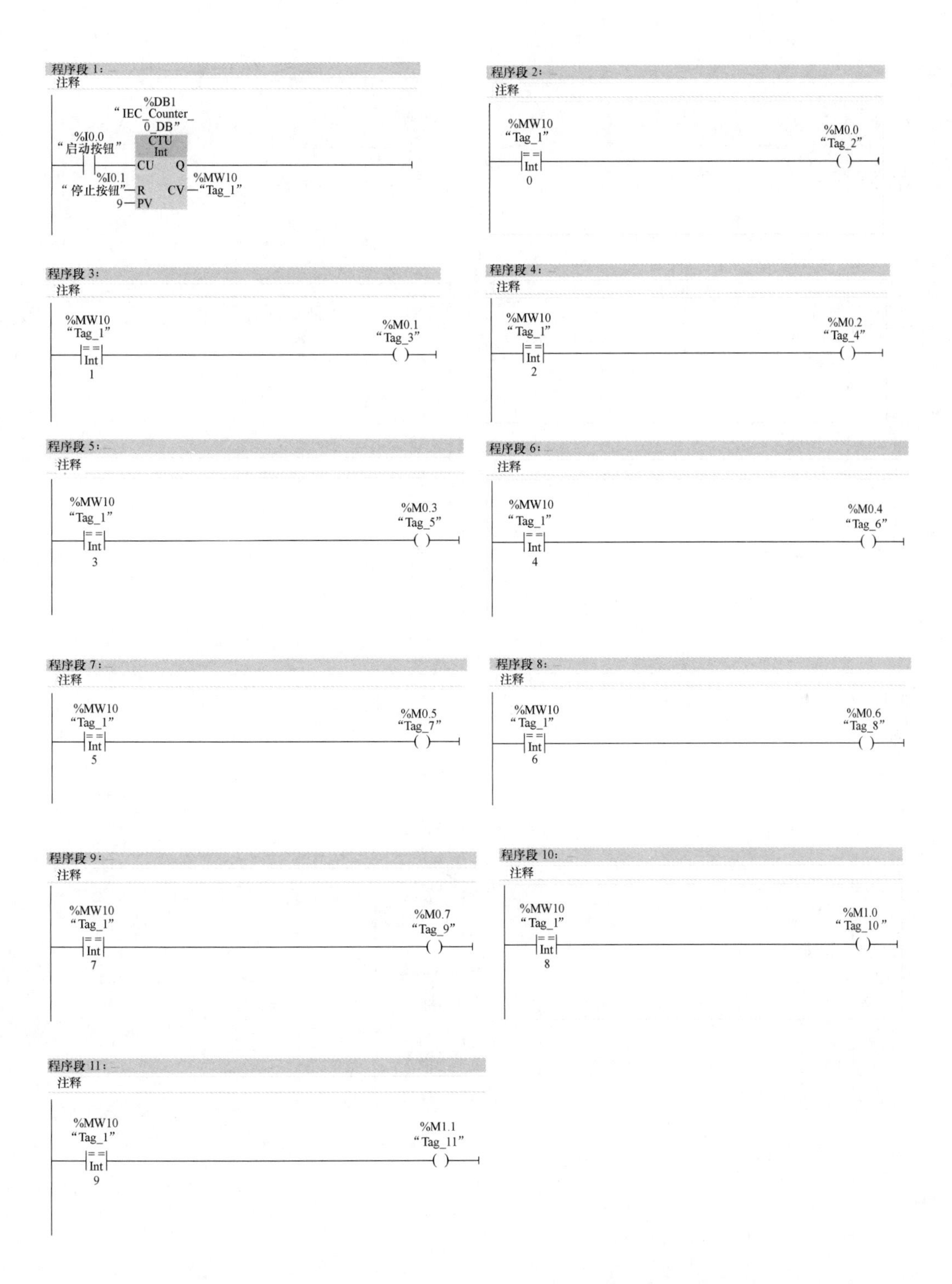

图5-23　数码管显示控制PLC程序

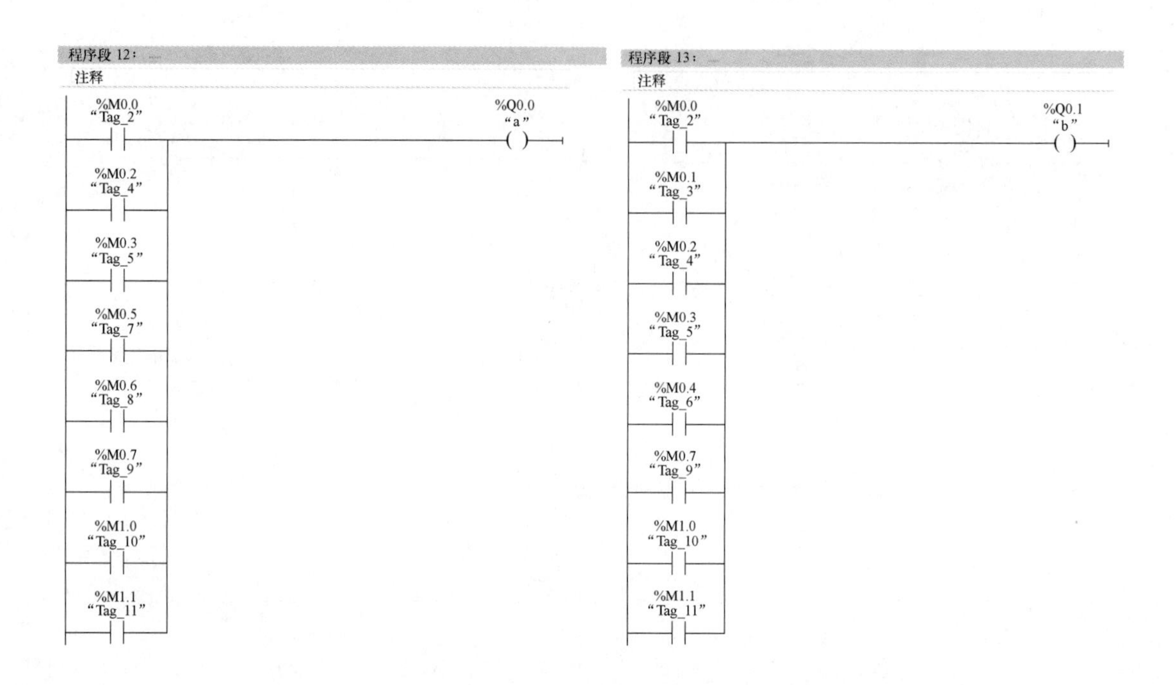

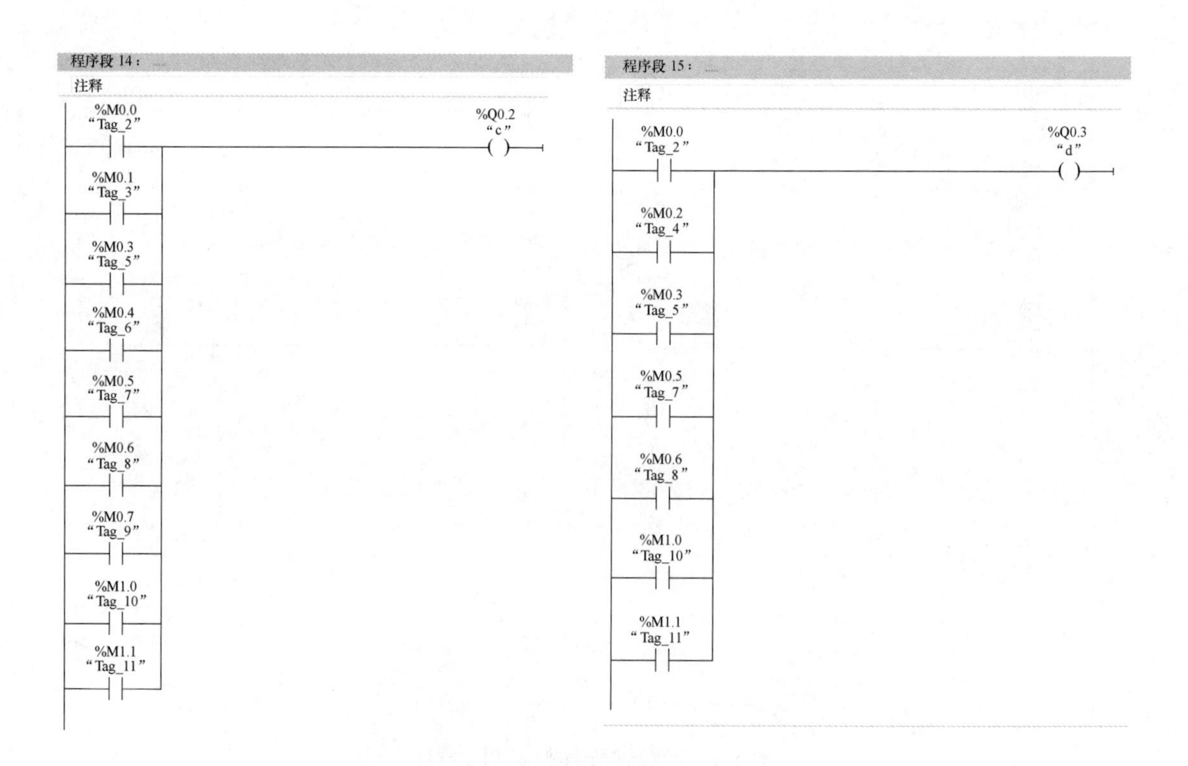

图 5-23　数码管显示控制 PLC 程序（续）

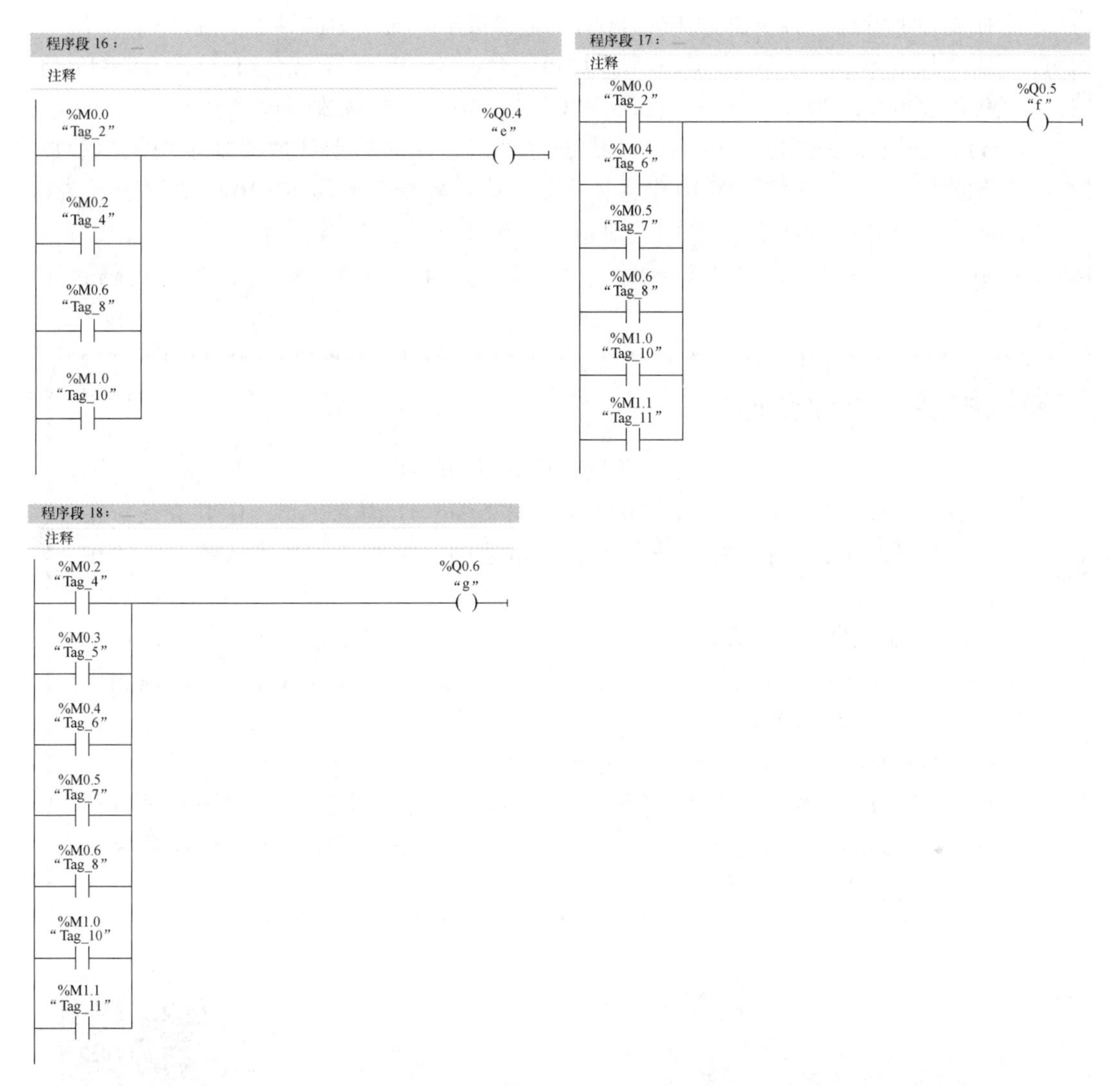

图 5-23　数码管显示控制 PLC 程序（续）

对应 M0. 5 常开触点闭合，激励程序段 12、14、15 和 17，使 Q0. 0、Q0. 2、Q0. 3、Q0. 5 和 Q0. 6 有信号，此时数码管显示 5。第六次按下启动按钮 I0. 0，参数 CV 端当前值为 6，寄存于 MW10 中，程序段 8 中比较指令上端 MW10 内存储值等于下端值 6，输出线圈 M0. 6 信号状态为“1”，对应 M0. 6 常开触点闭合，激励程序段 12、14、15、16、17 和 18，使 Q0. 0、Q0. 2、Q0. 3、Q0. 4、Q0. 5 和 Q0. 6 有信号，此时数码管显示 6。第七次按下启动按钮 I0. 0，参数 CV 端当前值为 7，寄存于 MW10 中，程序段 9 中比较指令上端 MW10 内存储值等于下端值 7，输出线圈 M0. 7 信号状态为“1”，对应 M0. 7 常开触点闭合，激励程序段 12、13 和 14，使 Q0. 0、Q0. 1 和 Q0. 2 有信号，此时数码管显示 7。第八次按下启动按钮 I0. 0，参数 CV 端当前值为 8，寄存于 MW10 中，程序段 10 中比较指令上端 MW10 内存储值等于下端值 8，输出线圈 M1. 0 信号状态为“1”，对应 M1. 0 常开触点闭合，激励程序段 12、13、14、15、16、17 和 18，使 Q0. 0、Q0. 1、Q0. 2、Q0. 3、Q0. 4、Q0. 5、Q0. 6 都有信号，此时数码管显示 8。第九次按下启动按钮 I0. 0，参数 CV 端当前值为9，寄存于MW10中，程序段11中比较指令上端MW10内存储值等于下端值9，输出线圈M1.1信号状态为“1”，对应M1.1常开触点闭合，激励程序段12、13、14、15、17和18，使Q0.0、Q0.1、Q0.2、Q0.4、Q0.5和Q0.6有信号，此时数码管显示9。

按下停止按钮即参数R端I0.1信号状态为“1”，此时启动计数器复位功能，参数CV端当前值为“0”，寄存于MW10中，程序段2中比较指令上端MW10的值等于下端0值，输出线圈M0.0信号状态为“1”，对应M0.0常开触点闭合，激励程序段12、13、14、15、16和17，使Q0.0、Q0.1、Q0.2、Q0.3、Q0.4、Q0.5有信号，此时数码管显示0。

知识扩展与思政园地

王小谟：负责把设计变为现实

王小谟（1938年11月11日~2023年3月6日）上海人，男，中共党员，雷达专家，中国工程院院士。中国现代预警机事业的开拓者和奠基人，被誉为“中国预警机之父”。

“我一辈子就做了一件事：研制雷达，然后负责将世界上最先进的技术应用到预警机上，把设计变为现实。”一句轻描淡写的背后，是王小谟几十年的风风雨雨和起落浮沉。“我老说这样一句话，得意的时候不要忘乎所以，失意的时候也不要灰心。很多困难都是暂时的，越是低潮越不能闲着，要时刻保持韧性和弹性。”

王小谟年逾八旬时，依然为我国电子工业的发展出谋划策。“如果不想被其他国家超越，我们的技术只能不断更新。倘若自己跑不动了，就让下一代接着完成——还是那句老话，‘为国家争口气’”。

思考练习

在线自测

项目5 基础知识测试

1. 基础知识在线自测

2. 扩展练习

PLC编程练习

① 报警灯的PLC计数控制，具体要求如下：

控制要求：按下启动按钮（I0.0），报警蜂鸣器（Q0.0）响，报警闪烁灯（Q0.1）闪烁，闪烁效果为灯灭1s，灯再亮1s，这样重复，计数到10次后，报警灯和蜂鸣器都停止。按下复位按钮（I0.1）报警灯、蜂鸣器都复位。

② 设计一个液体混料控制，具体要求如下：

混料过程中，需要安装液位传感器测试混料罐内的液体。假设混料罐总高度为100cm，当混料罐中的液位低于50cm时，液体A阀门打开，液体A流入容器；当液位大于或等于50cm且小于80cm时，液体A阀门关闭，液体B阀门打开；当液位大于或等于80cm且小于或等于90cm时，液体B阀门关闭，开始搅拌。

项目6　霓虹灯控制

项目6　霓虹灯控制

(1) 项目导入

传统的艺术灯饰控制系统常采用继电器逻辑控制或电子逻辑控制装置。这种控制方式存在着硬件布线复杂、安装和维护不方便、灵活性差、可靠性不高的缺点，尤其是在实现多层次的大中型艺术灯饰的控制上工作量很大。若采用 PLC 实现艺术灯的自动控制，则具有工作量少，接线简单，工作可靠，易于修改闪动次数和亮、灭持续时间的优点。这种设计可以满足各种造型要求，收到良好的视觉效果。本项目就如何实现霓虹灯控制进行阐述。

(2) 项目目标

素养目标

① 培养爱岗、爱家、爱国的家国情怀。

② 树立学生主动探究、精益求精的工匠精神。

③ 培养学生的诊断思维。

知识目标

① 掌握移动指令（MOVE）的工作原理及应用。

② 掌握移位指令（SHIFT）的工作原理及应用。

③ 掌握 SHIFT 语句编程方式。

④ 了解霓虹灯的控制原理。

能力目标

① 能够完成霓虹灯的控制系统程序设计。

② 能够完成霓虹灯的控制系统的运行调试。

6.1 基础知识

6.1.1 移动操作指令

移动操作指令主要用于各种数据的移动，相同数据的不同排列的转化，以及实现 S7-1200 CPU 的间接寻址功能部分的移动操作。S7-1200 PLC 的移动操作指令也包括有多个如图 6-1 所示。本项目将介绍一些常用的移动操作指令，比如移动值指令 MOVE，又称为传送指令，还有块移动指令 MOVE_BLK、填充块指令 FILL_BLK、交换指令 SWAP。

移动值指令(MOVE)

(1) 移动值指令（MOVE）

如图 6-2 所示“移动值”指令 MOVE 又称传送指令，用于将 IN 输入的源数据传送给 OUT1 输出的目的地址，并且转换为 OUT1 允许的数

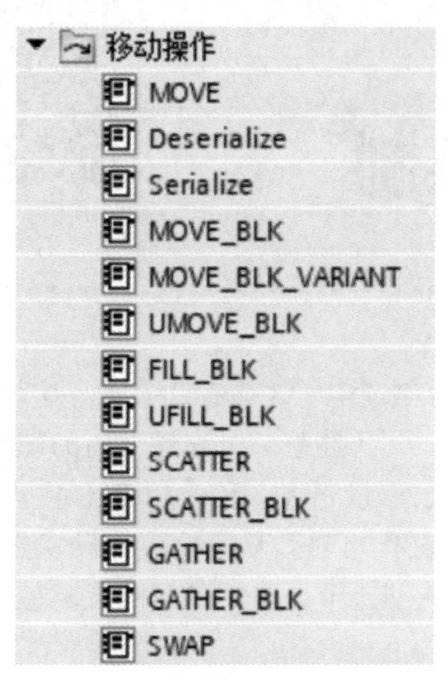

图 6-1　移动操作指令

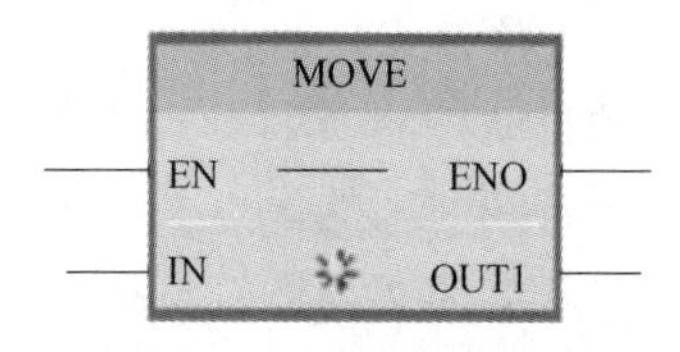

图 6-2　MOVE 指令

据类型（与是否进行 IEC 检查有关），源数据保持不变，参数说明如表 6-1 所示，MOVE 指令的 IN 和 OUT1 可以是 Bool 之外所有的基本数据类型、数据类型 DTL、Struct、Array，IN 还可以是常数。

表 6-1　　“移动值”指令 MOVE 的参数说明

参数	数据类型	存储区	说明
EN	BOOL	I、Q、M、D、L	使能输入
ENO	BOOL	I、Q、M、D、L	使能输出
IN	位字符串、整数、浮点数、DATE、Time、TOD、DTL、Char、STRUCT、ARRAY	I、Q、M、D、L 或常数	源值
OUT1	位字符串、整数、浮点数、DATE、Time、TOD、DTL、Char、STRUCT、ARRAY	I、Q、M、D、L	传送源值中的操作数

在初始状态，指令框中只有一个输出（OUT1），可以单击图标增加输出数目。如果 IN 数据类型的位长度超出 OUT1 数据类型的位长度，源值的高位丢失。如果 IN 数据类型的位长度小于输出 OUT1 数据类型的位长度，目标值的高位被改写为“0”。

举例来说明 MOVE 指令的应用，如图 6-3 所示。当 EN 端 I0.0 的值变为“1”，IN 端

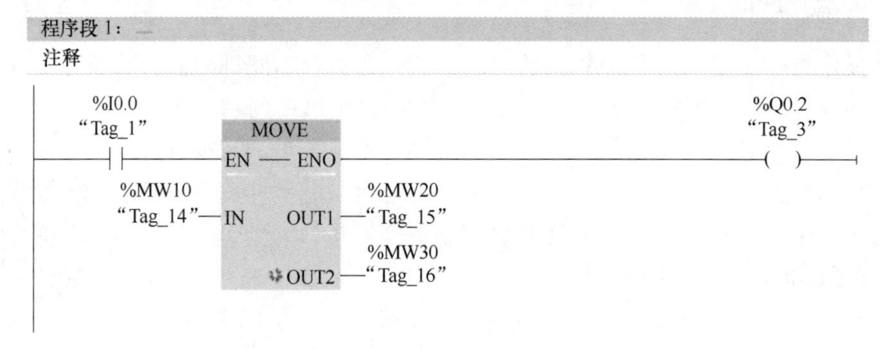

图 6-3　MOVE 指令应用

MW10 中的数值（假设为 4），传送到目的地地址 MW20 和 MW30 中，结果是 MW10、MW20 和 MW30 中的数值都是 4。Q0.0 的状态与 I0.0 相同，也就是说，I0.0 闭合时，Q0.0 为“1”；I0.0 断开时，Q0.0 为“0”。

（2）存储区移动指令（MOVE_BLK）

在 S7-1200 PLC 中，利用 MOVE_BLK 指令（图 6-4）可以将一个存储区（源范围）的数据移动到另一个存储区（目标范围）中。使用输入 COUNT 可以指定将移动到目标范围中的元素个数。可通过输入 IN 中元素的宽度来定义元素待移动的宽度。仅当源范围和目标范围的数据类型相同时，才能执行该指令。

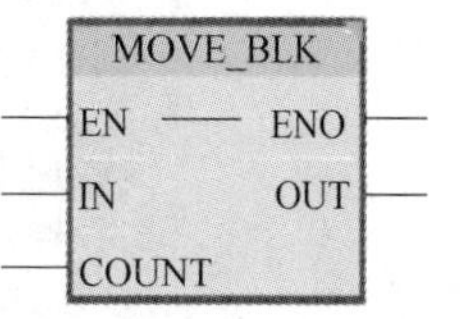

图 6-4　存储区移动指令（MOVE_BLK）

【应用案例】 使用 MOVE_BLK 指令实现相同数据类型数组直接的复制

如图 6-5 所示为存储区移动指令（MOVE_BLK）的应用。图 6-5 就是利用 MOVE_BLK 块移动指令将数据块_1 中的 a_array［2］到 a_array［4］共 3 个数据移动到数据块_2 中的 b_array［7］开始的 3 个数据中。

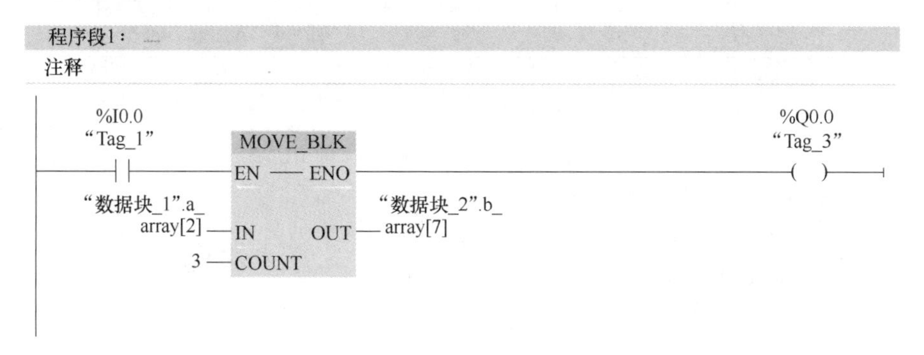

图 6-5　存储区移动指令（MOVE_BLK）应用

图 6-6　添加新数据类型

首先在 TIA 软件中添加新数据类型，如图 6-6 所示，如定义 a_array 为 10 个字节的数组，即 Array［0..9］of Byte。数组的数据类型和数组限值可以通过如图 6-7 所示进行修改。

一旦新建数据类型后，即可添加新的数据块，如图 6-8 所示。在添加时，选择刚刚在如图 6-5 所示中定义的数据类型，即 a_array，

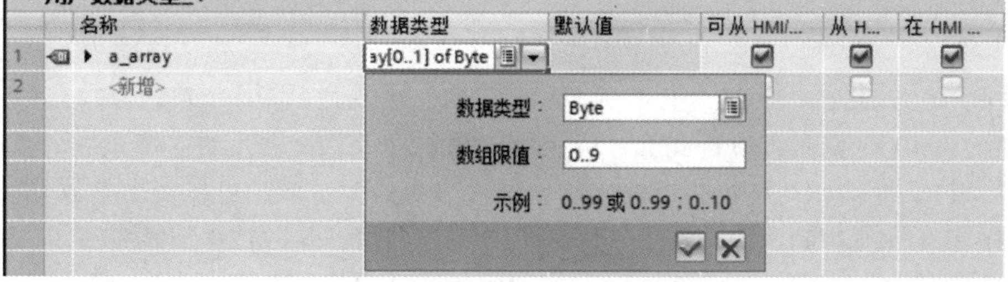

用户数据类型_1
名称　数据类型　默认值　可从 HMI/...　从 H...　在 HMI ...
1　a_array　ay[0..1] of Byte
2　<新增>
数据类型：Byte
数组限值：0..9
示例：0..99 或 0..99；0..10

图 6-7　修改数组的数据类型和数组限值

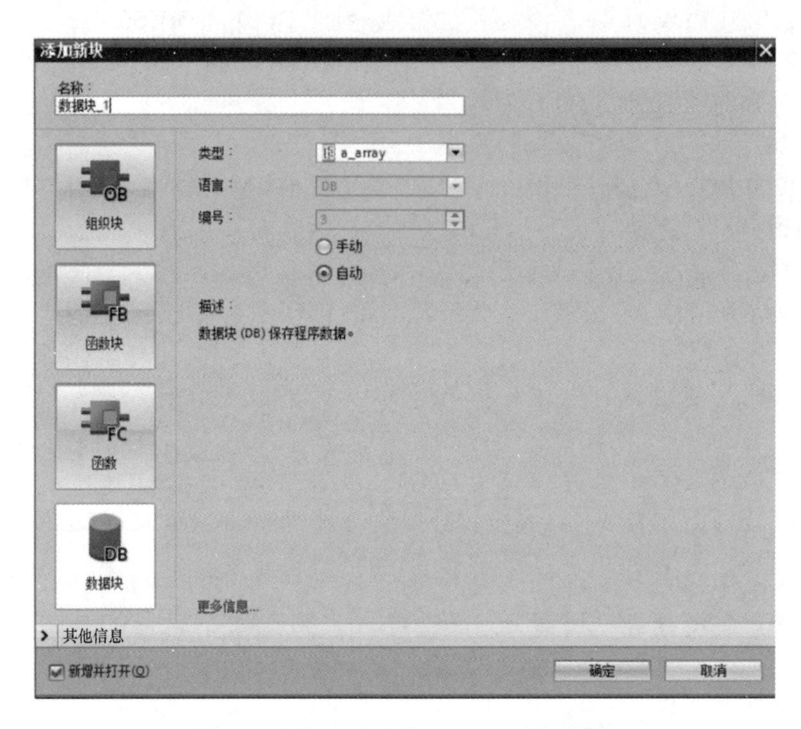

图 6-8　添加一个含数组 a_array 的 DB 块

则数据块_1 中就有了一个 a_array 数组。同理，可以新建另外一个数据类型 b_array 为 20 个字节的数组，即 Array［0..19］of Byte，并添加一个数据块_2 块。

（3）无中断块移动指令（UMOVE_BLK）

使用如图 6-9 所示的“UMOVE_BLK 无中断块移动”指令可将存储区（源区域）中的内容连续复制到其他存储区（目标区域）；使用参数 COUNT 可以指定待复制到目标区域中的元素个数；可以通过 IN 输入端的元素宽度指定待复制元素的宽度；源区域内容沿地址升序方向复制到目标区域。

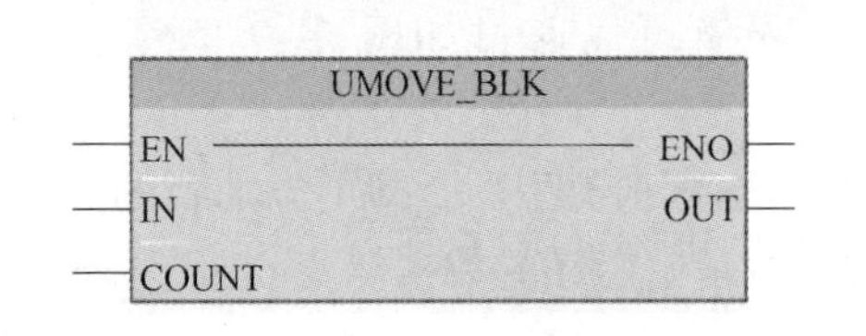

图 6-9　UMOVE_BLK 无中断块移动指令

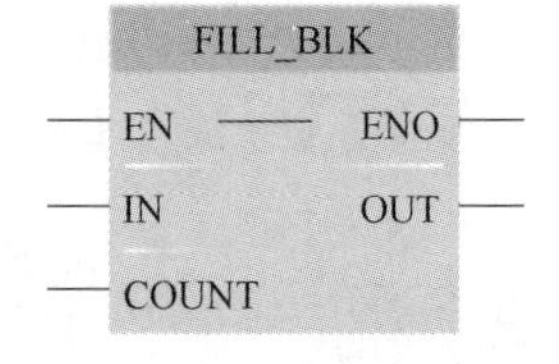

图 6-10　填充块（FILL_BLK）指令

（4）填充块指令（FILL_BLK）

如图 6-10 所示的“FILL_BLK（填充块）”指令，用 IN 输入的值填充一个存储区域（目标区域）。将以 OUT 输出指定的起始地址，填充目标区域。可以使用参数 COUNT 指定复制操作的重复次数。执行该指令时，将 IN 输入的值，并以 COUNT 参数中指定的次数复制到目标区域。

（5）交换指令（SWAP）

使用“交换”指令更改输入IN中字节的顺序，并在输出OUT中查询结果。交换指令（SWAP）如图6-11所示。从指令框的“<??? >”下拉列表中选择该指令的数据类型。

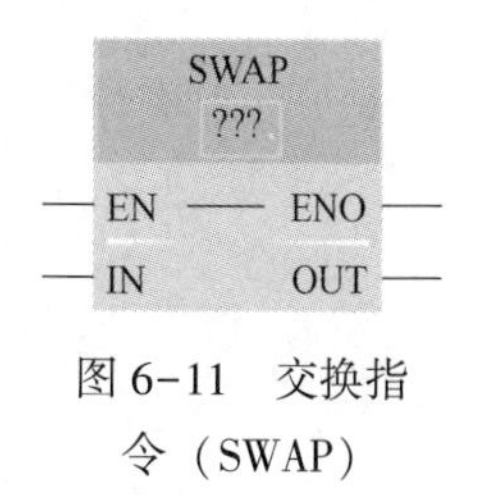

图6-11　交换指令（SWAP）

用一个例子来说明交换指令（SWAP）的使用，如图6-12所示当EN端I0.0信号为“1”，执行交换指令，假设MW10=16#1188，交换指令执行后，MW12=16#8811，字节的顺序改变。如果传送结果正确，EN0端Q0.0信号为“1”。

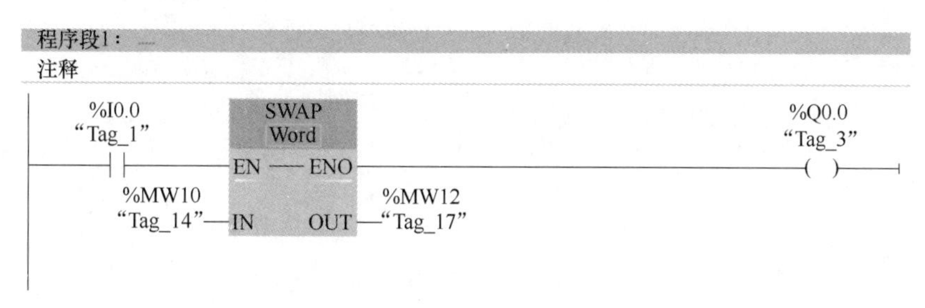

图6-12　交换指令（SWAP）应用

6.1.2　移位指令及循环移位指令

S7-1200 PLC的移位指令包含左移位指令和右移位指令，循环移位指令包含循环左移位指令和循环右移位指令。

（1）移位指令

移位指令分为左移指令SHL和右移指令SHR这两个，如图6-13所示，它们执行的过程是一致的，只是移动的方向不同而已，左移指令是由低位往高位移动，右移指令是由高位往低位移动。

以左移指令为例，指令中的N是移位的位数，是将输入操作数IN中的二进制位按N位向左进行移位，从而输出到输出端OUT中，注意移位指令移出的位是自动丢去的，而低位中空出的位是自动补零的。

关于移位指令使用时支持的数据类型，除了支持位字符串的数据类型之外，还可以支持整数的数据类型。

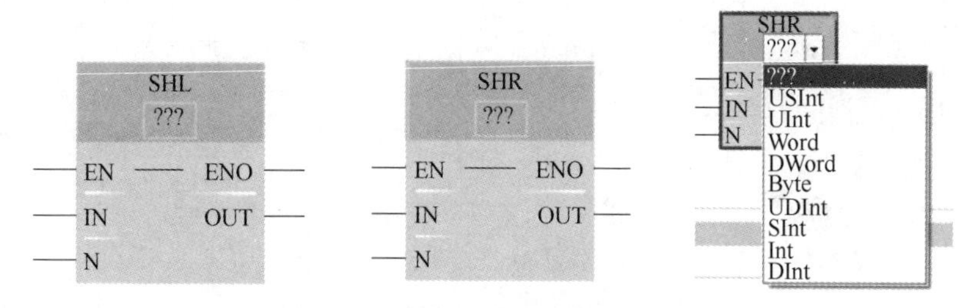

图6-13　移位指令符号及数据类型

图6-14说明了如何将整数数据类型操作数的内容向右移动4位。

图6-15说明了整数数据类型操作数的内容向左移动6位。

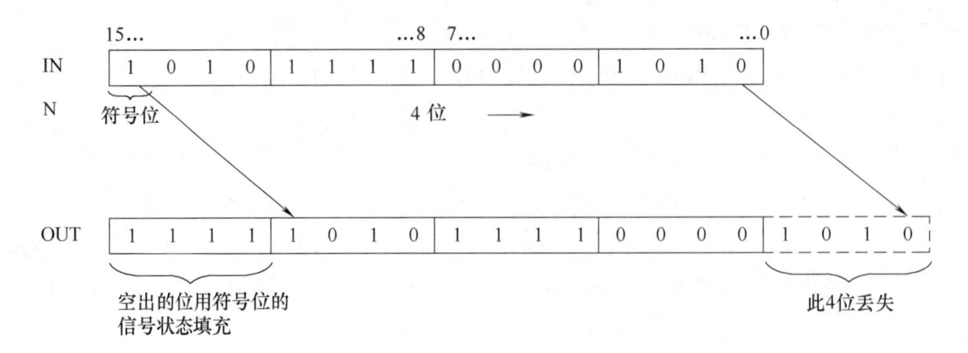

图 6-14　整数数据类型操作数的内容向右移动 4 位

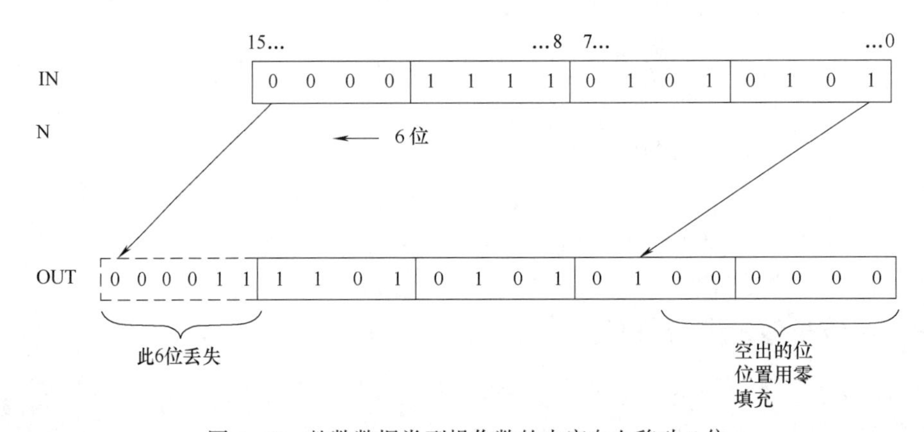

图 6-15　整数数据类型操作数的内容向左移动 6 位

（2）循环移位指令

循环移位指令分为循环左移 ROL 和循环右移 ROR 这两个指令，如图 6-16 所示，同样的它们的移动方向是不同的，循环左移指令是由低位往高位移动，循环右移指令是由高位往低位移动。

关于循环移位指令支持的数据类型只要是位字符串的数据类型。下面以循环左移指令来看一下指令的执行过程，指令中的 N 同样的是用于指定移动的位数，指令是将输入操作数 IN 中的二进制位按 N 位进行循环左移，这个指令和移位指令的区别是，循环移位指令移出的位并不会丢失，而是会放回到低位中空出的位置中的。

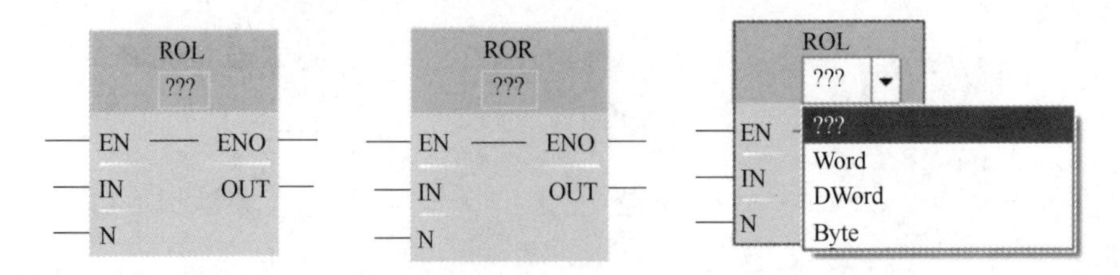

图 6-16　循环移位指令符号及数据类型

图 6-17 显示了如何将 DWORD 数据类型操作数的内容向右循环移动 3 位。图 6-18 显示了如何将 DWORD 数据类型操作数的内容向左循环移动 3 位。

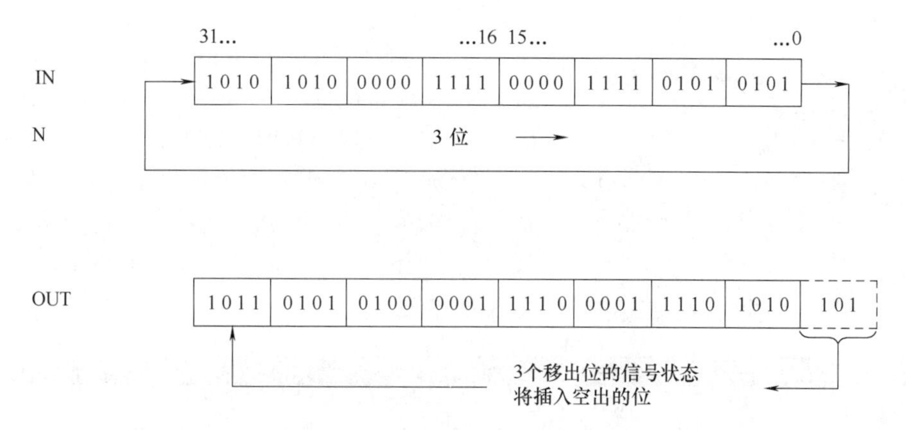

图6-17　将DWORD数据类型操作数的内容向右循环移动3位

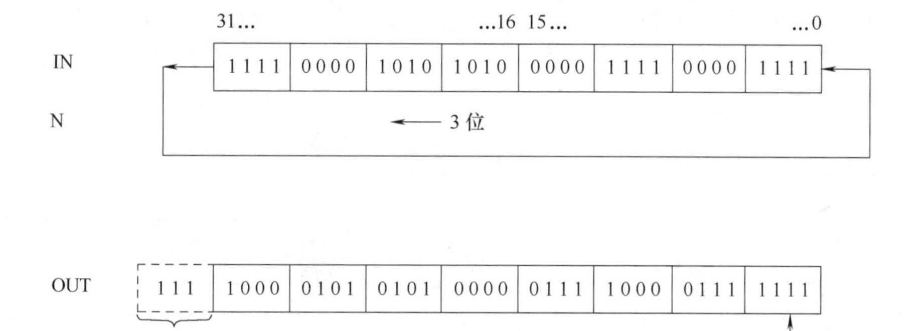

图6-18　将DWORD数据类型操作数的内容向左循环移动3位

6.2　项目实施

【项目要求】

霓虹灯按以下顺序动作：

① 按动启动按钮，HL1和HL2闪烁5s（亮0.5s灭0.5s）HL2和HL3灯闪烁5s（亮0.5s灭0.5s）HL3和HL4闪烁5s（亮0.5s灭0.5s）HL4和HL1闪烁5s（亮0.5s灭0.5s）HL1和HL2灯闪烁5s（亮0.5s灭0.5s）S…如此循环5个工作周期后停止运行。

② 按下停止按钮，运行一个周期后停止。

【项目分析】

本项目中霓虹灯控制系统的设计需要用到移位指令和传送指令。在OB100程序块中编写传送指令（MOVE），OB100为热启动组织块，即初始化程序，只在PLC上电的第一个周期执行一次；其余程序编写在 OB1 主程序块中。

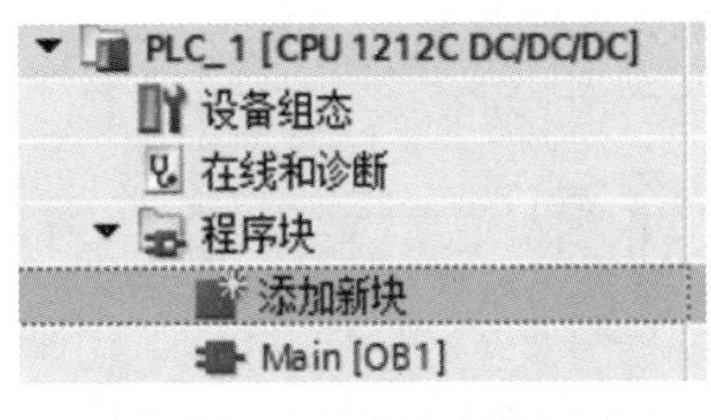

图 6-19　添加新块

添加初始化程序块 OB100 的步骤如下：

① 在项目数程序块下单击“添加程序块”如图 6-19 所示，出现创新程序块界面如图 6-20 所示。

② 如图 6-20 所示在添加块中选择（OB）组织块，选择初始化程序块（startup），将初始化块名称修改为 0B100，单击确定，完成初始化块创建，如图 6-21 所示。

图 6-20　创建 OB100 初始化程序块

6.2.1　霓虹灯控制电路的硬件设计

（1）输入/输出地址表

根据任务分析可知，该系统有 2 个输入信号，分别是启动按钮和停止按钮；输出信号有 4 个，分别是指示灯 HL1、指示灯 HL2、指示灯 HL3 和指示灯 HL4。具体地址分配如表 6-2 所示。

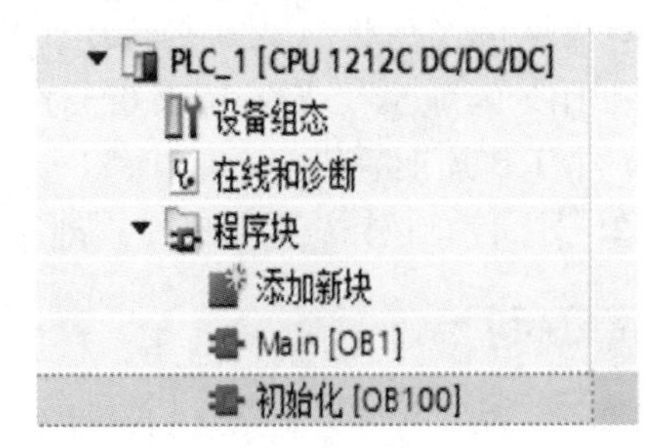

图 6-21　完成 OB100 初始化程序块创建

表 6-2　　霓虹灯控制电路的 I/O 地址表

输入信号			输出信号		
绝对地址	符号地址	注释	绝对地址	符号地址	注释
I0. 0	SB1	启动按钮	Q0. 0	HL1	指示灯 1
I0. 1	SB2	停止按钮	Q0. 1	HL2	指示灯 2
			Q0. 2	HL3	指示灯 3
			Q0. 3	HL4	指示灯 4

（2）控制电路接线图

本项目采用的 S7-1200 PLC CPU 型号为 CPU1212C DC/DC/DC，其订货号为 6ES7 212-1AE40-0XB0，其输入回路和输出回路电压均为 DC24V，其控制电路接线图，如图 6-22 所示。

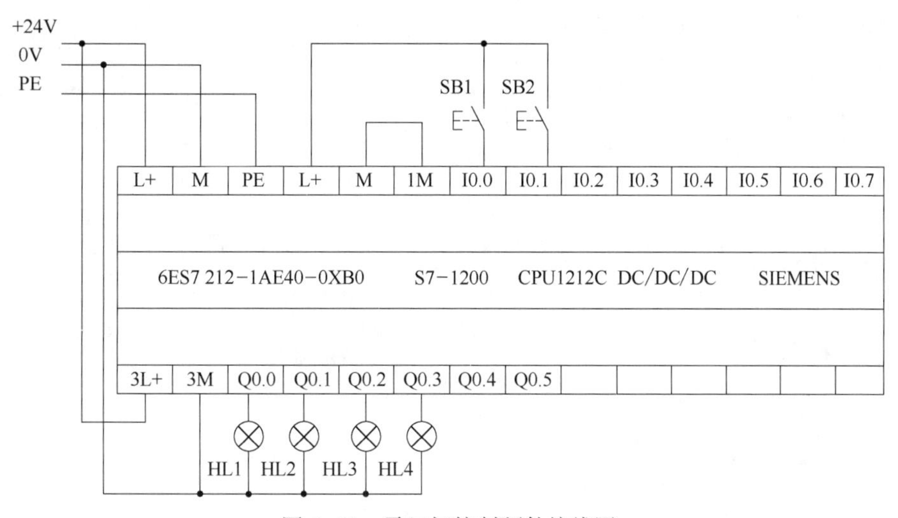

图 6-22　霓虹灯控制硬件接线图

6.2.2　霓虹灯控制电路的软件设计

初始化 OB100 的梯形图，如图 6-23 所示。将 MW20 的最低位 M21.0 设置为“1”。

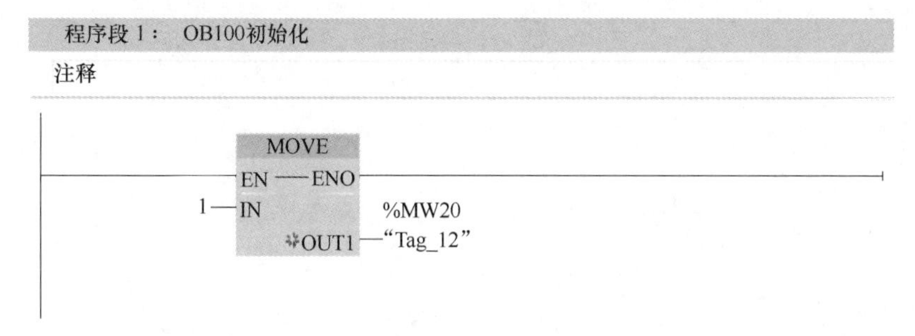

图 6-23　初始化 OB100 的梯形图

主程序 OB1 的梯形图如图 6-24 所示。各个程序段说明如下：

程序段 1：起保停回路，用于启动/停止程序运行；

程序段 2：控制霓虹灯按照项目要求顺序移动，并实现连续运行；
程序段 3：实现指示灯闪烁 5s 时间控制；
程序段 4：实现 5 个循环周期运行；
程序段 5：实现指示灯亮 0.5s 灭 0.5s 闪烁控制。
主程序 OB1 的梯形图如图 6-24 所示。各个程序段说明如下：
程序段 1：起保停回路，用于启动/停止程序运行；
程序段 2：控制霓虹灯按照项目要求顺序移动，并实现连续运行；
程序段 3：实现指示灯闪烁 5s 时间控制；

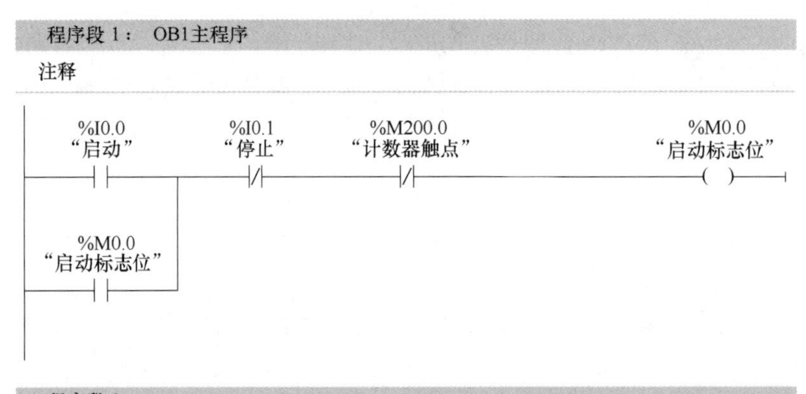

程序段 2：
注释
%M21.0
“Tag_10”
SHL
Word
EN ENO
%MW20
“Tag_12” IN OUT %MW20 “Tag_12”
1 N
%M21.1
“Tag_11”
%M0.0
“启动标志位”
%M21.2
“Tag_6”
“T0”.Q
%M21.3
“Tag_7”
“T1”.Q
%M21.4
“Tag_8”
“T2”.Q
%M21.5
“Tag_9”
“T3”.Q
%M21.6
“Tag_13”
%M21.0
“Tag_10”

图 6-24 霓虹灯控制 PLC 程序设计

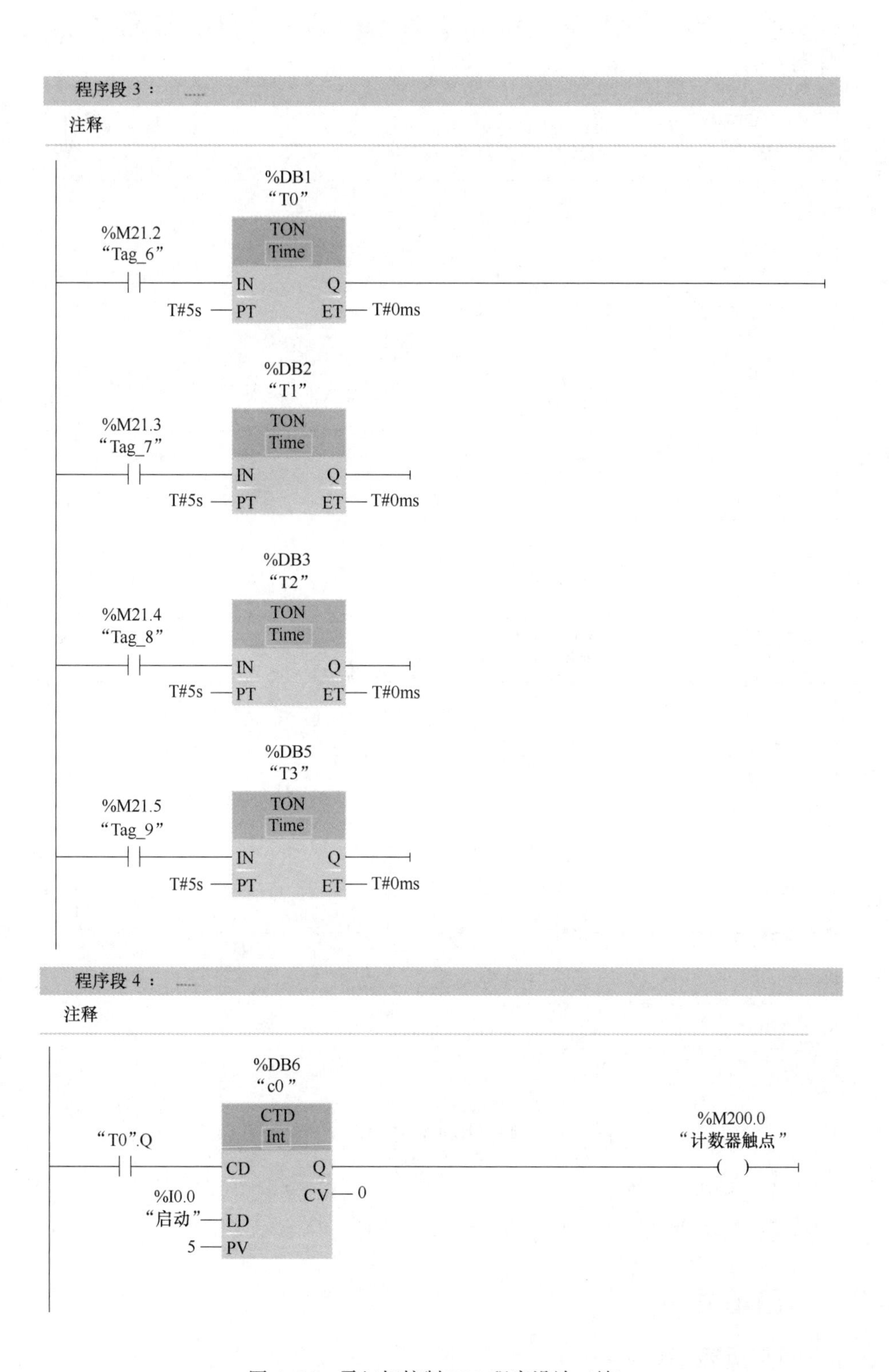

图 6-24　霓虹灯控制 PLC 程序设计（续）

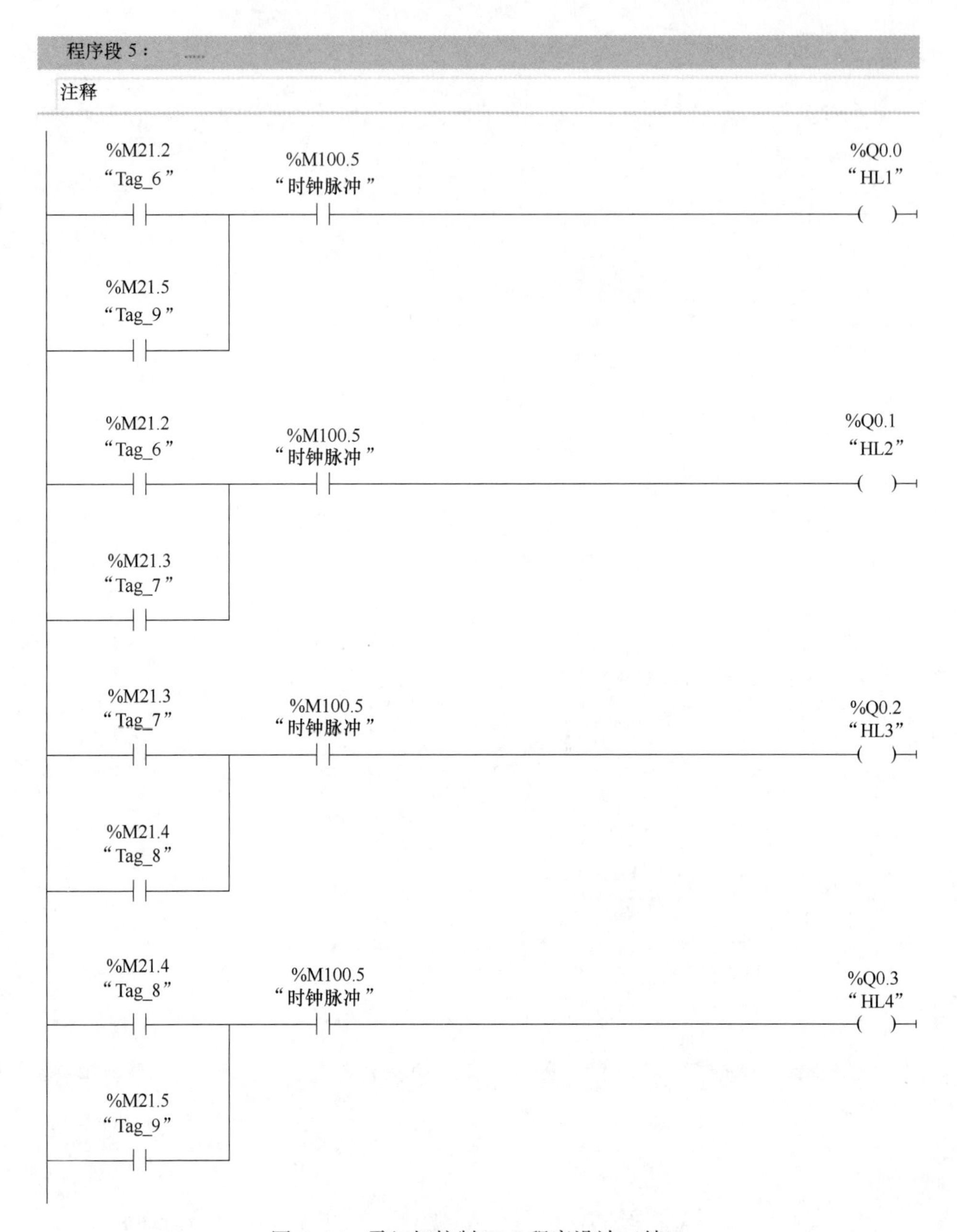

图 6-24　霓虹灯控制 PLC 程序设计（续）

程序段 4：实现 5 个循环周期运行；

程序段 5：实现指示灯亮 0.5s 灭 0.5s 闪烁控制。

6.3　项目拓展

6.3.1　四则运算指令

数学函数指令中的 ADD、SUB、MUL 和 DIV 分别是加、减、乘、除指令。操作数的数据类型可选 SInt、Int、DInt、USInt、UInt、UDInt 和 Real。IN1 和 IN2 可以是常数。IN1、IN2 和 OUT 的数据类型应相同。整数除法指令将得到的商截尾取整后，作为整数格式输出 OUT。ADD 和 MUL 指令允许有多个输入，单击方框中参数 IN2 后面的，将会增加输入 IN3，以后增加的输入的编号依次递增。

（1）加法 ADD 指令

S7-1200 PLC 的加法 ADD 指令可以从 TIA 软件右边指令窗口“基本指令”下的“数学函数”中直接添加，如图 6-25（a）所示。使用加法 ADD 指令，根据图 6-25（b）所示选择的数据类型，将输入的 IN1 值与输入的 IN2 值相加，并在输出 OUT（OUT=IN1+IN2）处查询总和。

在初始状态下，指令框中至少包含两个输入（IN1 和 IN2），可以用鼠标单击图符展输入数目，如图 6-25（c）所示，在功能框中按升序对插入的输入进行编号，执行加法 ADD 指令时，将所有可用输入参数的值相加，并将求得的和存储在输出 OUT 中。

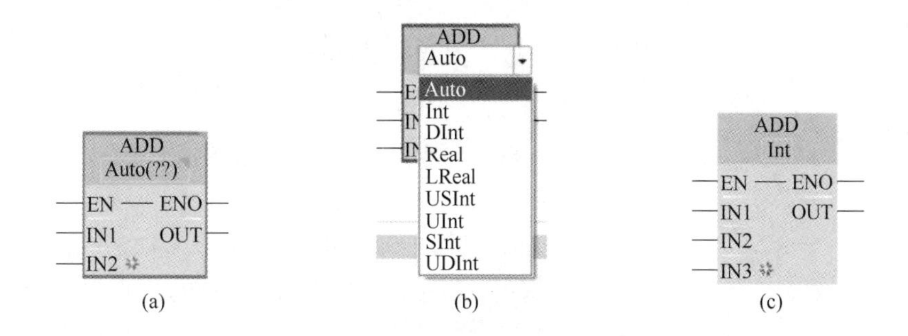

图 6-25　加法 ADD 指令

（a）基本的 ADD 指令　（b）基本的 ADD 指令　（c）可扩展的 ADD 指令

表 6-3 列出了加法 ADD 指令的参数。根据参数说明，只有使能输入 EN 的信号状态“1”时才执行加法 ADD 指令。如果成功执行加法 ADD 指令，则使能输出 ENO 的信号状也为“1”。如果满足下列条件之一，则使能输出 ENO 的信号状态为“0”。

① 使能输入 EN 的信号状态为“0”。

② 指令结果超出输出 OUT 指定数据类型的允许范围。

③ 浮点数具有无效值。

表 6-3　　加法 ADD 指令的参数

参数	输入/输出类型	数据类型	存储区	说明
EN	输入	BOOL	I、Q、M、D、L	使能输入
ENO	输出	BOOL	I、Q、M、D、L	使能输出
IN1	输入	整数、浮点数	I、Q、M、D、L 或常数	要相加的第一个数
IN2	输入	整数、浮点数	I、Q、M、D、L 或常数	要相加的第二个数
INn	输入	整数、浮点数	I、Q、M、D、L 或常数	要相加的可选输入值
OUT	输出	整数、浮点数	I、Q、M、D、L	总和

图 6-26 举例说明了加法 ADD 指令的工作原理：如果操作数%I0.0 的信号状态为

“1”，则将执行“加”指令，将操作数%IW64 的值与%IW66 的值相加，并将相加的结果存储在操作数%MW0 中。如果该指令执行成功，则使能输出 ENO 的信号状态为“1”，同时置位输出%Q0.0。

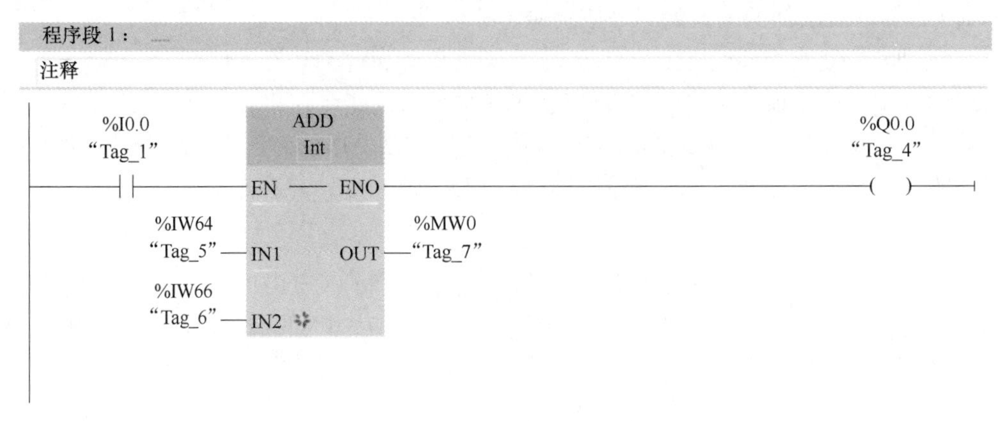

图 6-26　加法 ADD 指令的工作原理

（2）减法 SUB 指令

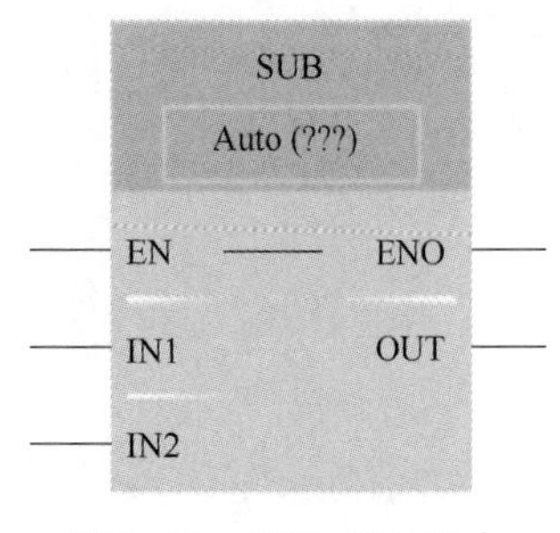

图 6-27　减法 SUB 指令

如图 6-27 所示，可以使用减法 SUB 指令从输入 IN1 的值中减去输入 IN2 的值，并在输出 OUT（OUT=IN1-IN2）处查询差值。减法 SUB 指令的参数与加法 ADD 指令相同。图 6-28 举例说明了减法 SUB 指令的工作原理：如果操作数%I0.0 的信号状态为“1”，则将执行“减”指令，将操作数%IW64 的值减去%IW66 的值，并将结果存储在操作数%MW0 中。如果该指令执行成功，则使能输出 ENO 的信号状态为“1”，同时置位输出%Q0.0。

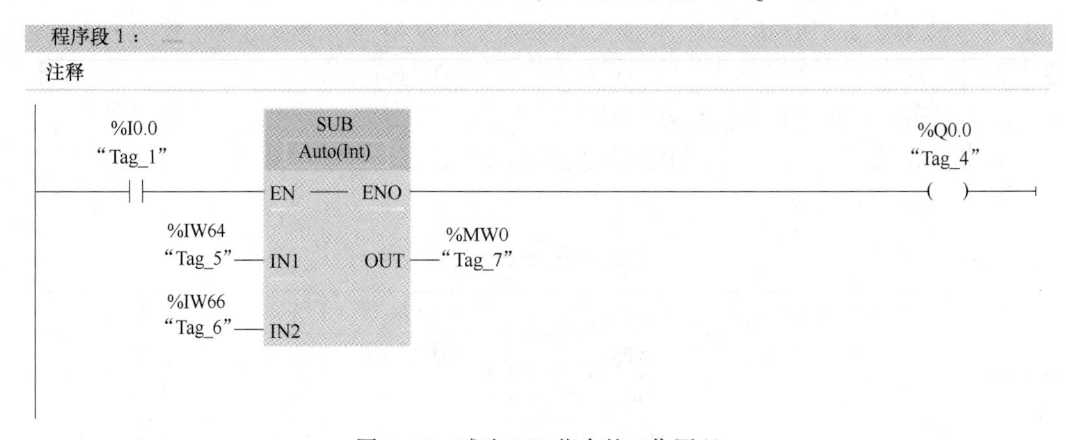

图 6-28　减法 SUB 指令的工作原理

（3）乘法 MUL 指令

如图 6-29 所示，可以使用乘法 MUL 指令将输入 IN1 的值乘以输入 IN2 的值，并在输出 OUT（OUT=IN1 * IN2）处查询乘积。与加法 ADD 指令一样，可以在指令功能框中展开输入的数字，并在功能框中以升序对相加的输入进行编号。表 6-4 为乘法 MUL 指令的参数。

图 6-30 举例说明了乘法 MUL 指令的工作原理：如果操作数%I 0.0 的信号状态为“1”，则将执行“乘”指令，将操作数%IW64 的值乘以操作数 IN2 的常数值“4”，相乘的结果存储在操作数%MW20 中。如果成功执行该指令，则输出 ENO 的信号状态为“1”，并将置位输出%Q0.0。

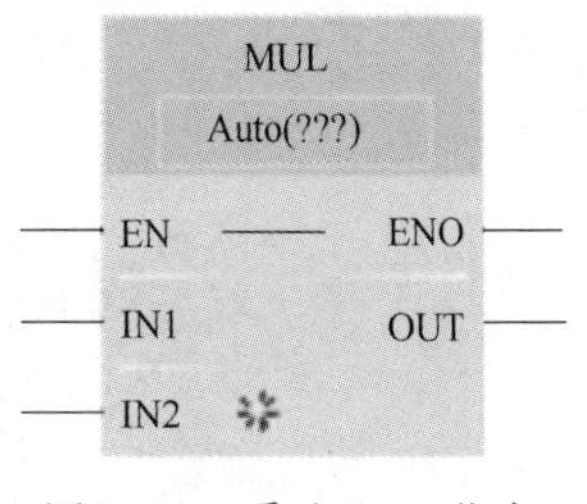

图 6-29　乘法 MUL 指令

表 6-4　　乘法 MUL 指令的参数

参数	输入/输出类型	数据类型	存储区	说明
EN	输入	BOOL	I、Q、M、D、L	使能输入
ENO	输出	BOOL	I、Q、M、D、L	使能输出
IN1	输入	整数、浮点数	I、Q、M、D、L 或常数	乘数
IN2	输入	整数、浮点数	I、Q、M、D、L 或常数	被乘数
INn	输入	整数、浮点数	I、Q、M、D、L 或常数	可相乘的课选输入值
OUT	输出	整数、浮点数	I、Q、M、D、L	乘积

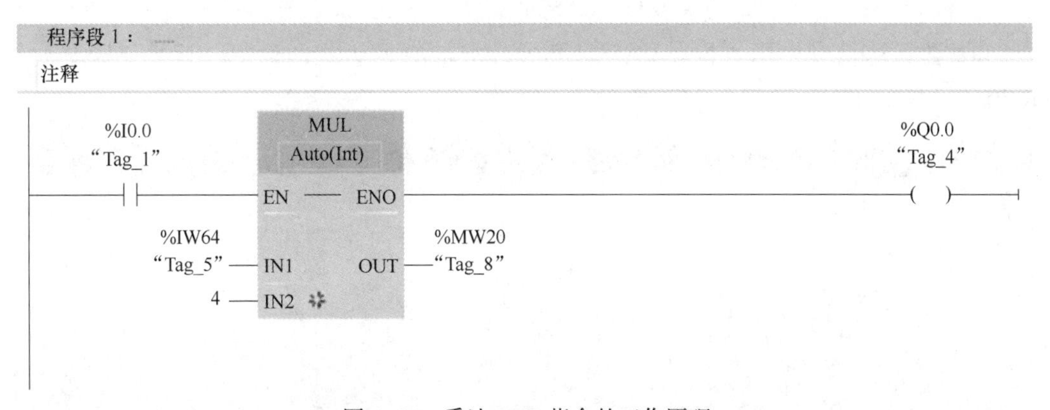

图 6-30　乘法 MUL 指令的工作原理

（4）除法 DIV 指令和返回除法余数 MOD 指令

除法 DIV 指令和返回除法余数 MOD 指令，如图 6-31 所示。前者是返回除法的商；后者是余数。需要注意的是，MOD 指令只有在整数相除时才能应用。

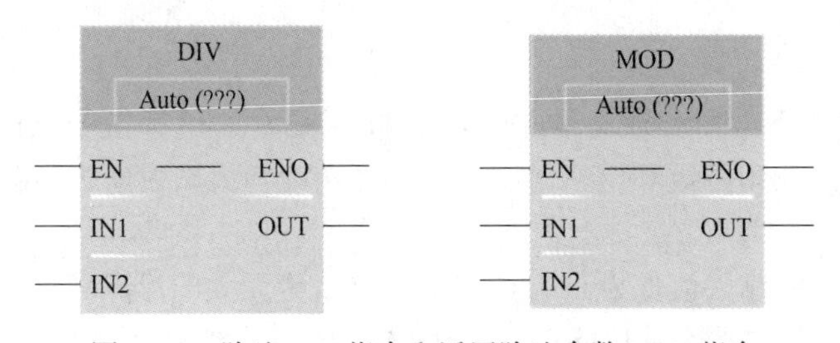

图 6-31　除法 DIV 指令和返回除法余数 MOD 指令

图 6-32 举例说明了除法 DIV 指令和返回除法余数 MOD 指令的工作原理：如果操作数%I 0.0 的信号状态为“1”，则将执行除法 DIV 指令，将操作数%IW64 的值除以操作数 IN2 的常数值“4”，商存储在操作数% MW20 中，余数存储在操作数% MW30 中。

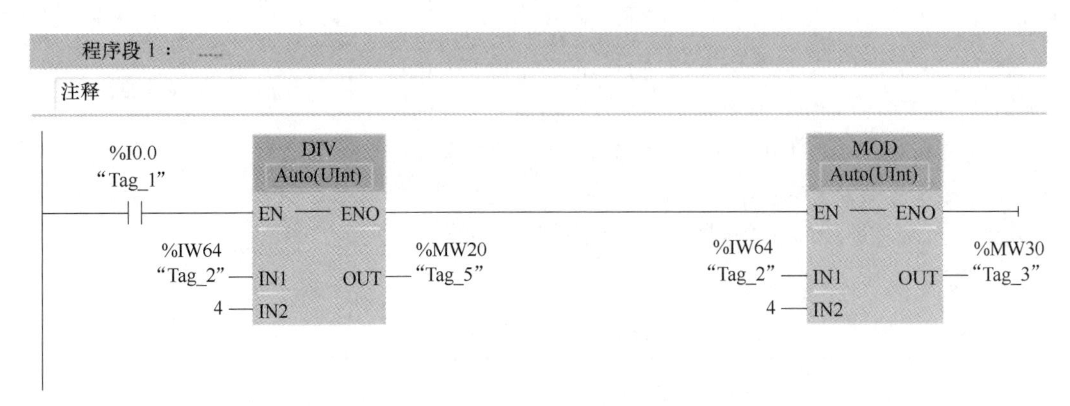

图 6-32　除法 DIV 指令和返回除法余数 MOD 指令

6.3.2　CALCULATE 指令

可以使用“计算”指令 CALCULATE 定义和执行数学表达式，根据所选的数据类型计算复杂的数学运算或逻辑运算。编辑“Calculate”指令对话框（图 6-33）给出了所选数据类型可以使用的指令，在该对话框中输入待计算的表达式，如图 6-34 所示的（IN1+IN2）＊IN3/IN4，表达式可以包含输入参数的名称（INn）和运算符，不能指定方框外的地址和常数。运行时使用方框外输入的值执行指定的表达式的运算，运算结果传送到 MD36 中。

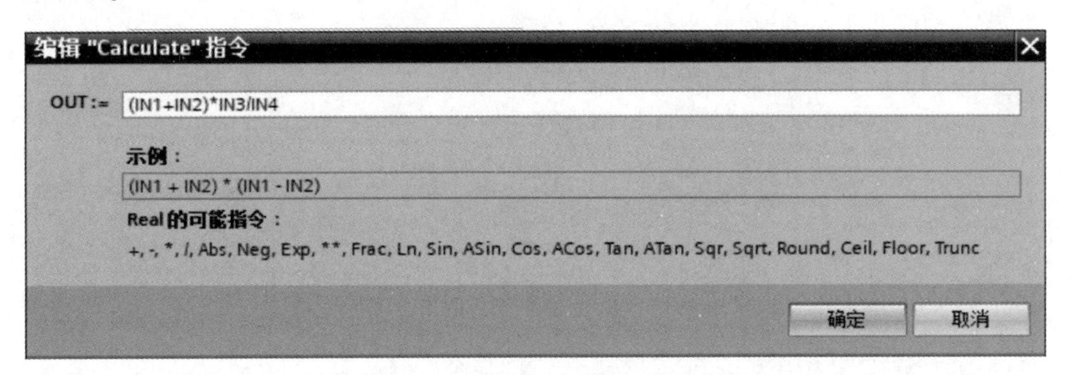

图 6-33　编辑 CALCULATE 指令

6.3.3　浮点数函数运算指令

浮点数函数运算的对应的描述如下，需要注意的是，浮点数（实数）运算指令的操作数 IN 和 OUT 的数据类型为 Real。三角函数和反三角函数指令的角度均为以弧度为单位的浮点数。

① 平方根指令 SQRT 和 LN 指令的输入值如果小于 0，输出 OUT 为无效的浮点数。

② 求以 10 为底的对数时，需要将自然对数值除以 2.302585（10 的自然对数值），如 lg100=ln100/2.302585≈4.605170/2.302585=2。

③ 指数指令 EXP 和自然对数指令 LN 中的指数和对数的底 e=2.718282。

④ 三角函数指令和反三角函数指令中的角度均为以弧度为单位的浮点数。如果输入

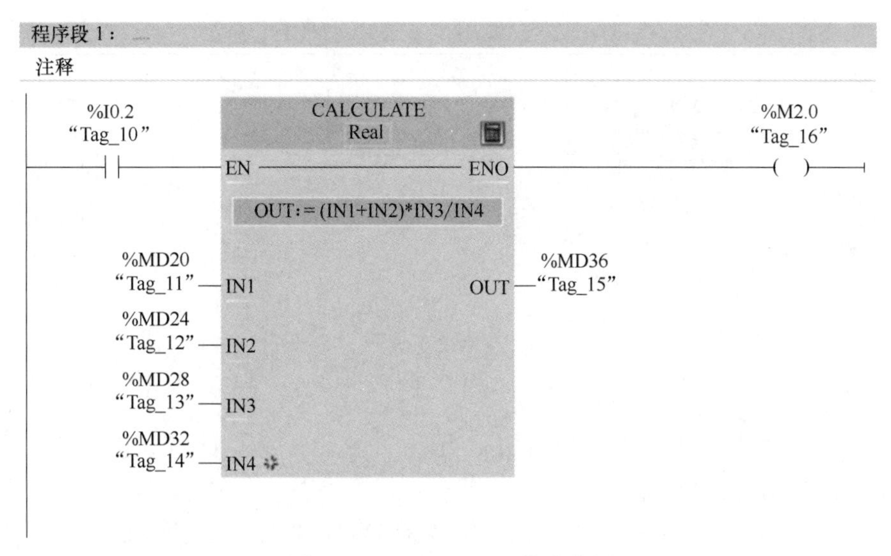

图 6-34 CALCULATE 指令应用

值是以度为单位的浮点数，使用三角函数指令之前应先将角度值乘以 π/180 转换为弧度值。

⑤ 反正弦指令 ASIN 和反余弦指令 ACOS 的输入值的允许范围为-1.0～1.0，ASIN 和反正切指令 ATAN 的运算结果的取值范围为-π/2～π/2（弧度），ACOS 的运算结果的取值范围为 0～π（弧度）。

【例 1】 测量远处物体的高度时，已知被测物体到测量点的距离 L，以度为单位的夹角 θ，求被测物体的高度 $H=L\tan\theta$。假设以度为单位的实数角度值存在 MD40 中，乘以 $\pi/180\approx0.0174533$，得到角度的弧度值（如图 6-35），运算的中间结果用实数临时变量 temp2 保存。MD44 中是 L 的实数值，运算结果存在 MD48 中。

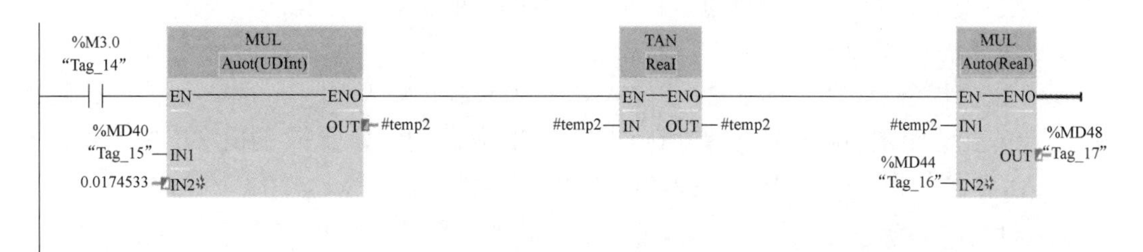

图 6-35 浮点数（实数）运算指令的应用

6.3.4 其他数学函数指令

（1） MOD 指令

除法指令只能得到商，余数被丢掉，可以用返回除法的余法指令 MOD 来求各种整数除法的余法如图 6-36 所示。输出 OUT 中的运算结果为除法运算 IN1/IN2 的余数。

（2） NEG 指令

求二进制补码（取反）指令 NEG，将输入 IN 的值的符号取反后，保存在输出 OUT

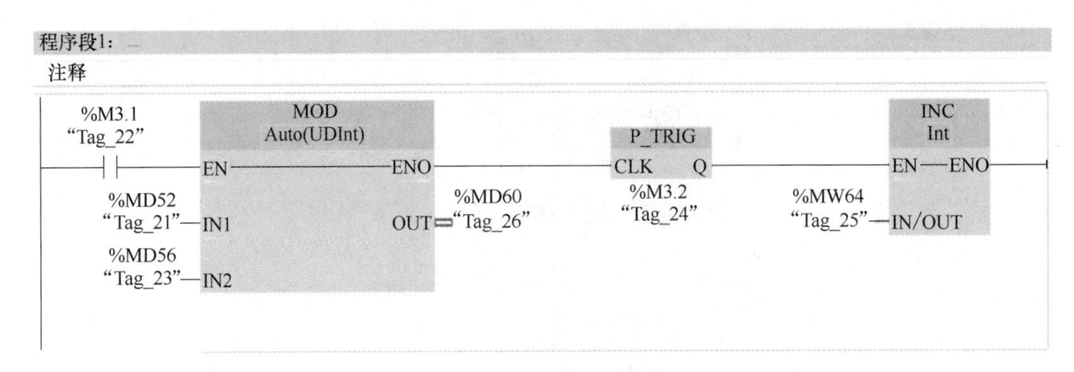

图 6-36　MOD 和 INC 指令

中。IN 和 OUT 的数据类型可以是 SInt、Int、DInt 和 Real，输入 IN 还可以是常数。

（3） INC 与 DEC 指令

执行递增指令 INC 与递减指令 DEC 时，参数 IN/OUT 的值分别加 1 和减 1。IN/OUT 的数据类型为各种有符号或无符号的整数。

如果图 6-36 中的 INC 指令用来计算 M3.1 动作的次数，应在 INC 指令之前添加检测能流上升沿的 P_TRIG 指令，否则在 M3.1 为“1”状态的每个扫描周期中，MW64 都要加 1。

（4） ABS 指令

绝对值指令 ABS 用来求输入 IN 中的有符号整数（SInt、Int、DInt）或实数（Real）的绝对值，将结果保存在输出 OUT 中。IN 和 OUT 的数据类型应相同。

（5） MIN 与 MAX 指令

最小值指令 MIN 比较输入 IN1 和 IN2 的值如图 6-37 所示，将其中较小的值送给输出 OUT。最大值指令 MAX 比较输入 IN1 和 IN2 的值，将其中较大的值送给输出 OUT。IN 和 OUT 的数据类型为各种整数和浮点数，可以增加输入的个数。

（6） LIMIT 指令

设置限值指令 LIMIT 如图 6-37 将输入 IN 的值限制在输入 MIN 与 MAX 之间。如果 IN 的值没有超出该范围，将它直接保存在 OUT 指定的地址中，如果 IN 的值小于 MIN 的值或大于 MAX 的值，将 MIN 或 MAX 的值送给输出 OUT。

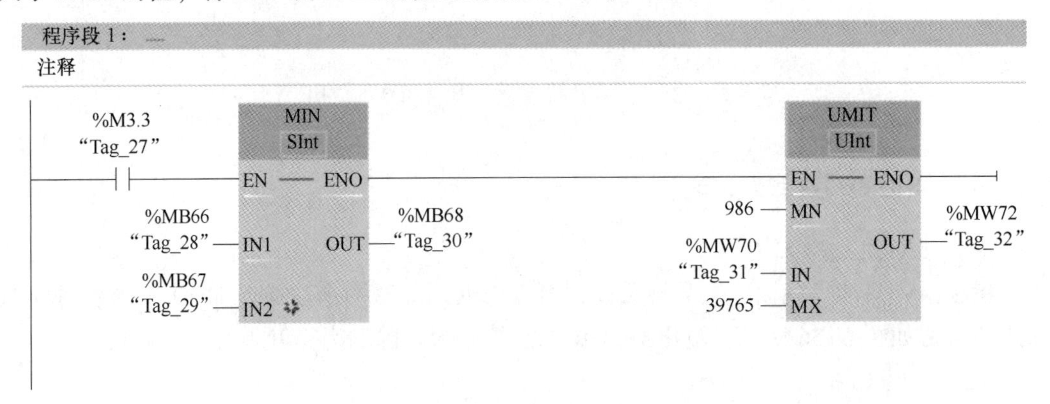

图 6-37　MIN 指令和 LIMIT 指令

知识扩展与思政园地

霓虹灯与 LED 灯

霓虹灯是城市的美容师，每当夜幕降临时，华灯初上，五颜六色的霓虹灯就把城市装扮得格外美丽。那么，霓虹灯是怎样发明的呢？据说，霓虹灯是英国化学家拉姆赛在一次实验中偶然发现的。那是 1898 年 6 月的一个夜晚，拉姆赛和他的助手正在实验室里进行实验，目的是检查一种稀有气体是否导电。

拉姆赛把一种稀有气体注射在真空玻璃管里，然后把封闭在真空玻璃管中的两个金属电极连接在高压电源上，聚精会神地观察这种气体能否导电。

这时，一个意外的现象发生了：注入真空管的稀有气体不但开始导电，而且还发出了极其美丽的红光。这种神奇的红光使拉姆赛和他的助手惊喜不已。拉姆赛把这种能够导电并且发出红色光的稀有气体命名为氖气（neon）。后来这类给气体通电发光的灯被称为氖灯（neon light），音译就是霓虹灯。

制造霓虹灯的办法，是采用低熔点的钠——钙硅酸盐玻璃做灯管，根据需要设计不同的图案和文字，用喷灯进行加工，然后烧结电极，再用真空泵抽空，并根据要求的颜色充进不同的稀有气体而制成。现代的霓虹灯更加精致，有的将玻璃管弯曲成各种各样的形状，制成更加动人的图形；还有的在灯管内壁涂上荧光粉，使颜色更加明亮多彩；有的霓虹灯装上自动点火器，使各种颜色的光次第明灭，交相辉映，使城市之夜变得绚丽多彩。霓虹灯 1910 年问世，它是一种特殊的低气压冷阴极辉光放电发光的电光源，而不同于其他诸如荧光灯、高压钠灯、金属卤化物灯、水银灯、白炽灯等弧光灯。霓虹灯是靠充入玻璃管内的低压惰性气体，在高压电场下冷阴极辉光放电而发光。霓虹灯的光色是由充入惰性气体的光谱特性决定：光管型霓虹灯充入氖气，霓虹灯发红色光；荧光型霓虹灯充入氩气及汞，霓虹灯发蓝色、黄色等光，这两大类霓虹灯都是靠灯管内的工作气体原子受激辐射发光。

霓虹灯属于气体放电灯，其最大的缺点是作业时电压需要上万伏，玻璃霓虹灯很容易破损，不仅造成漏电，而且使图形或文字呈现缺图少笔画现象，这些缺点严重地影响广告或景象效果。随着半导体工业的发展，基于半导体芯片的 LED 变光二极管具有高效、节能、环保和长寿命等优点，这些特性与 PLC 结合应用在广告或景象照明，完全替代了霓虹灯的效果。

思考练习

1. 基础知识在线自测
2. 扩展练习

PLC 编程练习

① 用整数除法指令将 MW10 中的数 72 除以 8 后存放到 MW20 中。

② 做运算 $x=[(10.0\times2.0+50.0)/5]-0.4$，并将结果送入 MD100

中存储。

③ 要求用循环移位指令实现 8 个彩灯的循环左移和右移。其中 I0.0 为启停控制开关，MD20 为设定的初始值，MW12 为移位位数，输出为 Q4.0～Q4.7。

④ 用 PLC 控制彩灯，要求如下：按下启动按钮时，彩灯 L_1、L_2 同时亮；过 1s 后，L_1 熄灭，L_2 保持亮；过 1s 后，L_1、L_2 同时灭；过 1s 后，L_1 亮，L_2 保持灭；再过 1s 后，L_1、L_2 又同时亮，如此循环闪烁，直到按下停止按钮，彩灯终止工作。

项目 7　传感器在自动化生产线中的应用

项目7　传感器在自动化生产线中的应用

(1) 项目导入

自动生产线是在流水线的基础上逐渐发展起来的。它不仅要求生产线上各种加工部件能自动地完成预定的工序，产出合格的制品，而且要求工件的定位、装配、夹紧、工序间的输送、分拣、包装等都能自动完成。

传感器在自动生产线中起着重要的作用，它就像人的感官监视着整个自动生产过程，很多时候自动生产线不能正常工作的原因就是由于传感器出现故障或安装调试不到位引起的。

本项目主要以自动化生产线中的物料分拣单元为研究目标，重点介绍常见的接近式传感器、光电传感器等。学生可通过本实训项目来熟练掌握传感器的工作原理及应用，同时熟练掌握 PLC 的综合应用编程及进一步熟练 PLC 的运行调试。

(2) 项目目标

素养目标

① 培养学生精益求精的大国工匠精神。

② 树立学生安全意识、质量意识、工程意识。

③ 培养学生自主探究的学习精神。

知识目标

① 掌握光电传感器的原理及应用。

② 掌握接近式传感器原理及应用。

能力目标

① 能够完成 PLC 控制气缸的综合应用编程。

② 能够完成 PLC 控制气缸的综合应用运行调试。

7.1　基础知识

传感器的定义、组成及分类

7.1.1　传感器的定义

现代工业自动化生产过程中，离不开各种传感器。传感器的作用是将被测非电物理量转换成与其有一定关系的电信号，它获得的信息正确与否，直接关系到整个系统的精度。依照中华人民共和国国家标准（GB/T 7665—2005 传感器通用术语）的规定，传感器的定义是：能感受规定的被测量并按照一定的规律转换成可用输出信号的器件或装置，通常由敏感元件和转换元件组成。其中敏感元件是指传感器中能直接感受或响应被测量的部分；转换元件是指传感器中能将敏感元件感受或响应的被测量转换成适于传输或测量的电信号部分。传感器的组成如图 7-1 所示。

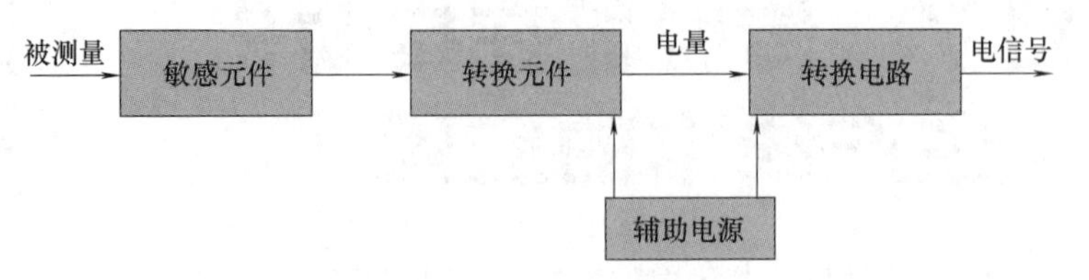

图 7-1　传感器的组成

应该指出的是，并不是所有的传感器必需包括敏感元件和转换元件。如果敏感元件直接输出的是电量，它就同时兼为转换元件；如果转换元件能直接感受被测量而输出与之成一定关系的电量，此时传感器就无敏感元件。还有例如压电晶体、热电偶、热敏电阻及光电器件等敏感元件与转换元件两者合二为一的传感器是很多的。

图 7-1 中转换电路的作用是把转换元件输出的电信号变换为便于处理、显示、记录和控制的可用电信号。其电路的类型视转换元件的不同而定，经常采用的有电桥电路和其他特殊电路，例如高阻抗输入电路、脉冲电路、振荡电路等。辅助电源供给转换能量，有的传感器还需要外加电源才能工作。例如应变片组成的电桥、差动变压器等；有的传感器则不需要外加电源便能工作，例如压电晶体等。

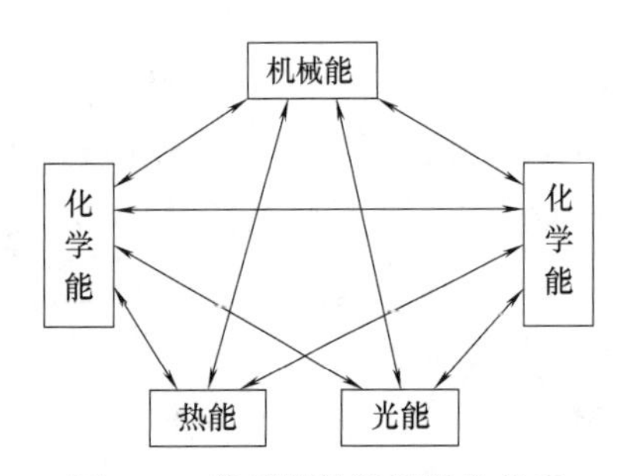

图 7-2　传感器的能量转换关系

传感器转换能量的理论基础都是利用物理学、化学、生物学现象和效应来进行能量形式的变换。图 7-2 给出了传感器各种能量之间的转换关系，可见，被测量和它们之间的能量的相互转换是各种各样的。传感器技术就是掌握和完善这些转换的方法和手段，是涉及传感器能量转换原理、材料选取与制造、器件设计、开发和应用等多项综合技术。

配套视频

光电传感器

7.1.2　光电传感器

如图 7-3 所示为一些光电传感器的实物外形。光电传感器有时候也称光敏传感器，或称光电式传感器及光电探测器。它是一种能量转换器件，是利用各种手段将光能量变换成相应的电信号的器件。

光电传感器其主要功能是将“光信号”转换为“电信号”。其“光信号”主要是指可见的或不可见的红外线。红外线属于一种电磁辐射光线，其特性等同于无线电或 X 射线。人眼可见的光波是 380～780nm，发射波长为 780nm～1mm 的长射线称为红外线，如图 7-4 所示。

红外线光电传感器（光电传感器）属于光电接近传感器的简称。从结构上来看，它主要分层两个部分：发射端（接通电源，该部

图 7-3　光电传感器的实物

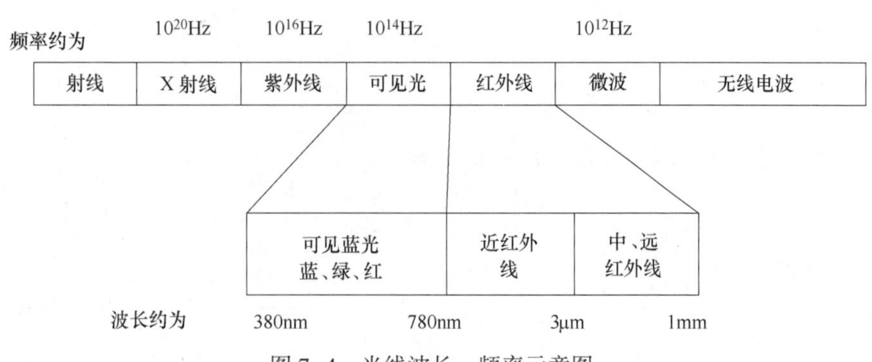

图 7-4　光线波长、频率示意图

分就发射出红外光束）和接收端。其检测的原理是：利用被检测物体对红外光束的遮光或反射，接收端能否接收到该红外光而检测物体的有无，其被检测物体不限于金属，对所有能反射光线的物体均可检测。

根据检测方式的不同，红外线光电传感器可分为反射式和对射式。

（1）反射式光电传感器

反射式光电传感器，从结构上来看，发射端和接收端是做在一起的。如图 7-5 所示。在实际的工业生产系统中，用得最多的是“漫反射”和“镜反射”光电传感器。

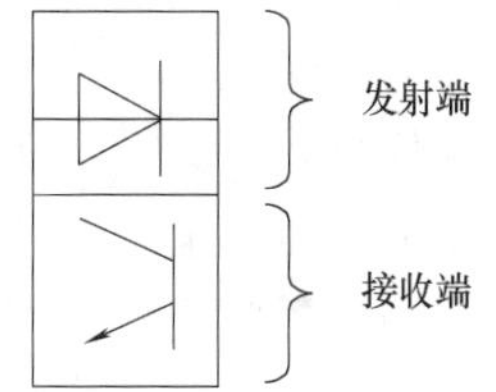

图 7-5　反射式光电传感器模型示意图

① 漫反射式光电传感器。漫反射光电传感器是一种集发射器和接收器于一体的传感器，当有被检测物体经过时，将光电传感器发射器发射的足够量的光线反射到接收器，于是光电传感器就产生了传感器信号。当被检测物体的表面光亮或其反光率极高时，漫反射式的光电传感器是首选的检测模式。如图 7-6 所示，图中“S”表示“发射端（Sender）”，可以理解为“发光二极管”；“R”表示“接收端（Receiver）”，可以理解为“光敏三极管”及其电路。

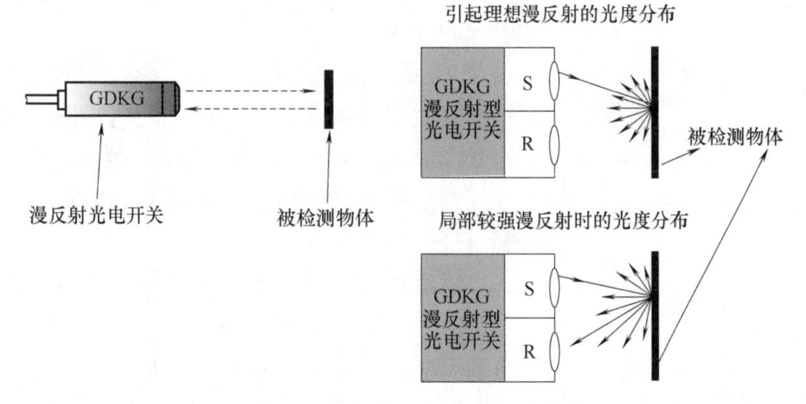

图 7-6　漫反射光电传感器示意图

在图 7-7 中，当传感器接通电源 E 时，“S”端发射出红外光线。如果没有被检测物

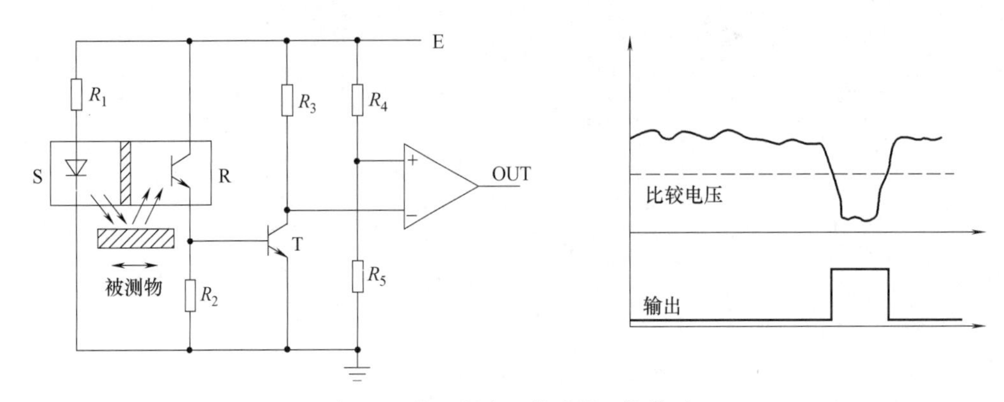

图 7-7　漫反射光电传感器工作模型

体（介质），“R”端就接收不到光线，“R”端的光敏三极管截止，从而三极管 T 也截止；那么，比较器的“+”“-”两端都是高电平，输出端是低电平（逻辑 0）。如果此时有被检测物体接近，那么，发射光就被被检测物体的表面反射到“R”端，“R”端的光敏三极管饱和导通，从而三极管 T 也饱和导通，比较器的“+”端是高电平、“-”端是低电平；那么，比较器就翻转，输出端是高电平（逻辑 1）。从而传感器就发出一个信号，表示有物体被检测到。

反射型光电传感器可以安装在物体的一侧，使用方便。通过被检测物体反射光的大小来判断信号的有无；因而希望被检测物体的信号与背景的反差要大些。例如，在被检测物体的有关部位贴上白纸或镜片之类的高反射率的东西。用于检测从目标物体上反射回来的光线。如能接收到该光线，则输出信号（绿色或红色发光二极管被点亮），同时输出一个电平为“1”的信号，可作为 PLC 的输入信号或用于其他用途。反射式光电传感器对于距离也比较敏感；为了减少外部光线的干扰，应仔细调整安装位置和方向。为了防止信号与噪声的混淆，必须在电路中设置电平检测器（电压比较器）。反射式光电传感器可以作为位置传感器。例如，在机械加工自动线上，利用它可以检测工件的到位情况。它也可作为计数检测；例如手持式转速表，在旋转部件上贴上一块白色胶带，将光电传感器的光源对准它，便可对转速脉冲计数。

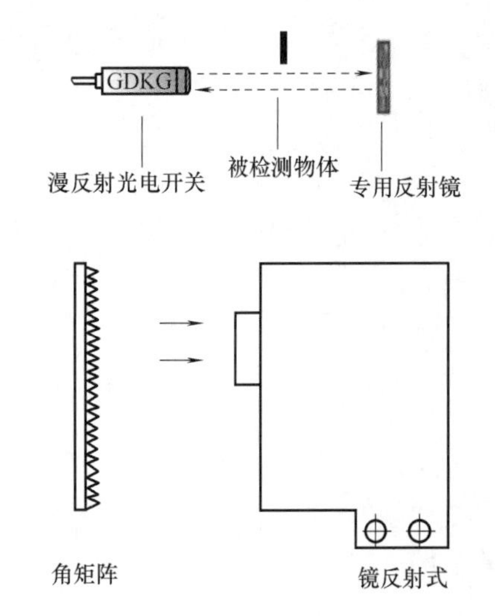

图 7-8　镜反射式光电传感器示意图

② 镜反射式光电传感器。镜反射式光电传感器亦是集发射器与接收器于一体，光电传感器发射器发出的光线经过反射镜，反射回接收器，当被检测物体经过且完全阻断光线时，光电传感器就产生了检测传感器信号，如图 7-8 所示。

镜反射型光电传感器利用角矩阵反射板作为反射面。由于它的反射率远远大于一般物体反射的特点，同轴反射型抗外界干扰性能较好，反射距离远，具有广泛的实用意义。

（2）对射式（透射式）光电传感器

对射式光电传感器在结构上相互分离，且发射器和接收器相对放置在光轴上，面对面安装。如果没有被检测物体，光路通畅，发射器发出的光线直接进入接收器。若有物体从期间通过，发射器和接收器之间的光线被阻断，光电传感器就产生了传感器信号。当检测物体是不透明时，对射式光电传感器是最可靠的检测模式。

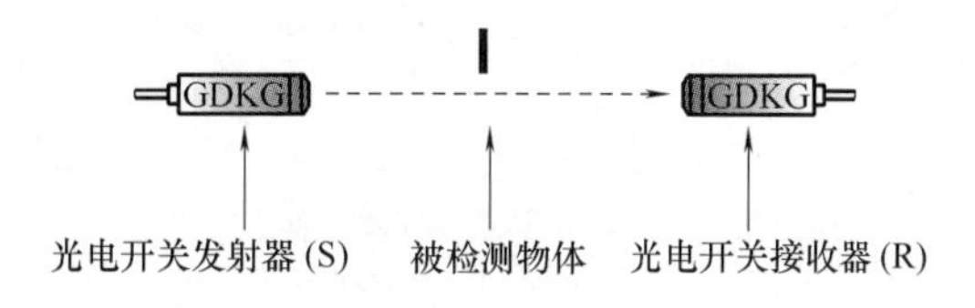

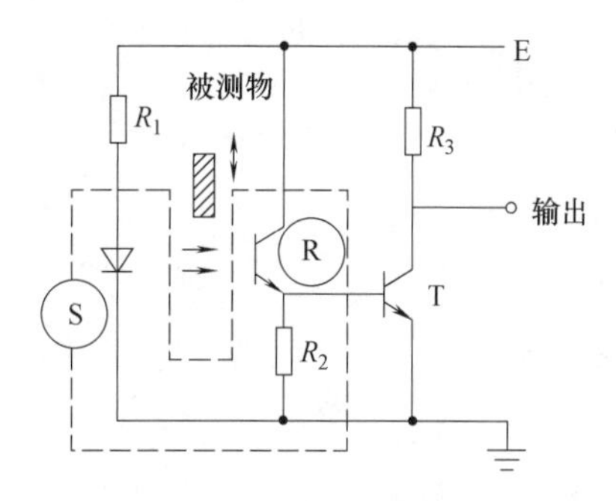

图 7-9　对射式（透射式）光电传感器示意图

如上图 7-9 所示，由光电开关发射端（S）的发光二极管发出光线，接收端（R）的光敏三极管接收光线，当有物体穿过，引起光通量发生变化时，使传感器输出开关信号。

（3）槽式光电传感器

如图 7-10 所示，槽式光电传感器通常是标准的 U 形结构，其发射器和接收器分别位于 U 形槽的两边，并形成一光轴，当被检测物体经过 U 形槽且阻断光轴时，光电传感器就产生了检测到的传感器量信号。槽式光电传感器比较安全可靠的适合检测高速变化，分辨透明与半透明物体。

（4）光纤式光电传感器

如图 7-11 所示光纤式光电传感器采用塑料或玻璃光纤传感器来引导光线，以实现被检测物体不在相近区域的检测。通常光纤传感器分为对射式和漫反射式。其工作原理与普通的光电式传感器相同。

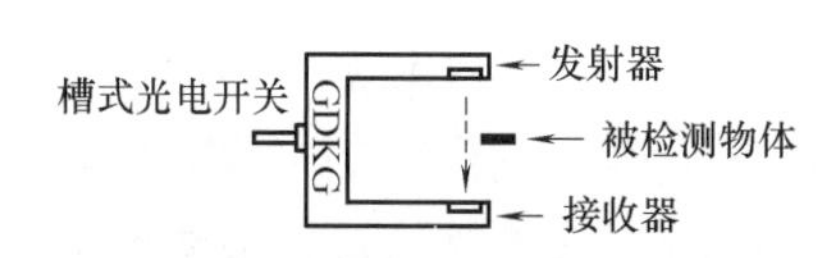

图 7-10　槽式光电传感器示意图

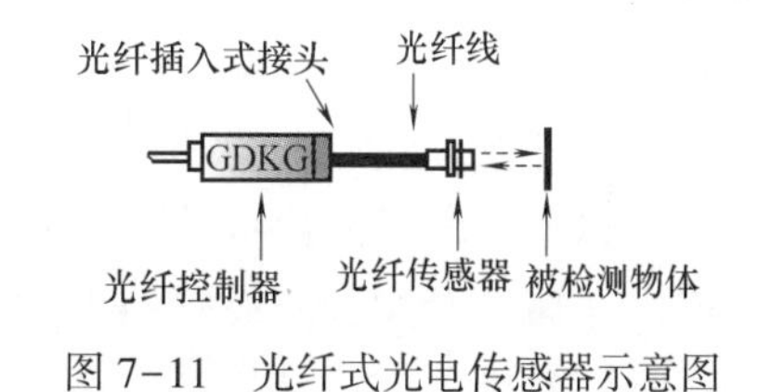

图 7-11　光纤式光电传感器示意图

（5）光电传感器的接线图

光电传感器的接线符号，如表 7-1 所示。

（6）光电传感器应用举例

以下简单介绍光电传感器的应用，具体如下：

① 电动扶梯自动启停。如图 7-12 所示，当对射式传感器检测到有人（假设要上去），电动扶梯就加速运行。当对射式传感器没有检测到人时，经过一段延时后，扶梯就低速运行。

② 材料边的控制。如图 7-13 所示，当材料尺寸是合格品时，两个漫反射式传感器都有检测信号。当有其中一个漫反射式传感器没有检测信号时，就说明该材料尺寸是不合格品。

③ 物体倒置辨别。如图 7-14 所示，当物体（瓶盖）是正确放置时，传感器未检测到物体，没有信号输出。当传感器有检测信号输出时，说明该物体（瓶盖）是放反了。

表7-1　光电传感器接线图

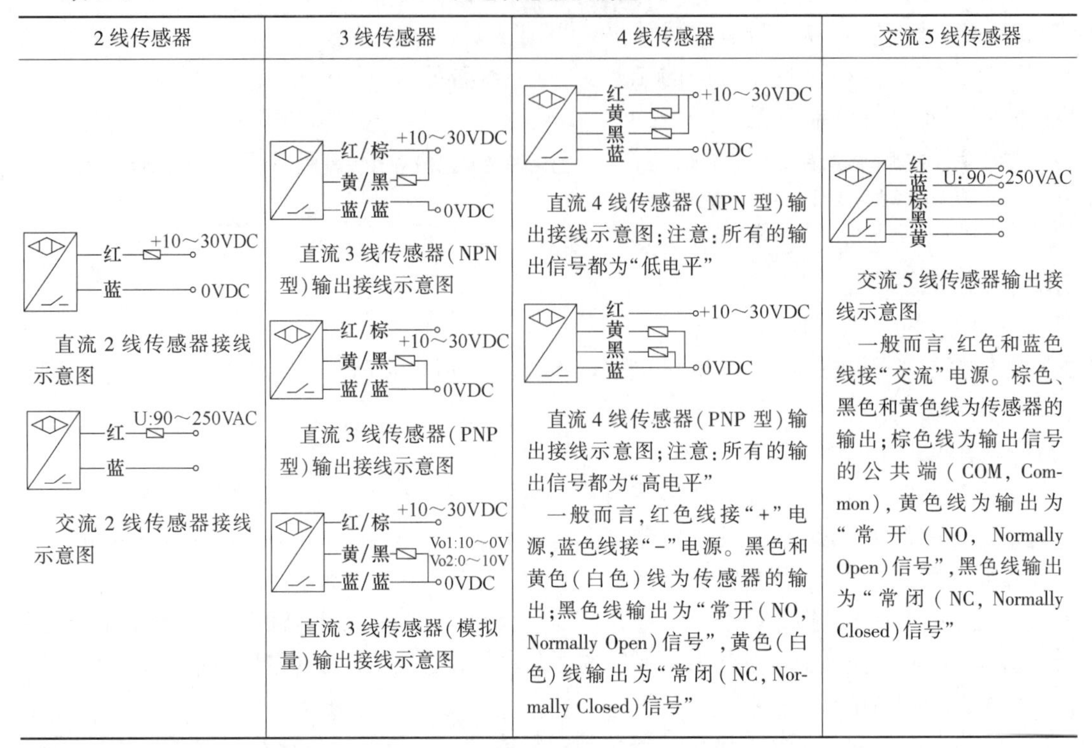

2线传感器	3线传感器	4线传感器	交流5线传感器
直流2线传感器接线示意图 交流2线传感器接线示意图	直流3线传感器（NPN型）输出接线示意图 直流3线传感器（PNP型）输出接线示意图 直流3线传感器（模拟量）输出接线示意图	直流4线传感器（NPN型）输出接线示意图；注意：所有的输出信号都为“低电平” 直流4线传感器（PNP型）输出接线示意图；注意：所有的输出信号都为“高电平” 一般而言，红色线接“+”电源，蓝色线接“-”电源。黑色和黄色（白色）线为传感器的输出；黑色线输出为“常开（NO，Normally Open）信号”，黄色（白色）线输出为“常闭（NC，Normally Closed）信号”	交流5线传感器输出接线示意图 一般而言，红色和蓝色线接“交流”电源。棕色、黑色和黄色线为传感器的输出；棕色线为输出信号的公共端（COM，Common），黄色线为输出为“常开（NO，Normally Open）信号”，黑色线输出为“常闭（NC，Normally Closed）信号”

④ 自动注料。如图7-15所示，在往容器中注料的使用场合，可以利用传感器来检测。如果容器内未注料到设定的界面时，传感器无输出信号；当注料到设定值时，反射式传感器检测到由液面反射回来的发射光，于是，传感器就有信号输出，表明注料已完成。于是，注料停止，传送带动作。开始下一个容器的注料。

⑤ 不合格的检出。如图7-16所示，工件由传送带所示方向动作。利用“镜反射传感器”可以检测瓶子内饮料是否装满。假设传送带的运动速度为v，那么当传感器开始有信号输出（瓶底开始进入传感器与反射镜之间）时开始计时，假设为t_1，直到传感器无信号（此时瓶内液面正好超过刻度线）时刻的时间为t_2；那么，可以计算瓶内液体的总高度（假设为H）为：$H=v\times(t_2-t_1)$。如果H的值不满足设定值（标准值的有效范围），执行器就动作，将不合格的产品推出传送带。

⑥ 产品计数。如图7-17所示，当有工件被传感器检测到时，计数器就加1；这样就可以利用反射式光电传感器来对产品进行计数。

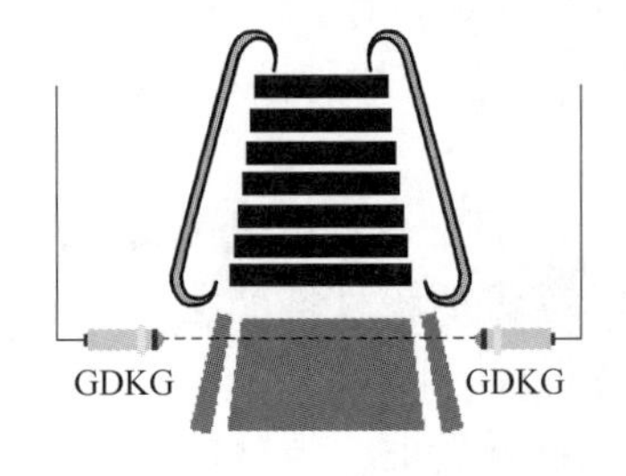

图7-12　电动扶梯自动启停

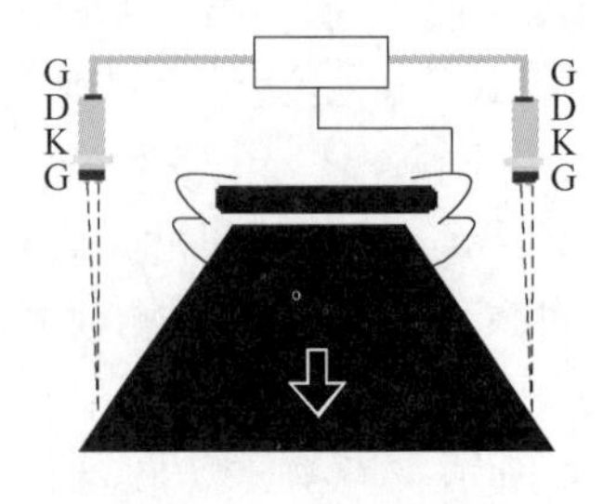

图7-13　材料边的控制

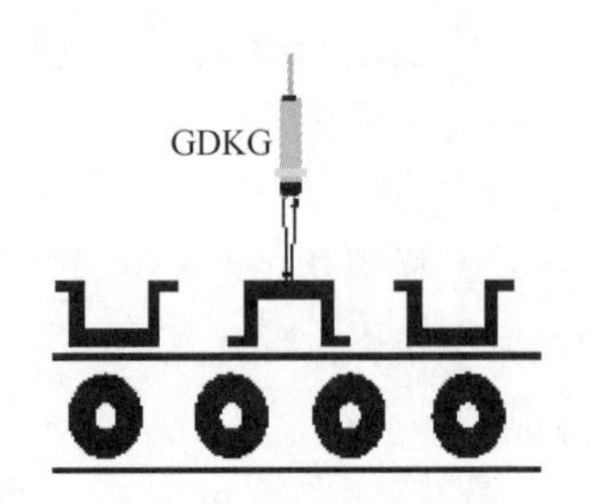

图7-14　物体倒置辨别

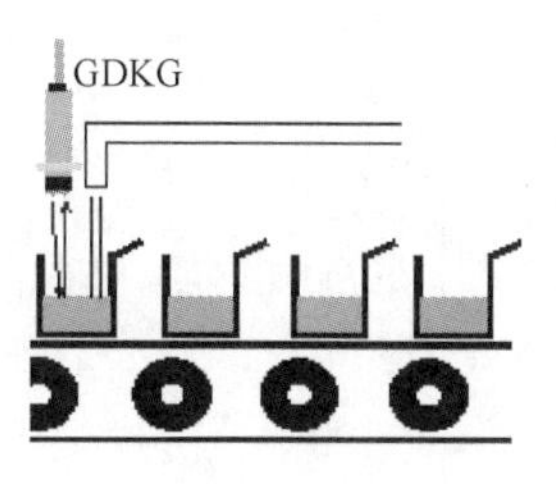

图 7-15　自动注料

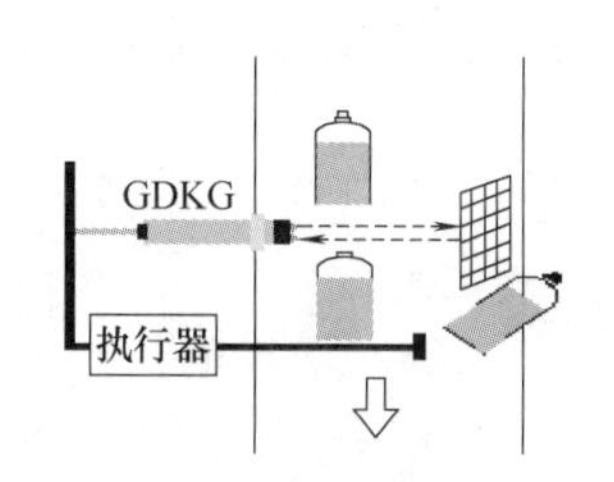

图 7-16　品质检测

图 7-17　产品计数

7.1.3　接近式传感器

（1）电感式传感器

如图 7-18 所示为电感式传感器实物图。电感式接近传感器属于一种有开关量输出的位置传感器，它由 LC 高频振荡器和放大处理电路组成，利用金属物体在接近这个能产生电磁场的振荡感应头时，使物体内部产生涡流。这个涡流反作用于接近传感器，使接近传感器振荡能力衰减，内部电路的参数发生变化，由此识别出有无金属物体接近，进而控制传感器的通或断。这种接近传感器所能检测的物体必须是金属物体。其工作模型如图 7-19 所示。

图 7-18　电感式传感器实物图

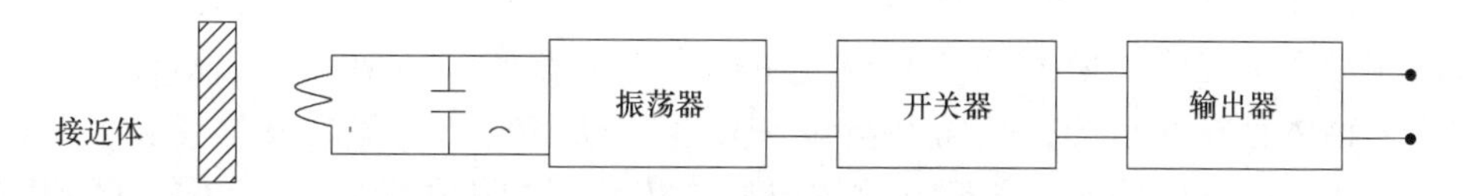

图 7-19　电感式接近传感器工作模型

电感式传感器在接通电源，且无金属工件靠近时，在其头部产生自振荡的“磁场”，如图 7-20 所示。该“磁场”由其内部的“正反馈电路”提供并维持。

振荡器是电感式传感器的主要环节；它由一个三极管及电阻、电感、电容等组成。如图 7-21 所示，其中线圈 L_1、L_2、L_3 同绕在一个铁氧体磁缸中。L_1、C_1 组成振荡回路，通过线圈 L_2 正反馈补充回路中的能量损失，使振荡得于维持。在振荡过程中交变磁通经过空气形成回路。当有金属物体进入磁场上空时，在金属物体中会感应出涡流，消耗振荡回路中的能量，以致最后停止。当金属物体移走，振荡又重新恢复。与 L_1、L_2 绕在一起的 L_3，当回路振荡时，有感应电压产

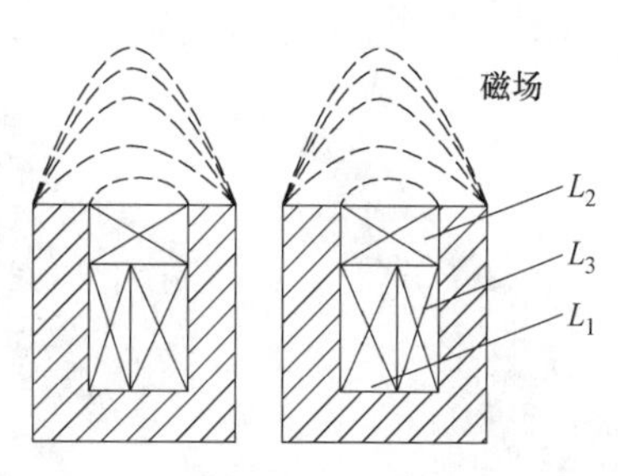

图 7-20　电感式传感器的自振荡磁场（无金属工件时）

生，通过二极管 D 使 T_2 导通，T_3 截止，输出端无电压输出；当金属物体靠近，回路停止振荡，L_3 无感应电压输出，T_2 截止，T_3 导通，有电压输出。

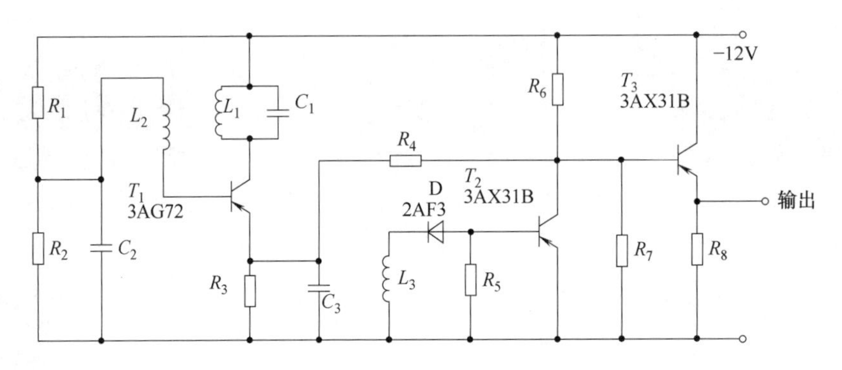

图 7-21　电感式传感器工作原理

电感式传感器对于不同的金属材料，其检测的范围是不同的，这主要与材料的“衰减系数”有关。“衰减系数”越大，其检测结果的范围越大。表 7-2 列出了常用金属的“衰减系数”。

表 7-2　　部分常用材料的衰减系数值

材料	衰减系数	材料	衰减系数
钢	1	黄铜	0.3
不锈钢	0.85	铜	0.4

（2）电容式传感器

如图 7-22 所示为电容式传感器实物图。电容式传感器的检测面由两个同轴金属电极构成，很像打开的电容器电极，该电极串接在 RC 振荡回路内。当检测物接近检测面时，电极的容量产生变化，使振荡器起振，通过后级整形放大转换成开关信号，从而达到检测有无物体存在的目的；使得和测量头相连的电路状态也随之发生变化，由此便可控制电容式传感器的接通和关断。这种电容式传感器的检测物体，并不限于金属导体，也可以是绝缘的液体或粉状物体，不同的物体介电常数也不一样，因此检测到的距离也不相同。在检测较低介电常数 ε 的物体时，可以顺时针调节多圈电位器（位于电容式传感器后部）来增加感应灵敏度，一般调节电位器使电容式传感器在 0.7～0.8Sn 的位置动作。

图 7-22　电容式传感器实物图

电容式传感器的工作模型，如图7-23所示。

如图7-23所示，电容式传感器在接通工作电源，且无被检测介质时，在电容C两端（两个极板）的电荷是：大小相等，极性相反（红色圆圈假设为“+”电荷，黑色圆圈假设为“-”电荷）。那么，在电容式传感器表面（头部）所产生的静电场是平衡的。

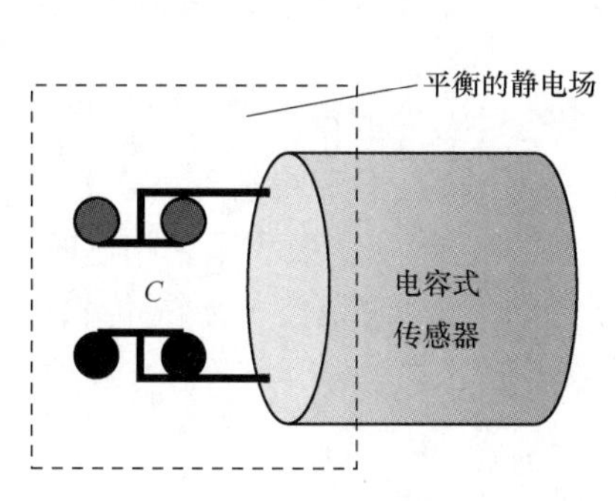

图7-23　电容式传感器工作模型

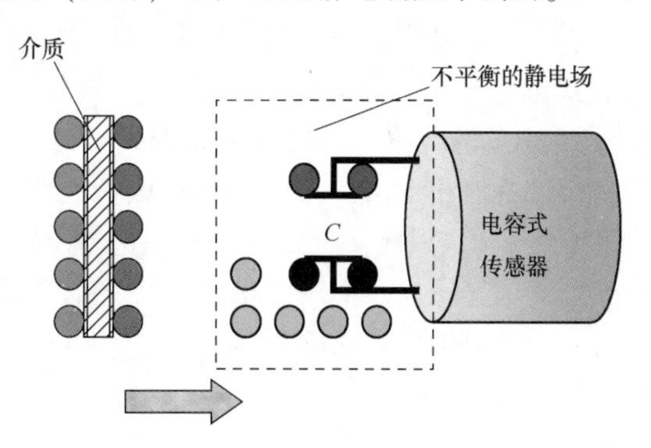

图7-24　电容式传感器工作原理示意图

在大气中，任何有一定厚度的介质两边也有一个平衡的静电场（图中：假设介质左边为“-”电荷，介质右边为“+”电荷），如图7-24所示。当介质接近电容式传感器的头部时，电容式传感器表面（头部）原有的平衡电场被打破，这样就使得传感器内部的振荡器工作，再通过放大、比较等，传感器就有一个信号输出；表明已检测到工件。

表7-3给出了常温（20℃）部分常用材料的介电常数。

表7-3　　常温（20℃）部分常用材料的介电常数

材料	介电常数	材料	介电常数
水	80	软橡胶	2.5
大理石	8	松节油	2.2
云母	6	酒精	25.8
陶瓷	4.4	电木	3.6
硬橡胶	4	电缆	2.5
玻璃	5	油纸	4
硬纸	4.5	汽油	2.2
空气	1	米	3.5
合成树脂	3.6	聚丙烯	2.3
赛璐珞	3	碎纸屑	4
普通纸	2.3	石英玻璃	3.7
有机玻璃	3.2	硅	2.8
聚乙烯	2.3	变压器油	2.2
苯乙烯	3	木材	2~7
石蜡	2.2	石英砂	4.5

（3）接近式电感、电容传感器的应用图例

以下简单介绍接近式电感、电容传感器的应用。

① 料位的控制。如图 7-25 所示，空的容器由传送带输送过来。当容器到达开关阀的下面时，传送带停止；同时，开关阀打开，进行放料。此时，由于容器内物料较少，所以，传感器（电容式）没有信号输出。当加料至一定的高度时，此时由于介质密度增大，电容式传感器头部平衡的静电场被打破，其内部 RC 回路起振，导致传感器有一个信号输出；表示放料已满，“通知”其他的执行器，关闭阀门，使传送带重新启动，直至下个空容器到来，再开始上述循环。

② 小车的定位（电感式传感器）。如图 7-26 所示，当运送物件的小车到来时，需要在某个位置停止下来，以便其他的执行元件对物件的操作（如用机械手将物件搬送到其他流水线上）；因此，就要对小车停止的位置进行控制。在图 7-26 中，当小车未到达时，传感器无信号输出；而当小车到来时，小车的前边沿压下活动的金属挡块，电感式传感器就有一个信号输出；从而控制小车，使小车停下来。当小车上的物件被运走后，控制小车，使之返回。

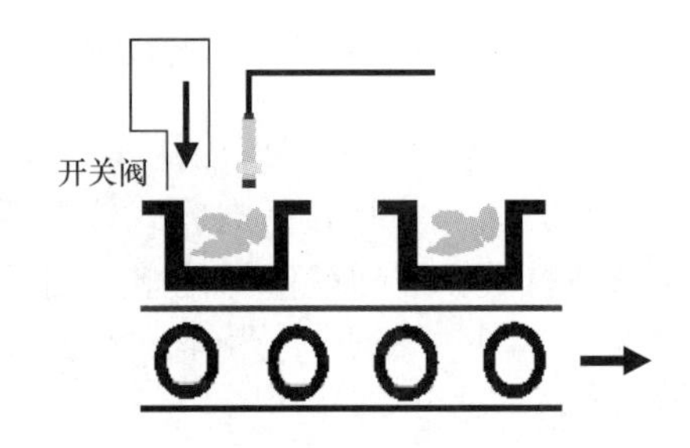

图 7-25　料位的控制

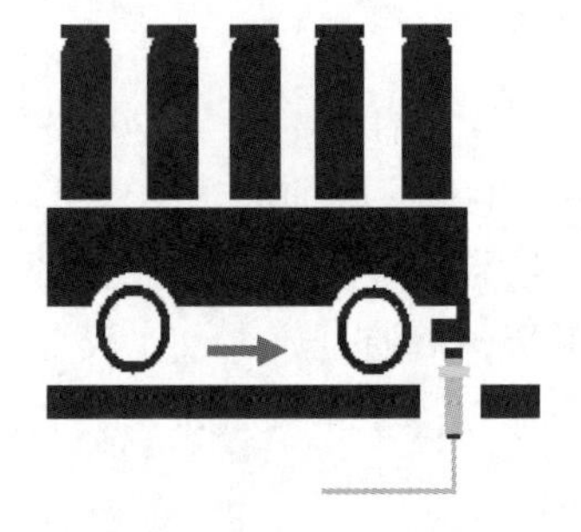

图 7-26　小车定位控制

③ 开关位置的确认。如图 7-27 所示，先要知道某个开关处于哪种工作状态（假设开关手柄处于图示左边，则开关是截止的；开关手柄处于图示右边位置，则开关是导通的）。在此，用两个电容式传感器来检测开关手柄的位置；如图 7-27 所示。当“A”号传感器有信号输出时，表示开关是截止的；当“B”传感器有信号输出时，表示开关是导通的。

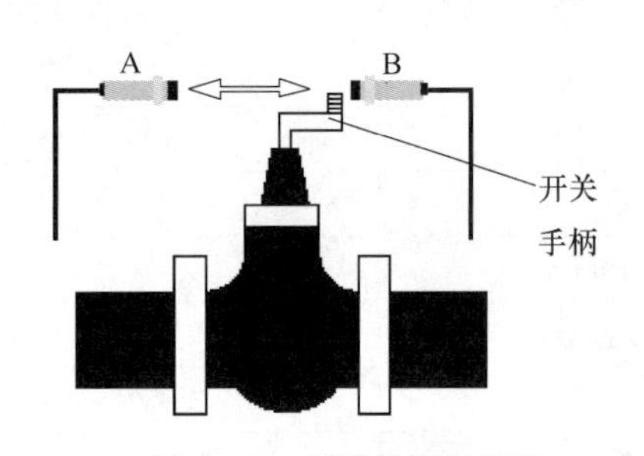

图 7-27　开关位置的确认

④ 行程限位。如图 7-28 所示，要求对某个工件进行表面加工。工件用夹具固定在移动工作台上。工作台由一个主电机拖动，作来回往复运动。砂轮作旋转运动。现用两个传感器（电感式或电容式都可以）来决定工作台何时换向。当“A”号传感器有输出信号时，使主电机停止反转，同时，接通其正转电路，从而使工作台向右运动；当“B”号传感器有输出信号时，使主电机停止正转，同时，接通其反转电路，从而使工作台向左运动。这样，就实现了工作台的行程限位。

⑤ 产品计数。如图 7-29 所示，工件源源不断地从流水线上过来，现要工件组装；要求每次组装 4 个工件。这就必须控制流水线何时停止和启动。现用一个电容传感器来检测

工件的个数；当传感器感应到有 4 次信号输出时，就控制流水线的电机，使流水线停止；同时，将 4 个工件移走。当工件移走后，重新启动流水线；重复上个循环计数。

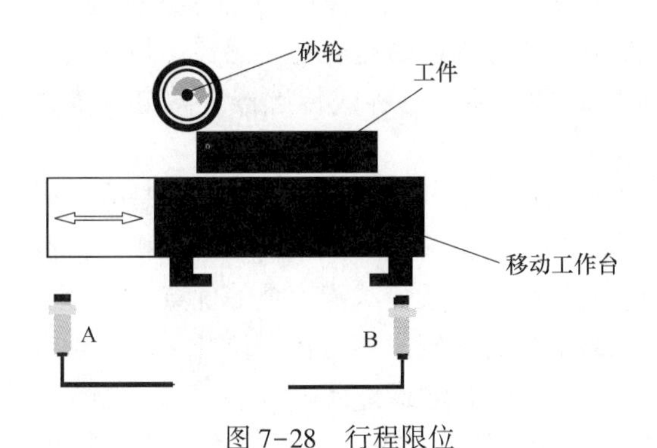

图 7-28　行程限位

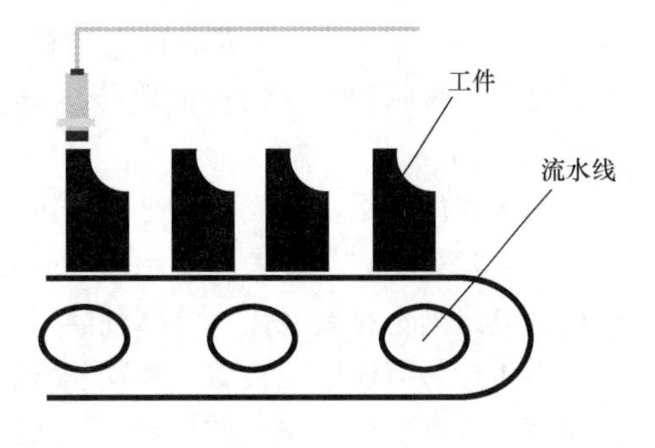

图 7-29　产品计数

7.1.4　磁感应式传感器

（1）磁感应式传感器的认识

图 7-30 为磁感应传感器实物图。磁感应传感器是一种具有将磁学量信号转换为电信号功能的器件或装置。利用磁学量与其他物理量的变换关系，以磁场作为媒介，也可将其他非电物理量转变为电信号。

磁感应传感器其内部结构类似于我们通常所说的干簧继电器，如图 7-31 所示。它是一种触点传感器。它由两片具有高导磁率 μ 和低矫顽力 Hc 的合金簧片组成；并密封在一个充满惰性气体的玻璃管中。两个簧片之间保持一定的重叠和适当的间隙，末端镀金作为触点，管外焊接引线。当干簧管所处位置的磁场强度足够大，使触点弹簧片磁化后所产生的磁性吸引力克服其矫顽力时，两弹簧片互相吸引而使触点导通。当磁场减弱到一定程度，借助弹簧片本身的弹力使它释放。磁感应传感器体积小、惯性小、动作快是它的突出的优点。

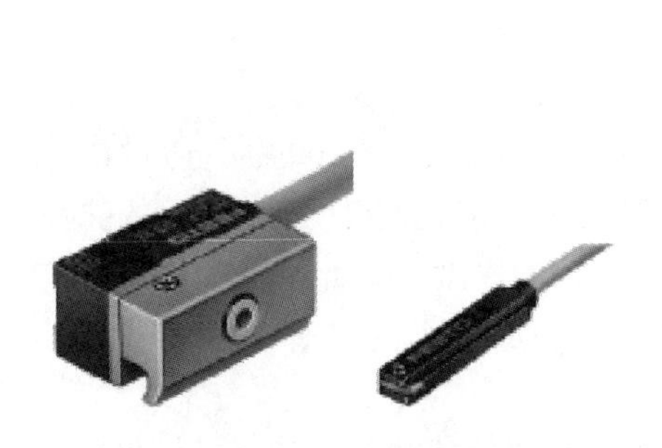

图 7-30　磁感应传感器实物图

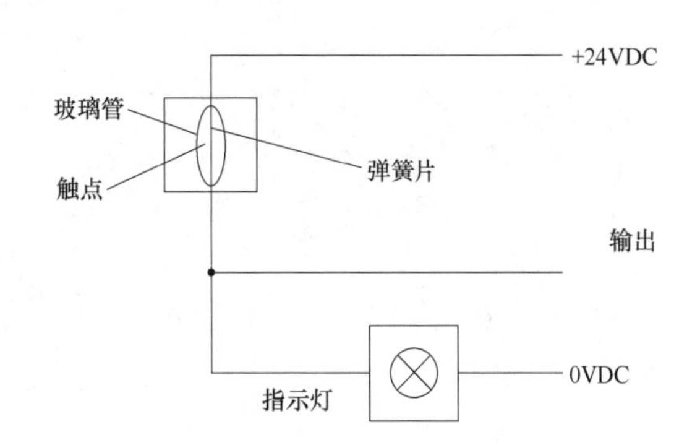

图 7-31　磁感应传感器原理示意图

磁感应传感器有两种驱动方式。一是用永久磁铁驱动，二是用电磁线圈驱动。前者多用于检测，如用磁铁做成运动部件，一旦接近磁感应传感器便可使它吸合发出信号。后者多用于控制，若电磁线圈通电，触点便可吸合。用磁感应传感器来取代靠碰撞接触的行程开关，可提高系统的可靠性和使用寿命；因而在可编程序控制器中常用来作为行程到位的检测装置。

磁感应传感器的种类很多，一般可分为物性型和结构型两种类型。物性型磁传感器，如霍尔器件、霍尔集成电路、磁敏二极管和三极管、半导体磁敏电阻与传感器、强性金属磁敏器件与传感器等。结构型磁传感器，如电感式传感器、电容式传感器、磁电式传感器等。

霍尔器件和霍尔集成电路是目前国内外应用较为广泛的一种磁传感器。前者是分立型结构，后者是将它与放大器等制作在一片半导体材料上的集成电路型结构。两者相比，霍尔集成电路则更有微型化、可靠性高、寿命长、功耗低，以及负载能力强等优点。

霍尔传感器适用于气动、液动、气缸和活塞泵的位置测定，亦可作限位开关用。当磁性目标接近时，产生霍尔效应经放大输出开关信号。与电感式传感器比较有以下优点，可安装在金属中，可并排紧密安装，可穿过金属进行检测。缺点是：距离受磁场强度的影响及检测体接近方向的影响，有可能出现两个工作点，固定时不允许使用铁质材料（图 7-32）。

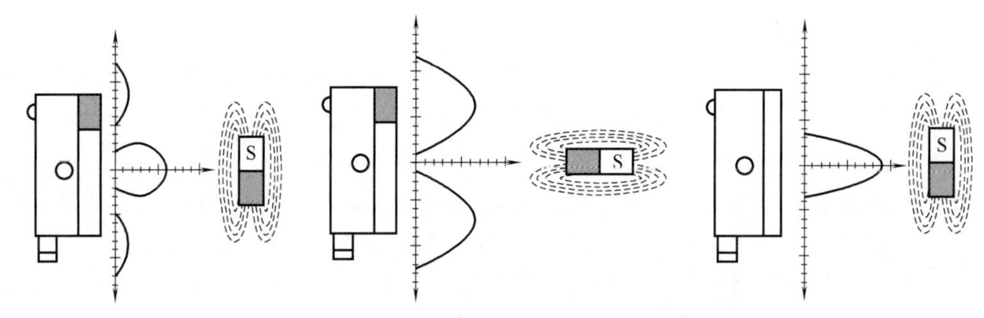

图 7-32　霍尔（磁感应）传感器工作特性示意图

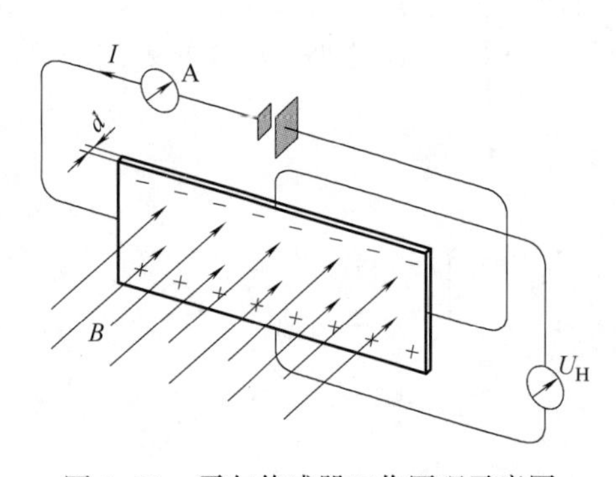

图 7-33　霍尔传感器工作原理示意图

如图 7-33 所示，当一块通有电流的金属或半导体薄片垂直地放在磁场中时，薄片的两端就会产生电位差，这种现象就称为霍尔效应。两端具有的电位差值称为霍尔电势 U_H，其表达式为：

$$U_H = K \cdot I \cdot B/d$$

其中 K 为霍尔系数，I 为薄片中通过的电流，B 为外加磁场（洛伦慈力 Lorentz）的磁感应强度，d 是薄片的厚度。由此可见，霍尔效应的灵敏度高低与外加磁场的磁感应强度成正比的关系。

霍尔传感器属于有源磁电转换器件，它是在霍尔效应原理的基础上，利用集成封装和组装工艺制作而成，它可方便地把磁输入信号转换成实际应用中的电信号，同时又具备工业场合实际应用易操作和可靠性的要求。

霍尔传感器的输入端是以磁感应强度 B 来表征的，当 B 值达到一定的程度（如 B_1）时，霍尔传感器内部的触发器翻转，霍尔传感器的输出电平状态也随之翻转。输出端一般采用晶体管输出，和接近开关类似有 NPN、PNP、常开型、常闭型、锁存型（双极性）、双信号输出之分。

霍尔传感器具有无触电、低功耗、长使用寿命、响应频率高等特点，内部采用环氧树脂封灌成一体化，所以能在各类恶劣环境下可靠的工作。霍尔传感器可应用于接近开关，压力开关，里程表等，作为一种新型的电器配件。图 7-34 为其输入/输出的转移特性。

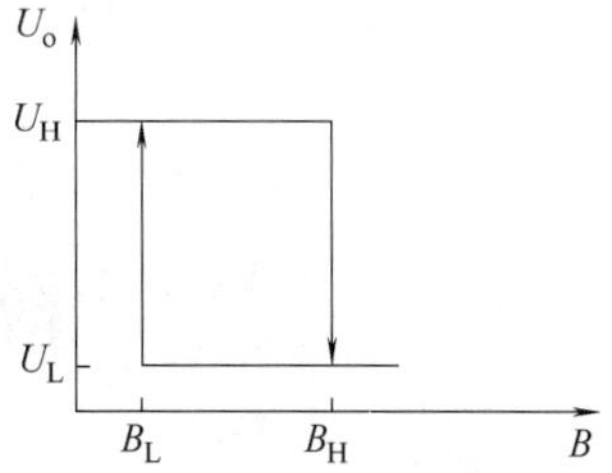

图 7-34　霍尔传感器输入/输出的转移特性

（2）磁感应式传感器的接线

磁感应式传感器的接线图如图 7-35 所示。

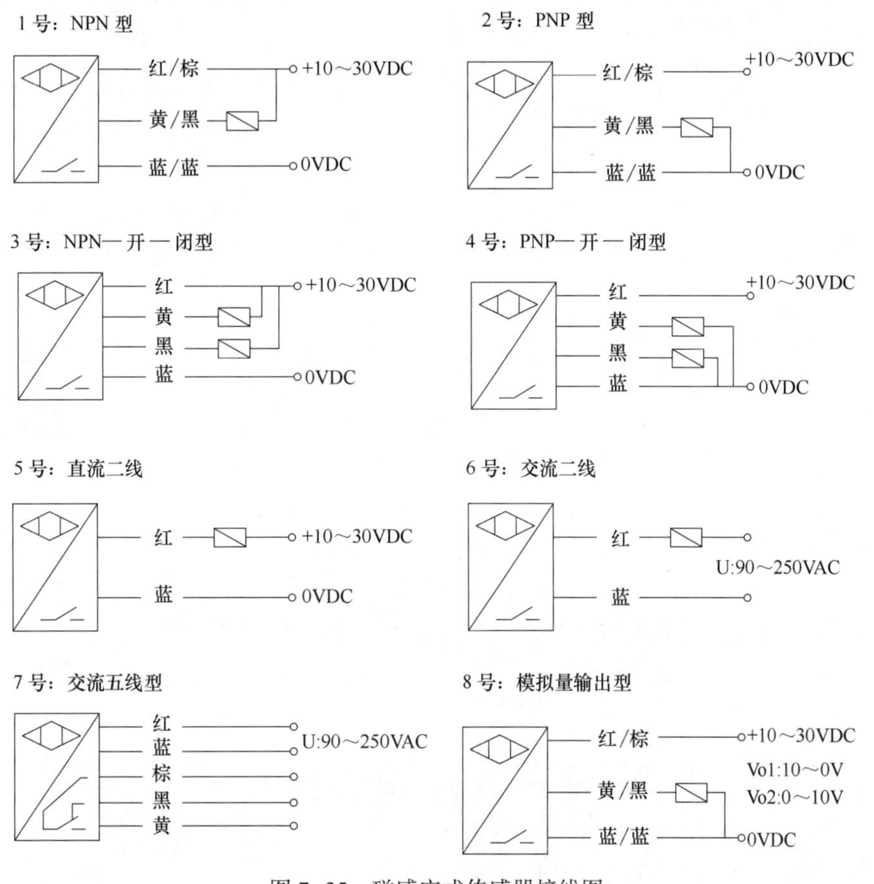

图 7-35　磁感应式传感器接线图

（3）磁感应式传感器应用举例

① 转速检测。如图 7-36 所示，为了检测转子的运动速度；可以使用传感器检测。假设该转子上有 40 个磁性齿，那么传感器每检测到 40 个输入信号就表示转子转了一圈。也就是说，只要统计在一分钟内，传感器检测到多少个信号，就可以推算出转子的转速。假设一分钟内，传感器检测到 40000 个信号；那么，转子的转速为：

$$400000/40=1000\text{r/min}$$

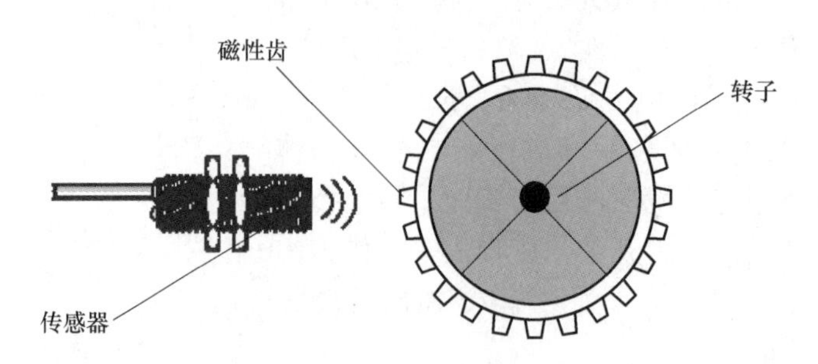

图 7-36　转速检测

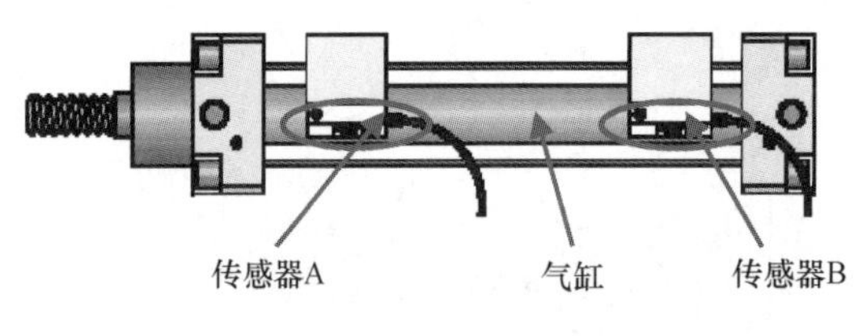

图 7-37　控制检测

② 位置控制装置。如图 7-37 所示，为了知道气缸活塞的两个绝对位置（最内端和最外端），就可以用两个磁感应传感器来检测。在气缸活塞环上，包有一圈“永久磁铁”。当活塞往外运动到最外端时，传感器 A 就发出信号（一般传感器上有指示灯）；当活塞往内运动到最内端时，传感器 B 就发出信号。这样就可以检测气缸活塞的位置。

7.1.5　气动技术

（1）气动系统的概念

气动技术，全称气压传动与控制技术，是以空气压缩机为动力源，以压缩空气为工作介质，进行能量传递和信息传递的工程技术。气动技术是生产过程自动化和机械化的最有效手段之一，具有高速高效、清洁安全、低成本、易维护等优点，被广泛应用于轻工机械领域中，在食品包装及生产过程中也正在发挥越来越重要的作用。

由图 7-38 可见，完整的气压传动系统主要是由四部分组成：

① 气源装置：气源装置即压缩空气的发生装置，其主体部分是空气压缩机（简称空

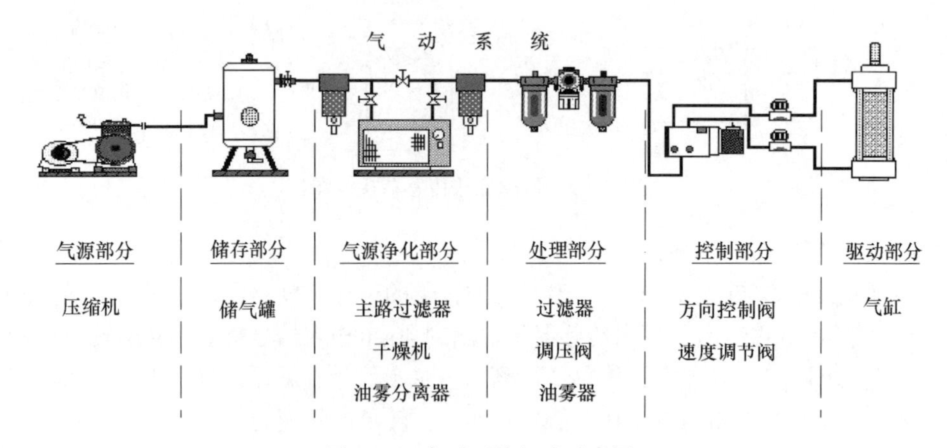

图 7-38　气动系统组成示意图

压机)。它将原动机（如电动机）的机械能转换为空气的压力能并经净化设备净化，为各类气动设备提供洁净的压缩空气。

② 执行机构：执行机构是系统的能量输出装置，如气缸和气马达，它们将气体的压力能转换为机械能，并输出到工作机构上去。

③ 控制元件：即用以控制调节压缩空气的压力、流量、流动方向以及系统执行机构的工作程序的元件，如压力阀、流量阀、方向阀和逻辑元件等。

④ 辅助元件：系统中除上述三类元件外，其余元件称辅助元件，如各种过滤器、油雾器、消声器、散热器、传感器、放大器及管件等。它们对保持系统可靠、稳定和持久地工作起着十分重要的作用。

（2）气源处理装置

气源处理组件是气动控制系统中的基本组成器件，它的作用是除去压缩空气中所含的杂质及凝结水，调节并保持恒定的工作压力。在使用时，应注意经常检查过滤器中凝结水的水位，在超过最高标线以前，必须排放，以免被重新吸入压缩空气中。气源处理组件的气路入口处安装一个快速气路开关，用于启/闭气源，当把气路开关向左拔出时，气路接通气源；当把气路开关向右推入时，气路关闭。本项目装置的气源处理组件及其气动元件符号如图 7-39 所示。

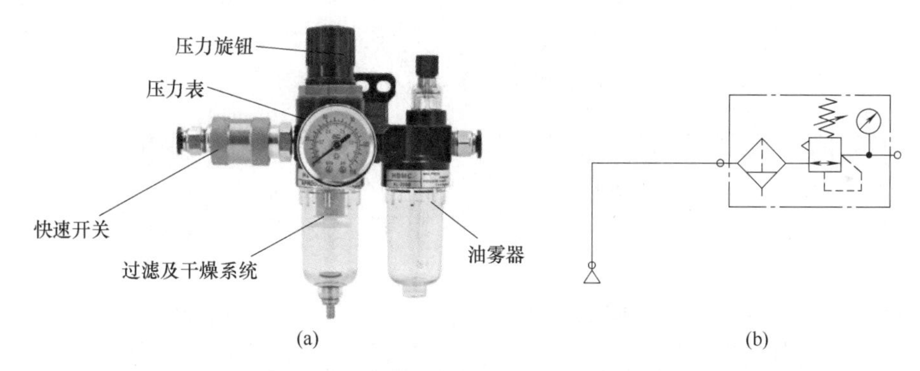

图 7-39　气源处理组件与气动元件符号

（a）实物图　（b）气源处理组件气动元件符号

（3）气压传动执行元件

配套视频

气动元件介绍

气动执行元件是以压缩空气为动力源，将气体的压力能再转换为机械能的装置，用来实现既定的动作，它主要有气缸和气马达。前者作直线运动，后者作旋转运动。

① 单作用气缸，在压缩空气作用下，单作用气缸活塞杆伸出，当无压缩空气时，其在弹簧作用下回缩。气缸活塞上永久磁环可用于驱动磁感应传感器动作。对于单作用气缸来说，压缩空气仅作用在气缸活塞的一侧，另一侧则与大气相通。气缸只在一个方向上做功，气缸活塞在复位弹簧或外力作用下复位。如图 7-40 所示为单作用气缸实物图与气动元件符号。

② 双作用气缸，如图 7-41 所示。气缸两个方向的运动都是通过气压传动进行的，气缸的内部的两端具有缓冲。在气缸轴套前端有一个防尘环，以防止灰尘等杂质进入气缸腔内。前缸盖上安装的密封圈用于活塞杆密封，轴套可为气缸活塞杆导向，其由烧结金属或

图 7-40　单作用气缸与气动元件符号
（a）实物图　（b）气动元件符号

涂塑金属制成。指出缸体、活塞、缸盖、活塞密封、活塞杆、轴套和防尘环。

在压缩空气作用下，双作用气缸活塞杆既可以伸出，也可以回缩。通过气缸两端的缓冲调节的结构设计，可以实现其终端缓冲。气缸活塞上永久磁环可用于驱动行程开关动作。

图 7-41　双作用气缸与气动元件符号
（a）实物图　（b）气动元件符号

在无负载情况下，弹簧力使气缸活塞以较快速度回到初始位置。复位力大小由弹簧自由长度决定，因此，单作用气缸的最大行程一般为 100mm。

单作用气缸具有一个进气口和一个出气口。出气口必须洁净，以保证气缸活塞运动时无故障。通常，将过滤器安装在出气口上。

物料分拣单元的推料气缸均采用双作用直线气缸。

（4）气动控制元件

① 可调单向节流阀。为了使气缸的动作平稳可靠，应对气缸的运动速度加以控制，常用的方法是使用单向节流阀来实现。单向节流阀是由单向阀和节流阀并联而成的流量控制阀，常用于控制气缸的运动速度，所以也称为速度控制阀。

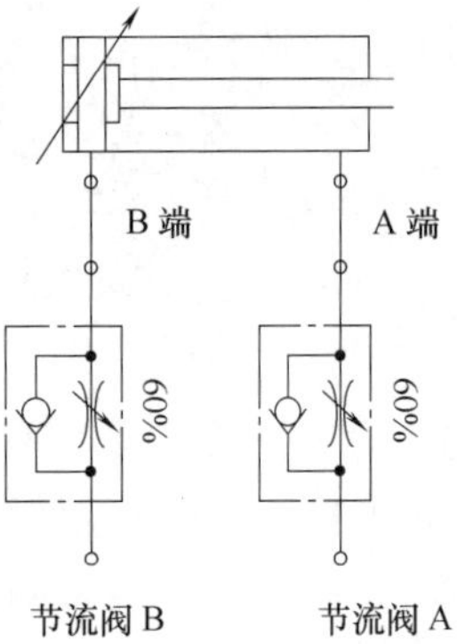

图 7-42　双作用气缸排气节流原理

图 7-42 给出了在双作用气缸装上两个单向节流阀的连接示意图。这种连接方式称为排气节流方式，即：当压缩空气从 A 端进气、从 B 端排气时，单向节流阀 A 的单向阀开启，向气缸无杆腔快速充气；由于单向节流阀 B 的单向阀关闭，无杆腔的气体只能经节流阀排气，调节节流阀 B 的开度，便可改变活塞回程时的运动速度。反之，调节节流阀 A 的开度则可改变活塞杆伸出时的运动速度。这种控制方式，活塞运行稳定，是最常用的方式。

图 7-43 是已经装配好的物料分拣单元的双作用直线气缸。气缸的两个进气口已安装单向节流阀，节流阀上带有气

管的快速接头，只要将合适外径的气管往快速接头上一插就可以将管子连接好，使用时十分方便。气缸两端安装有检测活塞杆伸出、缩回到位的磁性开关。

② 电控电磁换向阀。电控电磁换向阀方向控制阀是气动系统中通过改变压缩空气的流动方向和气流通断来控制执行元件启动、停止及运动方向的气动元件。通常使用比较多的是电磁控制换向阀（简称电磁阀）。电磁阀是气动控制中最主要的元件，它是利用电磁线圈通电时静铁芯对动铁芯产生电磁吸引力使阀切换以改变气流方向的阀。根据阀芯复位的控制方式，又可以将电磁阀分为单电控和双电控两种。如图 7-44 所示为电磁阀控制换向阀的实物。

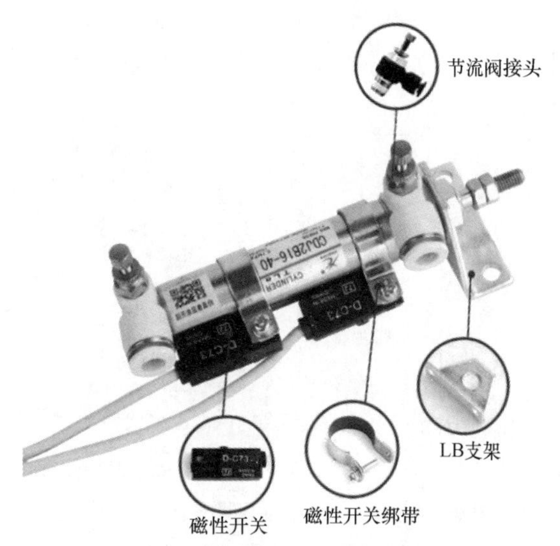

图 7-43　物料分拣单元使用的气缸

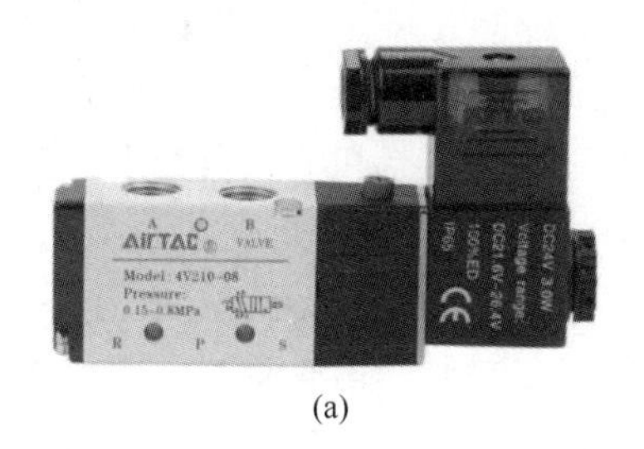

(a)

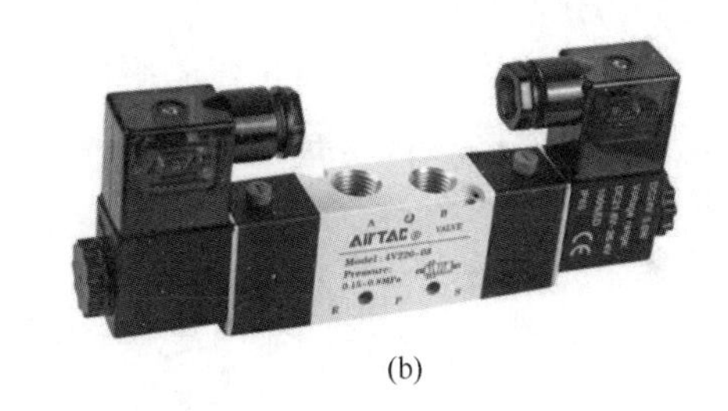

(b)

图 7-44　电磁阀换向阀实物图

（a）单电控电磁阀　（b）双电控电磁阀

电磁控制换向阀易于实现电一气联合控制，能实现远距离操作，在气动控制中广泛使用。在使用双电控电磁阀时应特别注意，两侧的电磁铁不能同时得电，否则将会使电磁阀线圈烧坏。为此，在电气控制回路上，通常设有防止同时得电的互锁回路。

电磁阀按阀切换通道数目的不同可以分为二通阀、三通阀、四通阀和五通阀；同时，按阀芯工作位置数目的不同又分为二位阀和三位阀。例如，有两个通口的二位阀成为二位二通阀；有三个通口的二位阀，成为二位三通阀。常用的还有二位五通阀，用在推动双作用气缸的回路中。图 7-45 分别给出二位三通、二位四通和二位五通单控电磁换向阀的图

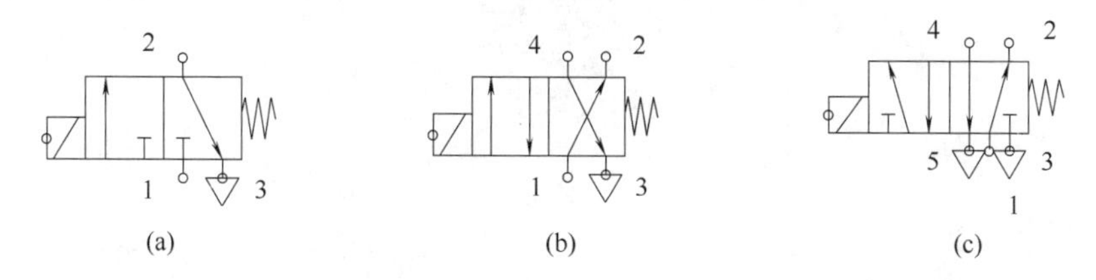

图 7-45　二位 N 通单电控电磁阀

（a）二位三通单电控电磁阀　（b）二位四通单电控电磁阀　（c）二位五通单电控电磁阀

形符号，图 7-46 分别给出二位三通、二位四通和二位五通双控电磁换向阀的图形符号。图形中有几个方格就是几位，方格中的“┴”和“┬”符号所示各接口互不相通。

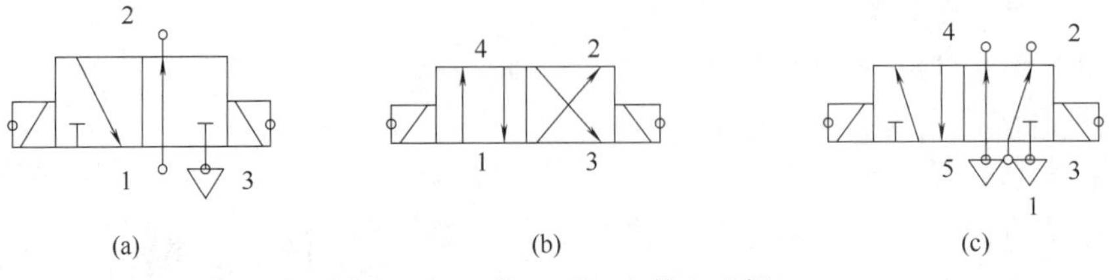

图 7-46　二位 N 通双电控电磁阀

（a）二位三通双电控电磁阀　（b）二位四通双电控电磁阀　（c）二位五通双电控电磁阀

物料分拣单元的执行气缸是双作用气缸，因此控制它们工作的电磁阀需要有两个工作口、两个排气口以及一个供气口，故使用的电磁阀均为二位五通单电控电磁阀。值得注意的是：电磁阀带有手动换向加锁钮，有锁定（LOCK）和开启（PUSH）两个位置。用小螺钉旋具把加锁钮旋到 LOCK 位置时，手控开关向下凹进去，不能进行手控操作。只有在 PUSH 位置，可用工具向下按，信号为“1”，等同于该侧的电磁信号为“1”；常态时，手控开关的信号为“0”。在进行设备调试时，可以使用手控开关对阀进行控制，从而实现对相应气路的控制，以改变推料气缸等执行机构的控制，达到调试的目的。

在工程实际应用中，为了简化控制阀的控制电路和气路的连接，优化控制系统的结构，通常将多个电磁阀及相应的气控和电控信号接口、消声器和汇流板等集中在一起组成控制阀的集合体使用，此集合体称为电磁阀组。

物料分拣单元的两个电磁阀是集中安装在汇流板底座上的。汇流板底座中两个排气口末端均连接了消声器，消声器的作用是减少压缩空气在向大气排放时的噪声。这种将多个阀与消声器安装在汇流板底座上集中构成的一组控制阀的集成称为阀组，而每个阀的功能是彼此独立的。电磁阀组的结构，如图 7-47 所示。

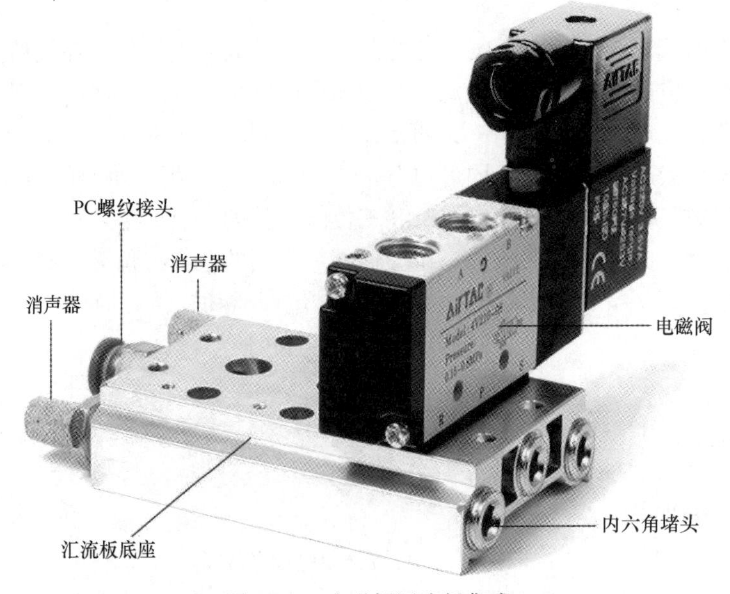

图 7-47　电磁阀汇流板集成

7.2　项目实施

【项目要求】

图7-48为物料分拣单元设备，本设备主要用于检测金属及塑料材质工件，控制要求如下：

① 按动“启动”按钮，当光电传感器检测到料仓口有物料，此时电机启动，皮带轮运行，若为金属物料，则推料气缸A推出，推出到位后回缩；若为塑料材料工件，则推料气缸B推出，推出到位后回缩。

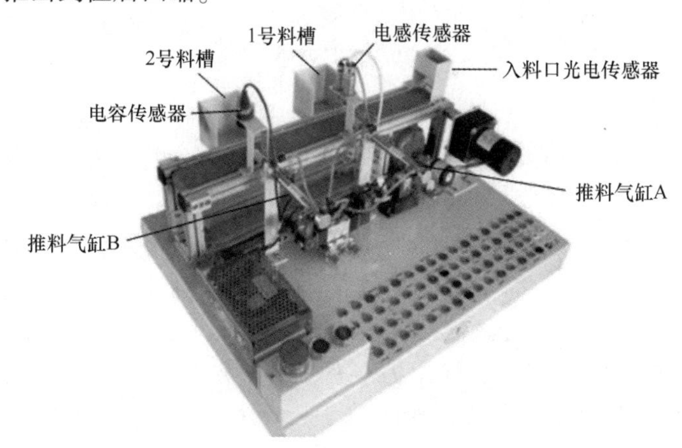

图7-48　物料分拣单元设备

② 按下“停止”按钮，系统完成当前工作周期后停止运行。

【项目分析】

物料分拣单元如图7-48所示的机械组件包括传送和分拣机构、传送带驱动机构、电磁阀组和气动元件等。分拣单元的整体结构除了机械组件之外，还有一些配合机械动作的气动元件和传感器。

当输送单元送来的工件放到分拣单元入料口时，入料口光电开关检测到有工件，同时安装在传送带的电感传感器和电容感器检测工件的材质，将检测到的信号传输给PLC。在PLC程序的控制下启动带减速器的电机，电动机运转驱动传送带工作，把工件带进分拣区。如果进入分拣区的工件为金属工件，则将金属工件推到1号料槽里；如果进入分拣区的工件为塑料工件，则将塑料工件推到2号料槽里。每当一个工件被推入料槽里，分拣单元完成一个工作周期，就等待下一个工件放入分拣入料口。

7.2.1　物料分拣控制电路的硬件设计

(1) 气动回路图

分拣单元的电磁阀使用了两个二位五通的带手控开关的单电控电磁

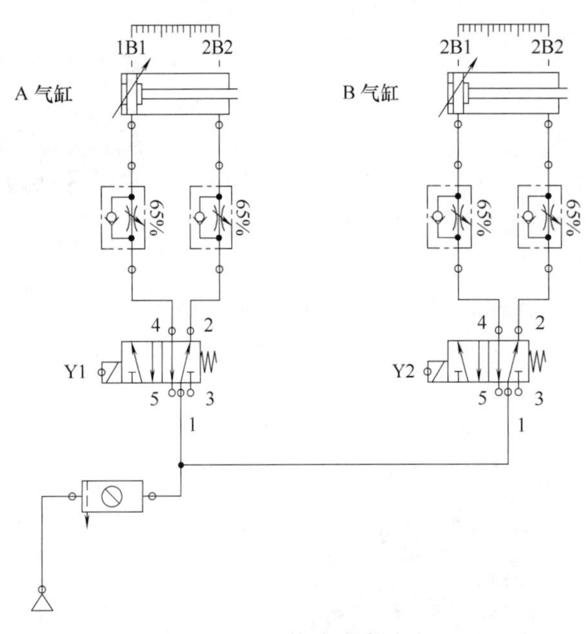

图 7-49　气动回路图

阀，它们均安装在汇流板上。这两个阀分别对金属工件和塑料工件的推动气缸进行控制，以改变各自的动作状态。本单元气动控制回路的工作原理如图 7-49 所示。图中 A 气缸用作推动金属材料工件，B 气缸用作推动塑料工件；1B1、1B2、2B1 和 2B2 分别为安装在各分拣气缸的左、右极限工作位置的磁感应接近开关。YV1 和 YV2 分别为控制 2 个分拣气缸电磁阀的电磁线圈。

（2）输入/输出地址表

根据任务分析可知，该系统有 9 个输入信号，分别是启动按钮 SB1、停止按钮 SB2、A 气缸回缩到位传感器 1B1、A 气缸伸出到位传感器 1B2、B 气缸回缩到位传感器 2B1、B 气缸伸出到位传感器 2B2、光电传感器 S1、电感传感器 S2 和电容传感器 S3；输出信号有 3 个，分别是控制传送带运动的 KA 线圈、A 气缸电磁阀线圈 YV1 和 B 气缸电磁阀线圈 YV2。具体地址分配如表 7-4 所示。

表 7-4　　物料分拣单元控制电路的 I/O 地址表

输入			输出		
绝对地址	符号地址	注释	绝对地址	符号地址	注释
I0.0	SB1	启动按钮	Q0.0	KA	传送带电机
I0.1	SB2	停止按钮	Q0.1	YV1	A 气缸电磁阀线圈
I0.2	1B1	A 气缸回缩到位传感器	Q0.2	YV2	B 气缸电磁阀线圈
I0.3	1B2	A 气缸伸出到位传感器			
I0.4	2B1	B 气缸回缩到位传感器			
I0.5	2B2	B 气缸伸出到位传感器			
I1.0	S1	光电传感器			
I1.1	S2	电感传感器			
I1.2	S3	电容传感器			

（3）硬件接线图

① 电机主回路。本项目采用的三相异步电动机实现传送带的运转，主电路接线图如图 7-50（a）所示。由于本项目使用的 PLC CPU 型号为 1212C DC/DC/DC，其输出电压为 DC24V，无法直接控制交流接触器线圈，采用中间继电器实现间接控制，转换电路如图 7-50（b）。

② PLC 外部接线图。由于 S7-1200 CPU 1212C DC/DC/DC 型号仅包含 8 个输入信号

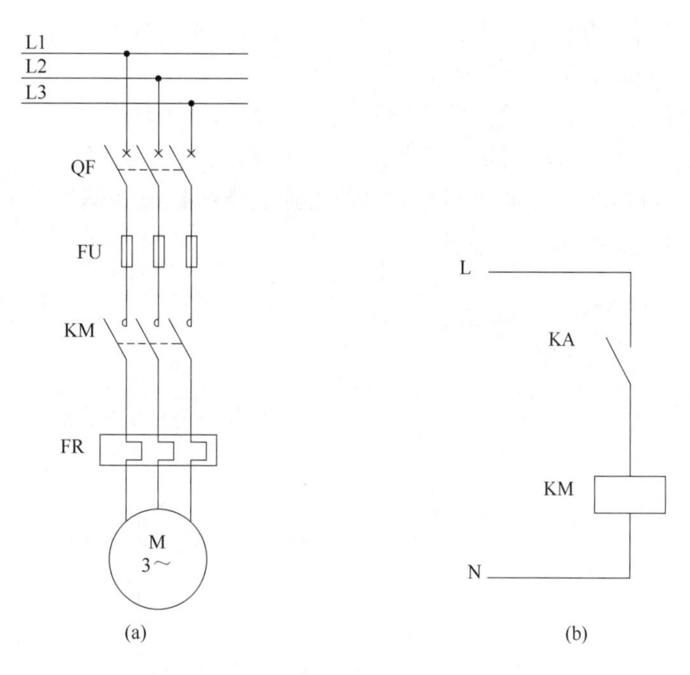

图 7-50　电机主回路及转换电路
（a）主电路　（b）转换电路

和 6 个输出信号无法满足本项目控制要求，因此采用 S7-1200 中 CPU 型号 1214C DC/DC/DC 的 PLC，包含 14 个输入信号和 10 个输出信号，其订货号为 6ES7 214-1AG40-0XB0，其输入回路和输出回路电压均为 DC24V，其控制电路接线图如图 7-51 所示。

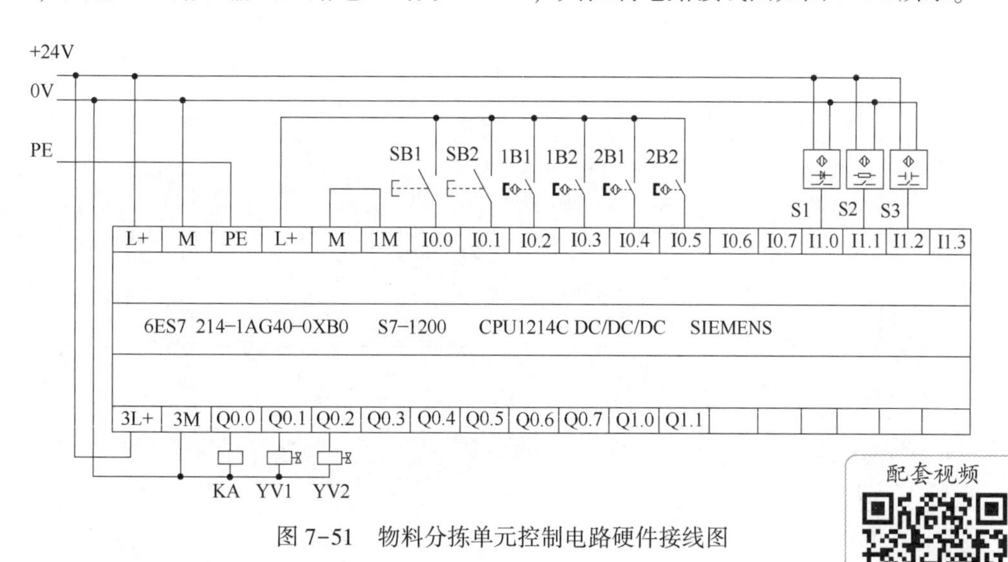

图 7-51　物料分拣单元控制电路硬件接线图

配套视频
物料分拣单元控制软件设计及运行调试

7.2.2　物料分拣控制电路的软件设计

物料分拣控制电路 PLC 程序，如图 7-52 所示。

程序段 1：起停回路，用于启动/停止程序运行。

程序段 2：当光电传感器检测到工件时，即 I1.0 信号由“0”变为“1”，此时激励 Q0.0 线圈置位，电机启动，传动带运转。

程序段 3：当电感传感器检测到金属工件时，即 I1.1 信号“0”变为“1”，此时使 Q0.0 线圈复位，传动带停转；同时激励 Q0.1 线圈置位，A 气缸将金属工件推到料仓中。

程序段 4：当推料气缸 A 伸出到位后，伸出到位传感器 I0.3 信号“0”变为“1”，此时复位 Q0.1 线圈，推料气缸 A 回缩。

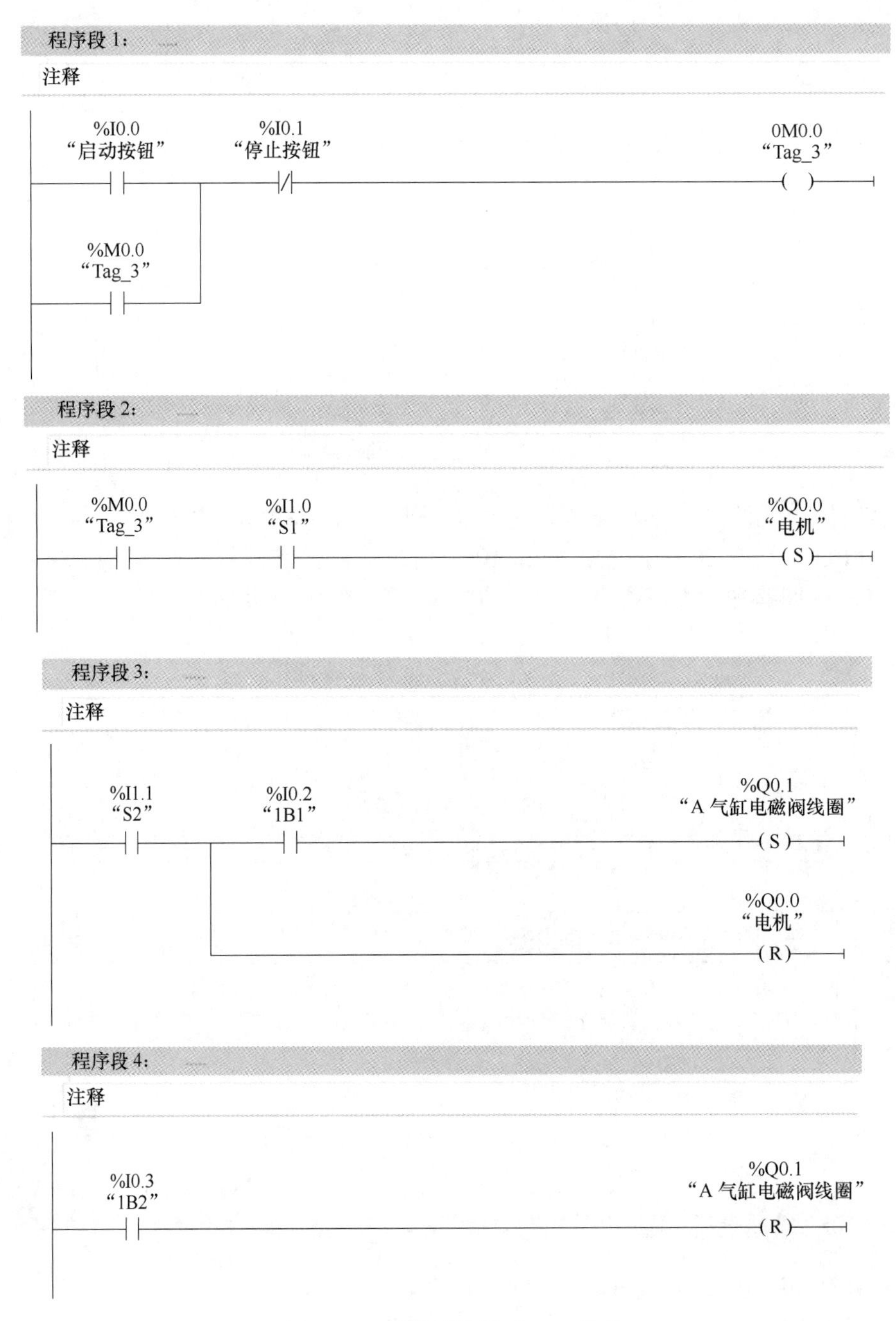

图 7-52　物料分拣单元 PLC 程序

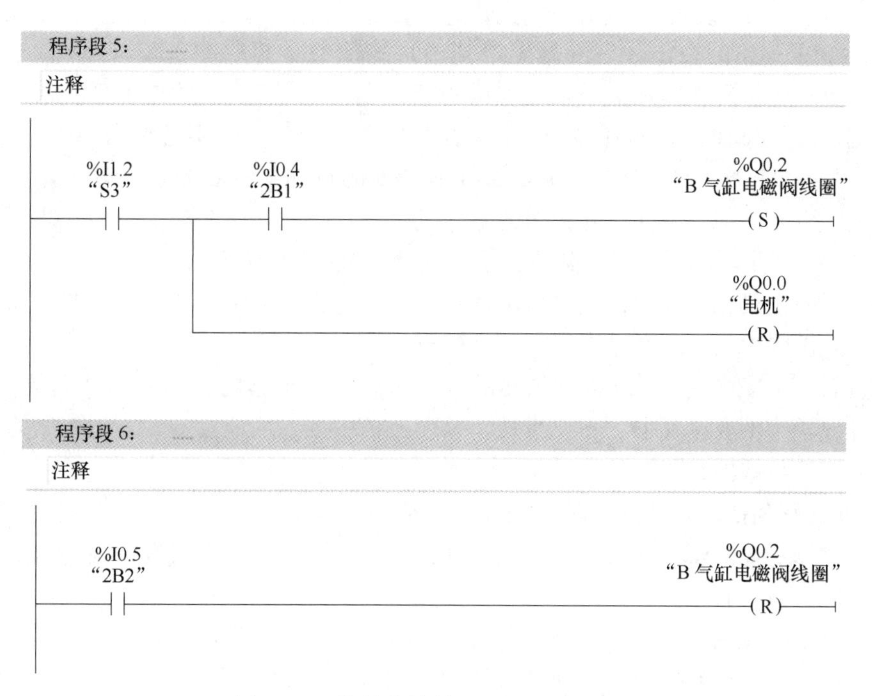

图7-52　物料分拣单元PLC程序（续）

程序段5：当电容传感器检测到塑料工件时，即I1.2信号“0”变为“1”，此时使Q0.0线圈复位，传动带停转；同时激励Q0.2线圈置位，B气缸将金属物料推到料仓中。

程序段6：当推料气缸B伸出到位后，伸出到位传感器I0.5信号“0”变为“1”，此时复位Q0.2线圈，推料气缸B回缩。

知识扩展与思政园地

丁肇中：到现在为止我还没有做过错的实验

“第一，集中精力做一件事情；第二，到现在为止我还没有做过错的实验。”谈及成功经验，诺贝尔物理学奖获得者、中国科学院外籍院士丁肇中如是说。

丁肇中21日在中国科学院大学“中国科学与人文论坛”发表学术演讲，带来关于阿尔法磁谱仪空间站的最新报告，并与师生们交流。丁肇中团队发现，已发现的40万个正电子可能来自一个共同之源，即脉冲星或人们一直寻找的暗物质，这是人类在认识暗物质的道路上又迈出的重要一步。

然而还是有很多人不知道暗物质是什么，研究看不见摸不着的暗物质有什么意义。对此，丁肇中回答：“目的很简单，满足好奇心。研究科学有什么意义？我给你一个具体的例子，20世纪40年代最尖端的是原子物理，20世纪30年代最尖端的是研究恒星和太阳系，科学从研究到应用有30年到40年的时间。”

事实上，如果没有暗物质，就没有恒星的形成、宇宙的产生。宇宙中90%的物质都看不见，为什么知道它存在？丁肇中说，因为任何一个东西都有轨道。

2006 年开始的在国际空间站上寻找由反物质粒子组成的宇宙（AMS）实验，是经过激烈竞争后在国际空间站上进行的唯一实验。以 70 多岁的年纪领导一个来自 10 多个国家和地区、600 多人的研究团队，丁肇中为这个实验付出了大量心血。他说，“对一个做实验物理的人来说，要实现你的目标最重要的是要有好奇心，对自己做的事要有信心，同时要去努力工作。”

26 岁获得博士学位，31 岁任教授，38 岁发现“J 粒子”，40 岁拿诺贝尔奖，从大学到博士只花了 6 年，他是美国密歇根大学历史上从学士到博士完成时间最短的学生。丁肇中的经历在世人眼中近乎神奇。

然而，丁肇中说，“拿诺贝尔奖的人没有一个是上学的时候拿第一名的。”他以此告诉学生不要读死书、不要盲从、不要迷信权威。而他发现“J 粒子”的过程也是不迷信权威的结果。

“我做任何的事情我父母都是鼓励我，从来没有要求我考第一名。”丁肇中说，成长中父母对他的影响最大。在学校，他并不是每一门功课都很好，很多都没有及格，读博士也没有考试。

丁肇中没说的是，他的勤奋、刻苦以及善于打破书本的局限、具有强烈的探究精神，这才是学校屡屡破格为他开绿灯的原因所在。

丁肇中有一句名言：“自然科学的研究是具有竞争性的，只有第一名。第二名就是最后一名。”当天有人让他举例展开说明时，他只简短回答了一句：“没有人知道第二个发现相对论的人是谁。”

对于年轻人提出的“何时才会在实验中有新发现”，丁肇中说，“我一直认为，我的能力有限，只会集中精力做一件事情，别的事情我都不知道”。

思考练习

在线自测

项目7　基础知识测试

1. 基础知识在线自测
2. 扩展练习

简答题

① 光电式传感器主要有几种类型？

② 简述漫反射式、镜反射式、对射式传感器的工作模型，如何区分其输出特性为 PNP 还是 NPN？

③ 简述漫反射式、镜反射式、对射式传感器各自的特征。

④ 简述电容式和电感式传感器的工作模型。

⑤ 简述磁感应传感器的工作特征。

⑥ 画出 3 线传感器 PNP、NPN 如何作为 PLC 的输入，如何接线？（注意：PLC 的输入模块也有 PNP、NPN 之分）。

项目 8　工件加工单元控制

(1) 项目导入

加工单元的功能把待加工工件从物料台移送到加工区域冲压气缸的正下方；完成对工件的冲压加工，然后把加工好的工件重新送回物料台的过程。加工单元主要结构为：物料台及滑动机构，加工（冲压）机构，电磁阀组，接线端口，PLC 模块，急停按钮和启动/停止按钮，底板等。

在介绍 PLC 指令、编程语言、程序设计、组态与调试等内容时，涉及了控制系统设计与调试的部分内容。本项目将借助《工件加工单元控制》项目系统地介绍 PLC 控制系统设计的一般原则、内容和步骤以及系统调试的一般程序和要点。

(2) 项目目标

素养目标

① 培养学生精益求精的大国工匠精神。

② 树立学生安全意识、质量意识、工程意识。

③ 培养学生自主探究的学习精神。

知识目标

① 掌握传感器、气缸与 PLC 的连接。

② 掌握顺序功能图的画法。

③ 掌握顺序控制梯形图程序设计。

能力目标

① 能够完成加工工件装置的综合应用编程。

② 能够完成加工工件装置的综合应用运行调试。

8.1 基础知识

8.1.1 顺序控制设计法和顺序功能图

用经验设计法设计梯形图时，没有一套固定的方法和步骤可以遵循，具有很大的试探性和随意性，对于不同的控制系统，没有一种通用的容易掌握的设计方法。在设计复杂系统的梯形图时，用大量的中间单元来完成记忆、联锁和互锁等功能，由于需要考虑的因素很多，它们往往又交织在一起，分析起来非常困难，并且很容易遗漏一些应该考虑的问题。修改某一局部电路时，很可能会“牵一发而动全身”，对系统的其他部分产生意想不到的影响，因此梯形图的修改也很麻烦，往往花了很长的时间还得不到一个满意的结果。用经验法设计出的复杂的梯形图很难阅读，给系统的维修和改进带来了很大的困难。

所谓顺序控制，就是按照生产工艺预先规定的顺序，在各个输入信号的作用下，根据内部状态和时间的顺序，在生产过程中各个执行机构自动地有秩序地进行操作。

使用顺序控制设计法时，首先根据系统的工艺过程，画出顺序功能图（Sequential Function Chart，SFC），然后根据顺序功能图画出梯形图。

顺序功能图是描述控制系统的控制过程、功能和特性的一种图形，也是设计 PLC 的顺序控制程序的有力工具。顺序功能图并不涉及所描述的控制功能的具体技术，它是一种通用的技术语言，可以供进一步设计和不同专业的人员之间进行技术交流时使用。

顺序控制设计法是一种先进的设计方法，很容易被初学者接受，对于有经验的工程师，也会提高设计的效率，程序的调试、修改和阅读也很方便。

顺序功能图是 PLC 的国际标准 IEC 61131-3 中位居首位的编程语言，有的 PLC 为用户提供了顺序功能图语言，例如 S7-300/400/1500 的 S7-Graph 语言，在编程软件中生成顺序功能图后便完成了编程工作。

现在还有相当多的 PLC（包括 S7-1200）没有配备顺序功能图语言，但是可以用顺序功能图来描述系统的功能，根据它来设计梯形图程序。

8.1.2 顺序控制图的基本元件

顺序功能图又称为功能流程图或状态转移图，它是一种描述顺序控制系统的图形表示方法，是专用于工业顺序控制程序设计的一种功能性说明语言。它能完整地描述控制系统的工作过程、功能和特性，是分析、设计电气控制系统控制程序的重要工具。

顺序功能图是用约定的几何图形、有向线段和简单的文字来说明和描述 PLC 的处理过程及程序的执行步骤。

顺序功能图由步、转换、转换条件、有向线段和动作（或命令）等元素组成。

（1）步

步（状态）是顺序功能图中最基本的组成部分，是将一个工作周期分解为若干个顺序相连而清晰的阶段，对应一个相对稳定的状态。步用编程元件（如标识位存储器 M）代表，其划分的依据是 PLC 输出量的变化。在任何一步内，输出量的状态应保持不变，但当两步之间的转换条件满足时，系统就由原来的步进入新的步。

在功能图中，步用矩形框表示，方框中的数字是该步的编号。步可分为初始步和工作步两种。

① 初始步（初始状态）。初始步表示控制系统的初始状态，是顺序控制的起点，也是功能图运行的起点，一个控制系统至少要有一个初始步。

② 活动步。当系统正运行于某个阶段（步）时，该阶段（步）处于活动状态则称该阶段（步）为活动步。步处于活动状态，相应的动作被执行，即该步的元件为 ON 状态；处于步活动状态时，相应的非存储器动作被停止执行，即该步的元件为 OFF 状态。

③ 与状态（步）对应的动作或命令。在功能图中，与状态步对应的动作，用该步右边的一个带文字或符号说明的矩形框表一个步可以同时与多个动作或命令相连，步的动作可以水平布置或垂直布置，如图 8-1 所示。这些动作或命令是同时执行的，没有先后之分。

动作或命令的类型有很多种，如定时、延时、脉冲、存储型和非存储型等。

（2）有向线段

在画顺序功能图时，将代表各步的矩形框按它们成为活动步的先后顺序排列，并用带有箭头的有向线段将它们连接起来。带有箭头的有向线段则表示状态转移的路线，该路线表明步转移的方向。从上到下，从左向右转移时，通常可省略有向线段的箭头。

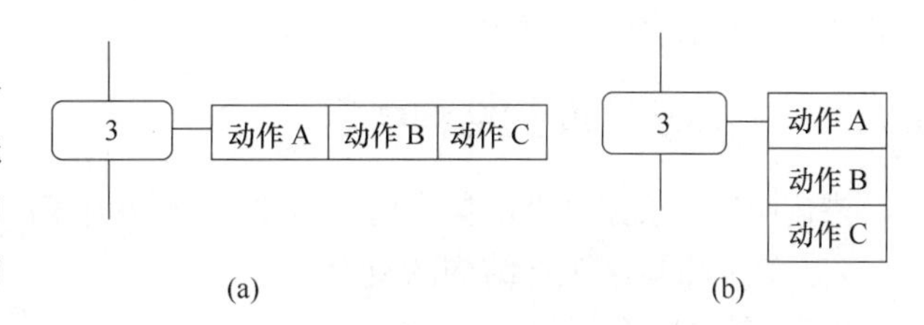

图 8-1　步的动作可以水平布置或垂直布置

（a）水平布置　（b）垂直布置

在画图时，如果有向线段必须中断时，或用几个图来表示一个顺序功能图时，应在中断点初指明下一步的标号或来自上一步的编号和所在的页号，如“步 23、8 页”。

有向线段可以分成选择和并行两种。选择线段间的关系是逻辑“或”的关系，哪条线段转换条件最先得到满足，这条线段就被选中，程序就沿着这条线往下执行。选择线段的分支与合并一般用单横线表示。并行线段间的逻辑关系是“与”的关系，只要转换条件满足，下面所有连线必须同时执行。并行线段的分支和合并一般用双横线表示。

（3）转换

转换是结束某一步的操作而启动下一步操作的条件，步的活动状态的进展由转换的实现来完成，并与控制过程的发展相对应。转换的功能图中用与有向线段垂直的短划线表示，将相邻的两步分开。转换也称为变迁或过渡。

（4）转换条件

使系统由当前步进入下一步的信号称为转换条件，转换条件可以是外部输入信号，例如按钮、指令开关、限位开关的接通和断开等；也可以是 PLC 内部产生的信号，例如定时器、计数器常开触点的接通等；转换条件还可以是若干个信号的“与”“或”“非”逻辑的组合。

转换条件的表达方式有文字语言、布尔代数表达式或图像符号标注在表示转换的短画线旁边，使用最多的是布尔代数表达式。

在顺序功能图中，只有当某一步的前级步是活动步时，该步才有可能变成活动步。如果用没有断电保持功能的编程元件代表各步，进入 RUN 工作方式时，它们均处于 0 状态，必须在开机时将初始步预置为活动步，否则因顺序功能图中没有活动步，系统将无法工作。

绘制顺序功能图应注意以下几点：

① 步与步不能直接相连，要用转换隔开。

② 转换也不能直接相连，要用步隔开。

③ 初始步描述的是系统等待启动命令的初始状态，通常在这一步里没有任何动作。但是初始步是不可不画的，因为如果没有该步，就无法表示系统的初始状态，系统也无法返回停止状态。

④ 自动控制系统应能多次重复完成某一控制过程，要求系统可以循环执行某一程序，因此顺序功能图应是一个闭环，即在完成一次工艺过程的全部操作后，应从最后一步返回初始步，系统停留在初始状态（单周期操作）；在连续循环工作方式下，系统应从最后一

步返回下一工作周期开始运行的第一步。

8.1.3 顺序功能图的结构类型

描述顺序功能图的基本结构有 3 种，即单序列、选择序列和并行序列。其他结构（如多流程）都是这 3 种结构的复合。

（1）单序列

如果一个流程中各步依次变为活动步，此流程称为单流程。在此结构中，每一步后面仅有一个转换，而每个转换后面也仅有一个步，如图 8-2（a）所示。单流程的特点是没有下述的分支和合并。

（2）选择序列

选择序列的开始称为分支如图 8-2（b）所示，转换符号只能标在水平连线之下。如果步 4 是活动步，并且转换条件 h 为“1”状态，则发生由步 4→步 5 的进展。如果步 4 是活动步，并且 k 为“1”状态，则发生由步 4→步 7 的进展。如果将选择条件 k 改为 k-h，则当 k 和 h 同时为“1”状态时，将优先选择 h 对应的序列，只允许同时选择一个序列。

选择序列的结束称为合并如图 8-2（b）所示，几个选择序列合并到一个公共序列时，用需要重新组合的序列相同数量的转换符号和水平连线来表示，转换符号只允许标在水平连线之上。

如果步 6 是活动步，并且转换条件 j 为“1”状态，则发生由步 6→步 9 的进展。如果步 8 是活动步，并且 n 为“1”状态，则发生由步 8→步 9 的进展。

（3）并行序列

并行序列用来表示系统的几个独立部分同时工作的情况。并行序列的开始称为分支如图 8-2（c）所示，当转换的实现导致几个序列同时激活时，这些序列称为并行序列。当步 3 是活动步，并且转换条件 e 为“1”状态，步 4 和步 6 同时变为活动步，同时步 3 变为不活动步。为了强调转换的同步实现，水平连线用双线表示。步 4 和步 6 被同时激活后，每个序列中活动步的进展将是独立的。在表示同步的水平双线之上，只允许有一个转换符号。

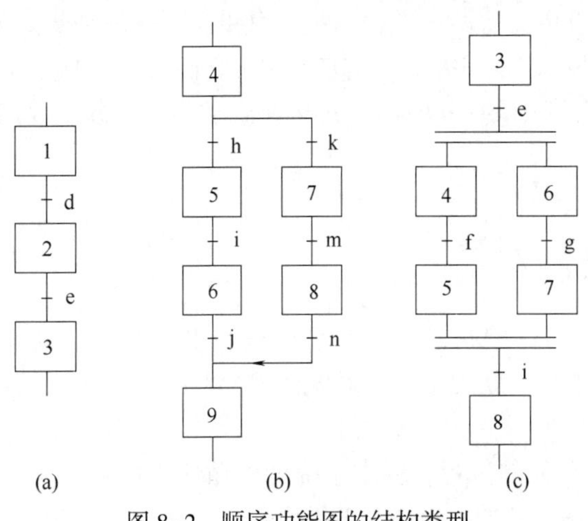

图 8-2 顺序功能图的结构类型

（a）单序列 （b）选择序列 （c）并行序列

并行序列的结束称为合并如图 8-2（c）所示，在表示同步的水平双线之下，只允许有一个转换符号。当直接连在双线上的所有前级步（步 5 和步 7）都处于活动状态，并且转换条件 i 为“1”状态时，才会发生步 5 和步 7 到步 8 的进展，即步 5 和步 7 同时变为不活动步，而步 8 变为活动步。

8.1.4 顺序控制图编程举例

【应用案例 1】 液体混合控制系统。

（1）项目要求

在化工行业经常涉及多种化学液体的混合问题，如图 8-3 所示是某一液体混合装置，上限位、下限位和中限位液位传感器，在其各自被液体淹没时为 ON，反之为 OFF。阀 Q0.1、阀 Q0.2 和阀 Q0.3 为电磁阀，线圈通电时打开，线圈断电时关闭。开始时容器是空的，各阀门均关闭，各传感器均为 OFF。按下启动按钮后，打开阀 Q0.1，液体 A 流入容器，中限位开关变为 ON 时，关闭阀 Q0.1，打开阀 Q0.2，液体 B 流入容器。当液面到达上限位开关时，关闭阀 Q0.2，电机 M 开始运行，搅动液体，60s 后停止搅动，打开阀 Q0.3，放出混合液，当液面降至下限位开关之后再过 5s，容器放空，关闭阀 Q0.3，打开阀 Q0.1，又开始下一周期的操作。按下停止按钮，在当前工作周期的操作结束后，才停止操作（停在初始状态）。

（2） I/O 地址分配表

根据项目要求分析，该系统有 5 个输入信号分别是中限位传感器 S1、上限位传感器 S2、下限位传感器 S3；4 个输出信号分别是电磁阀 YV1 线圈、电磁阀 YV2 线圈、电磁阀 YV3 线圈、电机线圈 KM。具体输入/输出点分配如表 8-1 所示。

表 8-1　　液体混合控制系统 I/O 地址表

输入			输出		
绝对地址	符号地址	注释	绝对地址	符号地址	注释
I0.0	S1	中限位传感器	Q0.0	YV1	电磁阀 YV1 线圈
I0.1	S2	上限位传感器	Q0.1	YV2	电磁阀 YV2 线圈
I0.2	S3	下限位传感器	Q0.2	KM1	电机线圈 KM
I0.3	SB1	启动按钮	Q0.3	YV3	电磁阀 YV3 线圈
I0.4	SB2	停止按钮			

（3）程序设计

采用顺序控制设计法设计程序，首先画出顺序功能图如图 8-4 所示。液体混合装置的工作周期划分为 6 步，除了初始步之外，还包括液体 A 流入容器、液体 B 流入容器、搅动液体、放出混合液和容器放空这 5 步。液体混合控制系统的程序如图 8-5 所示。

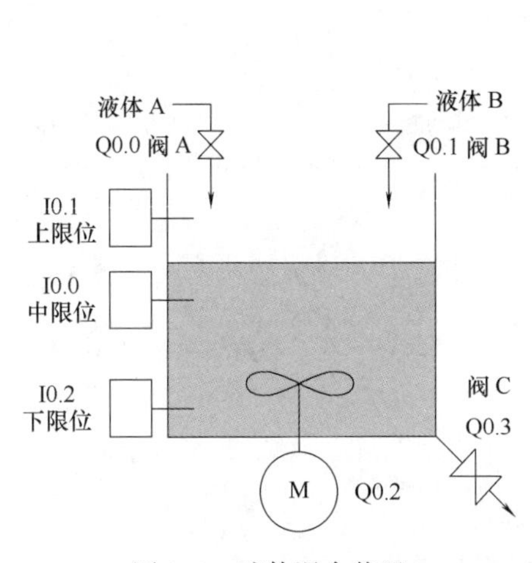

图 8-3　液体混合装置

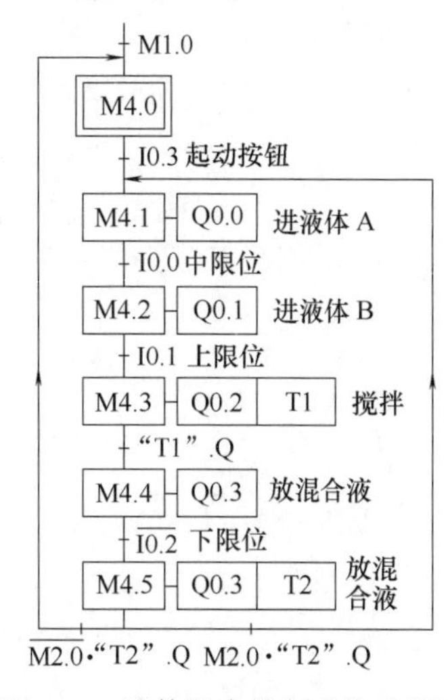

图 8-4　液体混合控制系统功能图

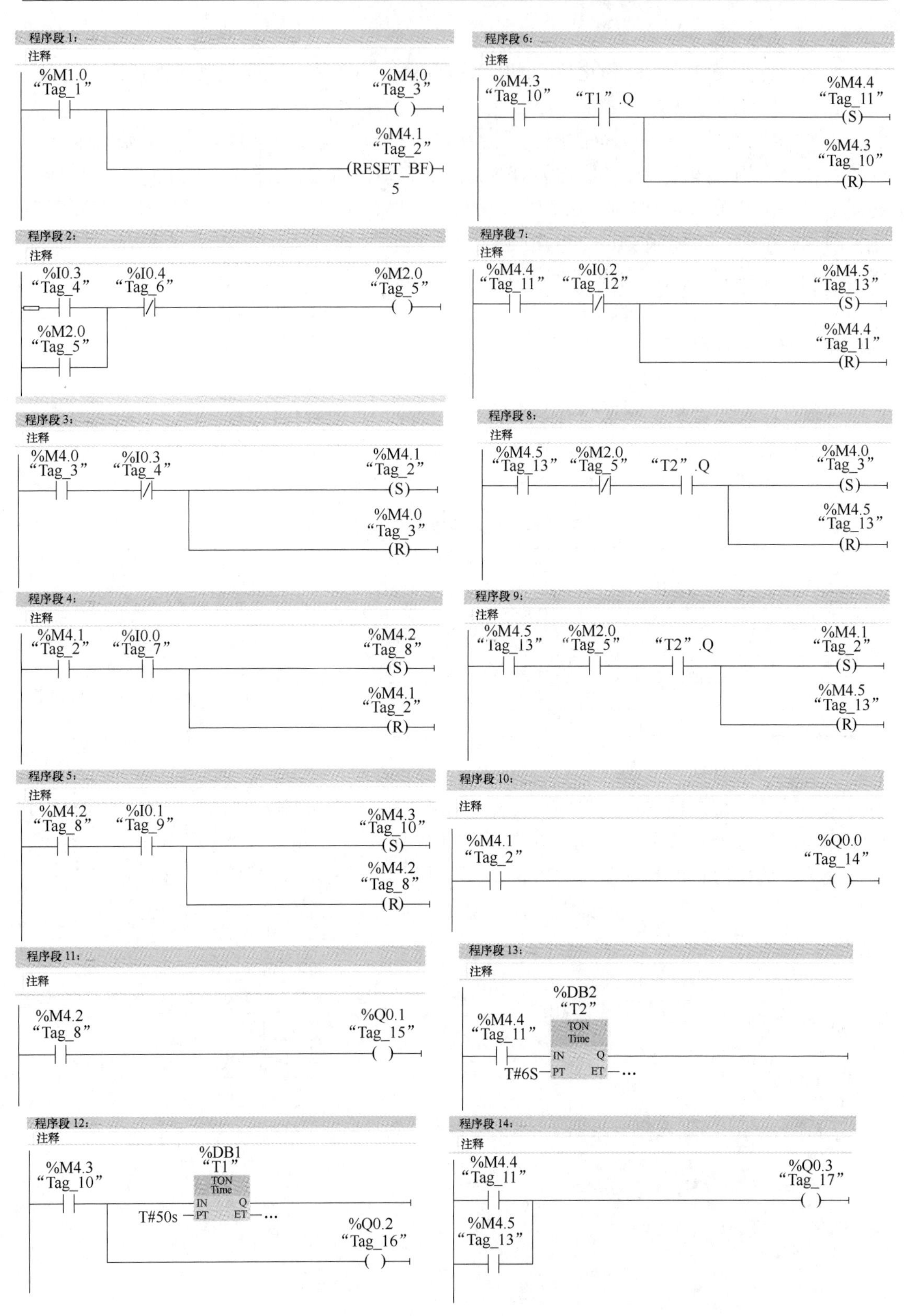

图 8-5　液体混合控制系统程序

图 8-4 中“连续标志”M2.0 用启动按钮 I0.3 和停止按钮 I0.4 来控制。它用来实现再按下停止按钮后不会马上停止工作，而是在当前工作周期的操作结束后，才停止运行。

步 M4.5 之后有一个选择序列的分支，放完混合液后，“T2.Q”的常开触点闭合。未按停止按钮 I0.4 时，M2.0 为“1”状态，转换条件 M2.0·“T2”.Q 亦为“1”状态。用 M4.5 的常开触点和转换条件对应的电路串联，作为对后续步 M4.1 置位和对前级步 M4.5 复位的条件。

按下停止按钮 I0.4 之后，M2.0 变为“0”状态。系统完成最后一步 M4.5 的工作后，转换条件 $\overline{\text{M2.0}}$·“T2”.Q 满足，用 M4.5 的常开触点和转换条件对应的电路串联，作为对后续步 M4.0 置位和对前级步 M4.5 复位的条件。

步 M4.1 之前有一个选择序列的合并，只要正确地编写出每个转换条件对应的置位、复位电路，就会“自然地”实现选择序列的合并。

控制放料阀 Q0.3 在步 M4.4 和步 M4.5 都应为“1”状态，所以用 M4.4 和 M4.5 的常开触点的并联电路来控制 Q0.3 线圈。

选中项目树中的 PLC_1，单击工具栏上的“启动仿真”按钮，程序被下载到仿真 CPU，后者进入 RUN 模式。生成一个新的项目，在仿真表 SIM 表格_1 中生成 IB0、QB0、MB4 和 M2.0 的 SIM 表条目。

刚进入 RUN 模式时仅 M4.0 为“1”状态，两次单击启动按钮 I0.3 对应的小方框，模拟按下和放开启动按钮转换到步 M4.1，同时 M2.0 变为“1”状态并保持。液体流入容器后，令下限位开关 I0.2 为“1”状态。令中限位开关 I0.0 为“1”状态，转换到步 M4.2。令上限位开关 I0.1 为“1”状态，转换到步 M4.3，开始搅拌。T1 的延时时间到时，转换到步 M4.4，开始放混合液。先后令上限位开关 I0.1、中限位开关 I0.0 和下限位开关 I0.2 为“0”状态，转换到步 M4.5。T2 的延时时间到时，返回到步 M4.1。重复上述对液位开关的模拟操作，在此过程中两次单击 I0.4 对应的小方框，模拟按下和放开停止按钮，M2.0 变为“0”状态。在最后一步 M4.5，T2 的延时时间到时，返回到初始步 M4.0。

【应用案例 2】 运料小车往返控制。

配套视频
案例分析小车往返控制

（1）项目要求

运料小车自动往返控制连续控制要求如下：如图 8-6 所示，当选择开关 SA 旋转到连续控制模式下，按下启动按钮 SB1，要求系统启动后首先在原位进行装料，15s 后装料停止，小车右行；右行至行程开关 SQ2 处右行停止，进行卸料，10s 后卸料停止，小车左行至行程开关 SQ1 处，左行停止，进行装料。如此循环一直进行下去。在运行过程中，无论小车在任意位置，按下停止按钮 SB2，小车立即停止运行。

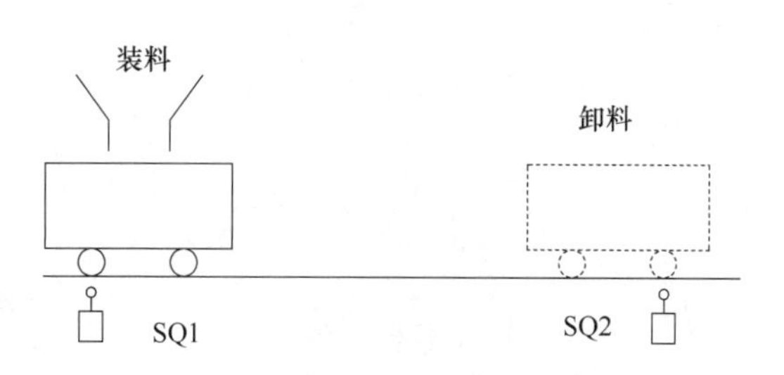

图 8-6　运料小车运行示意图

运料小车自动往返控制手动控制要求如下：当选择开关 SA 旋转到手动模式，小车只能手动控制。a. 按手动前进按钮 SB3 时小车点动前进，小车接通前进电机，前进至 SQ2 时小车停止；b. 按手动退后按钮 SB4 时小车点动退时，小车点动后退，小车接通后退电机，退至 SQ1 时小车停车。

（2） I/O 地址分配表

根据项目要求分析，该系统有 7 个输入信号分别是启动按钮 SB1、停止按钮 SB2、左侧行程开关 SQ1、右侧行程开关 SQ2、手/自动转换开关 SA、手动前进按钮 SB3 和手动后退按钮 SB4；输出信息有 4 个分别是装料电磁阀 YV1、卸料电磁阀 YV2、右行线圈 KM1 和左行线圈 KM2。运料小车运行控制系统 I/O 地址分配表如表 8-2 所示。

表 8-2　运料小车运行控制 I/O 地址分配表

输入			输出		
绝对地址	符号地址	注释	绝对地址	符号地址	注释
I0.0	SB1	启动按钮	Q0.0	YV1	装料电磁阀 YV1
I0.1	SB2	停止按钮	Q0.1	KM1	右行线圈 KM1
I0.2	S1	左侧行程开关 SQ1	Q0.2	YV2	卸料电磁阀 YV2
I0.3	S2	右侧行程开关 SQ2	Q0.3	KM2	左行线圈 KM2
I0.4	S3	手/自动转换开关 SA			
I0.5	SB3	手动前进按钮			
I0.6	SB4	手动后退按钮			

（3）程序设计

这是一个典型的顺序控制设计，顺序过程包括装料、小车右行、卸料、小车左行 4 个状态，每个状态之间的按照一定的规律循环转换。因此，本项目宜采用顺序控制设计的方法。

顺序功能图可以非常直观、清晰地描述小车自动往返运料的控制过程。本项目中，5 个状态对应于 5 个步，每个步用一个位存储器来表示，分别为 M0.0~M0.4，如图 8-7 所示。M0.0 为起始步，M0.1 为装料步，M0.2 为右行步，M0.3 为卸料步，M0.4 为左行步。

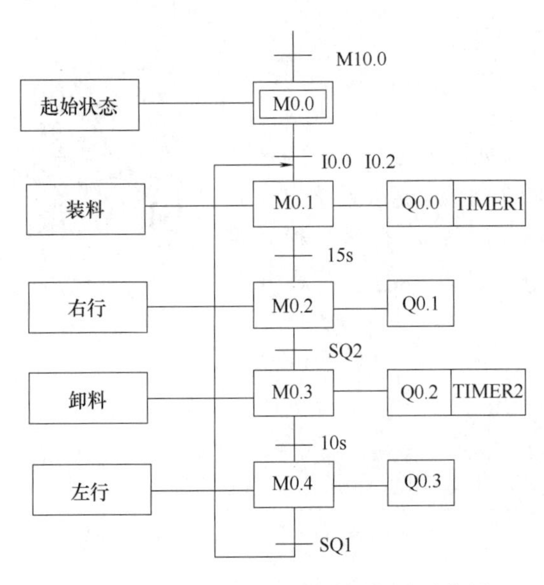

图 8-7　运料小车往返控制的顺序功能图

运料小车往返控制的梯形图如图 8-8 所示。在硬件组态时，已设置了系统存储器字节的地址为 MB10，首次循环位 M10.0 为“1”，一般用于初始化子程序。整个梯形图采用以转换为中心的程序设计方法，结构清晰，程序易读。

程序段 1：初始化起始步，并对其他步的标志位和内部标志位清零。在 3 种情况下会初始化起始步：首次扫描；选择手动控制；3 次循环结束。

程序段 2：在自动控制状态下（I0.4=1），当前活动步为 M0.0，当满足小车在起始位

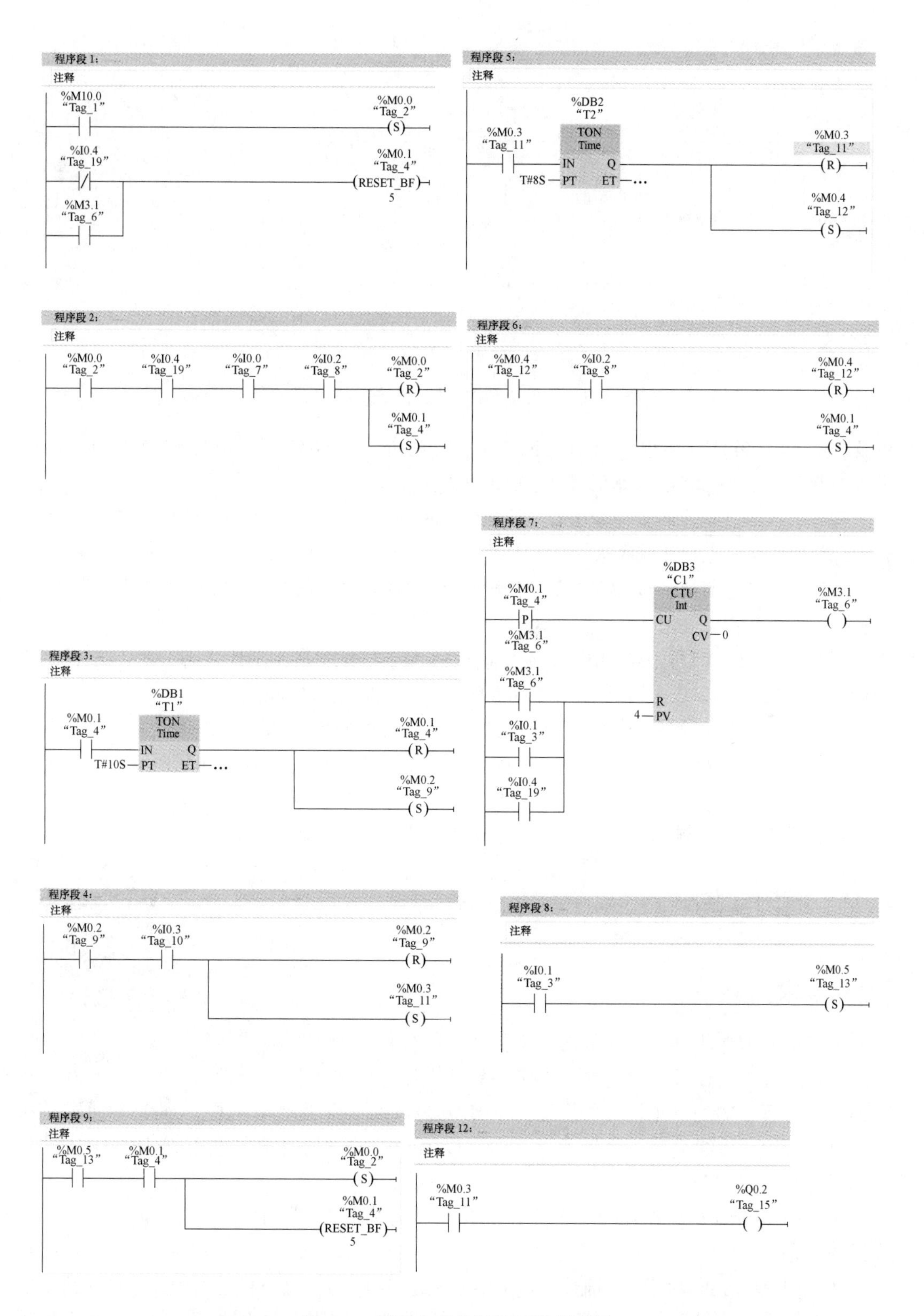

图8-8　运料小车往返控制的梯形图

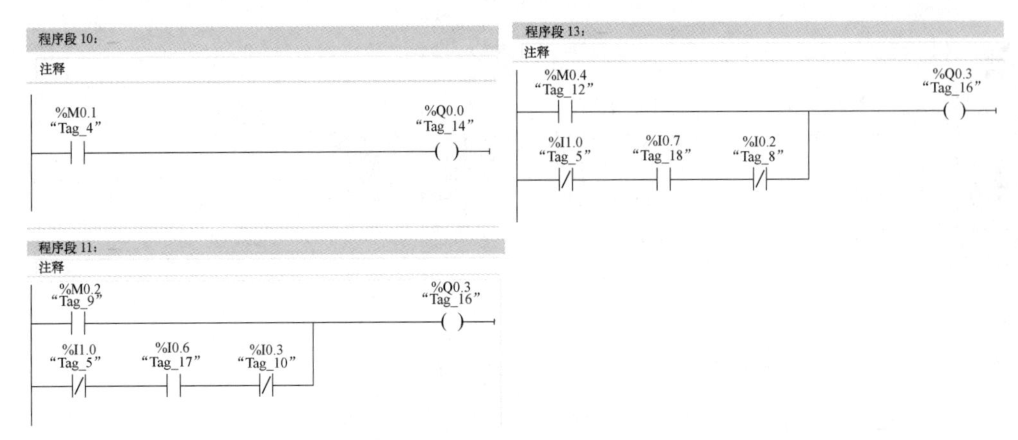

图 8-8　运料小车往返控制的梯形图（续）

置（I0.2=1）条件，并按下启动按钮（I0.0=1）时，由起始步 M0.0 转换为 M0.1 步，进入装料步，此时 M0.0 为非活动步，M0.1 为活动步。

程序段 3：当前活动步为 M0.1，当装料时间到时，由 M0.1 步转换为 M0.2 步，此时 M0.2 为活动步，进入右行状态。

程序段 4：当前活动步为 M0.2，小车右行到右侧行程开关处，I0.3 为“1”，由 M0.2 步转换为 M0.3 步，此时 M0.3 为活动步，进入卸料状态。

程序段 5、6：卸料 10s，由 M0.3 步转换为 M0.4 步，进入左行状态，小车左行到左侧行程开关处，I0.2 状态为“1”，回到 M0.1 步，完成一次循环。

程序段 7：用计数器指令累计循环次数，设计要求循环 3 次，所以 M0.1 的计数值必须达到 4 次；当循环次数到或选择手动控制或按下停止按钮时，必须计数器复位。

程序 8、9：按下停止按钮的处理，建立停止运行标志位 M0.5，并回到起始步。

程序段 10~13：输出处理，包括手动输出处理。

8.2　项目实施

【项目要求】

加工单元的功能是完成把待加工工件从物料台移送到加工区域冲压气缸的正下方；完成对工件的冲压加工，然后把加工好的工件重新送回物料台的过程。加工单元装置的主要结构组成为：加工台及滑动机构，加工（冲压）机构，电磁阀组，接线端口，底板等。其中，该单元机械结构总成如图 8-9 所示。工件加工单元控制要求如下：

① 加工单元初始状态：滑动工作台的初始状态为伸缩气缸伸出，加工台气动手指呈张开的状态。

② 加工单元运行状态：当输送机构把物料送到料台上，物料检测传感器检测到工件后，手动按下“启动”按钮，气动手指将工件抓住→加工台回到加工区域冲压气缸下方→冲压气缸活塞杆向下伸出冲压工件→经过一段时间，完成冲压动作后向上回缩→加工

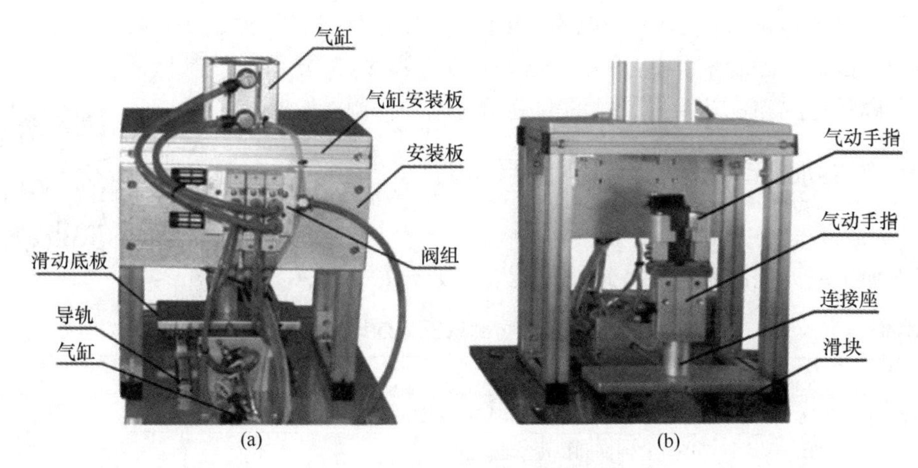

图 8-9　加工单元实物图全貌

(a) 背视图　(b) 前视图

台重新伸出到位后气动手指松开，完成工件加工工作。按下“停止”按钮，发出停止工作信号，单元在完成本周期的动作后停止工作。

【项目分析】

8.2.1　工件加工单元气动控制回路

加工单元的气动控制元件均采用二位五通单电控电磁换向阀，各电磁阀均带有手动换向和加锁钮。它们集中安装成阀组固定在冲压支撑架后面。气动控制回路的工作原理如图 8-10 所示。1B1 和 1B2 为安装在冲压气缸的两个极限工作位置的磁感应接近开关，2B1

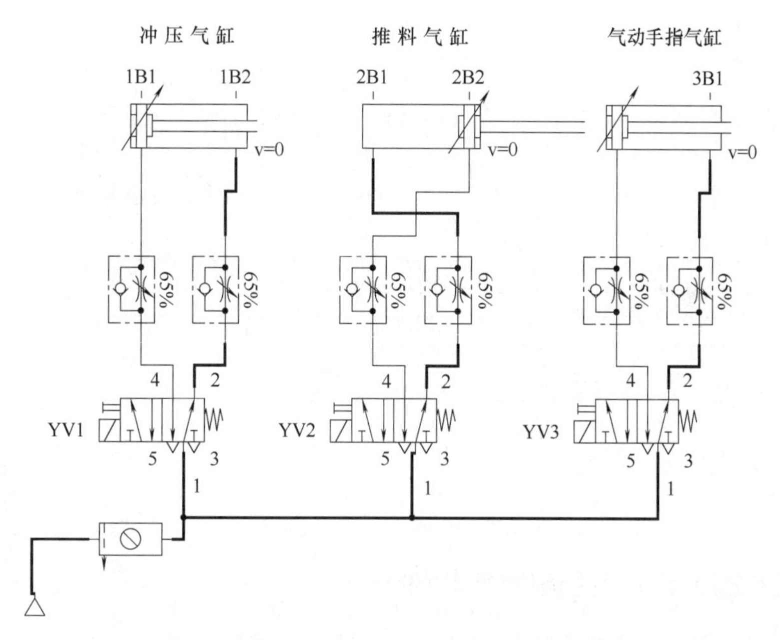

图 8-10　加工单元气动控制回路工作原理图

和 2B2 为安装在推料气缸的两个极限工作位置的磁感应接近开关，3B1 为安装在气动手指气缸工作位置的磁感应接近开关。YV1、YV2 和 YV3 分别为控制冲压气缸、推料气缸和气动手指气缸的电磁阀的电磁控制端。

8.2.2 工件加工单元控制电路的硬件设计

（1）输入/输出地址表

工件加工单元控制系统 I/O 地址分配表，如表 8-3 所示。

表 8-3　工件加工单元控制系统 I/O 地址分配

输入			输出		
绝对地址	符号地址	注释	绝对地址	符号地址	注释
I0.0	1B1	冲压气缸回缩到位传感器	Q0.0	YV1	气动手指气缸电磁阀线圈
I0.1	1B2	冲压气缸伸出到位传感器	Q0.1	YV2	推料气缸电磁阀线圈
I0.2	2B1	推料气缸回缩到位传感器	Q0.2	YV3	冲压气缸电磁阀线圈
I0.3	2B2	推料气缸伸出到位传感器			
I0.4	3B1	气动手指气缸加紧到位传感器			
I0.5	S1	光电传感器			
I0.6	SB1	启动按钮			
I0.7	SB2	停止按钮			

（2）PLC 硬件接线图

本项目中 S7-1200 CPU 采用 CPU1212C DC/DC/DC 进行接线和编程，其订货号为 6ES7 212-1AE40-0XB0，其输入回路和输出回路电压均为 DC24V，其控制电路接线图如图 8-11 所示。

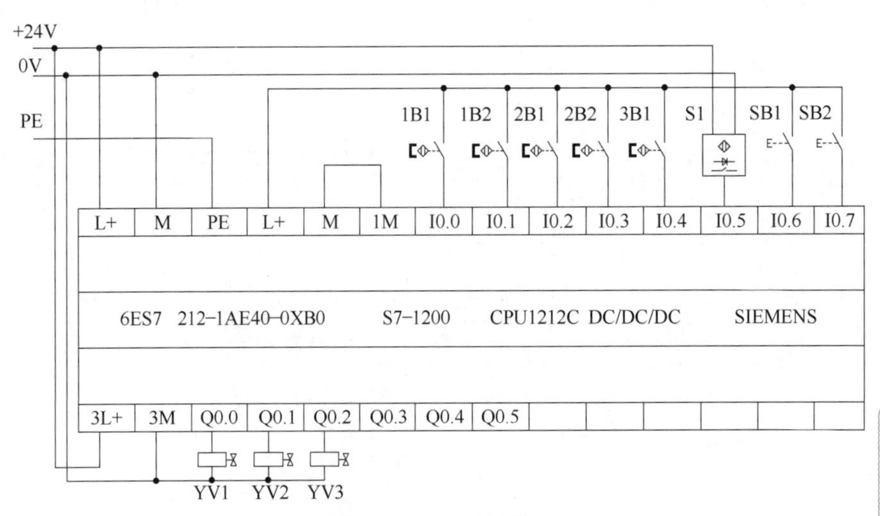

图 8-11　PLC 接线图

8.2.3 工件加工单元控制电路的软件设计

软件设计包括 PLC 变量的定义、状态图和顺序功能图的设计及梯形图的设计。在顺序控制程序的设计中，状态图显得尤为重要。一般根据系统的运动规律，只要能够画出正确的状态图，程序设计就十分简单。

（1）系统存储器设置

打开 PLC 的设备视图选择“属性”，单击巡视窗口左边的“系统和时钟存储器”，勾选“允许使用系统存储器字节”复选框，选择 MB100 作为系统存储器字节的地址，其中的首次循环位 M100.0 为 1，通常作为程序中初始化位使用，如图 8-12 所示。

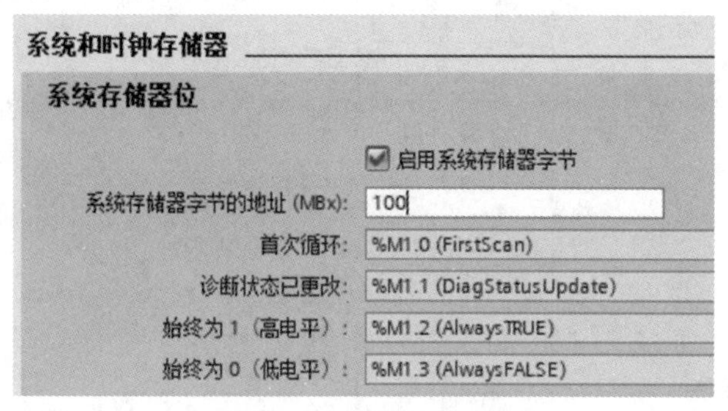

图 8-12　系统存储器设置

（2） PLC 变量定义

根据输入/输出地址分配，为了增加程序的可读性，PLC 变量的定义，如图 8-13 所示。

项目8 工件加工单元_V17 ▸ PLC_2 [CPU 1212C DC/DC/DC] ▸ PLC 变量 ▸ 默认变量表 [42]

默认变量表

	名称	数据类型	地址 ▲	保持	从 H...	从 H...	在 H...
1	1B1冲压气缸回缩到位传感器	Bool	%I0.0	☐	☑	☑	☑
2	1B2冲压气缸伸出到位传感器	Bool	%I0.1	☐	☑	☑	☑
3	2B1推料气缸回缩到位传感器	Bool	%I0.2	☐	☑	☑	☑
4	2B2推料气缸伸出到位传感器	Bool	%I0.3	☐	☑	☑	☑
5	3B1夹紧气缸加紧到位传感器	Bool	%I0.4	☐	☑	☑	☑
6	S1光电传感器	Bool	%I0.5	☐	☑	☑	☑
7	SB1启动按钮	Bool	%I0.6	☐	☑	☑	☑
8	SB2停止按钮	Bool	%I0.7	☐	☑	☑	☑
9	YV1夹紧气缸电磁阀线圈	Bool	%Q0.0	☐	☑	☑	☑
10	YV2推料气缸电磁阀线圈	Bool	%Q0.1	☐	☑	☑	☑
11	YV3冲压气缸电磁阀线圈	Bool	%Q0.2	☐	☑	☑	☑
12	First Scan	Bool	%M100.0	☐	☑	☑	☑

图 8-13　PLC 变量定义

（3）顺序功能图

加工单元的工艺过程也是一个顺序控制：物料台的物料检测传感器检测到工件后，气动手指抓住工件→物料台回到加工区域冲压气缸下方→冲压气缸向下伸出冲压工件→完成冲压动作后向上缩回→物料台重新伸出→到位后气动手指松开的顺序完成工件加工工序，并向系统发出加工完成信号。工件加工单元控制的工序和顺序功能图如图 8-14 所示。读者可按上述工艺要求编写 PLC 程序。这里假设，该单元用本地控制，按一下启动按钮，单元启动，按上述顺序工作；再按一下停止按钮，发出停止工作信号，单元在完成本周期的动作后停止工作。

（4） PLC 编程程序

工件加工单元的梯形图程序，如图 8-15 所示。组态是已经设置了系统存储字节的地址为 MB100，首次循环位 M100.0 为“1”，一般用于初始化程序。

程序段 1：初始化起始步。

程序段 2：“转移条件” M2.0 由按下启动按钮 I0.6 和停止按钮 I0.7 来控制，它用来实现在按下停止按钮后不会马上停止工作，而是在当前工作周期的操作结束后，才停止运行。

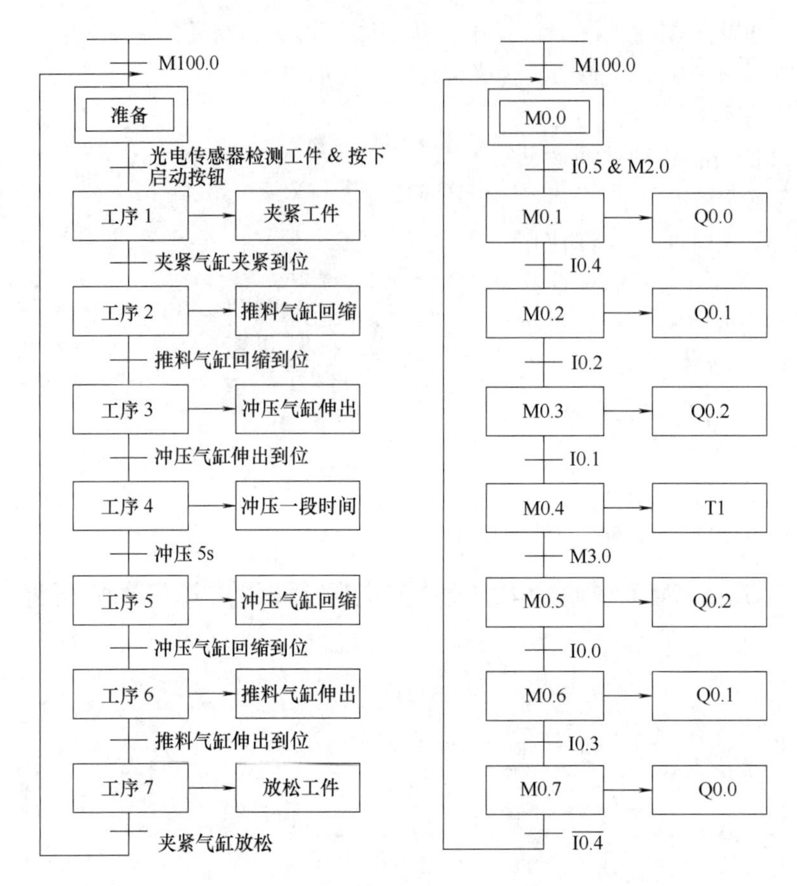

图 8-14　工件加工单元控制的工序和顺序功能图

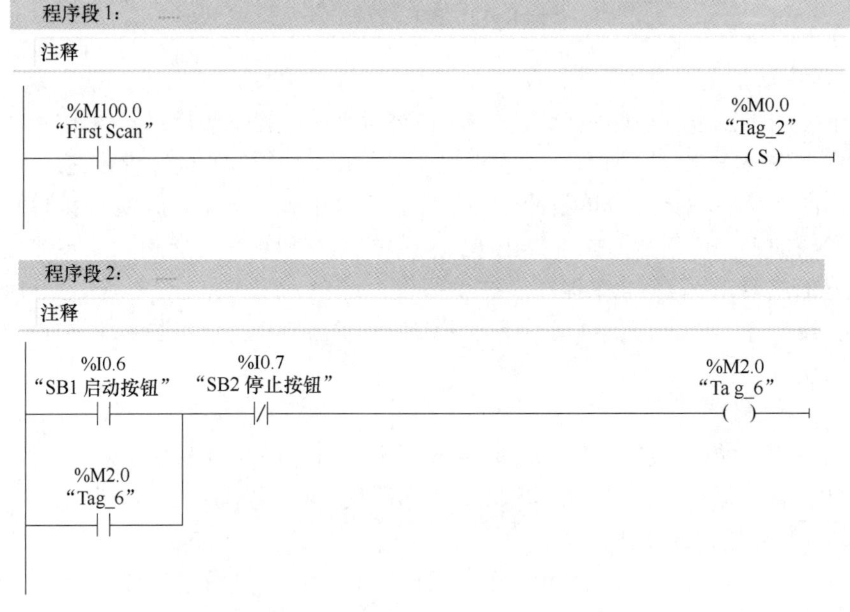

图 8-15　工件加工单元 PLC 程序

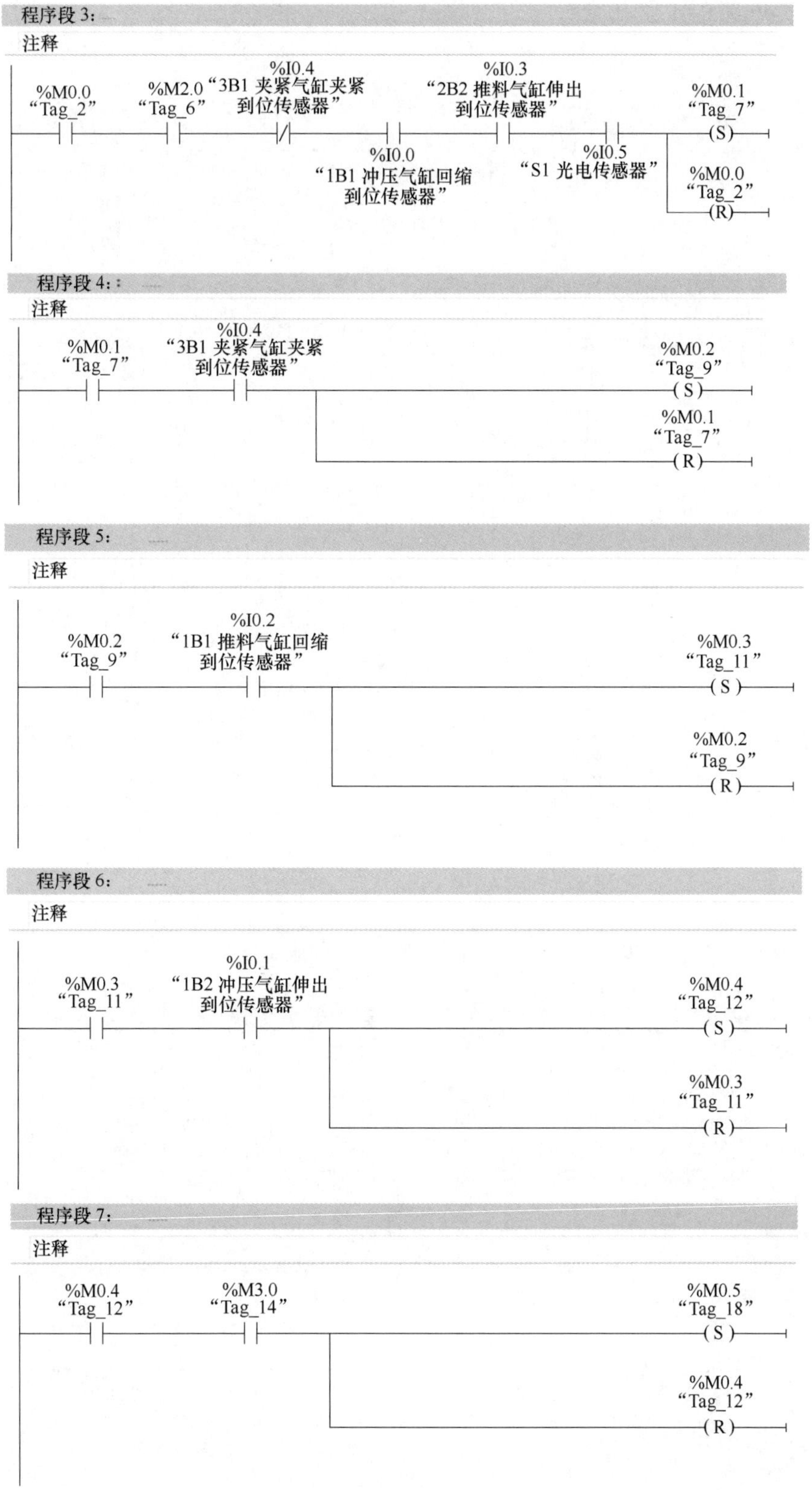

程序段 3:

注释

%M0.0 "Tag_2"
%M2.0 "Tag_6"
%I0.4 "3B1 夹紧气缸夹紧到位传感器"
%I0.0 "1B1 冲压气缸回缩到位传感器"
%I0.3 "2B2 推料气缸伸出到位传感器"
%I0.5 "S1 光电传感器"
%M0.1 "Tag_7" (S)
%M0.0 "Tag_2" (R)

程序段 4:

注释

%M0.1 "Tag_7"
%I0.4 "3B1 夹紧气缸夹紧到位传感器"
%M0.2 "Tag_9" (S)
%M0.1 "Tag_7" (R)

程序段 5:

注释

%M0.2 "Tag_9"
%I0.2 "1B1 推料气缸回缩到位传感器"
%M0.3 "Tag_11" (S)
%M0.2 "Tag_9" (R)

程序段 6:

注释

%M0.3 "Tag_11"
%I0.1 "1B2 冲压气缸伸出到位传感器"
%M0.4 "Tag_12" (S)
%M0.3 "Tag_11" (R)

程序段 7:

注释

%M0.4 "Tag_12"
%M3.0 "Tag_14"
%M0.5 "Tag_18" (S)
%M0.4 "Tag_12" (R)

图 8-15　工件加工单元 PLC 程序（续）

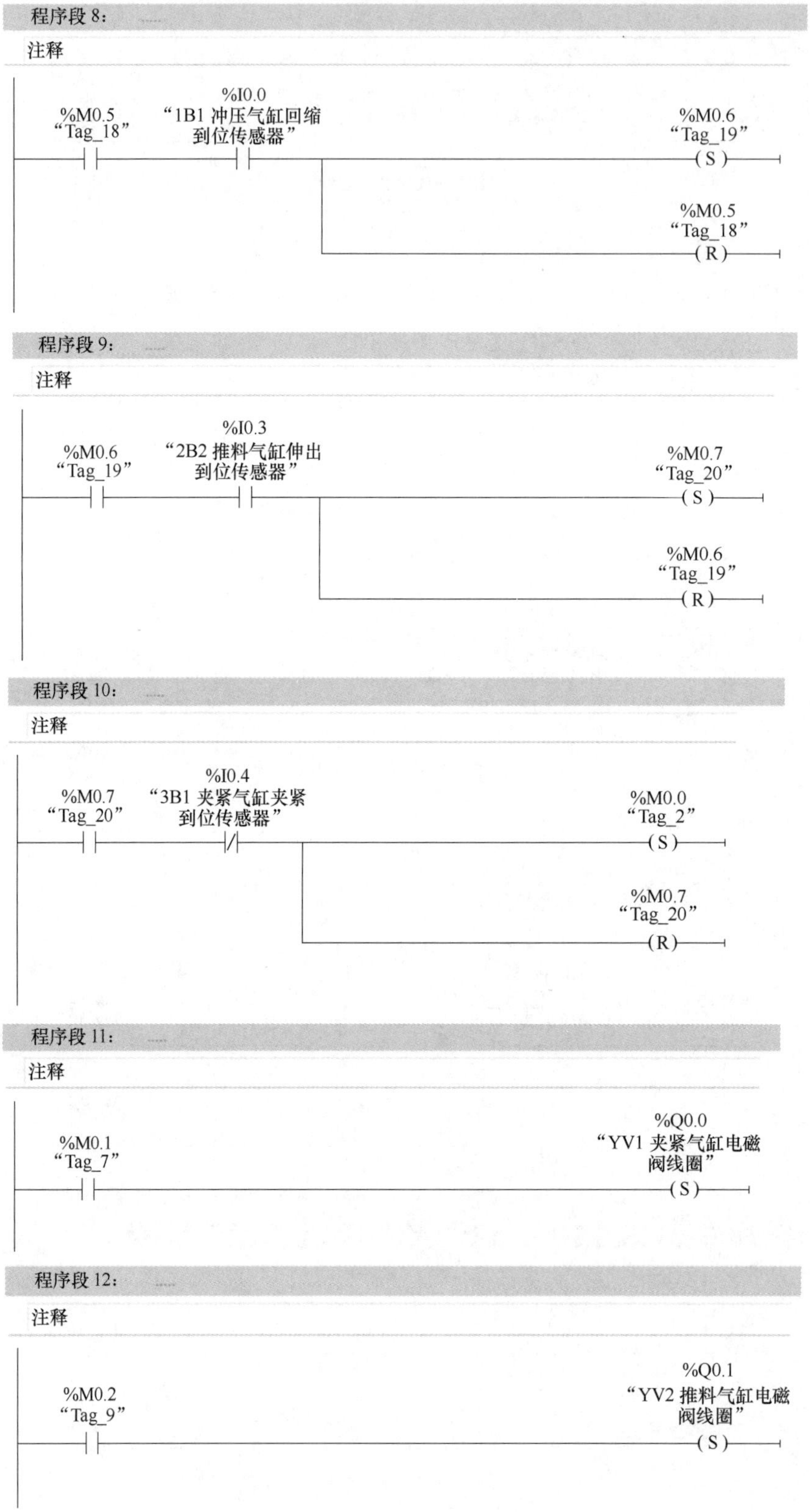

程序段 8：

注释

%M0.5 "Tag_18"
%I0.0 "1B1 冲压气缸回缩到位传感器"
%M0.6 "Tag_19" (S)
%M0.5 "Tag_18" (R)

程序段 9：

注释

%M0.6 "Tag_19"
%I0.3 "2B2 推料气缸伸出到位传感器"
%M0.7 "Tag_20" (S)
%M0.6 "Tag_19" (R)

程序段 10：

注释

%M0.7 "Tag_20"
%I0.4 "3B1 夹紧气缸夹紧到位传感器"
%M0.0 "Tag_2" (S)
%M0.7 "Tag_20" (R)

程序段 11：

注释

%M0.1 "Tag_7"
%Q0.0 "YV1 夹紧气缸电磁阀线圈" (S)

程序段 12：

注释

%M0.2 "Tag_9"
%Q0.1 "YV2 推料气缸电磁阀线圈" (S)

图 8-15　工件加工单元 PLC 程序（续）

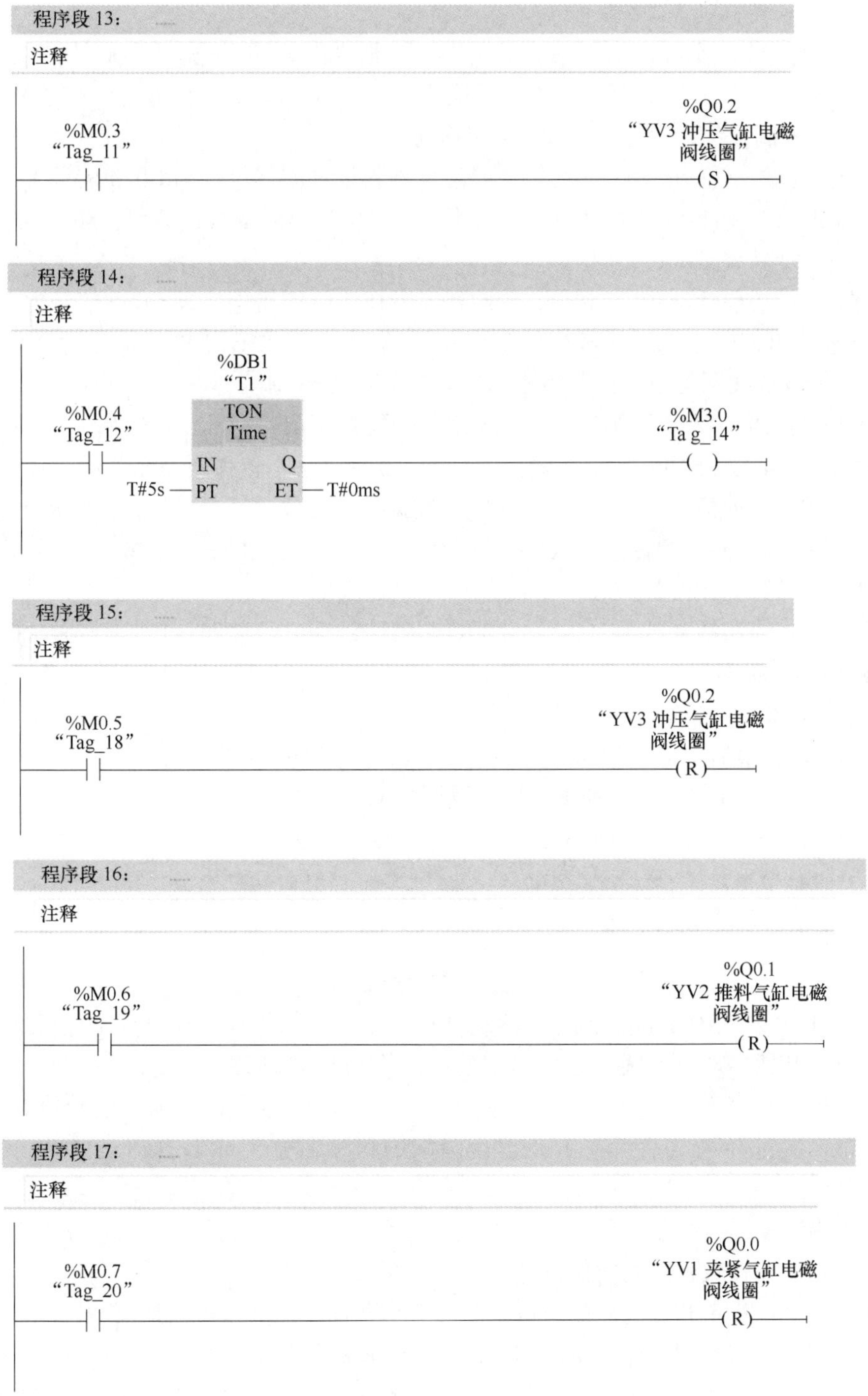

程序段 13：……

注释

%M0.3 "Tag_11" —| |— %Q0.2 "YV3 冲压气缸电磁阀线圈" —(S)—

程序段 14：……

注释

%M0.4 "Tag_12" —| |— IN %DB1 "T1" TON Time Q — %M3.0 "Ta g_14" —( )—
T#5s — PT　ET — T#0ms

程序段 15：……

注释

%M0.5 "Tag_18" —| |— %Q0.2 "YV3 冲压气缸电磁阀线圈" —(R)—

程序段 16：……

注释

%M0.6 "Tag_19" —| |— %Q0.1 "YV2 推料气缸电磁阀线圈" —(R)—

程序段 17：……

注释

%M0.7 "Tag_20" —| |— %Q0.0 "YV1 夹紧气缸电磁阀线圈" —(R)—

图 8-15　工件加工单元 PLC 程序（续）

程序段 3：当推料气缸在伸出位，即 I0.3 信号为"1"；且冲压气缸在回缩位置，即 I0.0 信号为"1"；且手指气缸在放松状态，即 I0.4 信号为"0"；此时当光电传感器检测到工件时，即 I0.5 信号为"1"，按下"启动按钮"，M0.1 线圈置位，M0.0 线圈复位，由起始步 M0.0 转移到 M0.1 步。

程序段 4：当前活动步为 M0.1，此时触发手指气缸线圈得电，即 Q0.0 信号为“1”，此时手指气缸夹紧工件。夹紧到位传感器检测到信号后，即 I0.4 信号为“1”，M0.2 线圈置位，M0.1 线圈复位，由起始步 M0.1 转移到 M0.2 步。

程序段 5：当前活动步为 M0.2，此时触发推料气缸圈得电，即 Q0.0 信号为“1”，此时推料气缸回缩。推料气缸回缩到位 I0.2 信号为“1”，M0.3 线圈置位，M0.2 线圈复位，由起始步 M0.2 转移到 M0.3 步。

程序段 6：当前活动步为 M0.3，此时触发冲压气缸圈得电，即 Q0.1 信号为“1”，此时冲压气缸伸出，即 Q0.2 信号位“1”。冲压气缸伸出到传感器 I0.1 信号为“1”，M0.4 线圈置位，M0.3 线圈复位，由起始步 M0.3 转移到 M0.4 步。

程序段 7：当前活动步为 M0.4，触发定时器线圈得电，延时 5s 后，M3.0 信号为“1”，此时 M0.4 复位。M0.5 线圈置位置，由起始步 M0.4 转移到 M0.5 步。

程序段 8：当前活动步为 M0.5，使冲压气缸线圈复位，冲压气缸回缩，即 Q0.2 信号为“0”。冲压气缸回缩到传感器 I0.0 信号为“1”，M0.6 线圈置位，M0.5 线圈复位，由起始步 M0.5 转移到 M0.6 步。

程序段 9：当前活动步为 M0.6，此时推料气缸线圈复位，即 Q0.1 信号为“0”，此时推料气缸伸出。推料气缸伸出到传感器 I0.3 信号为“1”，M0.7 线圈置位，M0.6 线圈复位，由起始步 M0.6 转移到 M0.7 步。

程序段 10：最后活动步为 M0.7，使手指气缸线圈复位，即 Q0.0 信号为“0”，此时加紧气缸放松，完成单个工件加工工序，返回到初始步 M0.0。

程序段 11~17：执行步对应的动作，包括手动控制步对应的动作。

知识扩展与思政园地

自动化生产线

20 世纪 20 年代，随着汽车、滚动轴承、小型电动机和缝纫机等工业发展，机械制造中开始出现自动线，最早出现的是组合机床自动线。在 20 世纪 20 年代之前，首先是在汽车工业中出现了流水生产线和半自动生产线，随后发展成为自动线。第二次世界大战后，在工业发达国家的机械制造业中，自动线的数目急剧增加。

采用自动线进行生产的产品应有足够大的产量；产品设计和工艺应先进、稳定、可靠，并在较长时间内保持基本不变。在大批、大量生产中采用自动线能提高劳动生产率，稳定和提高产品质量，改善劳动条件，缩减生产占地面积，降低生产成本，缩短生产周期，保证生产均衡性，有显著的经济效益。

自动生产线在无人干预的情况下按规定的程序或指令自动进行操作或控制的过程，其目标是“稳，准，快”。自动化技术广泛用于工业、农业、军事、科学研究、交通运输、商业、医疗、服务和家庭等方面。采用自动生产线不仅可以把人从繁重的体力劳动、部分脑力劳动以及恶劣、危险的工作环境中解放出来，而且能扩展人的器官功能，极大地提高劳动生产率，增强人类认识世界和改造世界的能力。

思考练习

1. 基础知识在线自测

2. 扩展练习

PLC 编程练习

① 现有甲地装货运输到乙地卸货的物料运输控制系统，其工艺流程，如图 8-16 所示。

控制要求：

a. 按下启动按钮，小车开始在甲地装料，6s 后，小车从甲地向乙地运行，经过 C 点时，启动 1 号运输带，延时 6s 后自动启动 2 号运输带；到达乙地后，开始卸货，10s 完成卸货，小车自动返回甲地继续装料。为了避免物料在运输带上堆积，应尽量将余料清理干净，使下一次可以轻载启动，小车返回时经过 C 点自动停止运输带，停止顺序应与启动顺序相反，即先停 2 号运输带，5s 后再停 1 号运输带。小车经过 10 次循环后自动停在甲地。

b. 当系统出现故障时故障指示灯闪烁显示。

设计要求：按 PLC 控制系统设计的步骤进行完整的设计。

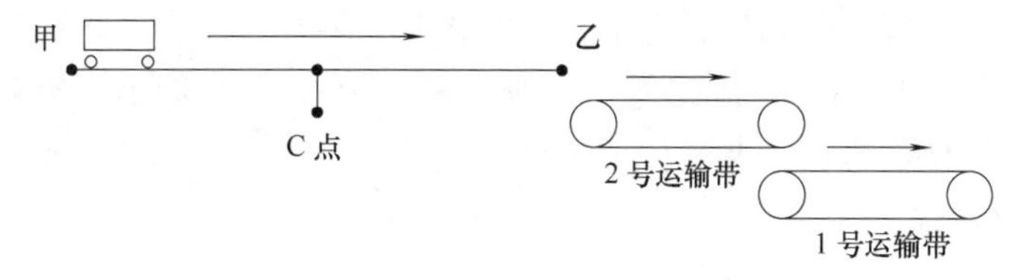

图 8-16　物料运输控制系统工艺流程图

② 在自动生产线上，使用有轨小车来运转工序之间的物件，小车采用电动机拖动，其行驶示意图，如图 8-17 所示。

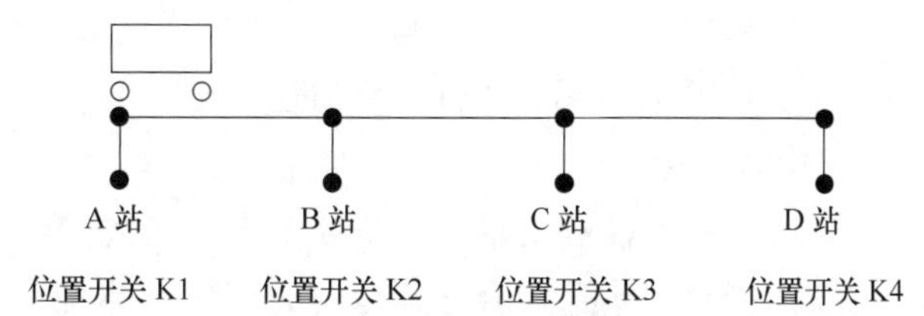

图 8-17　有轨小车行驶示意图

控制过程：

a. 小车第一次出发从 A 站驶向 B 站，抵达后，立即返回 A 站；

b. 第二次出发一直向 C 站驶去，到达后立即返回 A 站；

c. 第三次出发一直驶向 D 站，到达后立即返回 A 站；

d. 必要时，小车按上述要求出发三次运行一个周期后停下来；

e. 根据需要，小车能重复上述过程不停地运行下去，直到按下停止按钮。

设计要求：按 PLC 控制系统设计的步骤进行完整的设计。

配套课件

项目9 多种液体混合控制

项目 9　多种液体混合控制

(1) 项目导入

在炼油、化工、制药等行业中，多种液体混合是必不可少的工序，而且也是其生产过程中十分重要的组成部分。但由于这些行业中多为易燃易爆、有毒有腐蚀性的介质，以致现场工作环境十分恶劣，不适合人工现场操作。另外，生产要求该系统要具有混合精确、控制可靠等特点，这也是人工操作和半自动化控制所难以实现的。以 PLC 为核心的多种液体混合控制装置可以取代人工自动控制配比、搅拌、加热等生产设备，还可以提升系统的可靠性和免于维护性，还提升产品生产效率，缩短生产设计周期，可为企业获取更多的经济效益。

多种液体自动混合装置包括储液罐、液位控制装置和搅拌装置。液位控制装置包括设置于储液罐内的液位传感器和进、出料管道，进料管道设在储液罐上部，出料管道设在储液罐底部，进料管道和出料管道上均设有电磁阀；搅拌装置设在储液罐底部中间，搅拌装置包括搅拌电动机和搅拌桨。液位传感器、电磁阀、驱动电动机的电气控制部分与 PLC 系统相连。本项目采用 PLC 实现多种液体混合装置控制，主要内容包括液位信号检测和液位值标度变换等。

(2) 项目目标

知识目标

① 了解 S7-1200 PLC 模拟量模块。

② 掌握模拟量、函数与函数块的应用。

③ 掌握 TIA 博途软件编程方法。

能力目标

① 能根据控制要求，正确绘制 PLC 接线图。

② 能够正确选用合适指令，完成多液体混合控制系统程序设计。

素质目标

① 养成发现问题、解决问题的良好习惯。

② 培养发现规律、举一反三意识。

9.1 基础知识

9.1.1 编程方法

TIA 博途软件有三种编程方法，如图 9-1 所示。基于这些方法，可以选择最适合的应用程序设计方法。

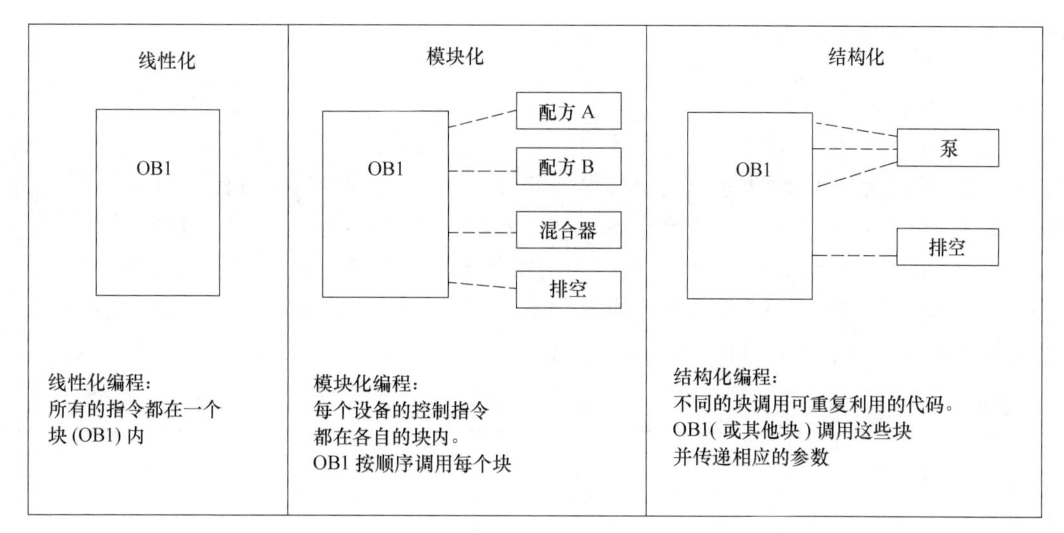

图 9-1　程序结构

（1）线性化编程

线性化编程就是将整个程序放在循环控制组织块 OB1 中，CPU 循环扫描执行 OB1 中的全部指令。所有的指令都在一个块内，此方法适于单人编写程序的工程。由于仅有一个程序文件，软件管理的功能相对简单。但是，由于所有的指令都在一个块内，每个扫描周期所有的程序都要执行一次，即使程序的某些部分并没有使用。此方法没有有效地利用 CPU。另外，如果在程序中有多个设备，其指令相同，但参数不同，将只得用不同的参数重复编写这部分程序。

（2）模块化编程

模块化编程是把程序分成若干个程序块，每个程序块含有一些设备和任务的逻辑指令。在组织块（OB1）中的指令决定控制程序的模块的执行。模块化编程功能（FC），它们控制着不同的过程任务。

在模块化编程中，在主循环程序和被调用的块之间仍没有数据的交换。但是，每个功能区被分成不同的块。这样就易于几个人同时编程，而相互之间没有冲突。另外，把程序分成若干小块，将易于对程序调试和查找故障。OB1 中的程序包含有调用不同块的指令。由于每次循环中不是所有的块都执行，只有需要时才调用有关的程序块，这样，CPU 将更有效地得到利用。一些用户对模块化编程不熟悉，开始时此方法看起来没有什么优点，但是，一旦理解了这个技术，编程人员将可以编写更有效和更易于开发的程序。

（3）结构化编程

结构化程序把过程要求的类似或相关的功能进行分类，并试图提供可以用于几个任务的通用解决方案。向指令块提供有关信息（以参数形式），结构化程序能够重复利用这些通用模块。

结构化编程方式不需要重复这些指令，然后对不同的设备代入不同的地址，可以在一个块中写程序，用程序把参数（例如：要操作的设备或数据的地址）传给程序块。这样，可以写一个通用模块，更多的设备或过程可以使用此模块。当使用结构化编程方法时，需要管理程序存储和使用数据。

9.1.2 块的概述

（1）块的简述

在工业控制中，程序往往是非常庞大和复杂的，采用块的概念便于大规模的设计和程序阅读及理解，还可以设计标准化的块程序进行重复调用，使程序结构清晰明了、修改方便、调试简单。采用块结构显著地增加了 PLC 程序的组织透明性、可理解性和易维护性。

S7-1200 同 S7-300/400 一样，编程采用块的概念，即将程序分解为独立的、自成体系的各个部件，块类似于子程序的功能，但类型更多，功能更强大。各种块的简要说明，如表 9-1 所示，其中 OB、FB、FC 都包含代码，统称为代码（Code）块。

表 9-1　程序块介绍

块	简要描述
组织块(OB)	操作系统与用户程序的接口,决定用户程序的结构
功能块(FB)	用户编写的包含经常使用的功能的子程序,无专用的存储区
功能(FC)	用户编写的包含经常使用的功能的子程序,有专用的存储区(即背景数据块)
背景数据块(DB)	用于保存 FB 的输入、输出/输入输出和静态变量
全局数据块(DB)	用于存储程序数据,其数据格式由用户定义

（2）块的结构

块由变量声明表和程序组成。每个逻辑块都有变量声明表，变量声明表是用来说明块的局部数据。而局部数据包括参数和局部变量两大类。在不同的块中可以重复声明和使用同一局部变量，因为它们在每个块中仅有效一次。

局部变量包括两种：静态变量和临时变量。

参数是在调用块与被调用块之间传递的数据，包括输入、输出和输入/输出变量。

如图 9-2 所示为块调用的分层结构的一个例子，组织块 OB1（主程序）调用函数块 FB1，FB1 调用函数块 FB10，组织块 OB1（主程序）调用函数块 FB2，函数块 FB2 调用函数 FC5，函数 FC5 调用函数 FC10。

表 9-2　为局部数据声明类型

名称	类型	描述
输入	Input	为调用模块提供数据,输入给逻辑模块
输出	Output	从逻辑模块输出数据结果
输入/输出	In/Out	参数值既可以输入,也可以输出
静态变量	Static	静态变量存储在背景数据块中,块调用结束后,变量被保留
临时变量	Temp	临时变量存储 L 堆栈中,块执行结束后,变量消失

9.1.3 函数、数据块和函数块

（1）函数（FC）

① 函数（FC）的介绍。函数（Function，简称 FC）是用户编写的子程序。它包含完成特定任务的代码和参数。函数没有固定的存储区，函数执行结束后，其临时变量中的数

据就丢失了。

可以在程序的不同位置多次调用同一个 FC，这样可以简化重复执行的任务的编程。

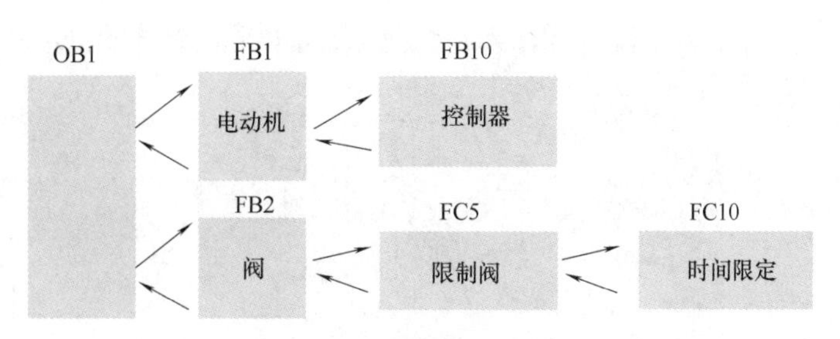

图 9-2　块调用的分层结构

② 函数（FC）的应用。创建函数（FC）的步骤是：先建立一个项目，再在 TIA 博途软件项目视图的项目树中，选中“已经添加的设备”（如：PLC_1）→“程序块”→“添加新块”，即可弹出要插入函数的界面。以下用 2 个例题讲解函数（FC）的应用。

【应用案例 1】 电动机的启停控制。

① 新建一个项目，本例为“启停控制”。在 TIA 博途软件项目视图的项目树中，选中并单击已经添加的设备“PLC_1”→“程序块”→“添加新块”，如图 9-3 所示，弹出添加块界面。

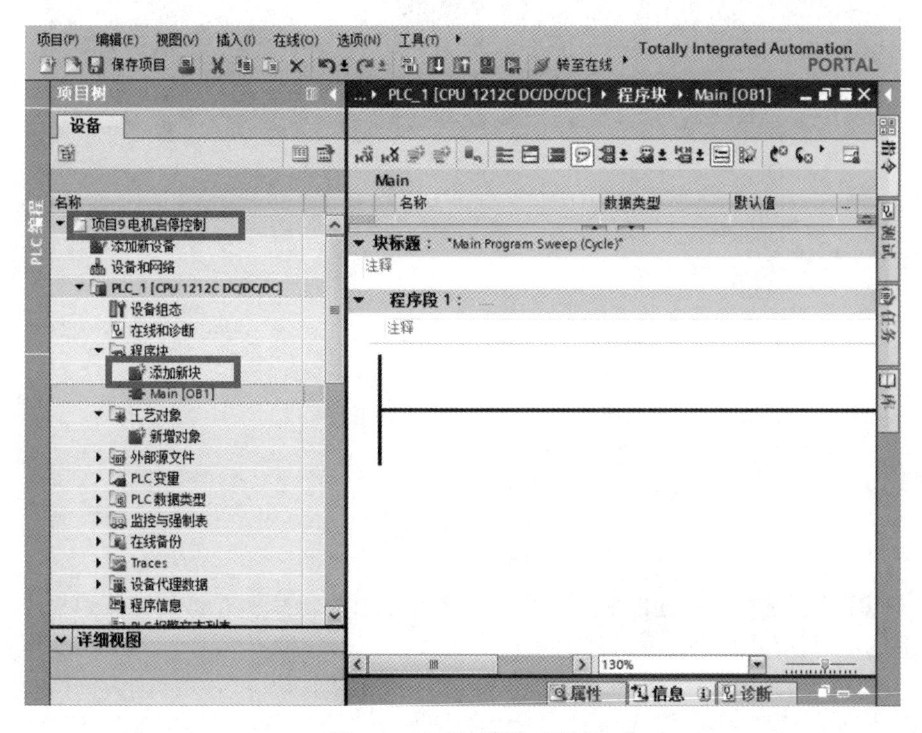

图 9-3　打开“添加新块”

② 如图 9-4 所示，在“添加新块”界面中，选择创建块的类型为“函数”，再输入函数的名称（本例为启停控制），之后选择编程语言（本例为 LAD），最后单击“确定”按钮，弹出函数的程序编辑器界面。

③ 在“程序编辑器”中，输入如图 9-5 所示的程序，此程序能实现启停控制，再保存程序。

④ 在 TIA 博途软件项目视图的项目树中，双击“Main [OB1]”，打开主程序块

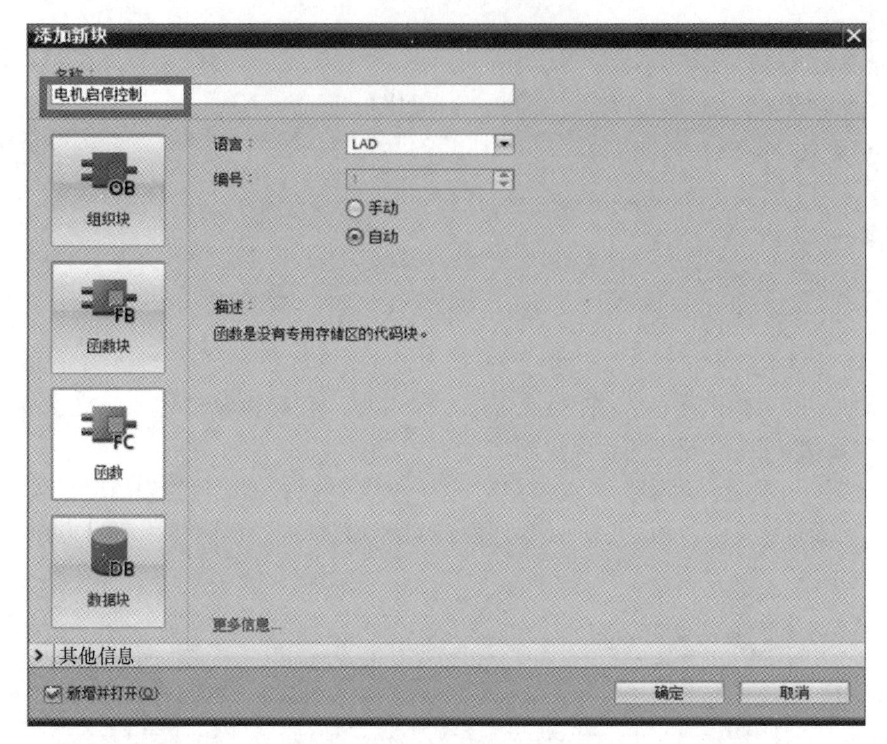

图 9-4　添加函数（FC）块

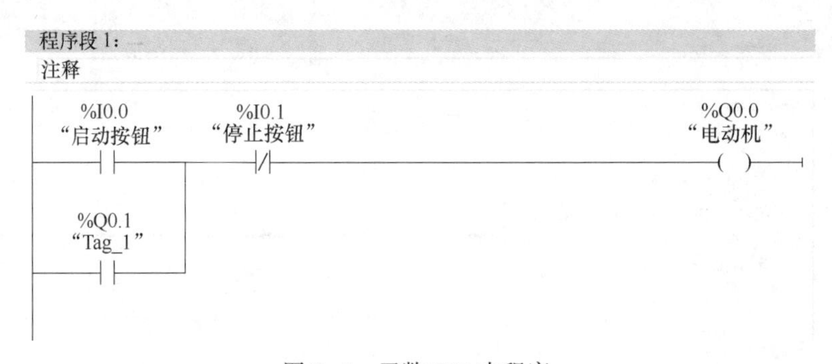

图 9-5　函数 FC1 中程序

"Main [OB1]"，选中新创建的函数"电机启停控制 [FC1]"，并将其拖拽到程序编辑器中，如图 9-6 所示。至此，项目创建完成。

在应用案例 1 中，只能用 I0.0 实现启动，用 I0.1 实现停止，这种函数调用方式是绝对调用，显然灵活性不够，应用案例 2 将用参数调用。

【应用案例 2】 用函数实现电动机的启停控制。

①、② 步与应用案例 1 相同，在此不再重复讲解。

③ 在 TIA 博途软件项目视图的项目树中，双击函数块"启停控制"，打开函数，弹出"程序编辑器"界面，先选中 Input（输入参数），新建参数"Start"和"Stop 1"，数据类型为"Bool"。再选中 In Out（输入/输出参数），新建参数"Motor"，数据类型为"Bool"，如图 9-7 所示。最后在程序段 1 中输入程序，如图 9-8 所示，注意参数前都要加"#"。

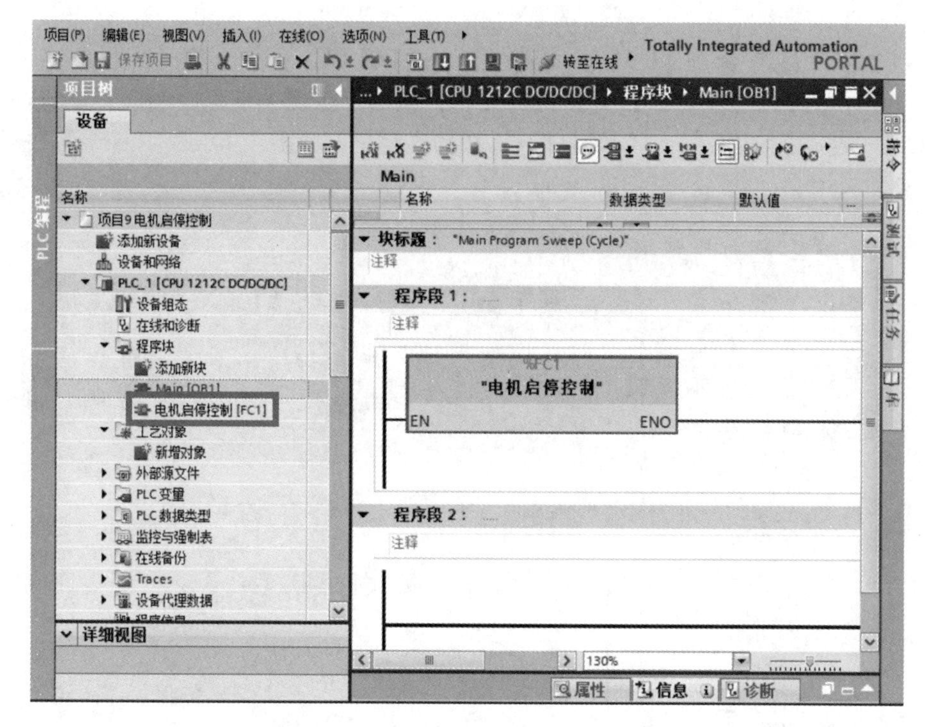

图 9-6　在主程序 OB1 中调用 FC1 函数

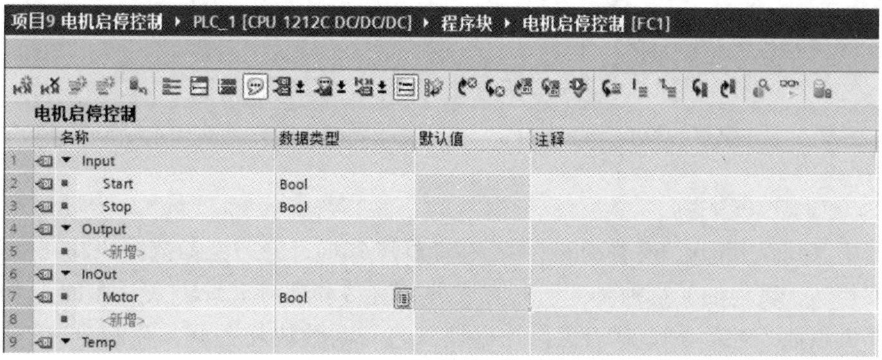

项目9 电机启停控制 ▸ PLC_1 [CPU 1212C DC/DC/DC] ▸ 程序块 ▸ 电机启停控制 [FC1]

电机启停控制

	名称	数据类型	默认值	注释
1	▼ Input			
2	▪ Start	Bool		
3	▪ Stop	Bool		
4	▼ Output			
5	▪ <新增>			
6	▼ InOut			
7	▪ Motor	Bool		
8	▪ <新增>			
9	▼ Temp			

图 9-7　新建输入/输出参数

程序段 1：

注释

#Start　#Stop　#Motor

#Motor

图 9-8　函数 FC1 程序

④ 在 TIA 博途软件项目视图的项目树中，双击“Main［OB1］”，打开主程序块“Main［OB1］”，选中新创建的函数“启停控制［FC1］”，并将其拖拽到程序编辑器中，如图 9-9 所示。如果将整个项目下载到 PLC 中，就可以实现“启停控制”。这个程序的函数“FC1”的调用比较灵活，启动不只限于 I0.0，停止不只限于 I0.1，在编写程序时，可以灵活分配应用。

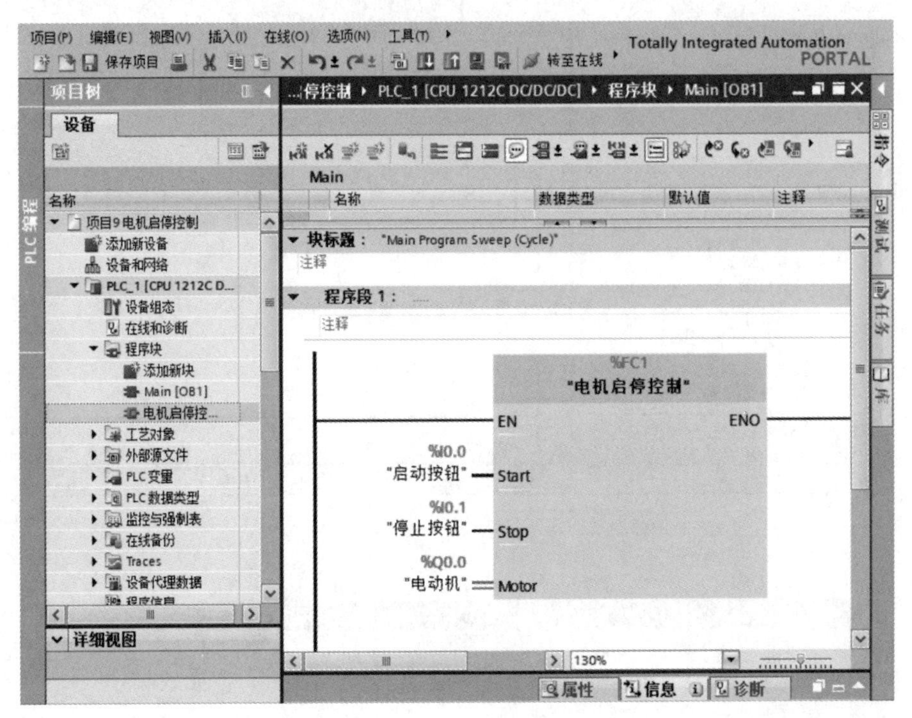

图 9-9　在 Main［OB1］中调用函数 FC1

（2）数据块（DB）

数据块（Data Block，简称 DB）用于存储程序数据，分为全局数据块和背景数据块。数据块就相当于其他的变量地址，访问方式分为直接和间接寻址方式。在创建 DB 块时，如果需要可以插入建好的。对于背景数据块，它与函数块相关联，存储 FB 的输入、输出、输入/输出、静态变量的参数，其变量只能在 FB 中定义，不能在背景数据块中直接创建，程序中调用 FB 时，可以分配一个创建的背景 DB，也可以直接定义一个新的 DB 块，该 DB 块将自动生成并作为这个 FB 的背景数据块。

① 全局数据块。全局数据块中存放的变量在全局范围内有效，任何函数或者函数块都可以访问，并且在 CPU 的整个循环周期内有效，不会因为函数或函数块执行结束而被释放。与添加函数和函数块类似，在博途环境下，双击项目树“程序块”→“添加新块”可以添加数据块，如图 9-10 所示。

可在新添加的全局数据块中添加变量如图 9-11 所示。

默认情况下，新添加的全局数据块是经过优化处理的。这种优化的数据块提高了访问效率与存储区利用率，但只能通过符号寻址，不支持地址偏移的方式进行绝对寻址。有时候在实际项目中，需要用到绝对地址寻址，比如一台设备通过 S7 通信访问另一台设备的

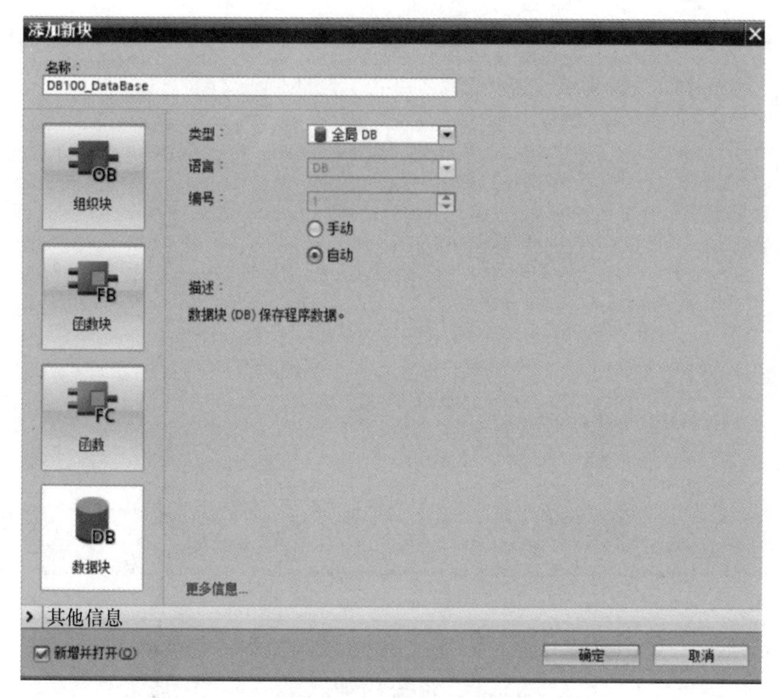

图 9-10　添加数据块

保持实际值　快照　将快照值复制到起始值中　将起始值加载为实际值

DB100_DataBase

	名称	数据类型	起始值	保持	可从 HMI/...	从 H...	在 HMI ...	设定值	注释
1	▼ Static			☐	☐	☐	☐	☐	
2	Start	Bool	false	☐	☑	☑	☑	☐	启动信号
3	Stop	Bool	false	☐	☑	☑	☑	☐	停止信号
4	Motor	Bool	false	☐	☑	☑	☑	☐	电动机

图 9-11　新添加的全局数据块

数据。这种情况下，需要取消数据块的优化。方法如下。在项目树中找到该数据块，右键单击找到“属性”，在弹出的“属性”对话框中，取消勾选“优化的块访问”，如图 9-12 和图 9-13 所示。

数据块的优化取消后会在原来的基础上增加“偏移量”一栏，如图 9-14 所示。

偏移量用来指示数据块中的变量在数据块中的存储位置。有了偏移量，就可以通过直接寻址来访问该变量。如图 9-14 所示，“偏移量”一栏全是“...”，没有具体的数。这是因为从优化的块转变过来，还需要进行编译。选中数据块并单击工具栏中的“编译”按钮，编译完成后，数据块会显示具体的偏移量，如图 9-15 所示。

② 背景数据块。背景数据块是专属于某个函数块的数据块。背景数据块中存放函数块的形参（输入、输出、输入/输出）及静态变量。函数块中形参或者静态变量发生改变，经编译后，背景数据块中的数据就会发生改变。图 9-16 是函数块 FB100_Valve Control 的背景数据块 DB100_Instace Valve Control，该函数块有两个输入参数 open/close，一个输出参数 valve，并且有一个静态变量 StatA，这些全部存放在背景数据块 DB100_Instace Valve Control 中。

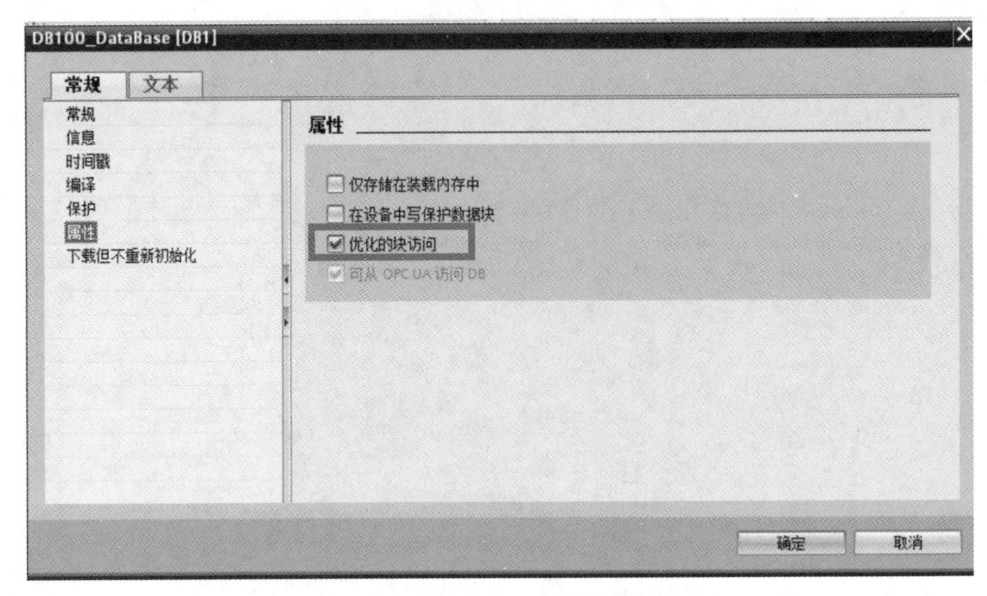

图 9-12　取消勾选“优化的块访问”

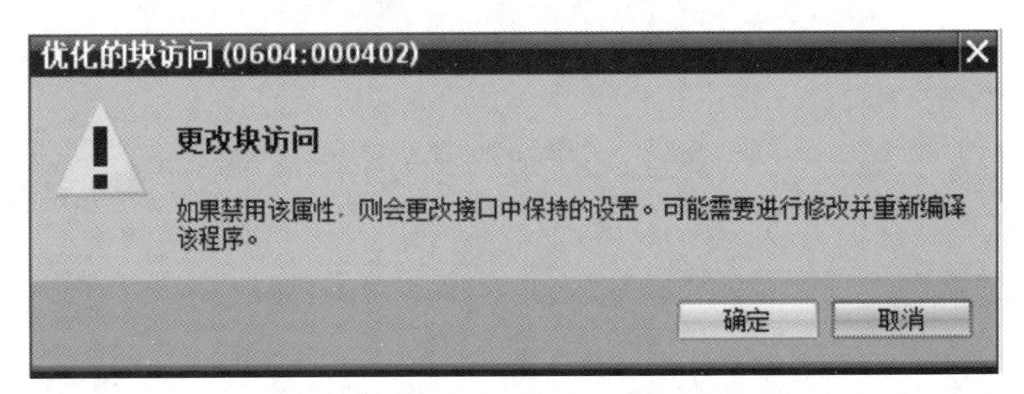

图 9-13　数据块接口已更改，提示需要重新编译

保持实际值　快照　将快照值复制到起始值中　将起始值加载为实际值

DB100_DataBase

	名称	数据类型	偏移量	起始值	保持	可从 HMI/...	从 H...	在 HMI ...	设定值	注释
1	▼ Static				☐	☐	☐	☐	☐	
2	■ Start	Bool	...	false	☐	☑	☑	☑	☐	启动信号
3	■ Stop	Bool	...	false	☐	☑	☑	☑	☐	停止信号
4	■ Motor	Bool	...	false	☐	☑	☑	☑	☐	电动机

图 9-14　取消优化访问的数据块增加了“偏移量”一栏

S7-1200/1500 编程中使用的背景数据块是经过优化的数据块，不能更改。

③ 多重背景数据块。一般情况下，每个函数块都有一个专属背景数据块。但是如果项目中使用的函数块比较多，那么就需要同等数量的背景数据块。这样会使项目变得看起来比较庞大，过多的背景数据块也不便于管理。这种情况下，可以使用多重背景数据块。

当一个函数块内部调用多个子函数块时，可以将子函数块的专属数据存放到该函数块的背景数据块中，这个存放了多个函数块的背景数据的数据块就称为多重背景数据块。

保持实际值　快照　将快照值复制到起始值中　将起始值加载为实际值

DB100_DataBase

	名称	数据类型	偏移量	起始值	保持	可从 HMI/...	从 H...	在 HMI ...	设定值	注释
1	▼ Static				☐	☐	☐	☐	☐	
2	Start	Bool	0.0	false	☐	☑	☑	☑	☐	启动信号
3	Stop	Bool	0.1	false	☐	☑	☑	☑	☐	停止信号
4	Motor	Bool	0.2	false	☐	☑	☑	☑	☐	电动机

常规　交叉引用　编译　语法

显示所有消息

编译完成（错误：0；警告：0）

路径	说明	转至	?	错误	警告	时间
▼ PLC_1		↗		0	0	17:18:13
▼ 程序块		↗		0	0	17:18:13
DB100_DataBase (DB1)	块已成功编译。	↗				17:18:13
	编译完成（错误：0；警告：0）					17:18:16

图 9-15　编译数据块

保持实际值　快照　将快照值复制到起始值中　将起始值加载为实际值

DB100_Instace Valve Control

	名称	数据类型	起始值	保持	可从 HMI/...	从 H...	在 HMI ...	设定值
1	▼ Input			☐	☐	☐	☐	☐
2	open	Bool	false	☐	☑	☑	☑	☐
3	close	Bool	false	☐	☑	☑	☑	☐
4	▼ Output			☐	☐	☐	☐	☐
5	value	Bool	false	☐	☑	☑	☑	☐
6	InOut			☐	☐	☐	☐	☐
7	▼ Static			☐	☐	☐	☐	☐
8	StatA	Bool	false	☐	☑	☑	☑	☐

图 9-16　背景数据块示例

举例如下：

函数块 FB1 的背景数据块是 DB1，在其内部调用函数块 FB100 和函数块 FB200。如果将 FB100 和 FB200 的背景数据也存放到 DB1 中，那么 DB1 就是多重背景数据块，如图 9-17 所示。

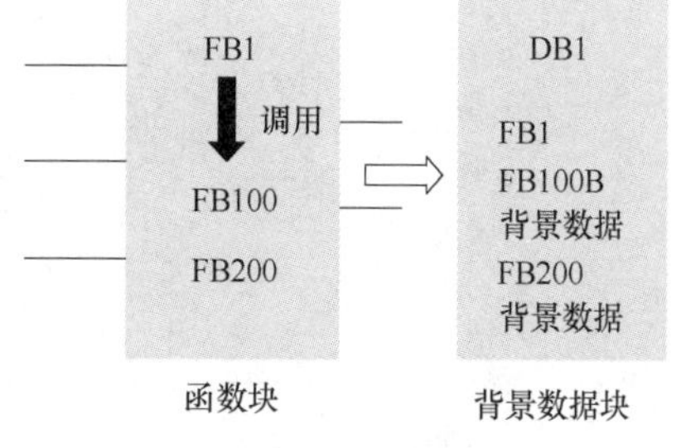

图 9-17　多重背景数据块

（3）函数块（FB）

函数块（Function Block，简称 FB）也称为“功能块”，英文名称 Function Block，简写为 FB。与函数（FC）不同，函数块（FB）有专用的数据存储区。这个数据存储区被称为“背景数据块”。在调用函数块时，必须指明其背景数据块。

博途环境下可以通过添加新块的方法添加函数块（图 9-9）。与函数（FC）类似，函数块（FB）也可以声明形参。函数块的形参（输入、输出、输入/输出）保存在背景数据块中，每一个形参都有其默认值。在调用函数块时，如果该形参没有赋实参，则操作系统会使用其默认值作为实参，这与函数（FC）是不同的。调用函数（FC）时必须为所有的形参赋实参。函数块（FB）中也可以声明临时变量、常量等，另外还可以声明静态变量。静态变量的数据存放在函数块（FB）的背景数据块中，函数块执行完毕后其数据依然保留，不会释放。

以下用一个例子来说明函数块（FB）的应用。

【应用案例】 单台电机的星-三角启动。

星-三角启动电气原理图如图 9-18 和图 9-19 所示。注意停止按钮接常闭触点。星-三角启动的项目创建如下。

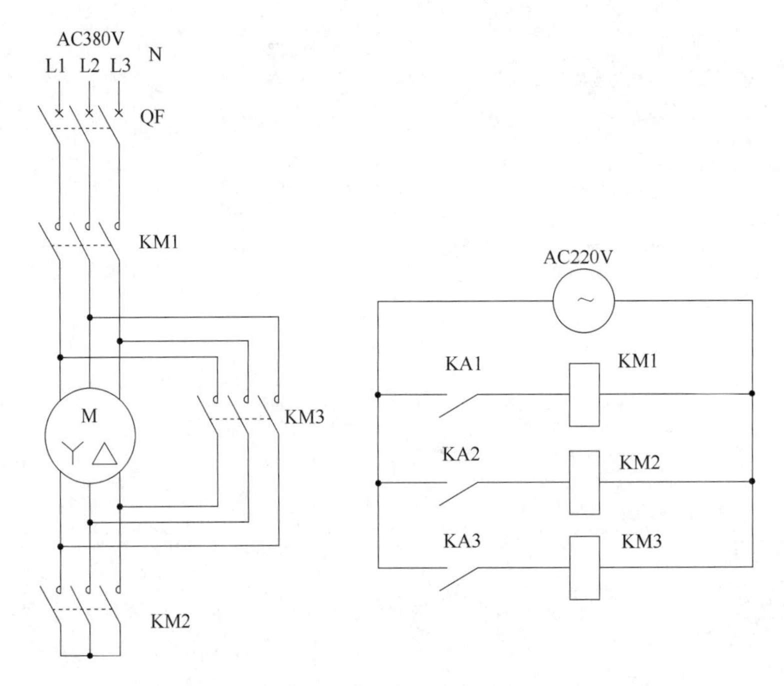

图 9-18　主回路原理图

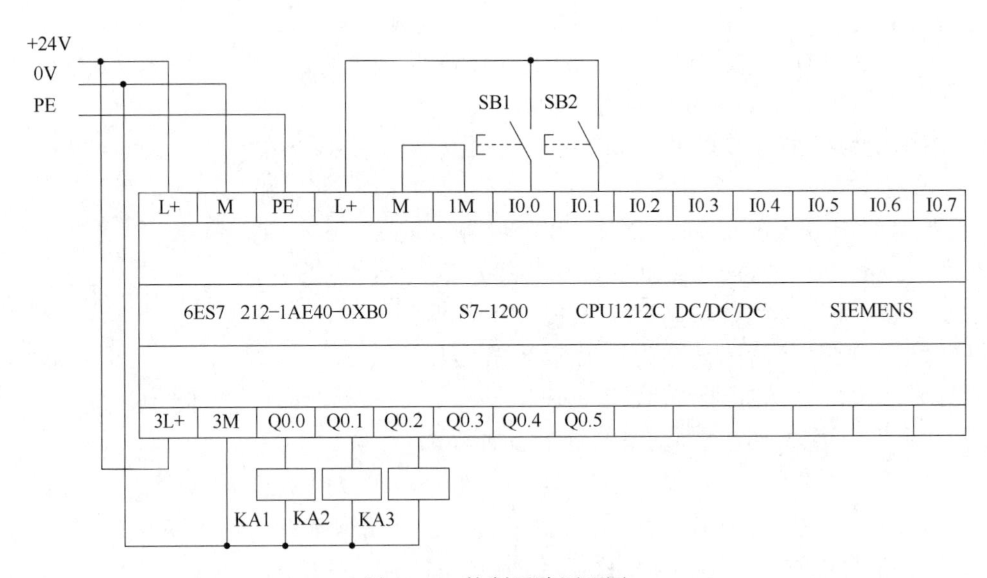

图 9-19　控制回路原理图

① 新建一个项目，本例为“星-三角启动”，如图 9-20 所示，在项目视图的项目树中，选中并单击“新添加的设备”（本例为 PLC_1）→“程序块”→“添加新块”，弹出界面“添加新块”。

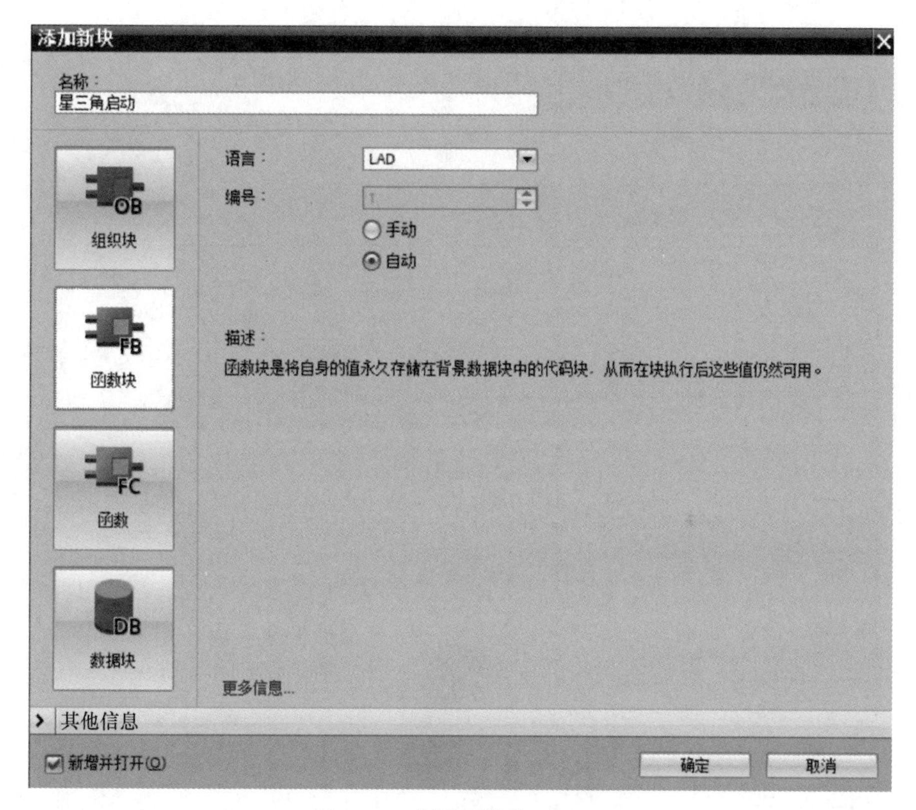

图 9-20　创建函数块（FB1）

② 在接口“Input”中，新建 4 个变量，如图 9-21 所示，注意变量的类型。注释内容可以空缺，注释的内容支持汉字符号。

在接口“Output”中，新建 2 个变量，如图 9-21 所示。

在接口“InOut”中，新建 1 个变量，如图 9-21 所示。

在接口“Static”中，新建 2 个静态变量，如图 9-21 所示，注意变量的类型，同时注意初始值不能为“0”，否则没有星-三角启动效果。

星三角启动

	名称	数据类型	默认值	保持	可从 HMI/...	从 H...	在 HMI ...	设定值
1	▼ Input				☐	☐	☐	☐
2	▪ Start	Bool	false	非保持	☑	☑	☑	☐
3	▪ Stop	Bool	false	非保持	☑	☑	☑	☐
4	▼ Output				☐	☐	☐	☐
5	▪ KM2	Bool	false	非保持	☑	☑	☑	☐
6	▪ KM3	Bool	false	非保持	☑	☑	☑	☐
7	▼ InOut				☐	☐	☐	☐
8	▪ KM1	Bool	false	非保持	☑	☑	☑	☐
9	▼ Static				☐	☐	☐	☐
10	▪ Txing	Time	T#2s	非保持	☑	☑	☑	☐
11	▪ Tsan	Time	T#2s	非保持	☑	☑	☑	☐

图 9-21　在接口中，新建变量

③ 在 FB1 的程序编辑区编写程序，梯形图如图 9-22 所示。

④ 在项目视图的项目树中，双击“Main［OB1］”，打开主程序块“Main［OB1］”，

将函数块“FB1”拖拽到程序段 1，在 FB1 上方输入数据块 DB3，梯形图如图 9-23 所示。将整个项目下载到 PLC 中，即可实现“电动机星-三角启动控制”。

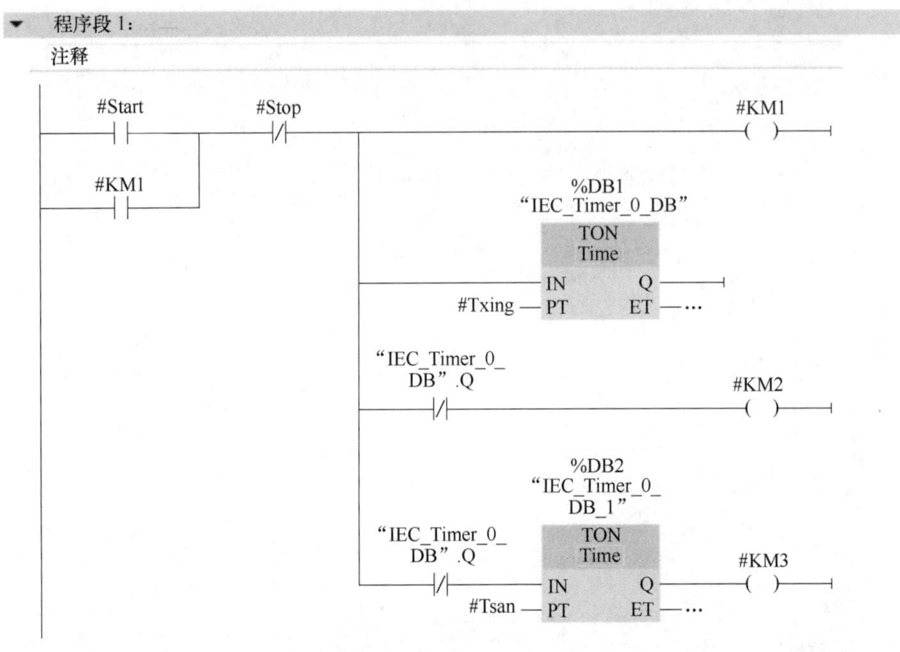

图 9-22 FB1 中梯形图

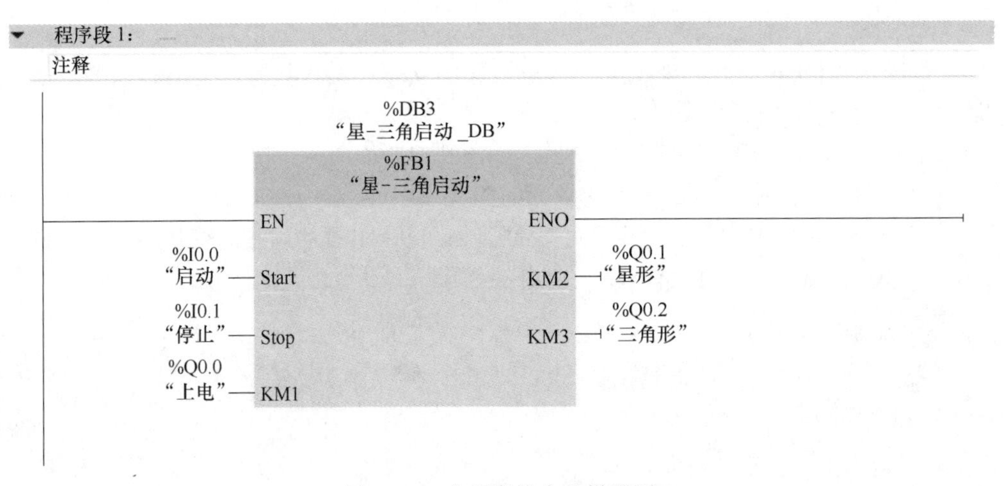

图 9-23 主程序块中的梯形图

9.1.4 模拟量

（1）模拟量指令简述

模拟量是指在时间和数值上都是连续变化的信号，例如电压、如电压、电流、温度、压力、流量、液位等。在工业控制系统中，会经常遇到模拟量，并需要按照一定的控制要求实现对模拟量的采集和控制。

PLC 的 CPU 只能处理数字量信号，如果需要处理工业流程中的模拟量信号，就必须采用 ADC（模/数转换器）来实现转换功能。模/数转换是顺序执行的，也就是说，每一个模拟通道上的输入信号都是轮流被转换的。模/数转换的结果存在结果存储器中，并一直保持到被一个新的转换值所覆盖。

（2）模拟量模块

生产过程中大量连续变化的模拟量，有些是非电量，如温度、压力、流量、液位、速度等，需要利用传感器进行检测，用变送器将非电量转换为标准的模拟量（电压或电流），并将模拟量输送到模拟量输入模块，在模拟量输入模块完成 A/D 转换，生成数字量送到 CPU 进行数据处理。同时，CPU 可以将数字量输送到模拟量输出模块，转换为模拟量，加到执行机构。

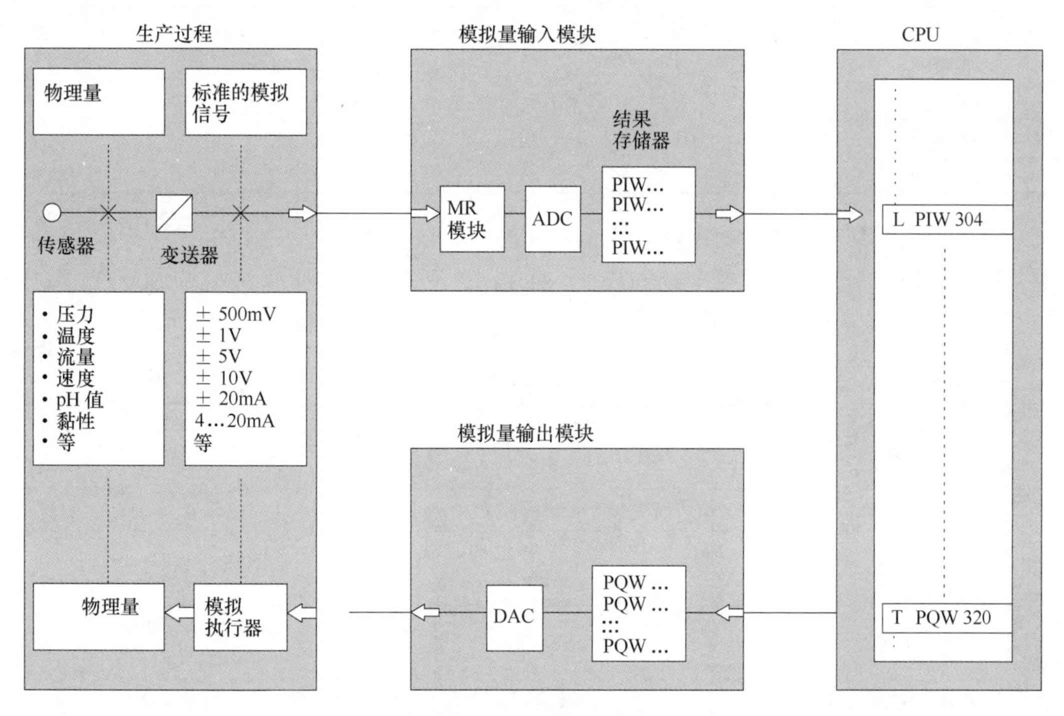

图 9-24　模拟量模块的作用

模拟量模块的作用如图 9-24 所示。具体解释如下：

传感器：测量传感器利用线性膨胀、角度扭转或电导率变化等原理来测量物理量的变化。

变送器：测量变送器将传感器检测到的变化量转换为标准的模拟信号，如：±500mV，±10V，±20mA，4…20mA。这些标准的模拟信号将接到模拟输入模块上。

模数转换器：必须把模拟值转换为数字量，才能被 CPU 处理。模拟输入模块中的 ADC（模数转换器）用来实现转换功能。模数转换是顺序执行的，也就是说每个模拟通道上的输入信号是轮流被转换的。

结果存储器：模数转换的结果存在结果存储器中，并一直保持到被一个新的转换值所覆盖。可用“L PIW…”指令来访问模数转换的结果。

模拟输出：传递指令“T PQW…”用来向模拟输出模块中写模拟量的数值（由用户

程序计算所得），该数值由模块中的 DAC（数模转换器）变换为标准的模拟信号。

模拟执行器：采用标准模拟输入信号的模拟执行器可以直接连接到模拟输出模块上。

① 模拟量输入模块。模拟量输入是将标准的模拟量信号转换为数字量信号以用于 CPU 的计算。S7-1200 PLC 可以通过本体集成的模拟量输入点，或模拟量输入信号板、模拟量输入信号模块将外部模拟量标准信号传送至 PLC 中。

在 S7-1200 各型号 PLC 中，本体均内置了两个模拟量输入点，PLC 本体内置模拟量输入点参数，如表 9-3 所示。

表 9-3　　PLC 本体内置模拟量输入点参数

<table>
<tr><th>PLC 型号</th><th>输入点数</th><th>类型</th><th>满量程范围</th><th>满量程范围(数据字)</th></tr>
<tr><td>CPU1211C</td><td rowspan="5">2</td><td rowspan="5">电压</td><td rowspan="5">0~10V</td><td rowspan="5">0~27648</td></tr>
<tr><td>CPU1212C</td></tr>
<tr><td>CPU1214C</td></tr>
<tr><td>CPU1215C</td></tr>
<tr><td>CPU1217C</td></tr>
</table>

模拟量输入信号板可直接插接到 SIMATIC S7-1200 CPU 中，CPU 的安装尺寸保持不变，所以更换使用方便。主要包括 SB1231 AI 1×12 位 1 路模拟量输入板和 SB1231 AI 1×16 位热电耦 1 路热电耦模拟量输入板，模拟量输入信号板参数如表 9-4 所示。

表 9-4　　模拟量输入信号板参数

型号	SB 1231 Al 1×12 位	SB 1231 Al 1×16 位热电耦
输入点数	1	1
类型	电压或电流	浮动 TC 和 mV
范围	±10V、±5V、±2. 5V 或(0~20mA)	配套热电耦
分辨率	11 位+符号位	温度:0. 1℃/0. 1°F 电压:15 位+符号
满量程范围(数据字)	-27648~27648	-27648~27648

模拟量输入信号模块安装在 CPU 右侧的相应插槽中，可提供多路模拟量输入/输出点数：模拟量输入可通过 SM1231 模拟量输入模块或 SM1234 模拟量输入/输出模块提供。模拟量输入模块参数如表 9-5 所示。

表 9-5　　模拟量输入模块参数

<table>
<tr><th>型号</th><th>SM1231
Al4 ×13 位</th><th>SM1231 Al8
×13 位</th><th>SM1231Al4×16 位</th><th>SM1234Al4×13 位/
AQ2×14 位</th></tr>
<tr><td>输入点数</td><td>4</td><td>8</td><td>4</td><td>4</td></tr>
<tr><td>类型</td><td colspan="4">电压或电流(差动)</td></tr>
<tr><td>范围</td><td colspan="2">±10V、±5V、±2. 5V
0~20mA 或 4~20mA</td><td>±10V、±5V、+2. 5V、±1. 25V
0~20mA 或 4~20mA</td><td>±10V、±5V、±2. 5V
0~20mA 或 4~20mA</td></tr>
<tr><td>满量程范围(数据字)</td><td colspan="4">电压:-27648~27648
电流:0~27648</td></tr>
</table>

模拟量经过 A/D 转换后的数字量，在 S7-1200 CPU 中以 16 位二进制补码表示，其中最高位（第 15 位）为符号位。如果一个模拟量模块精度小于 16 位，则模拟转换的数值将左移到最高位后，再保存到模块中。例如，某一模块分辨率为 13 位（符号位+12 位），则低三位被置零，即所有数值都是 8 的倍数。

西门子 PLC 模拟量转换的二进制数值：单极性输入信号时（如 0~10V 或 4~20mA），对应的正常数值范围为 0~27648（16#0000~16#6C00）；双极性输入信号时（如-10~10V），对应的正常数值范围为-27648~27648。在正常量程区以外，设置过冲区和溢出区，当检测值溢出时，可启动诊断中断。模拟量输入的电压测量范围（CPU）如表 9-6 所示，给出 0~10V 模拟量输入模块的转换值与模拟量之间的对应关系。

表 9-6　　模拟量输入的电压测量范围（CPU）

系统		电压测量范围	
十进制	十六进制	0~10V	
32767	7FFF	11. 852V	上溢
32512	7F00	>11. 759V	
52511	7EFF	(10~11. 759]	过冲范围
27649	6C01		
27648	6C00	10V	额定范围
20736	5100	7. 5V	
34	22	12mV	
0	0	0V	

② 模拟量输出模块。模拟量输出模块是把数字量转换成模拟量输出的 PLC 工作单元，简称 DA（数模转换）单元或 DA 模块。

S7-1200 PLC 将 16 位的数字量线性转换为标准的电压或电流信号，S7-1200 PLC 可以通过本体集成的模拟量输出点，或模拟量输出信号板、模拟量输出模块将 PLC 内部数字量转换为模拟量输出以驱动各执行机构。

在 S7-1200 各型号 PLC 中，CPU1211C、CPU1212C、CPU1214C 本体没有内置模拟量输出；CPU-1215C、CPU1217C 内置了 2 路模拟量输出，PLC 本体内置模拟量输出参数如表 9-7 所示。

表 9-7　　PLC 本体内置模拟量输出参数

PLC 型号	输出点数	类型	满量程范围	满量程范围(数据字)
CPU 1215C	2	电流	0~20mA	0~27648
CPU1217C				

模拟量输出信号板可直接插接到 SIMATIC S7-1200 CPU 中，CPU 的安装尺寸保持不变，所以更换方便。模拟量输出板型号为 SB1232AQ1X12 位，模拟量输出信号板参数如表 9-8 所示。

模拟量输出模块安装在 CPU 右侧的相应插槽中，可提供多路模拟量输出。模拟量输出可通过 SM1232 模拟量输出模块或 SM1234 模拟量输入/输出模块提供。模拟量输出模块参数如表 9-9 所示。

表 9-8　　模拟量输出信号版参数

型号	SB 1232 AQ 1×12 位
输出点数	1
类型	电压或电流
范围	±10V 或 0~20mA
分辨率	电压:12 位;电流:11 位
满量程范围(数据字)	电压:-27648~27648 电流:0~27648

表 9-9　　模拟量输出模块参数

型号	SM1232 AQ 2×14 位	SM1232 AQ 4×14 位	SM1234AI4×13 位/AQ2×14 位
输出点数	2	4	2
类型	电压或电流		
范围	±10V、0~20mA 或 4~20mA		±10V 或 0~20mA
满量程范围(数据字)	电压:-27648~27648 电流:0~27648		

（3）模拟量模块地址分配

模拟量模块以通道为单位，一个通道占一个字（2B）的地址，所以在模拟量地址中只有偶数。S7-1200 PLC 的模拟量模块的系统默认地址为 I/QW 96~I/QW 222。一个模拟量模块最多有 8 个通道，从 96 号字节开始，S7-1200 给每一个模拟量模块分配 16B（8 个字）的地址。N 号槽的模拟量模块的起始地址为（N-2）x16+96，其中 N 大于等于 2。集成的模拟量输入/输出系统默认地址是 I/QW64、I/QW66；信号板上的模拟量输入/输出系统默认地址是 I/QW80。

对信号模块组态时，CPU 将会根据模块所在的槽号，按上述原则自动地分配模块的默认地址。双击设备组态窗口中相应模块，其“常规”属性中都列出每个通道的输入或输出起始地址。

在模块的属性对话框的“地址”选项卡中，用户可以通过编程软件修改系统自动分配的地址，一般采用系统分配的地址，因此没必要死记上述的地址分配原则。但是必须根据组态时确定的 I/O 点的地址来编程。模拟量输入地址的标识符是 IW，模拟量输出地址的标识符是 QW。

（4）标准化指令（NORM_X）及缩放指令（SCALE_X）

① 可以使用“标准化”指令（NORM_X），通过将输入 VALUE 中变量的值映射到线性标尺对其进行标准化。可以使用参数 MIN 和 MAX 定义（应用于该标尺的）值范围的限值。输出 OUT 中的结果经过计算并存储为浮点数，这取决于要标准化的值在该值范围中的位置。如果要标准化的值等于输入 MIN 中的值，则输出 OUT 将返回值“0.0”。如果要标准化的值等于输入 MAX 的值，则输出 OUT 需返回值“1.0”。NORM_X 指令参数如表 9-10 所示。

表 9-10　　　　NORM_X 指令参数

LAD	参数	数据类型	说明
NORM_X Int to Real EN　ENO MIN　OUT VALUE MAX	EN	Bool	允许输入
	OUT	整数、浮点数	归一后的数值
	MAX	整数、浮点数	最大值
	MIN	整数、浮点数	最小值
	VALUE	整数、浮点数	被归一数据

② 可以使用“缩放”指令（SCALE_X），通过将输入 VALUE 的值映射到指定的值范围内，对该值进行缩放。当执行“缩放”指令时，输入 VALUE 的浮点值会缩放到由参数 MIN 和 MAX 定义的值范围。缩放结果为整数，存储在 OUT 输出中。SCALE_X 指令参数如表 9-11 所示。

表 9-11　　　　SCALE_X 指令参数

LAD	参数	数据类型	说明
SCALE_X Real to Real EN　ENO MIN　OUT VALUE MAX	EN	Bool	允许输入
	OUT	整数、浮点数	归一后的数值
	MAX	整数、浮点数	最大值
	MIN	整数、浮点数	最小值
	VALUE	整数、浮点数	被归一数据

（5）模拟量应用示例

① 控制要求。本案例采用 S7-1200 PLC，CPU 型号为 1212CDC/DC/DC，订货号为 6ES7 212-1AE40-0XB0，其内置 2 个模拟量输入点，通过对外部 0~10V 模拟量进行监测，并实现以下功能。

通过滑动变阻器 R，调节模拟量输入值，并通过 5 盏指示灯组合状态显示输入值的范围：当模拟量输入值≥1V 时，HL1（Q0.1）点亮；当模拟量输入值≥3V 时，HL1、HL2（Q0.1、Q0.2）点亮；当模拟量输入值≥5V 时，HL1~HL3（Q0.1、Q0.2、Q0.3）点亮；当模拟量输入值≥7V 时，HL1~HL4（Q0.1、Q0.2、Q0.3、Q0.4）点亮；当模拟量输入值>9V 时，5 盏灯（Q0.1、Q0.2、Q0.3、Q0.4、Q0.5）全部点亮。

② PLC 外部接线图。根据控制要求，PLC 接线图如图 9-25 所示。

③ 程序设计。

a. 新建项目及硬件组态。打开 TIA Portal 软件，新建一个项目，并添加控制器 CPU1212CDC/DC/DC，硬件组态，如图 9-26 所示。

打开 PLC_1 设备视图，并单击右侧“设备视图”箭头，展开“设备概览”界面，可以看到自动分配的模拟量输入通道的地址，模拟量输入通道地址分配如图 9-27 所示。两路模拟量输入地址分别为 IW64（通道 0）和 IW66（通道 1），模拟量输入电压值为 0~10V，对应数字量为 0~27648。

b. 编写程序并调试运行。直接在 Main（OB）块中编写程序。完成后，将程序下载到 PLC 中，进行在线调试。PLC 的模拟量输入程序，如图 9-28 所示。

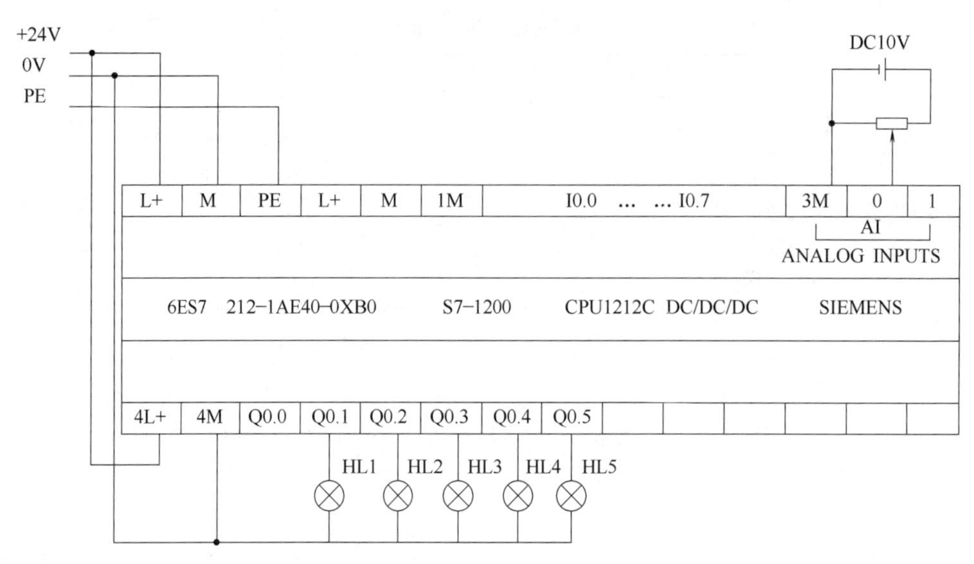

图 9-25　PLC 接线图

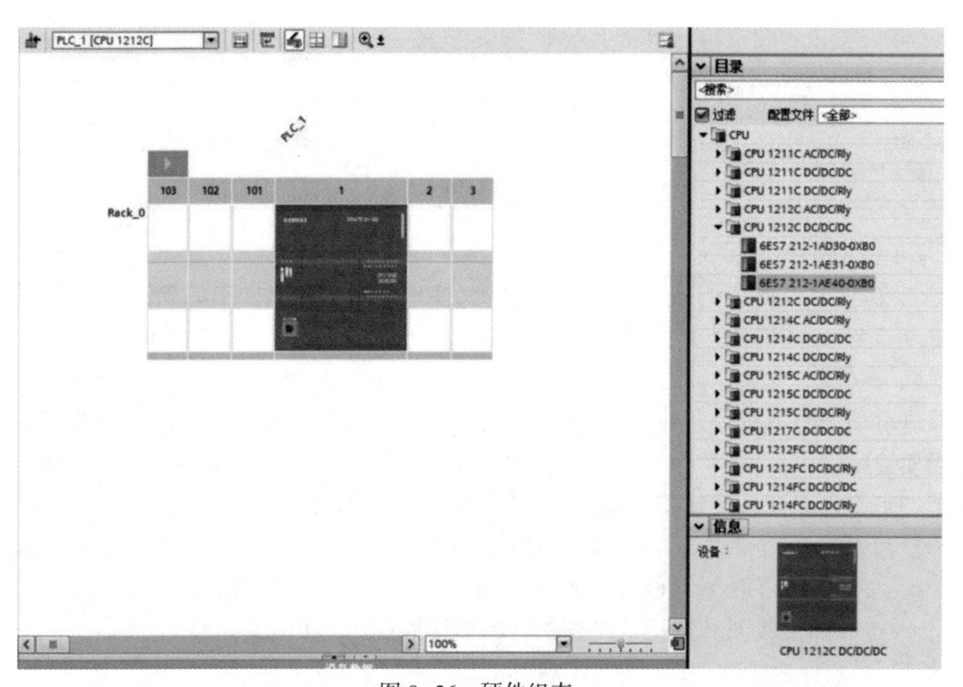

图 9-26　硬件组态

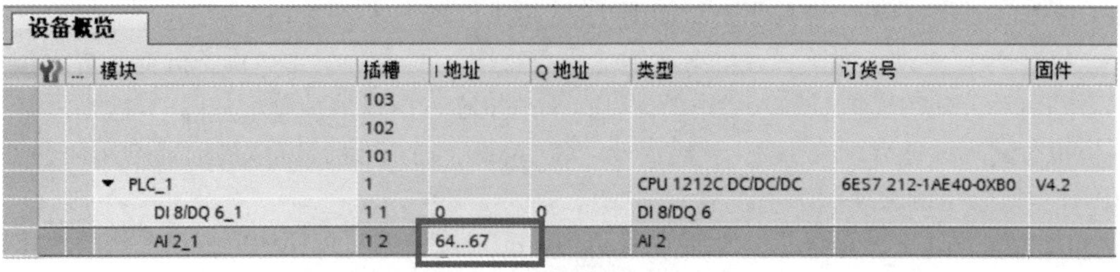

设备概览

	…	模块	插槽	I 地址	Q 地址	类型	订货号	固件
			103					
			102					
			101					
		▼ PLC_1	1			CPU 1212C DC/DC/DC	6ES7 212-1AE40-0XB0	V4.2
		DI 8/DQ 6_1	1 1	0	0	DI 8/DQ 6		
		AI 2_1	1 2	64...67		AI 2		

图 9-27　模拟量输入通道地址分配

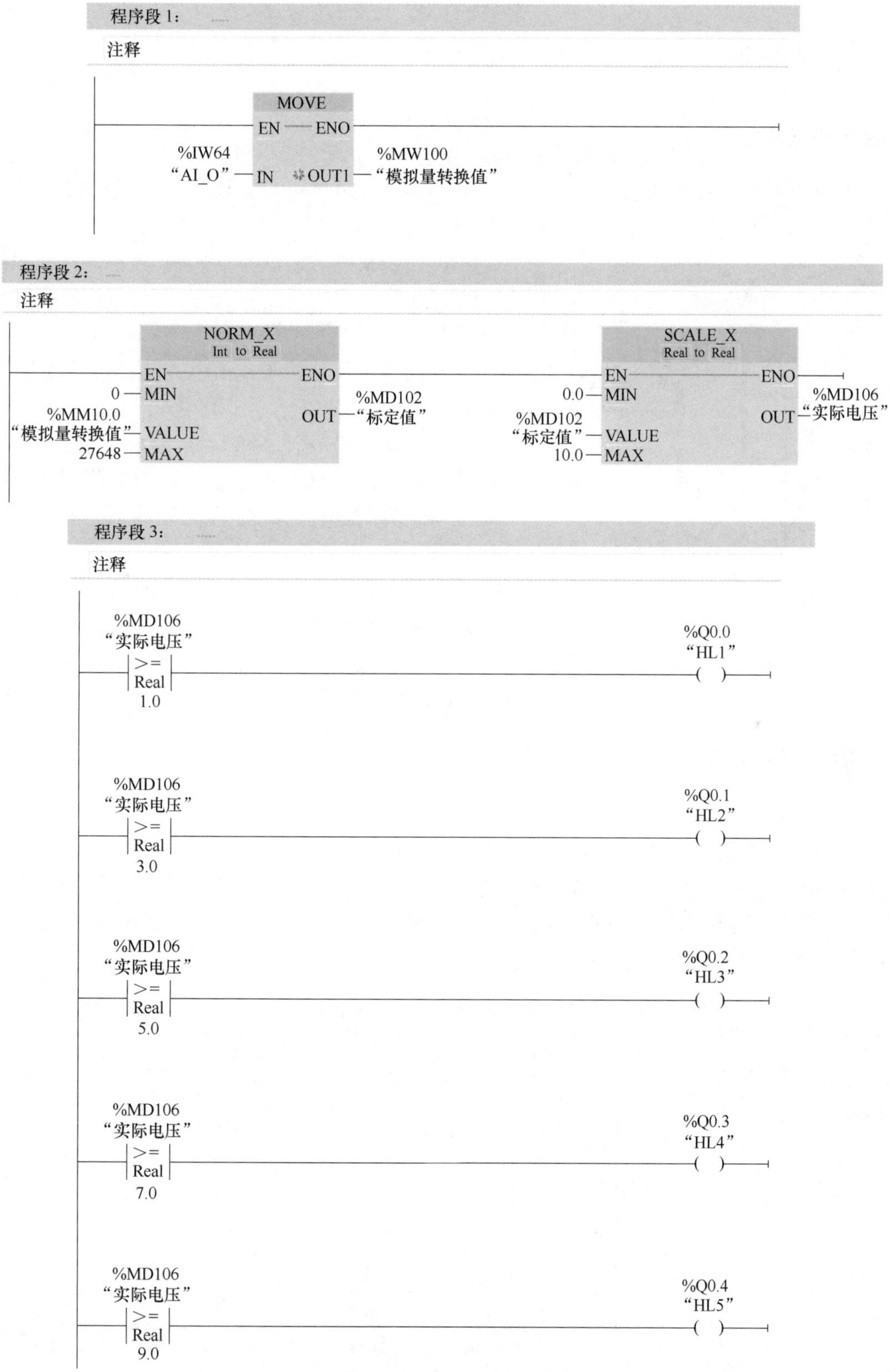

程序段 1：

注释

MOVE
EN — ENO
%IW64 "AI_O" — IN
OUT1 — %MW100 "模拟量转换值"

程序段 2：

注释

NORM_X
Int to Real
EN — ENO
0 — MIN
%MM10.0 "模拟量转换值" — VALUE
27648 — MAX
OUT — %MD102 "标定值"

SCALE_X
Real to Real
EN — ENO
0.0 — MIN
%MD102 "标定值" — VALUE
10.0 — MAX
OUT — %MD106 "实际电压"

程序段 3：

注释

%MD106 "实际电压" >= Real 1.0 — %Q0.0 "HL1" ( )

%MD106 "实际电压" >= Real 3.0 — %Q0.1 "HL2" ( )

%MD106 "实际电压" >= Real 5.0 — %Q0.2 "HL3" ( )

%MD106 "实际电压" >= Real 7.0 — %Q0.3 "HL4" ( )

%MD106 "实际电压" >= Real 9.0 — %Q0.4 "HL5" ( )

图 9-28　PLC 模拟量输入程序

9.2 项目实施

【提出任务】

对某自动生产线上的多种液体混合装置（图 9-29）进行系统设计，具体控制要求如下：

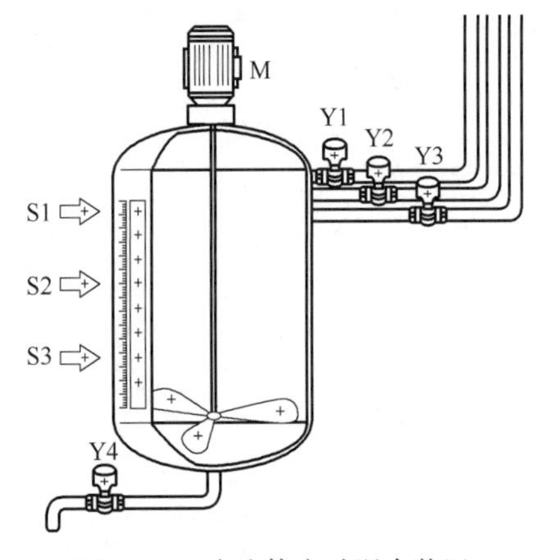

图 9-29 多液体自动混合装置

① 初始状态：容器为空，Y1～Y4 电磁阀和搅拌机均为 OFF，液位传感器 S1～S3 的指示灯均为 OFF。

② 启动运行：按下启动按钮 SB1，开始下列操作：电磁阀 Y1 闭合，开始注入液体 A，至液面高度为 S3 时，停止注入液体 A，同时闭合电磁阀 Y2 注入液体 B，当液面高度为 S2 时，停止注入液体 B，同时闭合电磁阀 Y3 注入液体 C，当液面高度为 S1 时，停止注入液体 C，开启搅拌机 M，搅拌混合时间为 10s；闭合电磁阀 Y4 放出混合液体，至液体高度降为 S3 后，再经 5s 停止放出。

③ 停止操作：按下停止按钮 SB2，电磁阀和搅拌机停止动作。

9.2.1 多种液体混合控制硬件设计

（1）输入/输出地址表

根据任务分析可知，该系统有 2 个数字量输入信号，分别是启动按钮和停止按钮，1 个模拟量输入信号液位传感器信号 S；输出信号有 8 个，分别是电磁阀 Y1、电磁阀 Y2、电磁阀 Y3、电磁阀 Y4、搅拌电动机 M、液位 S1 指示灯、液位 S2 指示灯和液位 S3 指示灯。具体地址分配如表 9-12 所示。

表 9-12　　多种液体混合控制 I/O 地址表

输入信号			输出地址		
绝对地址	符号地址	注释	绝对地址	符号地址	注释
I0.0	SB1	启动按钮	Q0.0	Y1	A 液体电磁阀
I0.1	SB2	停止按钮	Q0.1	Y2	B 液体电磁阀
IW64	S	液位传感器	Q0.2	Y3	C 液体电磁阀
			Q0.3	Y4	混合液体电磁阀
			Q0.4	M	搅拌电机
			Q0.5	S1	液位 S1 指示灯
			Q0.6	S2	液位 S2 指示灯
			Q0.7	S3	液位 S3 指示灯

（2）PLC 硬件接线图

由于 S7-1200 CPU 1212C DC/DC/DC 型号仅包含 8 个输入信号和 6 个输出信号无法满足本项目控制要求，因此采用 S7-1200 中 CPU 型号 1214C DC/DC/DC 的 PLC，包含 14 个输入信号和 10 个输出信号，其订货号为 6ES7 214-1AG40-0XB0，其输入回路和输出回路电压均为 DC24V，其控制电路接线图如图 9-30 所示。

控制系统扩展模块 SM1234 模拟量输入电气接线图如图 9-31 所示，模拟量扩展模块端口“L+”及“M”分别连接 24V 电源正负极，模拟量端口“0+”连接液位传感器信号输出，模拟量端口“0-”连接 24V 电源负极。

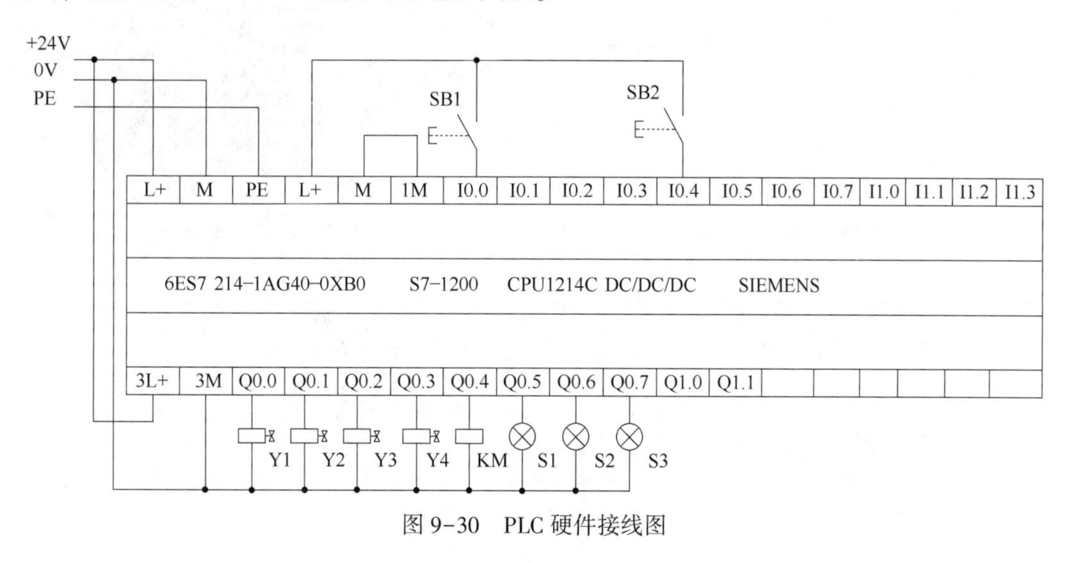

图 9-30 PLC 硬件接线图

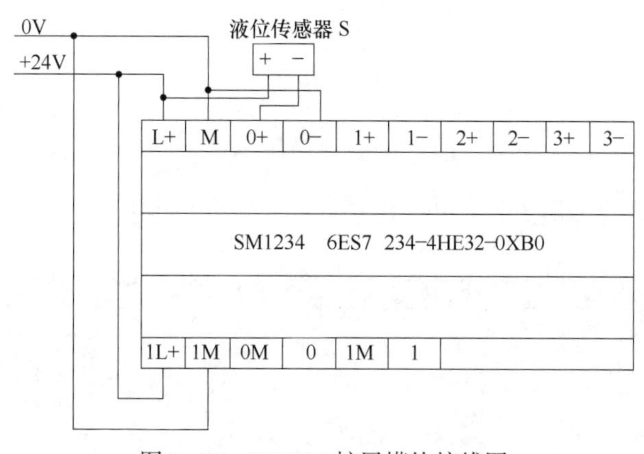

图 9-31 SM1234 扩展模块接线图

（3）硬件配置

硬件配置是从硬件目录中选择 SM1234 扩展模块，如图 9-32 所示。添加扩展模块后的结果，如图 9-33 所示。

如图 9-34 所示，用户可以在硬件组态配置中定义 SM1234 扩展模块的 I/O 地址，地址的范围为 0~1023。

由于现场电磁环境干扰，因此模拟量输入模块会出现数据失真或漂移，这时可以通过滤波属性，如图 9-35 所示，选择使用 10Hz/50Hz60Hz/400Hz 进行滤波，以抗现场的电磁干扰。

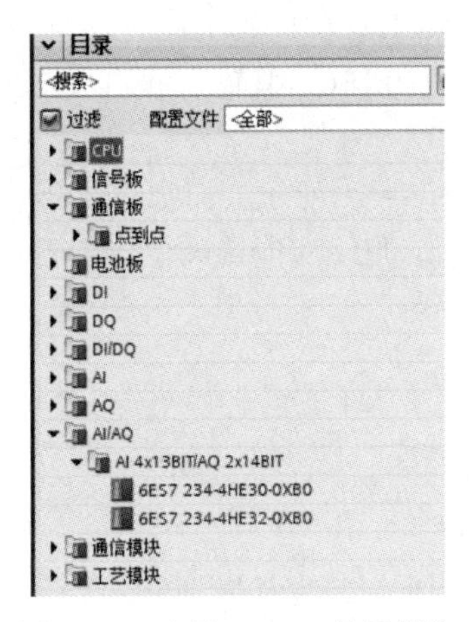

图 9-32　选择 SM1234 扩展模块

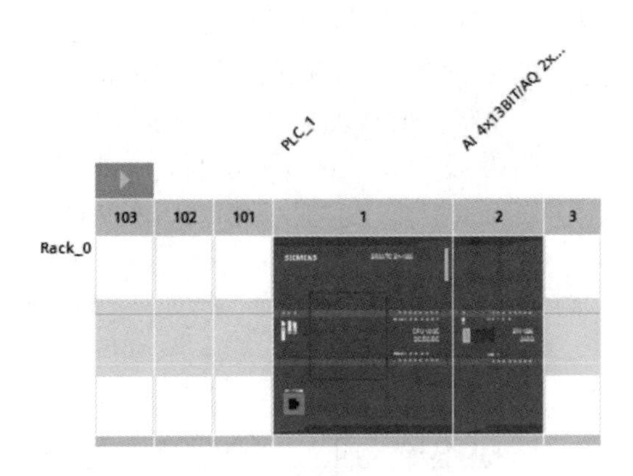

图 9-33　添加扩展模块

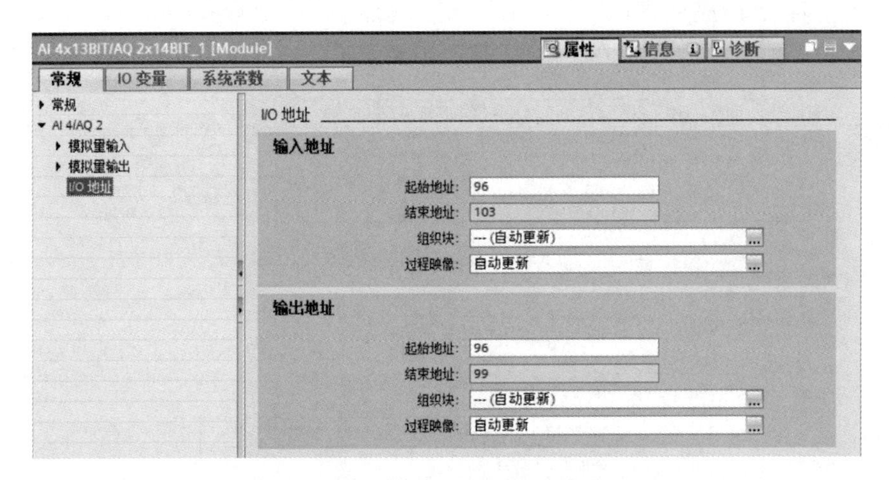

图 9-34　定义 SM1234 扩展模块的 I/O 地址

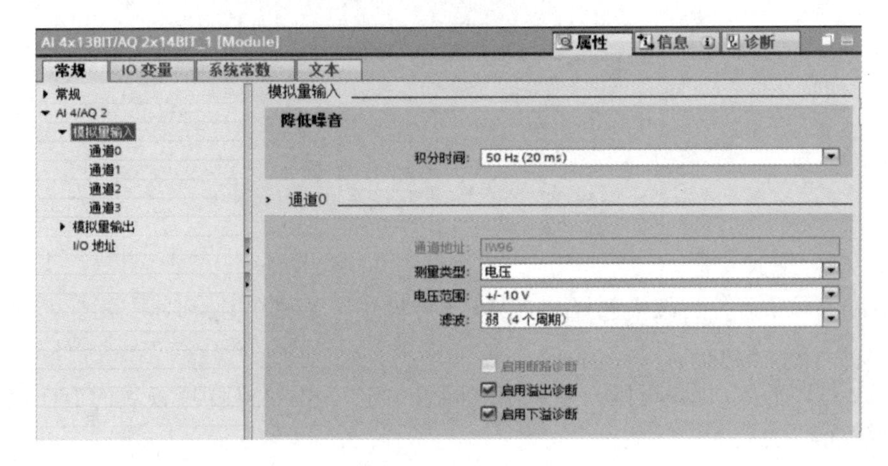

图 9-35　滤波属性

模拟量输入信号的测量类型是电压还是电流可以通过如图 9-36 所示进行设置。

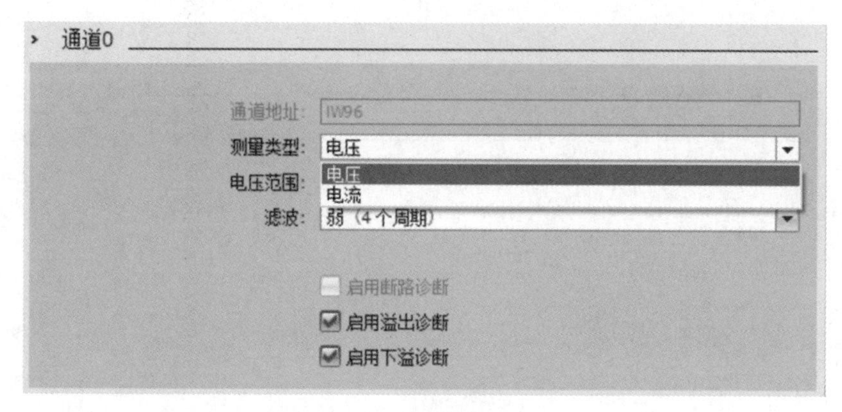

图 9-36　设置测量类型

9.2.2　多种液体混合控制软件设计

编写程序主程序 OB1 梯形图，如图 9-37 所示。上方程序段用于多种液体混合装置的启/停控制。下方程序段用于启动后，调用运行程序和数值转换子程序。

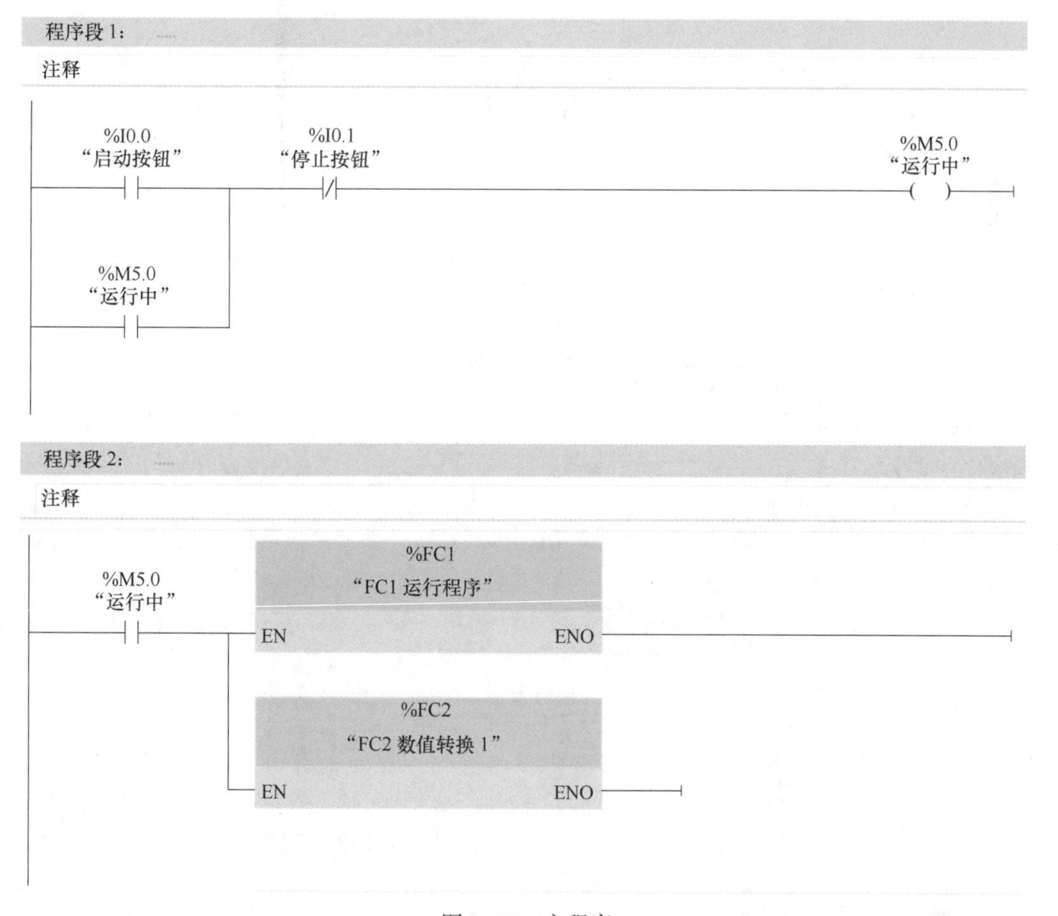

图 9-37　主程序

数值转换子程序，如图 9-38 所示。

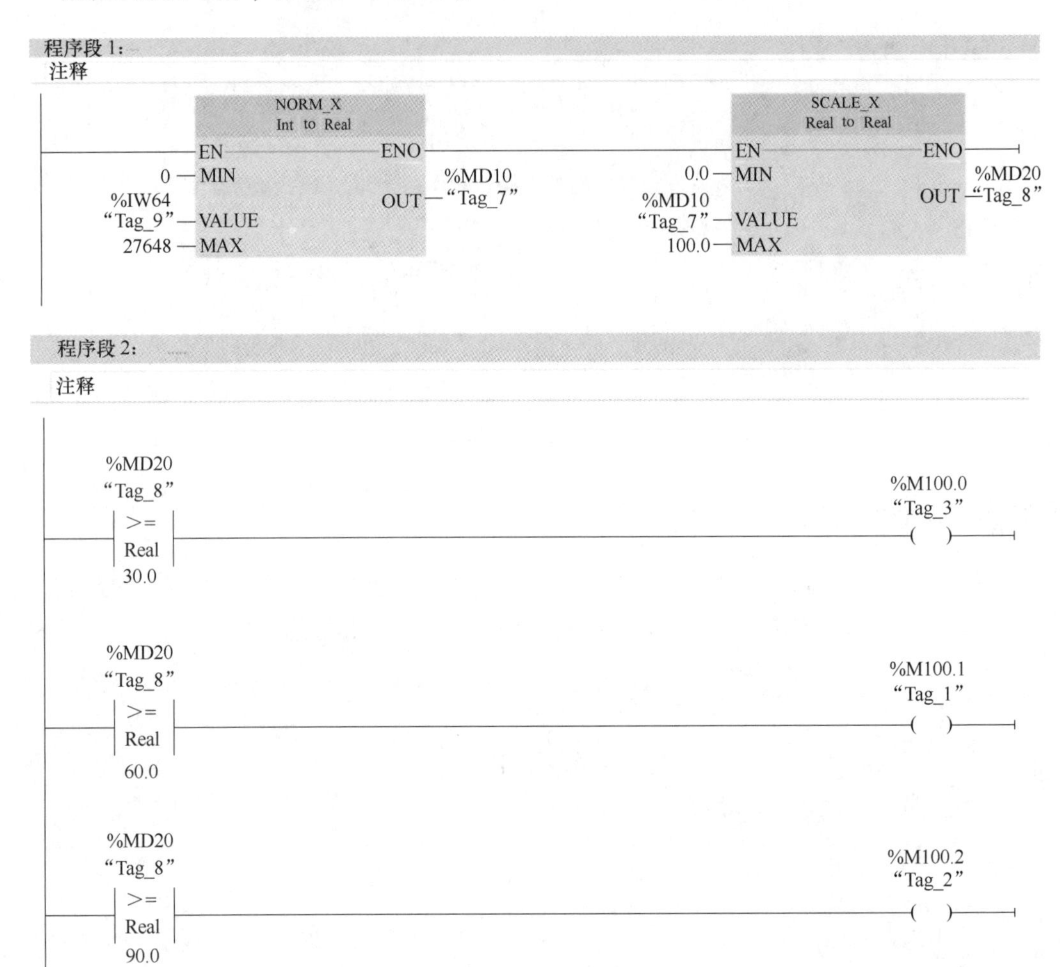

图 9-38　数值转换子程序

运行程序，如图 9-39。

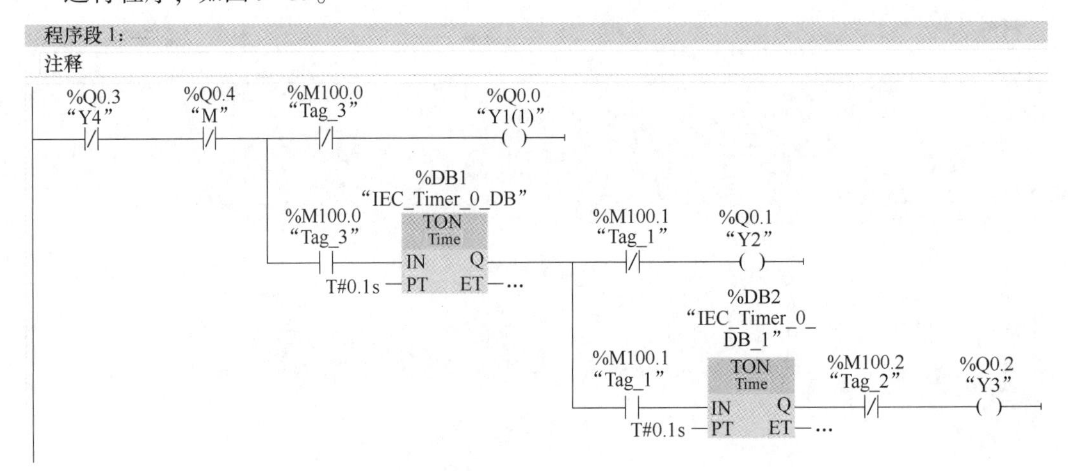

图 9-39　运行程序

程序段 2:

注释

%DB3
"IEC_Timer_0_DB_2"
%M100.2
"Tag_2"
TON
Time
IN Q
T#0.1s — PT ET — ...
%Q0.3
"Y4"
%M5.1
"Tag_4"
%Q0.4
"M"
%Q0.4
"M"
%DB4
"IEC_Timer_0_DB_3"
TON
Time
IN Q
T#10S — PT ET — ...
%M5.1
"Tag_4"
%M5.1
"Tag_4"

程序段 3:

注释

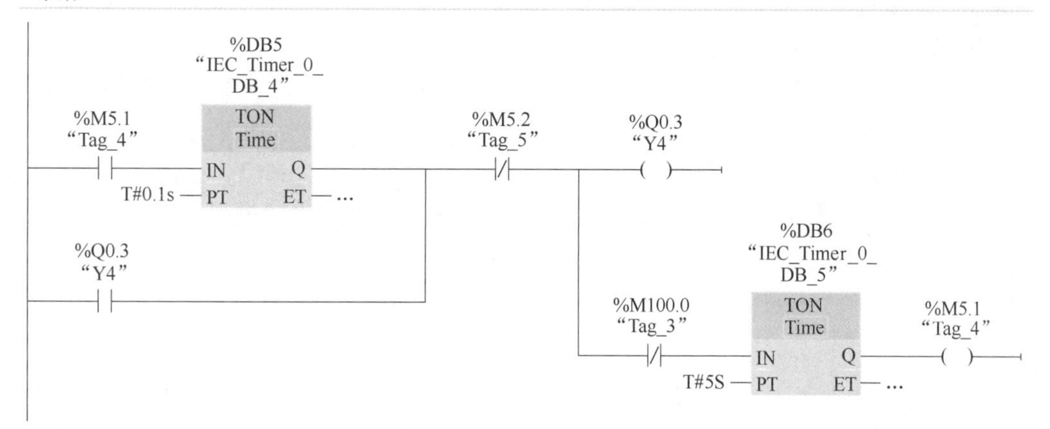

图 9-39　运行程序（续）

知识扩展与思政园地

严谨求实

严谨是一种严肃认真、细致周全、追求完美的工作态度；求实则是通过客观冷静的观察、思考和探求，悟透事物的内在机理，再采取最合适的方法去解决问题的做事原则。“天下难事，必作于易；天下大事，必作于细”。优秀的工匠会用规范、标准和精确对待每一个零件、每一道工序、每一次检测，将“容易”的事当“艰难”的事做，将“细小”的事当“天大”的事做。这种严谨求实，是任何科学技术和先进设备都无法替代的。

胡双钱，是上海飞机制造有限公司的一名高级技师，一位坚守祖国航空事业整整35年，加工了数十万件飞机零件且无一差错的普通钳工，对加工质量的专注和坚守，早已融入了胡双线的血液之中，因为他心里清楚，他的一次小失误，可能意味着无法挽回的经济损失和生命代价。

“每个零件都关系着乘客的生命安全。因此，确保加工质量，是我最大的职责。”核准、划线、切割，拿起气动钻头依线点导孔，握着锉刀将零件的锐边倒圆、去毛刺、打光……这样的动作，他整整重复了 35 个年头。车间里，严谨求实的胡双线全身心投入工作中，额头上的汗珠顺着脸颊滑落，夹杂着空气中飘浮的铝屑凝结在头发、脸上、工作服上，这样的“铝人”，他一当就是 35 年！

一次，胡双钱按照流程为一架维修的大型飞机拧螺丝、上保险、安装外部零部件。“我每天睡前都喜欢‘放电影’，想想今天做了什么，有没有做好。”那天晚上，回想一天的工作，胡双钱对“上保险”这一环节感到有一丝疑虑。在飞机零件中，保险是对螺丝起防松作用的装置，它确保飞机在空中飞行时，不会因震动过大而导致固定螺丝的松动，不能出任何差错。胡双钱在家中辗转反侧难以入眠，凌晨 3 点，他毅然出门，骑着自行车赶到单位，拆去层层外部零部件，仔细检查保险，当他发现保险没有问题，一颗悬着的心才落了下来。从此，在工作中，胡双线每做完一步工序，都会反复检查几遍，确保没问题，再进入下一道工序，他说：“再忙也不差这几秒，质量是生命线！”

胡双钱严谨求实的工作态度，将“质量弦”绷得更紧了。不管是多么简单的加工工序，他都会在开工前认真核校图纸，操作时小心谨慎，加工完毕后多次检查，他总是告诫大家要学会“慢一点、稳一点，精一点、准一点”。凭借多年积累的丰富经验和对质量的执着追求，胡双钱在飞机零件制造中大胆进行工艺技术攻关创新，终于实现了自己的人生价值。

思考练习

在线自测

项目9　基础知识测试

1. 基础知识在线自测

2. 扩展练习

PLC 编程练习

① 在车间中每一台电动机，都有一个共同的特点，就是进行起停和故障报警，请编写一个数据块（FB），要求如下：电动机可以通过启动按钮进行启动，通过停止按钮进行停止；在任何时候，有一个故障报警信号（如过热信号等）连续输入时间达到 8s 时，即刻点亮警示灯，同时将运行中的电动机停止。

② 两台设备使用的电动机需要进行以秒为单位的运行时长统计，每台电动机均采用独立的启动按钮、停止按钮，要求用函数（FC）编程来实现电动机的运行时长，可以按下复位按钮对计时进行统一复位。

项目10　S7-1200 PLC的通信及应用

配套课件

项目10　S7-1200 PLC的通信及应用

（1）项目导入

现代PLC有很强的通信功能，可以实现PLC之间、PLC与计算机、PLC与其他智能控制装置之间的通信联络。现在很多控制系统中，需要用很多台PLC来进行控制。这些PLC各自有不同的分工，进行各自的控制，同时它们又互相联系，进行通讯以达到共同控制，协调工作。

本项目主要介绍了S7-1200 PLC的以太网通信和S7-1200 PLC串口通信及其应用。工业以太网通信，通俗地讲就是应用于工业领域的以太网，其技术与商用以太网兼容，但材质的选取、产品的强度、可互操作性、可靠性和抗干扰性等方面应能满足工业现场的需求。S7-1200 PLC系列产品提供了串口通信模块CM 1241和通信板CB 1241用于实现串行通信。用户可根据通信对象的接口特征，选择不同类型的S7-1200 PLC串口通信模块或通信板，采用不同的接线方式，通过通信处理器指令编程，与其他设备交换数据信息，以满足多样、灵活的串行通信需求。

（2）项目目标

知识目标

① 学习PLC的基础通信知识。

② 学习S7-1200 PLC分布式I/O以太网通信网络组态的基本概念及应用。

③ 学习S7-1200 PLC串口通信指令及其应用。

能力目标

① 能够用博途软件完成通信连接的组态和参数设置，以及调用相关功能块完成程序编制。

② 两台S7-1200 PLC之间以太网通信的网络组态、编程和仿真调试。

素质目标

① 培养团队协作的意识及能力。

② 锻炼有条理地安排工作的能力，做到流程合理、效率最高。

10.1　通信的基础知识

PLC通信的任务就是将地理位置不同的PLC、计算机、各种现场设备等，通过通信介质连起来，按照规定的通信协议，以某种特定的通信方式高效率地完成数据的传送、交换和处理。

10.1.1 通信方式

（1）并行通信与串行通信

数据通信主要有并行通信和串行通信两种方式，示意图如图 10-1 所示。

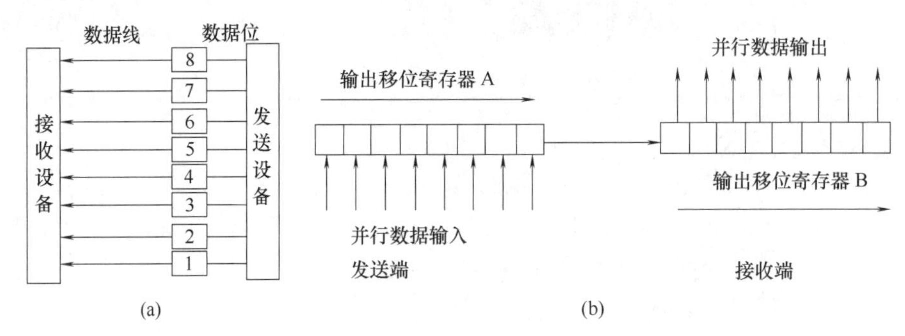

图 10-1 并行通信和串行通信示意图
（a）并行传输方式 （b）串行传输方式

并行通信是以字节或字为单位的数据传输方式，除了 8 根或 16 根数据线、一根公共线外，还需要数据通信联络用的控制线。并行通信的传送速度快，但是传输线的根数多，成本高，一般用于近距离的数据传送。并行通信一般用于 PLC 的内部，如 PLC 内部元件之间、PLC 主机与扩展模块之间或近距离智能模块之间的数据通信。

串行通信是以二进制的位（bit）为单位的数据传输方式，每次只传送一位，除了地线外，在一个数据传输方向上只需要一根数据线，这根线既作为数据线又作为通信联络控制线，数据和联络信号在这根线上按位进行传送。串行通信需要的信号线少，最少的只需要两三根线，适用于距离较远的场合。计算机和 PLC 都备有通用的串行通信接口，工业控制中一般使用串行通信。串行通信多用于 PLC 与计算机之间、多台 PLC 之间的数据通信。

在串行通信中，传输速率常用比特率（每秒传送的二进制位数）来表示，其单位是比特/秒（bit/s）或 bps。传输速率是评价通信速度的重要指标。常用的标准传输速率有 300、600、1200、2400、4800、9600 和 19200bps 等。不同的串行通信的传输速率差别极大，有的只有数百 bps，有的可达 100Mbps。

（2）单工通信与双工通信

串行通信按信息在设备间的传送方向又分为单工、双工两种方式。

单工通信方式只能沿单一方向发送或接收数据。双工通信方式的信息可沿两个方向传送，每一个站既可以发送数据，也可以接收数据。

双工方式又分为全双工和半双工两种方式。数据的发送和接收分别由两根或两组不同的数据线传送，通信的双方都能在同一时刻接收和发送信息，这种传送方式称为全双工方式；用同一根线或同一组线接收和发送数据，通信的双方在同一时刻只能发送数据或接收数据，这种传送方式称为半双工方式。在 PLC 通信中常采用半双工和全双工通信。

（3）异步通信与同步通信

在串行通信中，通信的速率与时钟脉冲有关，接收方和发送方的传送速率应相同，但

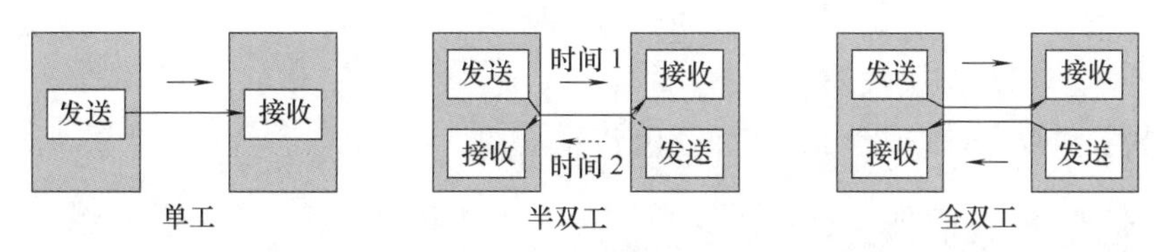

图 10-2　单工、半双工和全双工通信示意图

是实际的发送速率与接收速率之间总是有一些微小的差别，如果不采取一定的措施，在连续传送大量的信息时，将会因积累误差造成错位，使接收方收到错误的信息。为了解决这一问题，需要使发送和接收同步。按同步方式的不同，可将串行通信分为异步通信和同步通信，如图 10-3 所示。PLC 与其他设备通信主要采用串行异步通信方式。

异步通信一般是以字符为传输单位，每个字符都要附加 1 位起始位和 1 位停止位，以标记一个字符的开始和结束，并以此实现数据传输同步。PLC 与其他设备通信主要采用串行异步通信方式。

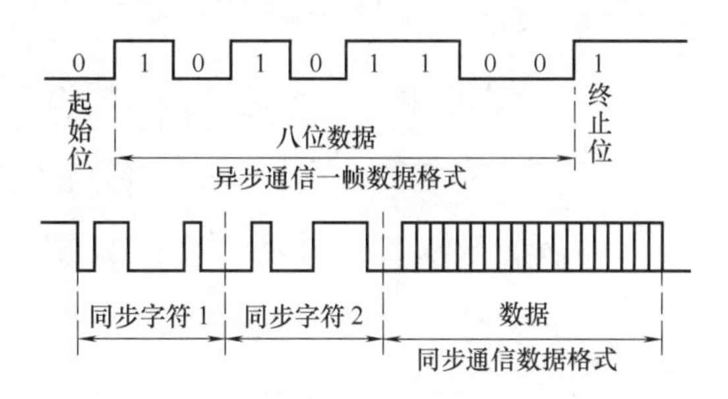

图 10-3　异步通信和同步通信数据格式

同步通信通常是以数据块为传输单位。每个数据块的头部和尾部都要附加一个特殊的字符或比特序列，标记一个数据块的开始和结束，一般还要附加一个校验序列（如 16 位或 32 位 CRC 校验码），以便对数据块进行差错控制。同步通信传输速度快，但由于同步通信要求发送端和接收端严格保持同步，这需要用复杂的电路来保证，所以 PLC 一般不采用这种通信方式。

（4）有线通信和无线通信

有线通信是指以导线、电缆、光缆和纳米材料等看得见的材料为传输介质的通信。无线通信是指以看不见的材料（如电磁波）为传输介质的通信，常见的无线通信有微波通信、短波通信、移动通信和卫星通信等。

10.1.2　PLC 的网络术语

① 站（station）：在 PLC 网络系统中，将可以进行数据通信、连接外部输入/输出的物理设备称为“站”。

② 主站（Master station）：PLC 网络系统中进行数据连接的系统控制站，通常每个网络系统只有一个主站。

③ 从站（Slave station）：除主站外，其他的站称为从站。

④ 远程设备站（Remote Device Station）：PLC 网络系统中，能同时处理二进制位、字的从站。

⑤ 本地站（Local Station）：PLC 网络系统中，带有 CPU 模块并可以与主站以及其他本地站进行循环传输的站。

⑥ 网关：不同协议的互联。

⑦ 中继器：信号放大，延长网络连接长度。

⑧ 路由器：把信息通过源地点移动到目标地点。

⑨ 交换机：用于解决通信阻塞。

⑩ 网桥：连接两个局域网的一种存储转发设备。

10.1.3 通信系统框架（OSI）

OSI 模型，即开放式通信系统互联参考模型（Open System Interconnection Reference Model，简称 OSI)，是国际标准化组织（ISO）提出的一个试图使各种计算机在世界范围内互连为网络的标准框架。

OSI 是一个开放性的通信系统互连参考模型，它是一个定义得非常好的协议规范。OSI 模型有 7 层结构，每一层负责一项具体的工作，然后把数据传递到下一层。OSI 七层结构示意图，如图 10－4 所示。

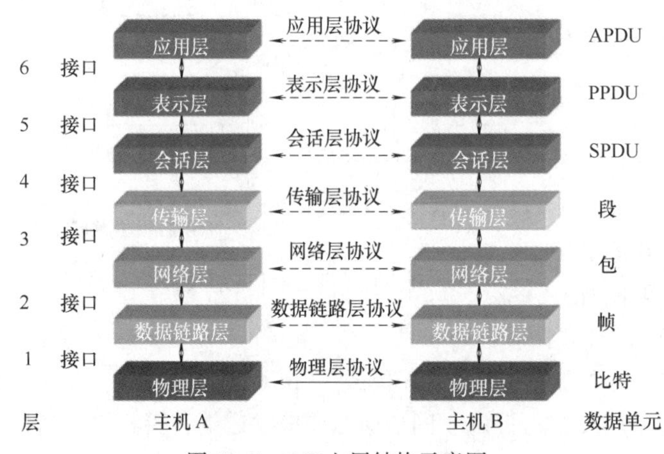

图 10-4 OSI 七层结构示意图

① 物理层的下面是物理媒体，例如双绞线、同轴电缆和光纤等。物理层为用户提供建立、保持和断开物理连接的功能，定义了传输媒体接口的机械、电气、功能和规程的特性。RS－232C、RS-422 和 RS-485 等就是物理层标准的例子。

② 数据链路层的数据以帧（Frame）为单位传送，每一帧包含一定数量的数据和必要的控制信息，例如同步信息、地址信息和流量控制信息。通过校验、确认和要求重发等方法实现差错控制。数据链路层负责在两个相邻节点间的链路上，实现差错控制、数据成帧和同步控制等。

③ 网络层的主要功能是报文包的分段、报文包阻塞的处理和通信子网中路径的选择。

④ 传输层的信息传送单位是报文（Message)，它的主要功能是流量控制、差错控制、连接支持，传输层向上一层提供一个可靠的端到端（end-to-end）的数据传送服务。

⑤ 会话层的功能是支持通信管理和实现最终用户应用进程之间的同步，按正确的顺序收发数据，进行各种对话。

⑥ 表示层用于应用层信息内容的形式变换，例如数据加密/解密、信息压缩/解压和数据兼容，把应用层提供的信息变成能够共同理解的形式。

⑦ 应用层为用户的应用服务提供信息交换，为应用接口提供操作标准。

10.1.4 通信传送介质

有线通信采用传输介质主要有双绞线、同轴电缆和光缆。

（1）双绞线

双绞线是将两根导线扭在一起，以减少电磁波的干扰，如果再加上屏蔽套层，则抗干扰能力更好，双绞线的成本低、安装简单，RS-232C、RS-422 和 RS-485 等接口多用双绞线电缆进行通信。

（2）同轴电缆

同轴电缆的结构是从内到外依次为内导体（芯线）、绝缘线、屏蔽层及外保护层。由于从截面看这四层构成了 4 个同心圆，故称为同轴电缆。根据通频带不同，同轴电缆可分为基带和宽带两种，其中基带同轴电缆常用于 Ethernet（以太网）中。同轴电缆的传送速度高、传输距离远，但价格较双绞线高。

（3）光缆

光缆是由石英玻璃经特殊工艺拉成细丝结构，这种细丝的直径比头发丝还要细，但它能传输的数据量却是巨大的。它是以光的形式传输信号的，其优点是传输的为数字的光脉冲信号，不会受电磁干扰，不怕雷击，不易被窃听，数据传输安全性好，传输距离长，且带宽宽、传输速度快。但由于通信双方发送和接收的都是电信号，因此通信双方都需要光纤设备进行光电转换，另外光纤连接头的制作与光纤连接需要专门工具和专门的技术人员。

10.1.5　S7-1200 支持的通信类型

S7-1200 CPU 本体上集成了一个 PROFINET 通信口（CPU 1211C -CPU 1214C）或者两个 PROFINET 通信口（CPU 1215C -CPU 1217C），支持以太网和基于 TCP/IP 和 UDP 的通信标准。这个 PROFINET 物理接口是支持 10/100Mb/s 的 RJ45 口，支持电缆交叉自适应，因此标准的或是交叉的以太网线都可以用于这个接口。使用这个通信口可以实现 S7-1200 CPU 与编程设备的通信，与 HMI 触摸屏的通信，以及与其他 CPU 之间的通信。同时，S7-1200 PLC 通信扩展通信模块可实现串口通信，S7-1200 PLC 串口通信模块有 3 种型号，分别为 CM1241RS 232 接口模块、CM1241RS 485 接口模块和 CM1241RS422/485 接口模块。CM1241RS232 接口模块支持基于字符的点到点（PtP）通信，如自由口协议和 MODBUS RTU 主从协议。CM1241RS 485 接口模块支持基于字符的点到点（PtP）通信，如自由口协议、MODBUS RTU 主从协议及 USS 协议。两种串口通信模块都必须安装在 CPU 模式的左侧，且数量之和不能超过 3 块，它们都由 CPU 模块供电，无须外部供电。

10.1.6　串行通信的接口标准

（1） RS-232

如图 10-5 所示 RS-232 采用不平衡传输方式，单端驱动、单端接收电路，因此其收、发端的数据信号相对于信号地，抗干扰能力较差，其最大通信距离为 15m，最高传输速率为 20kbit/s，只能进行一对一的通信，现在已基本被 USB 取代。

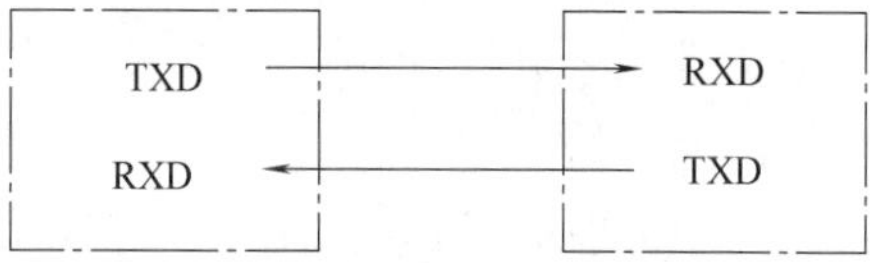

TXD → RXD
RXD ← TXD

图 10-5　RS232 通信接线图

（2） RS-422

RS-422A 采用平衡驱动、差分接收电路，因为接收器是差分输入，两根线上的共模干扰信号互相抵消。在最大传输速率 10Mbit/s 时，最大通信距离为 12m。传输速率为 100kbit/s 时，通信距离为 1200m，最多支持 32 个节点。RS-422 是全双工，用 4 根导线传送数据，可以同时发送和接收，RS422 通信接线图如图 10-6 所示。

（3） RS-485

RS-485 是 RS-422 的变形，RS-485 为半双工，对外只有一对平衡差分信号线，通信的双方在同一时刻只能发送数据或只能接收数据。使用 RS-485 通信接口和双绞线可以组成串行通信网络，RS485 通信接线图如图 10-7 所示。

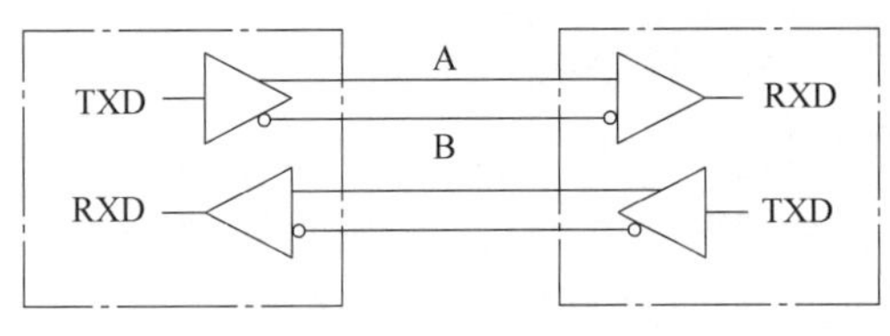

图 10-6　RS422 通信接线图

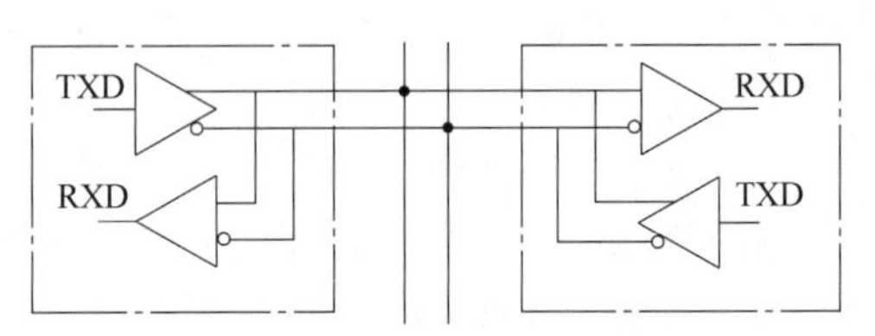

图 10-7　RS485 通信接线图

10.2　S7-1200 PLC 以太网通信方式

10.2.1　以太网通信概述

以太网（Ethernet），指的是由 Xerox 公司创建，并由 Xerox、Intel 和 DEC 公司联合开发的基带局域网规范。以太网络使用 CSMA/CD（载波监听多路访问及冲突检测技术）技术，最初以 10Mbit/s 的速率运行在多种类型的电缆上。以太网与 IEEE 802・3 系列标准相类似。

（1）以太网接口的通信功能

S7-1200 CPU 集成的以太网接口可以支持非实时通信和实时通信等通信服务。非实时通信包括 PG 通信、HMI 通信、S7 通信、OUC 通信和 Modbus TCP 等。实时通信可支持 PROFINET IO 通信。CPU 固件 V4.0 或更高版本还可以作为 PROFINET IO 智能设备（I-device）；V 4.1 版本开始支持共享设备（Shared-device）功能，可与最多 2 个 PROFINET IO 控制器连接。

① PG 通信。使用 TIA 博途软件对 CPU 进行在线连接、上下载程序、测试和诊断时使用的就是 CPU 的 PG 通信功能。

② HMI 通信。S7-1200 CPU 的 HMI 通信可用于连接西门子精简面板、精致面板、移动面板以及一些带有 S7-1200 CPU 驱动的第三方 HMI 设备。

③ S7 通信。S7 通信作为 SIMATIC 的同构通信，用于 SIMATIC CPU 之间的相互通信，该通信标准未公开不能用于与第三方设备通信。相对于 OUC 通信来说，S7 通信是一种更加安全的通信协议。

④ OUC 通信。开放式用户通信采用开放式标准，可与第三方设备或 PC 进行通信，也适用于 S7-300/400/1200/1500 之间的通信。S7-1200 CPU 支持 TCP（遵循 RFC 793）、ISO-on-TCP（遵循 RFC 1006）和 UDP（遵循 RFC 768）等开放式用户通信。

⑤ Modbus TCP 通信。Modbus 协议是一种简单、经济和公开透明的通信协议，用于在不同类型总线或网络中设备之间的客户端/服务器通信。Modbus TCP 结合了 Modbus 协议

和 TCP/IP 网络标准，它是 Modbus 协议在 TCP/IP 上的具体实现，数据传输时是在 TCP 报文中插入了 Modbus 应用数据单元。Modbus TCP 使用 TCP（遵循 RFC 793）作为 Modbus 通信路径，通信时其将占用 CPU 开放式用户通信资源。

⑥ PROFINET IO 通信。PROFINET IO 是 PROFIBUS/PROFINET 国际组织基于以太网自动化技术标准定义的一种跨供应商的通信、自动化系统和工程组态的模型。PROFINET IO 主要用于模块化、分布式控制。S7-1200 CPU 可使用 PROFINET IO 通信连接现场分布式站点（例如 ET200SP、ET200MP 等）。S7-1200 CPU 固件 V 4.0 或更高版本还可以作为 PROFI-NET IO 智能设备（I-device）；V4.1 版本开始支持共享设备（Shared-device）功能，可与最多 2 个 PROFINET IO 控制器连接。

（2）以太网的分类

以太网分为标准以太网、快速以太网、千兆以太网和万兆以太网。

（3）以太网常见拓扑结构

传统以太网的拓扑结构有总线形拓扑、星形拓扑、网状拓扑、环形拓扑和树型拓扑，示意图如图 10-8 所示。

① 总线形拓扑：将所有的节点都连接到一条电缆上，把这条电缆成为总线。

② 星形拓扑：网络中的各节点通过点到点的方式连接到一个中央节点上，由该中央节点向目的节点传送信息。

③ 网状拓扑：将多个子网或多个网络连接起来构成网状拓扑结构。这种拓扑结的各节点通过传输线互联连接起来，并且每一个节点至少与其他两个节点相连。

④ 环形拓扑：入网设备通过转发器接入网络，一个转发器发出的数据只能被另一个转发器接收并转发，所有的转发器及其物理线路构成的环状网络系统。

⑤ 树形拓扑：一种类似于总线拓扑的局域网拓扑。树型网络可以包含分支，每个分支又可包含多个结点。

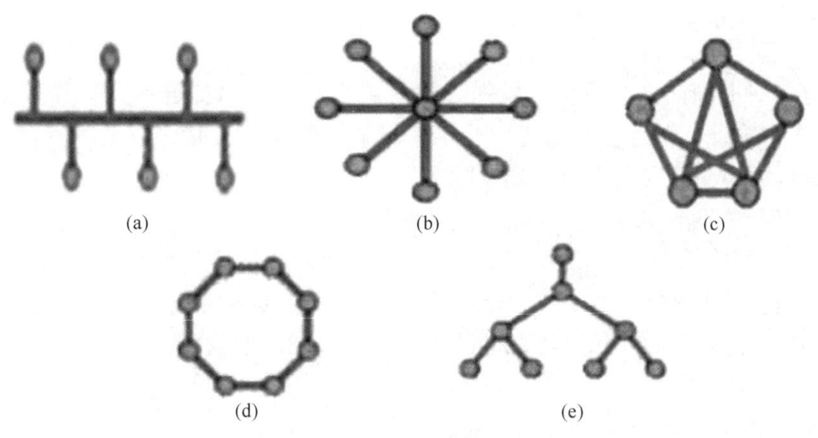

图 10-8　以太网拓扑结构示意图

（a）总线形拓扑　（b）星形拓扑　（c）网状拓扑　（d）环形拓扑　（e）树形拓扑

10.2.2　S7-1200 之间的 OUC 通信及实例

OUC（开放用户通信）是基于 TCP 协议、ISO-on-TCP 协议和 UDP 协议，可实现

S7-300/400/1200/1500 CPU 之间通信、S7-PLC 与 S5-PLC 之间通信、PLC 与个人计算机或第三方设备之间的通信。

（1） TCP

TCP 是由 RFC 793 描述的一种标准协议，是 TCP/IP 簇传输层的主要协议，主要用途为设备之间提供全双工、面向连接、可靠安全的连接服务。传输数据时需要指定 IP 地址和端口号作为通信端点。

TCP 是面向连接的通信协议，通信的传输需要经过建立连接、数据传输、断开连接等三个阶段。为了确保 TCP 连接的可靠性，TCP 采用三次握手方式建立连接，建立连接的请求需要由 TCP 的客户端发起。数据传输结束后，通信双方都可以提出断开连接请求。

TCP 是可靠安全的数据传输服务，可确保每个数据段都能到达目的地。位于目的地的 TCP 服务需要对接收到的数据进行确认并发送确认信息。TCP 发送方在发送一个数据段的同时将启动一个重传，如果在重传超时前收到确认信息就关闭重传，否则将重传该数据段。

TCP 是一种数据流服务，TCP 连接传输数据期间，不传送消息的开始和结束信息。接收方无法通过接收到的数据流来判断一条消息的开始与结束。例如，发送方发送 3 包数据，每包数据均为 20 个字节，接收方有可能只收到 1 包 60 个字节数据；发送方发送 1 包 60 字节数据，接收方也有可能接收为 3 包 20 个字节数据。为了区别消息，一般建议发送方发送长度与接收方接收长度相同。

（2） ISO-on-TCP

ISO-on-TCP 是一种使用 RFC 1006 的协议扩展，即在 TCP 中定义了 ISO 传输的属性，ISO 协议是通过数据包进行数据传输。ISO-on-TCP 是面向消息的协议，数据传输时传送关于消息长度和消息结束标志。ISO-on-TCP 与 TCP 一样，也位于 OSI 参考模型的第 4 层传输层，其使用数据传输端口为 102，并利用传输服务访问点（Transport Service Access Point，TSAP）将消息路由至接收方特定的通信端点。

（3） UDP

UDP 是一种非面向连接协议，发送数据之前无须建立通信连接，传输数据时只需要指定 IP 地址和端口号作为通信端点，不具有 TCP 中的安全机制，数据的传输无须伙伴方应答，因而数据传输的安全不能得到保障。

【应用案例】 两台 S7-1200 PLC 的通信

（1）控制要求

有两台设备，由 S7-1200 PLC 控制，将设备 1 的 IB0 中数据发送到设备 2 的接收数据区 QB0 中，设备 1 的 QB0 接收来自设备 2 发送的 IB0 中数据。

（2）硬件原理图

根据控制要求可绘制出如图 10-9 所示的硬件原理图。两台 S7-1200 PLC 均提供 2 个 PROFINET 接口，设备 2 上的输入端及设备 1 上的输出端未详细画出，两台设备（PLC）通过带有水晶头的网线相连接。

（3）组态网络

创建一个新项目，名称为“以太网通信程序”，添加两个 PLC，均为 CPU1214C，分别命名为 PLC_1 和 PLC_2。分别启用两个 CPU 中的系统和时钟存储器字节 MB1 和 MB0。

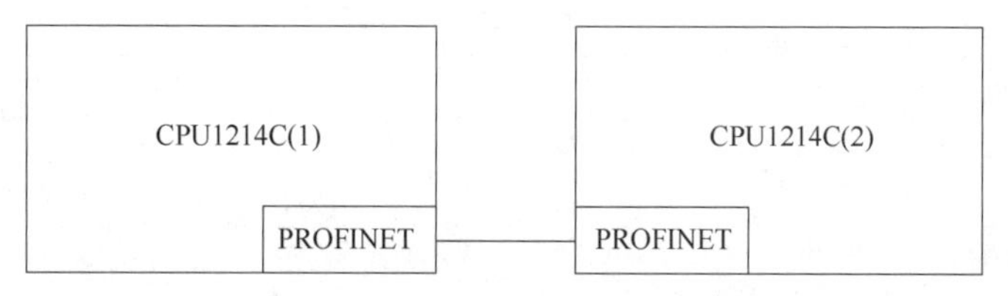

图 10-9　S7-1200 之间以太网通信硬件原理图

在项目视图 PLC 的“设备组态”中，单击 CPU 的属性的“以太网地址”选项，可以设置 PLC 的 IP 地址，在此设置 PLC_1 和 PLC_2 的 IP 地址分别为 192.168.0.10 和 192.168.0.20。切换到“网络视图”（或用鼠标双击项目树的“设备和网络”选项），要创建 PROFINET 的逻辑连接，首先进行以太网的连接。选中 PLC_1 的 PROFINET 接口的绿色小方框，拖动到另一台 PLC 的 PROFINET 接口上，松开鼠标，则连接建立，保存窗口设置，如图 10-10 所示。

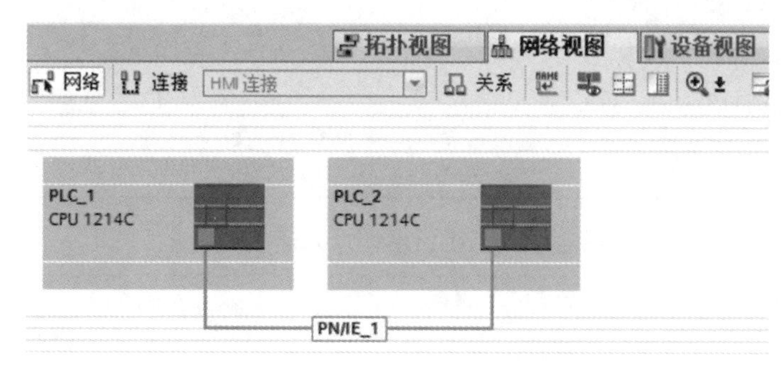

图 10-10　建立以太网连接

（4） PLC_1 编程

S7-1200 PLC 与 S7-1200 PLC 之间的以太网通信可以通过 TCP 和 ISO-on-TCP 来实现。使用的指令是在双方 CPU 中调用开放式以太网通信指令块 T_block 来实现。所有 T-block 通信指令必须在 OB1 中调用。调用 T_block 通信指令并配置两个 CPU 之间的连接参数，定义数据发送或接收信息的参数。博途软件提供两套通信指令：不带连接管理的通信指令和带连接管理的通信指令。不带连接管理的通信指令有：TCON 指令，建立以太网连接；TDISCON，断开以太网连接；TSEND，发送数据；TRCV，接收数据。

带连接管理的通信指令有：TSEND_C，建立以太网连接并发送数据；TRCV_C，建立以太网连接并接收数据。实际上 TSEND_C 指令实现的是 TCON、TDISCON 和 TSEND 三个指令综合的功能，而 TRCV_C 指令是 TCON、TDISCON 和 TRCV 三个指令综合的功能。S7-1200PLC 之间的以太网通信方式为双边通信，因此发送和接收指令必须成对出现。

① 在 PLC_1 的 OB1 程序中调用 TSEND_C 指令。打开 PLC_1 主程序 OB1 的编辑窗口，在右侧“通信”指令文件夹中，打开“开放式用户通信”文件夹，用鼠标双击或拖动 TSEND_C 指令到指定程序段中，自动生成名称为“TSEND_C_DB”的背景数据块。TSEND_C 指令可以用 TCP 协议或 ISO on TCP 协议。它们均使本地机与远程机进行通信，TSEND_C 指令使本地机向远程机发送数据。TSEND_C 指令及参数如表 10-1 所示。TRCV_C 指令使本地机接收远程机发送来的数据，TRCV_C 指令及参数如表 10-2 所示。

表 10-1　　TSEND_C 指令及参数

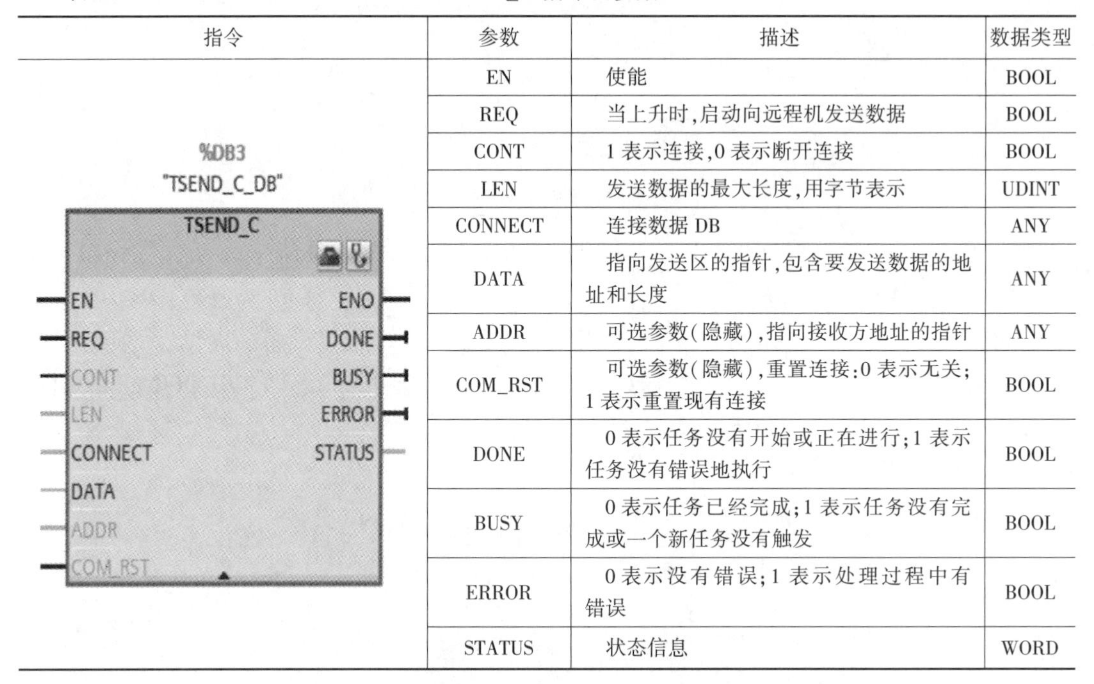

指令	参数	描述	数据类型
%DB3 "TSEND_C_DB" TSEND_C EN　ENO REQ　DONE CONT　BUSY LEN　ERROR CONNECT　STATUS DATA ADDR COM_RST	EN	使能	BOOL
	REQ	当上升时，启动向远程机发送数据	BOOL
	CONT	1 表示连接，0 表示断开连接	BOOL
	LEN	发送数据的最大长度，用字节表示	UDINT
	CONNECT	连接数据 DB	ANY
	DATA	指向发送区的指针，包含要发送数据的地址和长度	ANY
	ADDR	可选参数（隐藏），指向接收方地址的指针	ANY
	COM_RST	可选参数（隐藏），重置连接：0 表示无关；1 表示重置现有连接	BOOL
	DONE	0 表示任务没有开始或正在进行；1 表示任务没有错误地执行	BOOL
	BUSY	0 表示任务已经完成；1 表示任务没有完成或一个新任务没有触发	BOOL
	ERROR	0 表示没有错误；1 表示处理过程中有错误	BOOL
	STATUS	状态信息	WORD

表 10-2　　TRCV_C 指令及参数

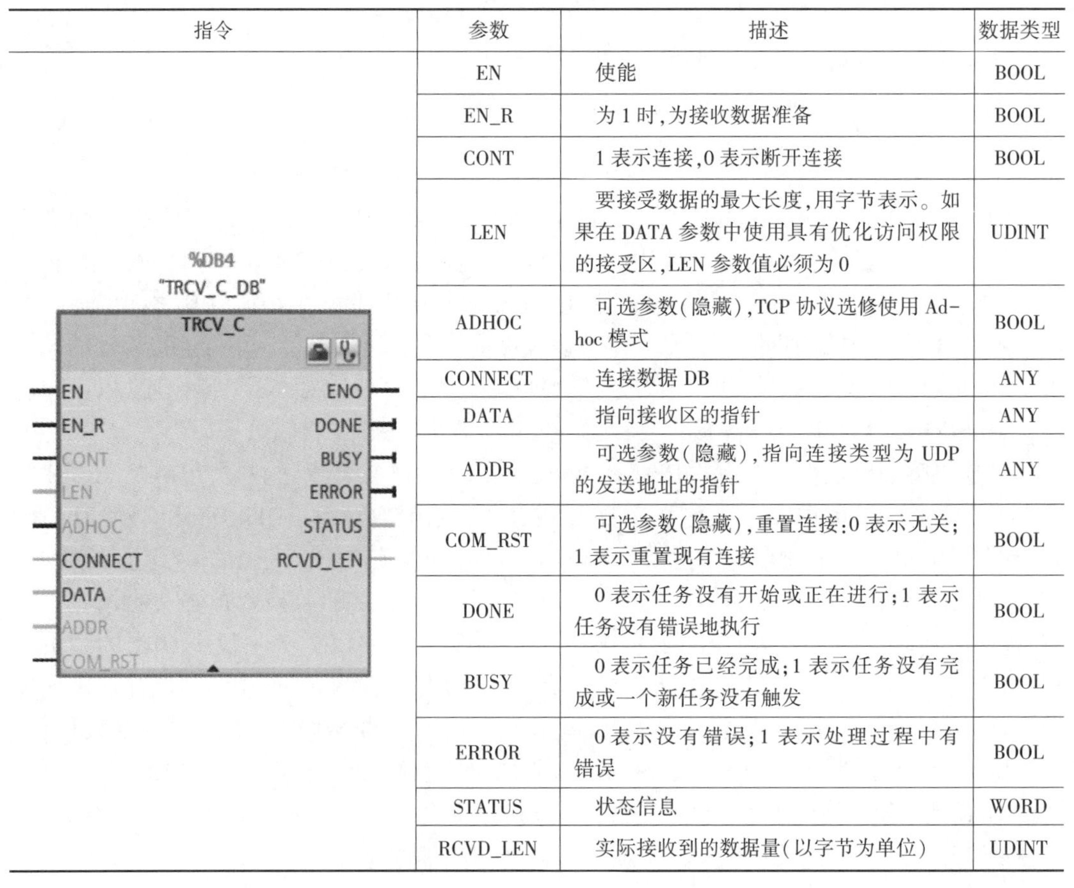

指令	参数	描述	数据类型
%DB4 "TRCV_C_DB" TRCV_C EN　ENO EN_R　DONE CONT　BUSY LEN　ERROR ADHOC　STATUS CONNECT　RCVD_LEN DATA ADDR COM_RST	EN	使能	BOOL
	EN_R	为 1 时，为接收数据准备	BOOL
	CONT	1 表示连接，0 表示断开连接	BOOL
	LEN	要接受数据的最大长度，用字节表示。如果在 DATA 参数中使用具有优化访问权限的接受区，LEN 参数值必须为 0	UDINT
	ADHOC	可选参数（隐藏），TCP 协议选修使用 Ad-hoc 模式	BOOL
	CONNECT	连接数据 DB	ANY
	DATA	指向接收区的指针	ANY
	ADDR	可选参数（隐藏），指向连接类型为 UDP 的发送地址的指针	ANY
	COM_RST	可选参数（隐藏），重置连接：0 表示无关；1 表示重置现有连接	BOOL
	DONE	0 表示任务没有开始或正在进行；1 表示任务没有错误地执行	BOOL
	BUSY	0 表示任务已经完成；1 表示任务没有完成或一个新任务没有触发	BOOL
	ERROR	0 表示没有错误；1 表示处理过程中有错误	BOOL
	STATUS	状态信息	WORD
	RCVD_LEN	实际接收到的数据量（以字节为单位）	UDINT

② 设置 PLC_1 的 TSEND_C 连接参数。要设置 PLC_1 的 TSEND_C 连接参数，先选中指令，用鼠标右键单击该指令，在弹出的对话框中单击“属性”，打开属性对话框，然后选择其左上角的“组态”选项卡，单击其中的“连接参数”选项，如图 10-11 所示。在右边窗口伙伴的“端点”中选择“PLC_2”，则接口、子网及地址等随之自动更新。此时“连接类型”和“连接 ID”两栏呈灰色，即无法进行选择和数据的输入。在“连接数据”栏中输入连接数据块“PLC_1_Send_DB”，或单击“连接数据”栏后面的倒三角，单击“新建”生成新的数据块。单击本地 PLC_1 的“主动建立连接”复选框，此时“连接类型”和“连接 ID”两栏呈现亮色，即可以选择“连接类型”，ID 默认是“1”。在伙伴站的“连接数据”栏输入连接的数据块“PLC_2_Receive_DB”，或单击“连接数据”后面的倒三角，单击“新建”生成新的数据块，新的连接数据块连接 ID 也自动生成，这个 ID 号在后面的编程中会用到。

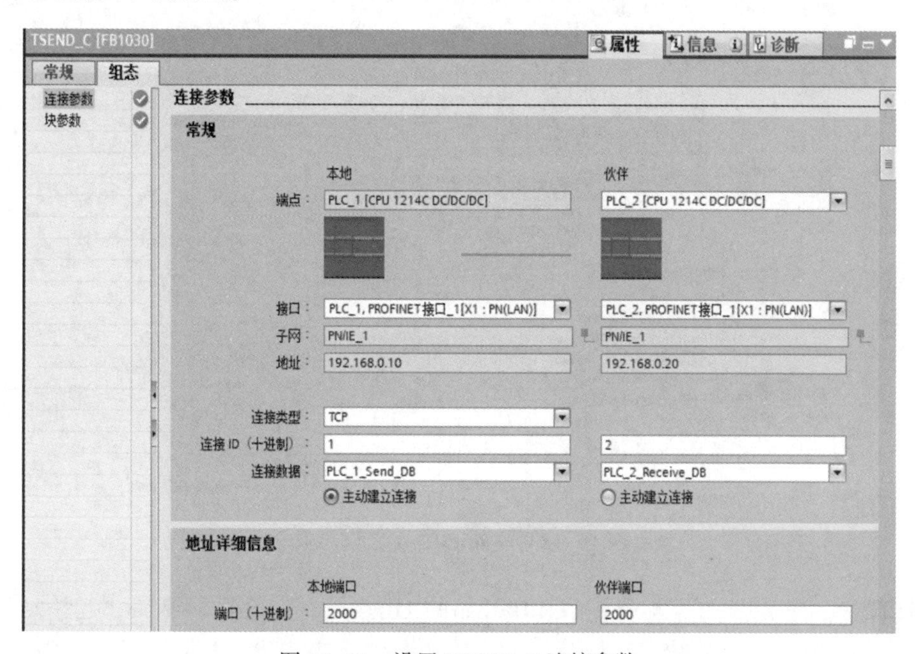

图 10-11　设置 TSEND_C 连接参数

连接类型可以选择为“TCP”“ISO on TCP”和“UDP”。这里选择“TCP”，在“地址详细信息”栏可以看到通信双方的端口号为 2000。如果连接类型选择为“ISO on TCP”，则需要设定 TSAP 地址，此时本地 PLC_1 可以设置成“PLC1”，伙伴方 PLC_2 可以设置成“PLC 2”。使用 ISO on TCP 通信，除了连接参数的定义不同，其他组态编程与 TCP 通信完全相同。

③ 设置 PLC_1 的 TSEND_C 块参数。要设置 PLC_1 的 T SEND_C 块参数，先选中指令，用鼠标右键单击该指令，在弹出的对话框中单击“属性”，打开属性对话框，然后选择左上角的“组态”选项卡，单击其中的“块参数”选项，如图 10-12 所示。在输入参数中，“启动请求”使用“Cloe k_2Hz”，上升沿激发发送任务，“连接状态”设置常数 1，表示建立连接并一直保持连接。在输入/输出参数中，“相关的连接指针”为前面建立的连接数据块 LC_I_Send_DB，“发送区域”中使用指针寻址或符号寻址，本案例设置为“P

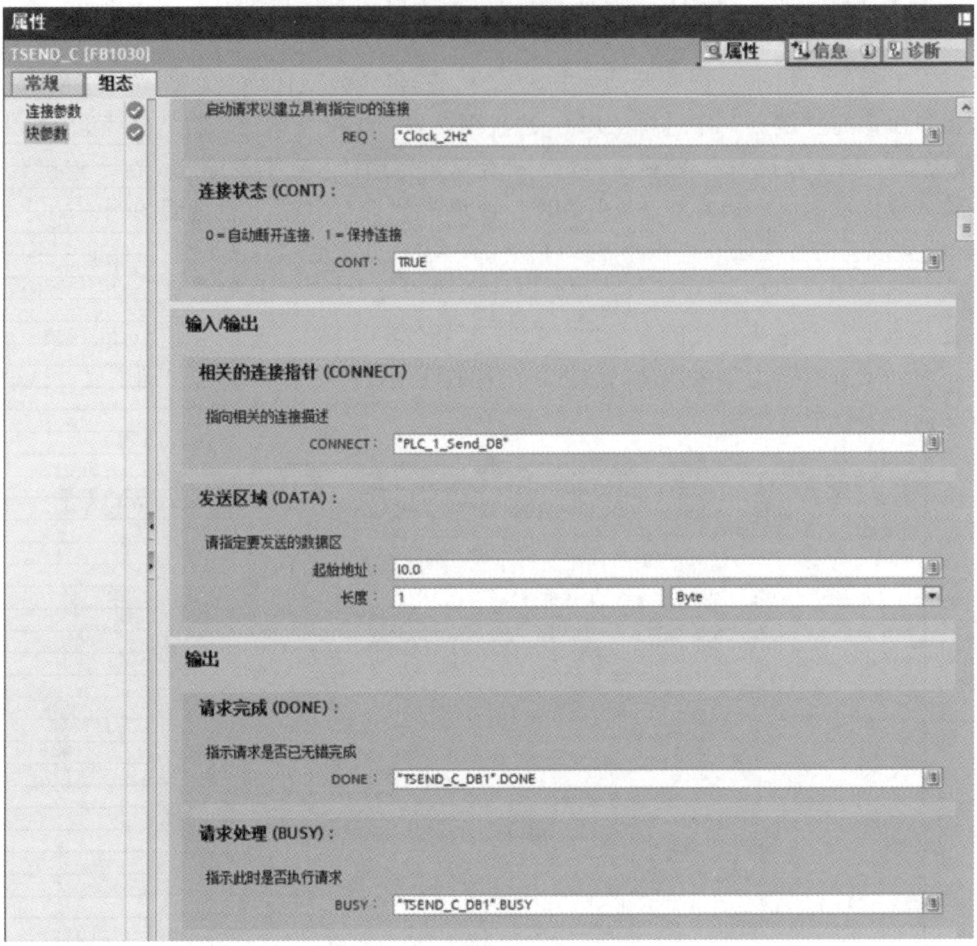

图 10-12　设置 TSEND_C 块参数

#I0. 0BYTE1”，即定义的是发送数据 IB0 开始的 1B 数据。在此只需要在“起始地址”栏中输入 I0. 0，在“长度”栏输入 1，在后面方框中选择“BYTE”即可。“发送长度（LEN）”设为 1，即最大发送的数据为 1B。在输出参数中，请求完成（DONE）、请求处理（BUSY）、错误（ERROR）、错误信息（STATUS）可以不设置或使用数据块中变量。

设置 TSEND_C 指令块参数，程序编辑器中的指令将随之更新，也可以直接编辑指令，如图 10-13 所示。

④ 在 OB1 主程序中调用 TRCV 接收指令。为了使 PLC_1 能接收到来自 PLC_2 的数据，在 PLC_1 调用接收指令 TRCV，并组态其参数。

接收数据与发送数据使用同一连接，所以使用不带连接管理的 TRCV 指令，该指令在右侧指令树中的“通信 \ 开发式用户通信 \ 其他”的指令夹中，其编程如图 10-14 所示。该指令中“EN_R”参数为 1，表示准备好接收数据；ID 号为 1，使用的是 T SEND_C 的连接参数中的“连接 ID”的参数地址：“DATA”为 QB0，表示接收的数据区：“RCVD_LEN”为实际接收到数据的字节数。

本地使用 TSEND_C 指令发送数据，在通信伙伴（远程站）就得使用 TRCV_C 指令接

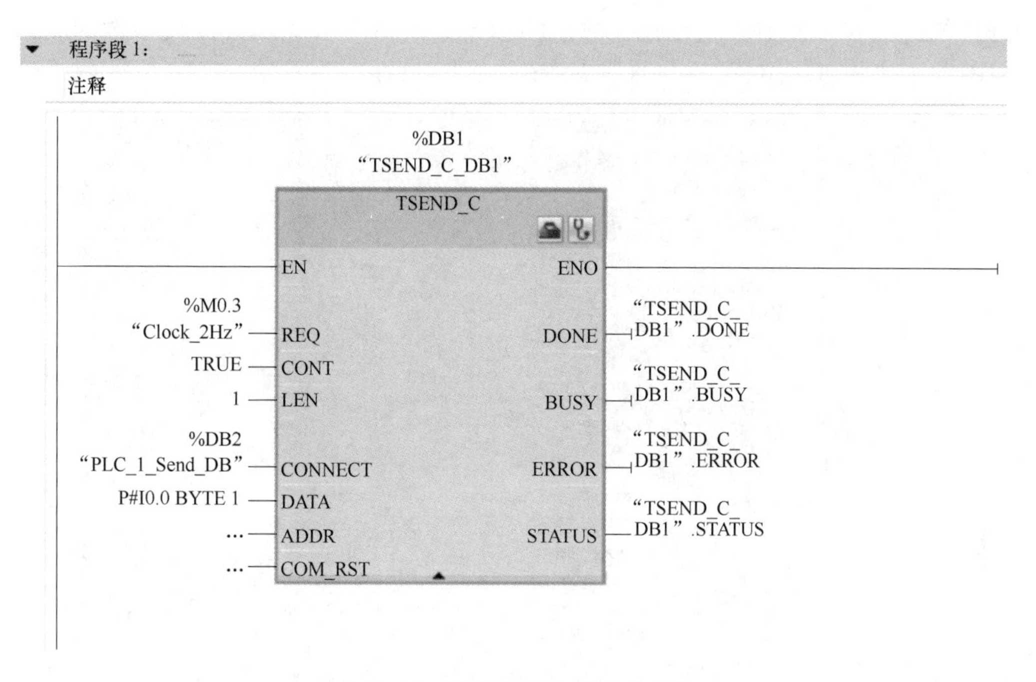

图 10-13　设置 TSEND_指令块参数

收数据。双向通信时，本地调用 TSEND_C 指令发送数据和 TRCV 指令接收数据；在远程站调用 TRCV_C 指令接收数据和 TSEND 指令发送数据。TSEND 和 TRCV 指令只有块参数需要设置，无连接参数需要设置。

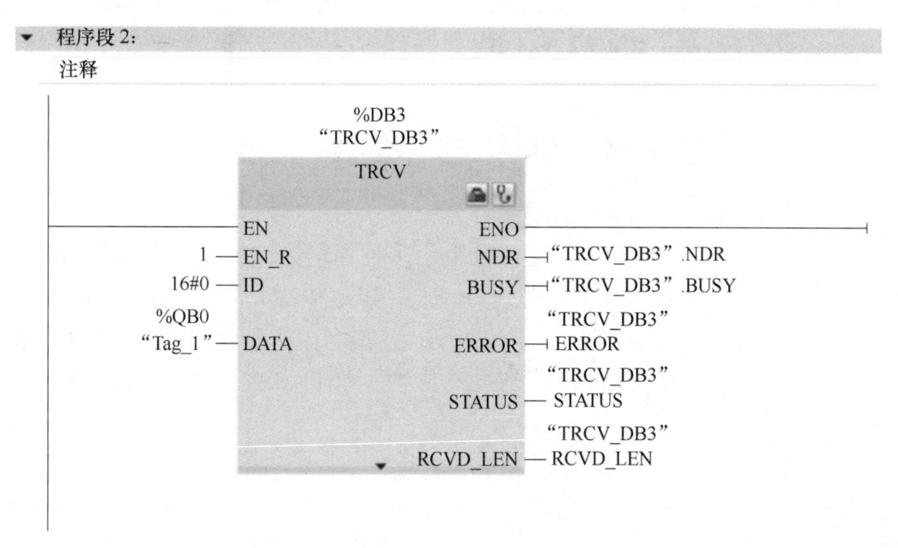

图 10-14　调用接收指令 TRCV 并组态参数

（5）PLC_2 编程

要实现上述通信，还需要在 PLC_2 中调用 TRCV_C 和 TSEND 指令，并组态其参数。打开 PLC_2 主程序 OB1 的编辑窗口，在右侧"通信"指令文件夹中，打开"开放式用户通信"文件夹，双击或拖动 TRCV_C 指令至某个程序段中，自动生成名称为"TRCV_C_DB"

的背景数据块。组态 TRCV_C 指令的连接参数如图 10-15 所示，连接参数的组态与 TSEND_C 基本相似，各参数要与通信伙伴 CPU 对应设置。

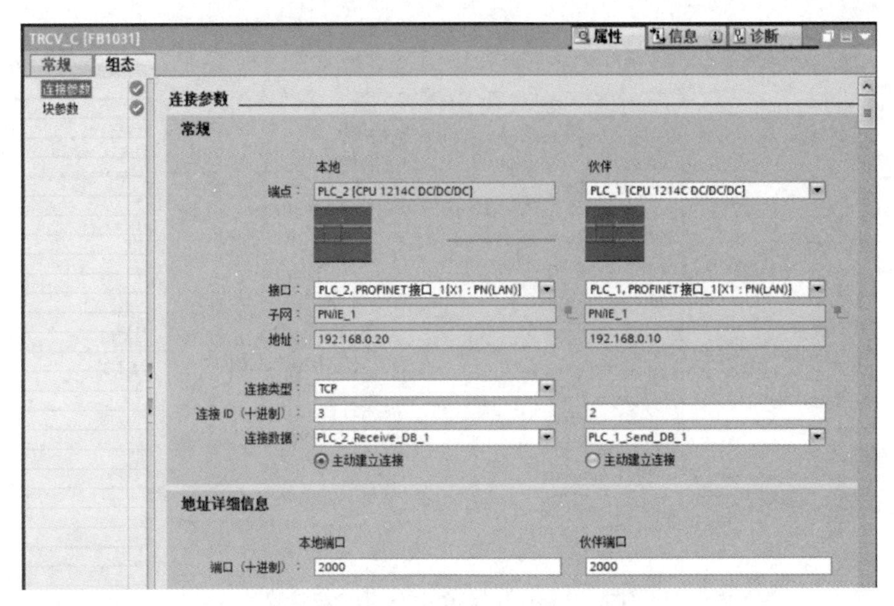

图 10-15　组态 TRCV_C 指令的连接参数

设置通信接收 TRCV_C 指令块参数，如图 10-16 程序段 1 所示，PLC_2 是将 IB0 中数据发送到 PLC_1 的 QB0 中，则在 PLC_2 调用 TSEND 发送指令并组态相关参数，发送指令与接收指令使用同一个连接，所以也使用不带连接的发送指令 TSEND，其块参数组态如图 10-16 程序段所示。PLC_2 的 OB1 程序包含 TRCV_C 指令和 TSEND 指令，如图 10-16 所示。

10.2.3　S7-1200 与 S7-200SMART 之间的 S7 通信及实例

（1） S7 通信概述

S7-1200 CPU 与其他型号 CPU 通信可采用多种通信方式，但是最常用的、最简单的还是 S7 通信。S7-1200 CPU 进行 S7 通信时，需要在客户端侧调用 PUT/GET 指令。“PUT” 指令用于将数据写入到伙伴 CPU，“GET” 指令用于从伙伴 CPU 读取数据。

进行 S7 通信需要使用组态的 S7 连接进行数据交换，S7 连接可在单端组态或双端组态：

- 单端组态

单端组态的 S7 连接，只需在通信的发起方（S7 通信客户端）组态一个连接到伙伴方的 S7 连接未指定的 S7 连接。伙伴方（S7 通信服务器）无需组态 S7 连接。

- 双端组态

双端组态的 S7 连接，需要在通信双方都进行连接组态。

（2） S7 通信指令（PUT/GET）

① PUT 指令。S7-1200 CPU 可使用 “PUT” 指令将数据写入到伙伴 CPU，伙伴 CPU 处于 STOP 运行模式时，S7 通信依然可以正常进行。“PUT” 指令及其各个参数定义如表

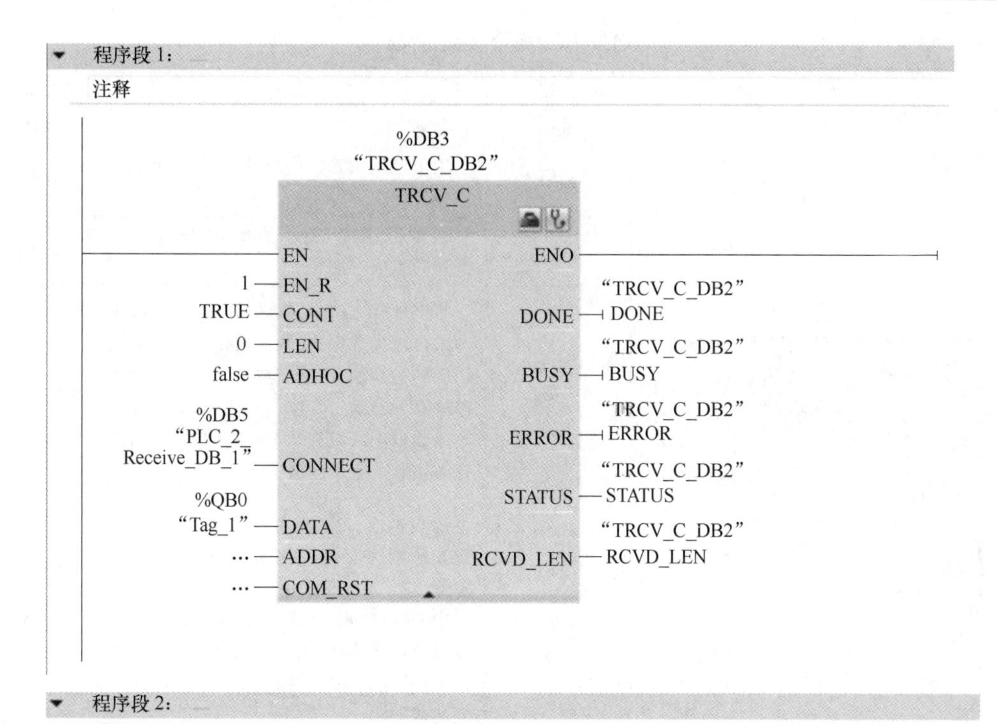

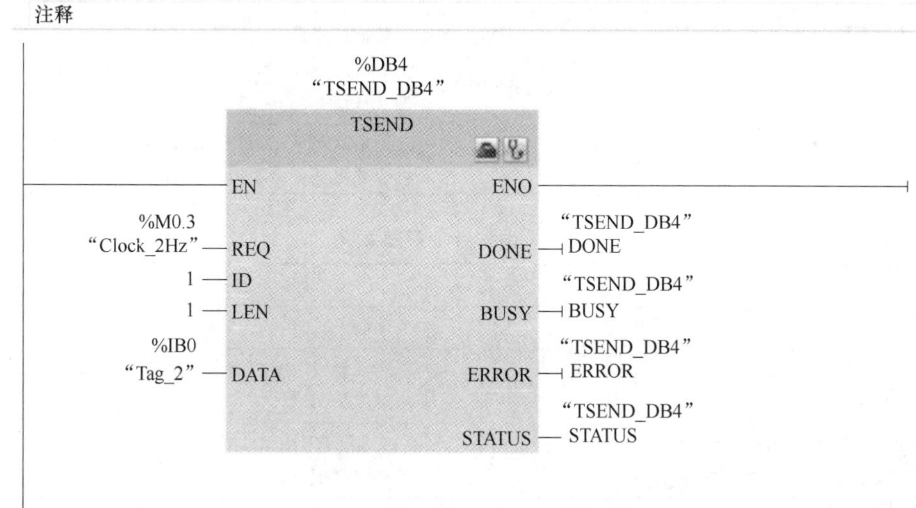

图 10-16　PLC_2 的 OB1 程序

10-3 所示。

② GET 指令。S7-1200 CPU 可使用"GET"指令从伙伴 CPU 读取数据，伙伴 CPU 处于 STOP 运行模式时，S7 通信依然可以正常进行。"GET"指令及其各个参数定义如表 10-4 所示。

③ PUT/GET 指令使用注意。S7-1200 CPU 使用 PUT/GET 指令读写伙伴 CPU 数据时，需要注意以下几点：

a. 如果伙伴 CPU 为 S7-1200/1500 CPU 系列，则需要在伙伴 CPU 属性的"防护与安全"设置中激活"允许来自远程对象的 PUT/GET 通信访问"。

表 10-3　　PUT 指令各个参数定义

指令	参数	描述	数据类型
%DB2 "PUT_DB" PUT Remote - Variant EN REQ ID ADDR_1 ADDR_2 ADDR_3 ADDR_4 SD_1 SD_2 SD_3 SD_4 ENO DONE ERROR STATUS	EN	使能	BOOL
	REQ	用于触发“PUT”指令的执行，每个上升沿触发一次	BOOL
	ID	S7 通信连接 ID，该连接 ID 在组态 S7 连接时生成	WORD
	ADDR_x	指向伙伴 CPU 写入区域的指针。如果写入区域为数据块，则该数据块须为标准访问的数据块，不支持优化访问。示例 P #DB10. DBX0. 0BYTE 100，表示伙伴方被写入数据的区域为从 DB10. DBB0 开始的连续 100 个字节区域	REMOTE
	SD_x	指向本地 CPU 发送区域的指针。本地数据区域可支持优化访问或标准访问。示例 P#DB11. DBX 0. 0 BYTE100，表示本地发送数据区为从 DB11. DBBO 开始的连续 100 个字节区域，数据块 DB11 为标准访问的数据块	VARIANT
	DONE	数据被成功写入到伙伴 CPU	BOOL
	ERROR	指令执行出错，错误代码需要参考 STATUS	BOOL
	STATUS	通信状态字，如果 ERROR 为 TRUE 时，可以通过其查看通信错误原因	WORD

表 10-4　　GET 指令各个参数定义

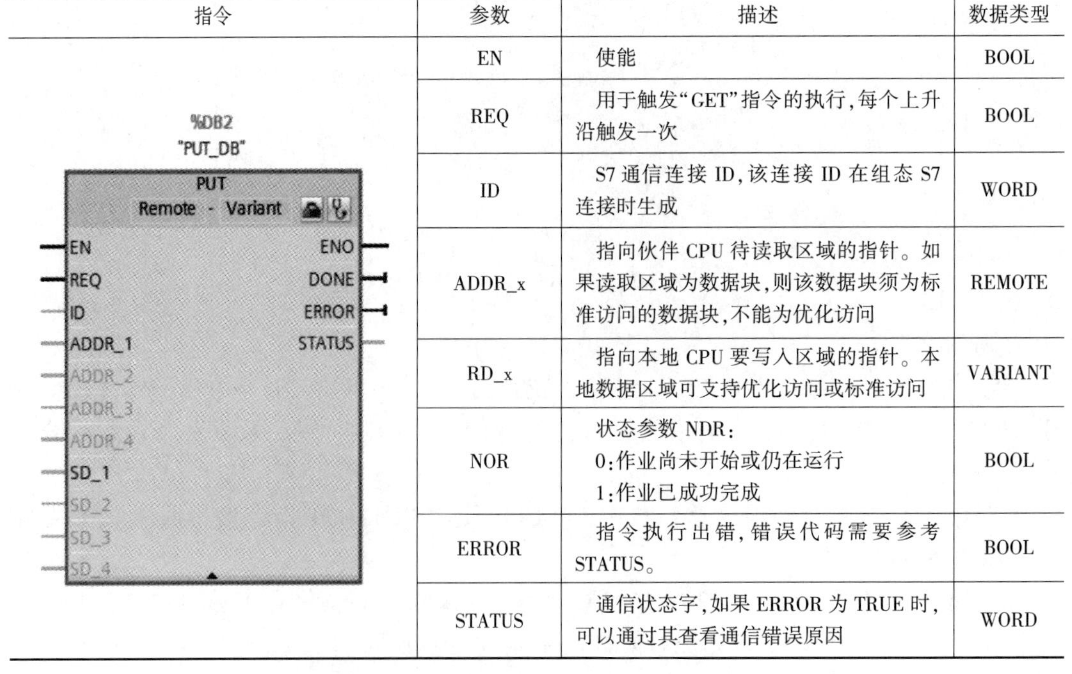

指令	参数	描述	数据类型
%DB2 "PUT_DB" PUT Remote - Variant EN REQ ID ADDR_1 ADDR_2 ADDR_3 ADDR_4 SD_1 SD_2 SD_3 SD_4 ENO DONE ERROR STATUS	EN	使能	BOOL
	REQ	用于触发“GET”指令的执行，每个上升沿触发一次	BOOL
	ID	S7 通信连接 ID，该连接 ID 在组态 S7 连接时生成	WORD
	ADDR_x	指向伙伴 CPU 待读取区域的指针。如果读取区域为数据块，则该数据块须为标准访问的数据块，不能为优化访问	REMOTE
	RD_x	指向本地 CPU 要写入区域的指针。本地数据区域可支持优化访问或标准访问	VARIANT
	NOR	状态参数 NDR： 0：作业尚未开始或仍在运行 1：作业已成功完成	BOOL
	ERROR	指令执行出错，错误代码需要参考 STATUS。	BOOL
	STATUS	通信状态字，如果 ERROR 为 TRUE 时，可以通过其查看通信错误原因	WORD

b. 伙伴 CPU 待读写区域不支持优化访问的数据区。

c. 确保参数 ADDR_x 与 SD_x/RD_x 定义的数据区域在数量、长度和数据类型等方面都是匹配的。

d. PUT/GET 指令最大可以传送数据长度为 212/222 字节，通信数据区域数量的增加并不能增加通信数据长度。PUT/GET 指令在使用不同数量的通信区域下最大通信长度见如表 10-5 所示。

表 10-5　　PUT/GET 指令最大通信长度

指令	所使用的 ADDR_x、SD_x/RD_x 数据区域的数量			
	1	2	3	4
PUT	212	196	180	164
GET	222	218	214	210

【应用案例】 S7-1200 PLC 与 S7-200 SMART200 进行 S7 通信。

（1）控制要求

S7-1200 将通信数据区 DB3 中的 20 个字节发送到 S7-200 SMART 以 VB0 开始的连续 20 个字节中。S7-1200 读取 S7-200 SMART 中以 VB100 开始的连续 20 个字节的数据并存储到 S7-1200 的数据区 DB4 中。

（2）硬件原理图

根据控制要求可绘制出，如图 10-17 所示的硬件原理图，两台设备（PLC）通过带有水晶头的网线相连接。

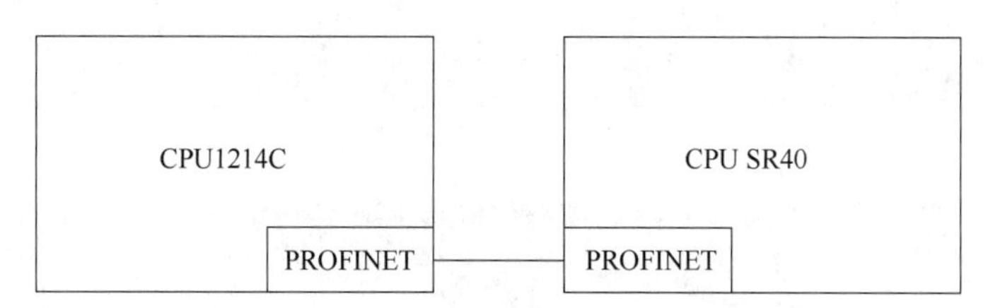

图 10-17　1200 与 200SMART S7 通信硬件原理图

（3） S7-1200 侧硬件组态和网络组态

① 创建一个新项目，并添加一个 S7-1200 站点。打开博途编程软件，创建一个名称为 NET_1200-to-200 SMART 的项目，添加一个 PLC 型号为 CPU1214C，命名为 PLC_1，采用默认的 IP 地址（192.168.0.1），同时启用 CPU 中的时钟存储器字节 MB0。

② 创建 S7 连接。在博途编程软件的网络视图中，先单击连接图标 连接 连接创建一个新的连接，然后在其右边连接列表中选择“S7 连接”，如图 10-18 所示，然后用鼠标键单击网络视图中的 CPU，在弹出的菜单中选择“添加新连接”。在弹出的“创建新连接”对话框中将连接类型选择“S7 连接”，选择“未指定”，指定本地 ID 为“100”，然后单击“添加”按钮，添加新连接，再单击“关闭”按钮，关闭创建新连接对话框，如图 10-19 所示。

③ 添加子网。添加完新连接后，在图 10-18 中，用鼠标右键单击 CPU 右下方绿色的小方框，在弹出的菜单中单击“添加子网”，然后生成一条 PN/IE_1 子网，如图 10-20 左上角所示。

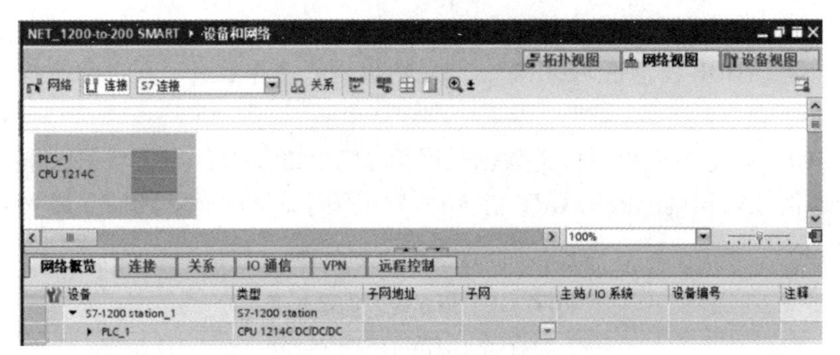

图 10-18　创建 S7 连接

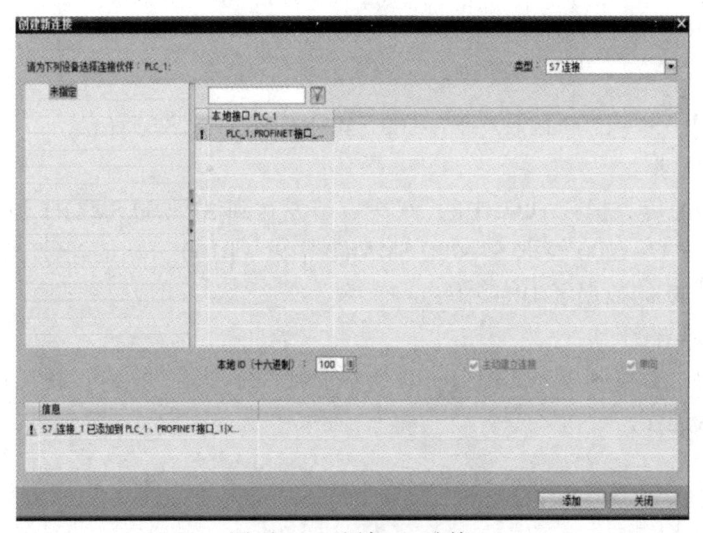

图 10-19　添加 S7 连接

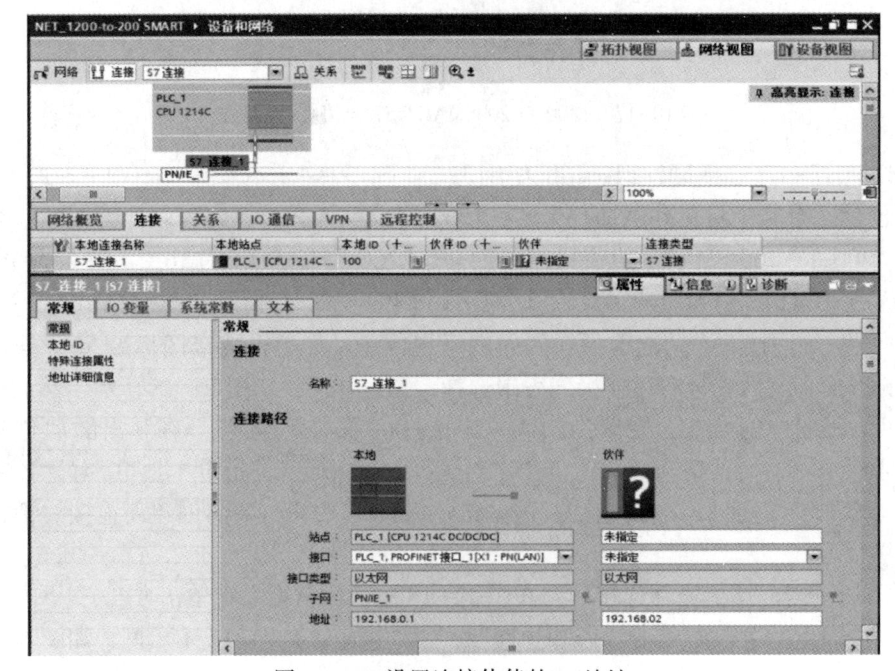

图 10-20　设置连接伙伴的 IP 地址

④ 组态连接参数。选择图 10-20 中的“连接”，在本地连接名称列中选中“S7_连接_”，然后在该连接的属性中选择“常规”，然后设置伙伴方 S7-200 SMART 的 IP 地址，如 192.168.0.2。单击图 10-21 左侧“常规”属性下的“地址详细信息”，可以看出伙伴方 S7-200SMART 的机架/槽号和 TSAP 地址。

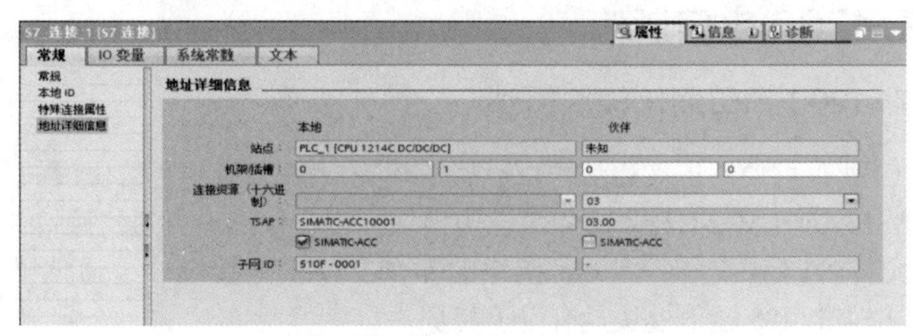

图 10-21　连接伙伴 TSAP 地址

（4）S7-1200 编程通信

① 首先创建发送数据块 DB3（接收区数据块 DB4 类似），数据块定义为 20 个字节的数组且数据块的属性中需要取消“优化的块访问”选项。

② 在 PLC_1 的 OB1 中调用 PUT/GET 通信指令。打开 PLC_1 主程序 OB1 的编辑窗口，在右侧“通信”指令文件夹中，打开“S7 通信”文件夹，用鼠标双击或拖动 PUT/GET 指令至某个程序段中，自动生成名称为 PUT_DB 和 GET_DB 的背景数据块。根据控制要求，本例编写的通信程序如图 10-22 所示。

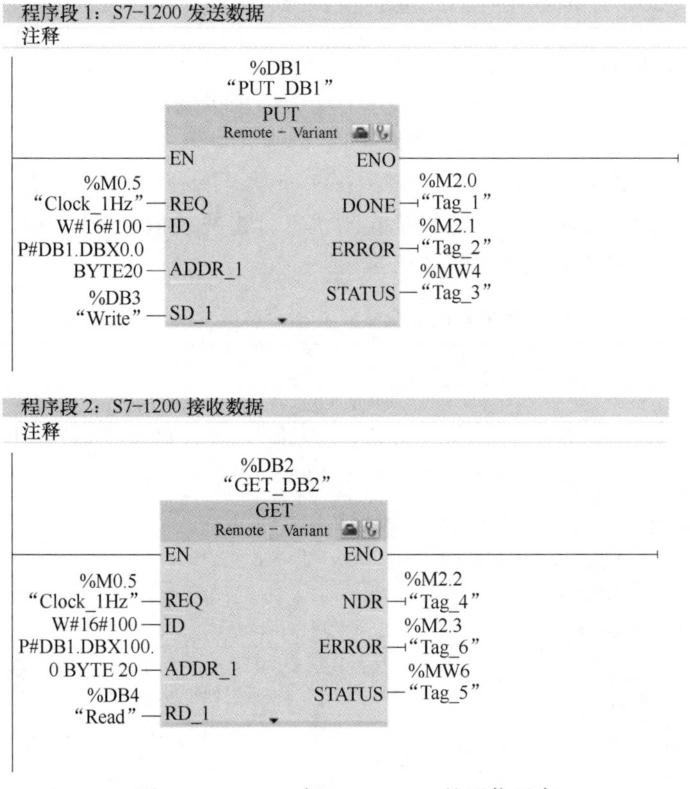

图 10-22　1200 与 200SMART 的通信程序

注意：本例中 S7-200 SMART 作服务器，占用 S7-200 SMART CPU 的 S7 被动连接资源，CPU 中不需要做任何编程，只需设定 CPU 的 IP 地址和在 S7-1200 中设置的伙伴 IP 地址一致即可。

10.3 S7-1200 串口通信

10.3.1 S7-1200 串口通信模块概述

S7-1200 CPU 也可使用扩展通信模块或通信板完成基于其他通信协议的通信。例如，使用 CM1241RS232 或 CM1241RS422/485 通信模块，可提供点对点通信接口，扩展的通信模块（CM）安装在 CPU 或另一个 CM 模块的左侧，最多连接 3 个，通信模块的类型不限。RS232 或 RS422/485 通信模块具有以下特征。

① 端口经过隔离处理。

② 通过扩展指令和库功能进行组态和编程。

③ 通过模块上 LED 灯显示传送和接收活动。

④ 通过模块上 LED 灯显示诊断活动。

通信模块由 CPU 供电，不必连接外部电源；通信传输采用 RS232 或 RS485 传输介质，可连接具有串口接口的设备，如打印机、扫描仪、智能仪表等；数据传输在 CPU 自由端口模式下执行。西门子博途软件提供的编程环境，设定通信模块 CM1241 参数界面友好、操作简单，用户可自行设定模块的通信特性。

10.3.2 S7-1200 之间的自由口通信及实例

S7-1200 的自由口通信指令也称为点到点通信指令，在右边的“通信”指令窗口的“通信处理器”文件夹下“点到点”文件夹中。这些指令分为用于组态的指令和用于通信的指令。

SEND_PTP 指令用于发送报文，RCV_PTP 指令用于接收报文；SEND_PTP 和 RCV_PTP 指令及其各个参数定义如表 10-6 和表 10-7 所示。所有的 PTP 指令的操作是异步的，用户程序可以使用轮询方式确认发送和接收的状态，这两条指令可以同时执行。通信模块发送和接收报文的缓冲区最大为 1024B。

表 10-6　SEND_PTP 指令及其指令参数含义

指令	参数	描述	数据类型
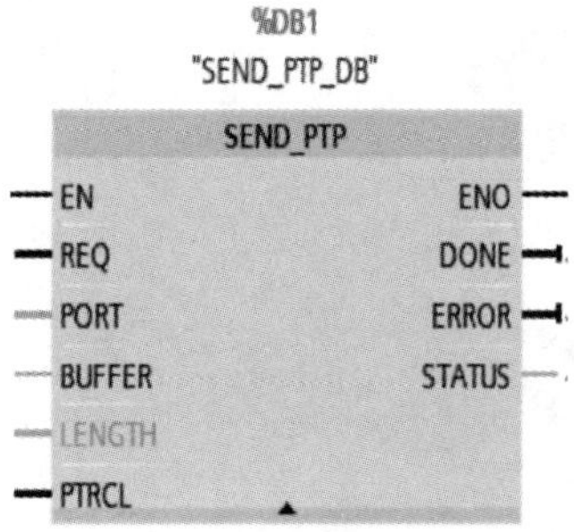 %DB1 "SEND_PTP_DB" SEND_PTP EN　ENO REQ　DONE PORT　ERROR BUFFER　STATUS LENGTH PTRCL	REQ	在该使能输入的上升沿启用所请求的传输。缓冲区中的内容传输到点对点通信模块（CM）	BOOL
	PORT	串口通信模块的硬件标识符	PORT
	BUFFER	接收数据存储的区域	VARIANT
	LENGTH	发送缓冲区的长度	UINT
	PTRCL	等于 0 时表示使用用户定义的通信协议而非西门子定义的通信协议	BOOL
	DONE	状态参数，为“0”时表示尚未启动或正在执行发送操作，为“1”时表示已执行发送操作，且无任何错误	BOOL
	ERROR	状态参数，为“0”时表示无错误，为“1”时表示出现错误	BOOL
	STATUS	执行指令操作的状态	WORD

表 10-7　　　　**PCV_PTP 指令及其指令参数含义**

指令	参数	描述	数据类型
%DB2 "RCV_PTP_DB" RCV_PTP EN　ENO EN_R　NDR PORT　ERROR BUFFER　STATUS LENGTH	EN_R	接收请求，当此输入端为“1”时，检测通信模块接收的消息，如果成功接收则将接收的数据传送到 CPU 中	BOOL
	PORT	串口通信模块的硬件标识符	PORT
	BUFFER	接收数据存储的区域	VARIANT
	NDR	状态参数，为“0”时表示尚未启动或正在执行发送操作，为“1”时表示已接收到数据，且无任何错误	BOOL
	ERROR	状态参数，为“0”时表示无错误，为“1”时表示出现错误	BOOL
	STATUS	执行指令操作的状态	BOOL
	LENGTH	接收缓冲区中消息的长度（接收的消息帧中包含多少字节的数据）	UINT

RCV_RST 用于清除接收缓冲区，SGN_GET 用于读取通信信号的当前状态，SGN_SET 用于设置通信信号的状态。SGN_GET 发送指令的各个参数含义请参考 S7-1200 PLC 的系统手册或软件里的帮助文件。

【应用案例】 两台 S7-1200 PLC 之间的自由口通信

（1）控制要求

两台 S7-1200 PLC 之间的自由口通信得增加通信模块，在此均增加 CM1241 RS485 通信模块、现就两台 S7-1200 PLC 之间自由口通信的步骤介绍如下。

两台 S7-1200 PLC 的 CPU 均为 CPU1214C，两者之间为自由口通信，实现在第一台 PLC 的起停按钮能起停第二台 PLC 上的电动机。

（2）硬件组态

① 新建项目。新建一个项目、名称为“1200 之间自由口通信”，在博途软件中添加两台 PLC 和两块 CM1241 RS485 通信模块，如图 10-23 所示。

② 启用系统和时钟存储器字节。先选中 PLC_2 中的 CPU1214C，再选中其属性中的“系统和时钟存储器”，在右边窗口中勾选“启用系统存储器字节”，在此采用默认的字节 MB1。M1.2 位表示始终为“1”。用同样的方法启用 PLC_1 中的时钟存储器字节，将 M0.5 设置成 1Hz 的周期脉冲。

③ 添加数据块。分别在 PLC_1 和 PLC_2 中添加新块，选中数据块，均命名为 DB1。然后分别用鼠标右键单击新生成的数据块 DB1，单击弹出对话框中的“属性”选项，在属性对话框中选中“属性”，去掉右边窗口“优化的块访问”前面的“√”，再单击“确定”按钮。在弹出的“优化的块访问”对话框中，单击“确定”按钮。这样对该数据块中的

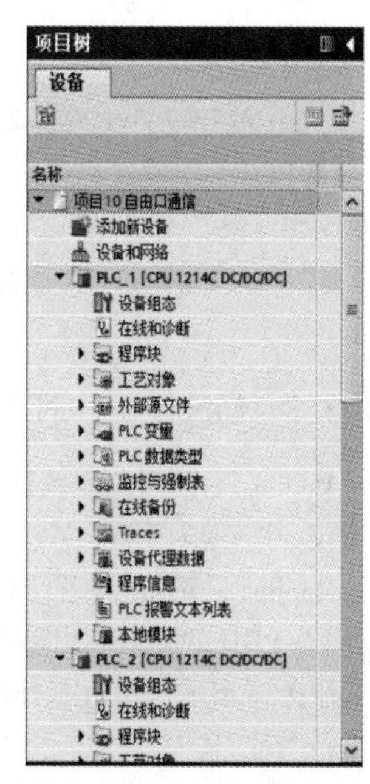

图 10-23　组态两个 PLC

数据访问就可采用绝对地址寻址，否则不能建立通信，如图 10-24 所示。

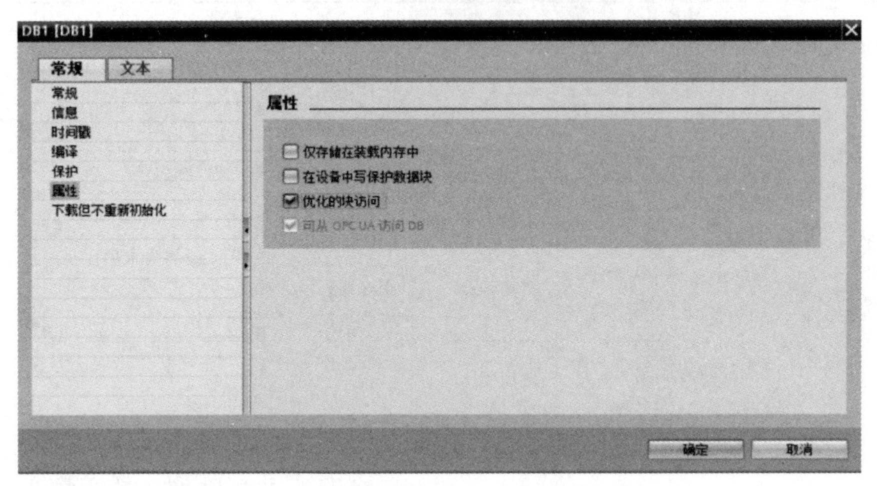

图 10-24　将数据块 DB1 设置为绝对地址寻址

④ 创建数组。打开 PLC_1 中的数据块，创建数组 A [0..1]，数组中有两个字节 A [0] 和 A [1]，如图 10-25 所示。用同样的方法在 PLC_2 中创建数组 A [0..1]。

项目10 自由口通信 ▸ PLC_1 [CPU 1214C DC/DC/DC] ▸ 程序块 ▸ DB1 [DB1]

保持实际值　快照　将快照值复制到起始值中　将起始值加载为

DB1

	名称	数据类型	偏移量	起始值	保持	可从 HMI/...
1	▼ Static				☐	☐
2	▼ A	Array[0..1] of Byte	0.0		☐	☑
3	A[0]	Byte	0.0	16#0	☐	☑
4	A[1]	Byte	1.0	16#0	☐	☑

图 10-25　在数据 DB1 中建立数组 A [0..1]

（3）编写 S7-1200 程序

① PLC_1 中发送程序。打开 PLC_1 下程序块中的主程序 OB1，编写发送程序如图 10-26 所示。

② PLC_2 中接收程序。打开 PLC_2 下程序块中的主程序 OB1，编写接收程序如图 10-27 所示。

10.3.3　Modbus RUT 协议与通信实例

Modbus 通信协议是莫迪康公司提出的，是工业通信领域简单、经济和公开透明的通信协议，广泛应用于 PLC、变频器、人机界面、自动化仪表等设备之间的通信。

Modbus 是请求/应答协议，并且提供功能码规定的服务。Modbus 功能码是 Modbus 请求/应答 PDU 的元素。启动 Modbus 事务处理的客户端创建应用数据单元 ADU，功能码用于向服务器指示将执行哪种操作。Modbus 服务器执行功能码定义的操作，并对客户端的请求给予应答。

Modbus 协议根据使用网络的不同，可分为串行链路上的 Modbus RTU/ASCII 和 TCP/IP

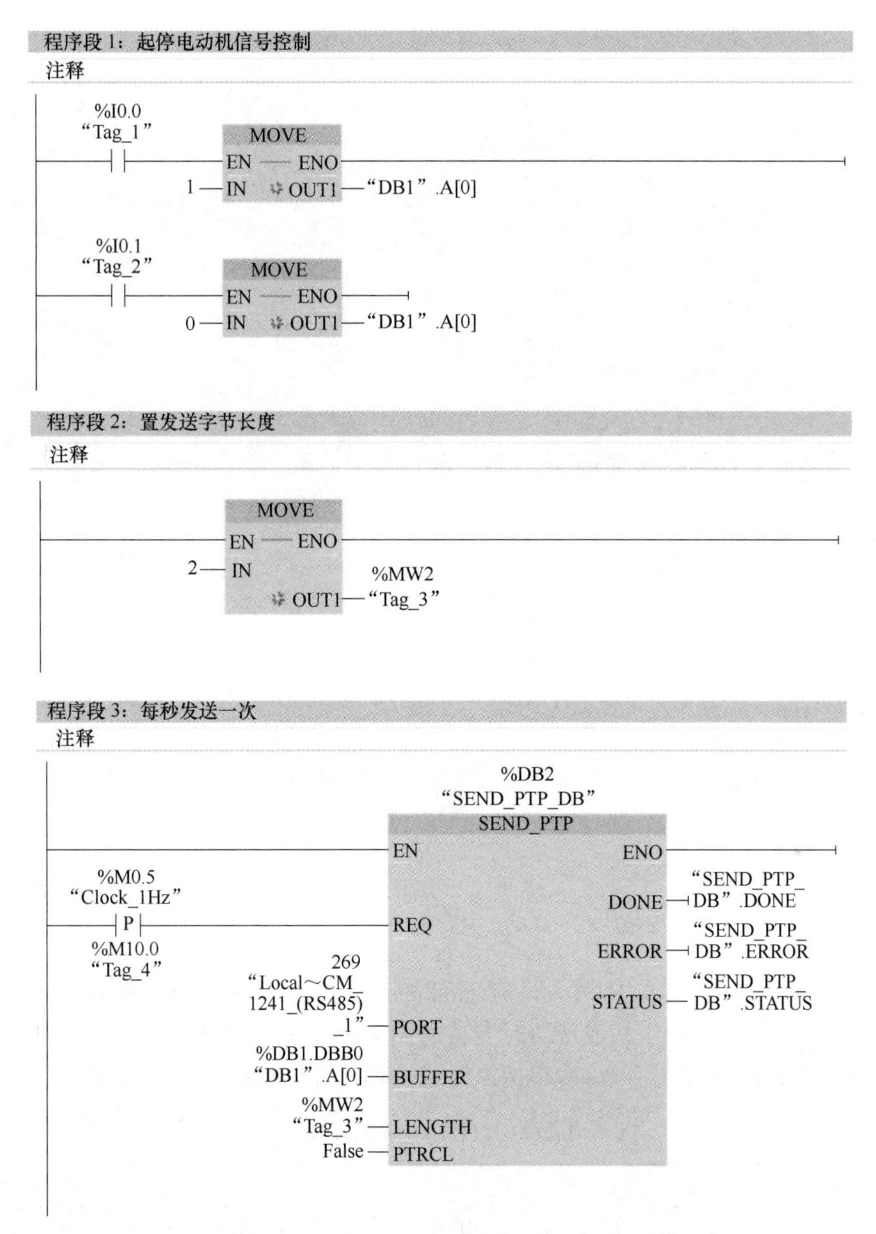

图 10-26　PLC_1 中发送起停控制信号程序

上的 Modbus TCP。Modbus TCP 结合了 Modbus 协议和 TCP/IP 网络标准，它是 Modbus 协议在 TCP/IP 上的具体实现，数据传输时在 TCP 报文中插入了 Modbus 应用数据单元 ADU。

（1） Modbus RTU 通信概述

Modbus 具有两种串行传输模式，分别为 ASCII 和 RTU（远程终端单元）。S7-1200 通过调用软件中的 Modus RTU 指令来实现 Modbus RTU 通信，而 Modbus 实数用户按照协议格式自行编程。Modbus RTU 是一种单主站的主从通信模式，主站发送数据请求报文帧，从站回复应答数据报文帧。Modbus 网络上只能有一个主站存在，主站在 Modbus 网络上没有地址，每个从站必须有唯一的地址。从站的地址范围为 0~247，其中 0 为广播地址，用

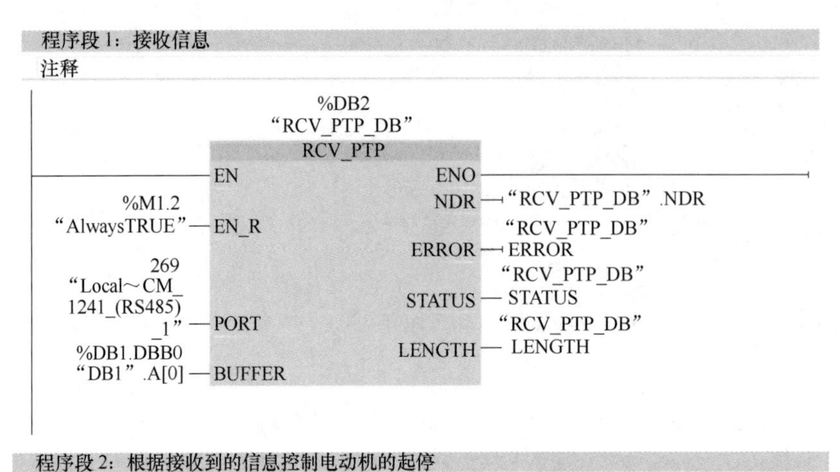

图 10-27　PLC_2 中发送起停控制信号程序

于将信息广播到所有 Modbus 从站，只有 Modbus 功能码 05、06、15 和 16 可用于广播。S7-1200 用作 Modbus RTU 主站或从站时支持的 Modbus RTU 功能码如表 10-8 所示。使用功能代码 3、6 及 16 可实现主站对 Modbus 保持寄存器（即数据块）中字的读写。

表 10-8　　Modbus RTU 地址和功能码

Modbus 地址	读写	功能码	说明	S7-1200 地址
00001~0XXXX	读	1	读取单个/多个开关量输出线圈状态	Q0.0~QXXXX.X
00001~0XXXX	写	5	写单个开关量输出线圈	Q0.0~QXXXX.X
	写	15	写多个开关量输出线圈	
10001~1XXXX	读	2	读取单个/多个开关量输入触点状态	I0.0~IXXXX.X
10001~1XXXX	写	—	不支持	
30001~3XXXX	读	4	读取单个/多个模拟量输入通道数据	IW0~IW1XXXX
30001~3XXXX	写	—	不支持	
40001~4XXXX	读	3	读取单个/多个保持寄存器数据	字 0~XXXXX
40001~4XXXX	写	6	写单个保持寄存器数据	
	写	16	写多个保持寄存器数据	

注意：

① 使用通信模块 CM1241 RS-232 作为 Modbus RTU 主站时，只能与一个从站通信。

② 每个 Modbus 网段最多可有 32 个设备，达到 32 个限制时，必须使用中继器。

③ Modbus 网络上所有的站都必须选择相同的传输模式和串口通信参数，如波特率、校验方式、停止位等。

（2） Modbus RTU 指令介绍

① Modbus_Comm_Load 指令：Modbus_Comm_Load 指令用于 Modbus RTU 协议通信的 SIPLUS I/O 或 PtP 端口。Modbus RTU 端口硬件选项：最多安装三个 CM（RS-485 或 RS-232）及一个 CB（RS-485）。主站和从站都要调用此指令，Modbus_Comm_Load 指令输入/输出参数如表 10-9 所示。

表 10-9　　Modbus_Comm_Load 指令的参数

指令	参数	描述	数据类型
%DB1 "Modbus_Comm_Load_DB" Modbus_Comm_Load EN　ENO REQ　DONE PORT　ERROR BAUD　STATUS PARITY FLOW_CTRL RTS_ON_DLY RTS_OFF_DLY RESP_TO MB_DB	EN	使能	BOOL
	REQ	上升沿时信号启动操作	BOOL
	PORT	硬件标识符	UINT
	PARITY	奇偶校验选择； • 0—无 • 1—奇校验奇偶校验选择 • 2—偶校验	UINT
	MB_DB	对 Modbus_Maste 或 Modb-us_Slave 指令所使用的背景数据块的引用	MB_BASE
	DONE	上一请求已完成且没有出错后，DONE 位将保持为 TRUE 一个扫描周期时间	BOOL
	STATUS	故障代码	WORD
	ERROR	是否出错:0—无错误,1—有错误	BOOL

② Modbus_Master 指令：Modbus_Master 指令是 Modbus 主站指令，在执行此指令之前，要执行 Modbus_Comm_Load 指令组态端口。将 Modbus_Master 指令放入程序时，自动分配背景数据块。指定 Modbus_Comm_Load 指令的 MB_DB 参数时将使用该 Modbus_Master 背景数据块。Modbus_Master 指令输入/输出参数如表 10-10 所示。

③ MB_SLAVE 指令：MB_SLAVE 指令的功能是将串口作为 Modbus 从站，响应 Modbus 主站的请求，使用 MB_SLAVE 指分，要求每个口独占一个背景数据块，背景数据块不能与其他的端口共用。在执行此指令之前，要执行 Modbus_Comm_Load 指令组态端口，MB_SLAVE 指令的输入/输出参数如表 10-11 所示。

【应用案例】 S7-1200 PLC 之间 Modbus RTU 通信。

（1）控制要求

有两台设备，分别由一台 CPU1214C 和一台 CPU1211C 控制，要求把设备 1 上的 CPU1214C 的数据块中 6 个字发送到设备 2 的 CPU1211C 的数据块中。要求采用 Modbus RTU 通信。

表 10-10　　Modbus_Master 指令的参数

指令	参数	描述	数据类型
%DB2 "Modbus_Master_DB" Modbus_Master（EN、REQ、MB_ADDR、MODE、DATA_ADDR、DATA_LEN、DATA_PTR；ENO、DONE、BUSY、ERROR、STATUS）	EN	使能	BOOL
	MB_ADDR	从站地址，有效值为 0~247	UINT
	MODE	模式选择：0—读，1—写	USINT
	DATA_ADDR	从站中的起始地址	UDINT
	DATA_LEN	数据长度	UINT
	DATA_PTR	数据指针：指向要写入或读取的数据的 M 或 DB 地址（未经优化的 DB 类型）	VARIANT
	DONE	上一请求已完成且没有出错后，DONE 位将保持为 TRUE 一个扫描周期时间	BOOL
	BUSY	• 0—无 Modbus_Master 操作正在进行 • 1—Modbus_Master 操作正在进行	BOOL
	STATUS	故障代码	WORD
	ERROR	是否出错：0—无错误，1—有错误	BOOL

表 10-11　　MB_SLAVE 指令的参数

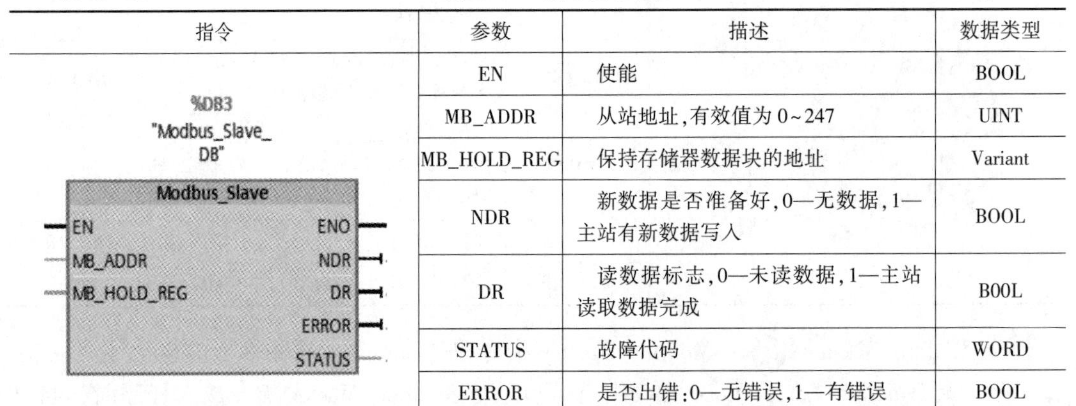

指令	参数	描述	数据类型
%DB3 "Modbus_Slave_DB" Modbus_Slave（EN、MB_ADDR、MB_HOLD_REG；ENO、NDR、DR、ERROR、STATUS）	EN	使能	BOOL
	MB_ADDR	从站地址，有效值为 0~247	UINT
	MB_HOLD_REG	保持存储器数据块的地址	Variant
	NDR	新数据是否准备好，0—无数据，1—主站有新数据写入	BOOL
	DR	读数据标志，0—未读数据，1—主站读取数据完成	BOOL
	STATUS	故障代码	WORD
	ERROR	是否出错：0—无错误，1—有错误	BOOL

（2）硬件组态

两台 S7-1200 PLC 之间的 Modbus RTU 通信硬件配置，如图 10-28 所示。

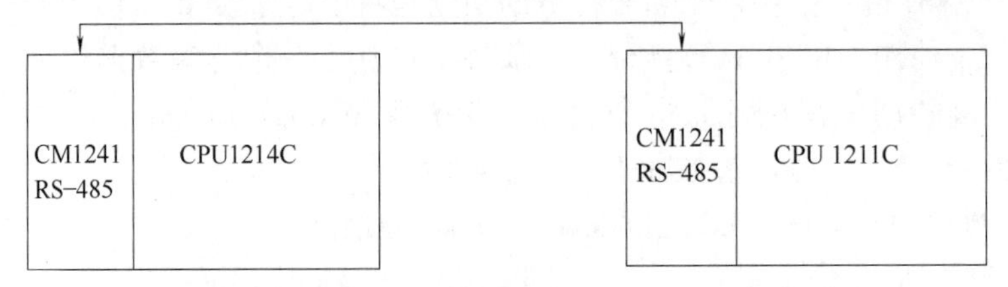

图 10-28　两台 S7-1200 之间的 Modbus RTU 通信硬件配置

本例用到的软硬件如下：

a. 1 台 CPU1214C；

b. 1 台 CPU1211C；

c. 1 根带 DP 接头的屏蔽双绞线；

d. 1 台个人电脑（含网卡）；

e. 2 台 CM1241RS-485 模块；

f. 1 套 TIAPortal V14 SP1。

① 新建项目。打开 TIA 博途软件，新建项目，本例命名为“Modbus_RTU”，再单击“项目视图”按钮，切换到项目视图，如图 10-29 所示。

图 10-29　新建项目

② 硬件配置。如图 10-29 所示，在 TIA 博途软件项目视图的项目树中 双击“添加新设备”按钮，添加 CPU 模块“CPU1214C”，并启用时钟存储器字节和系统存储器字节；再添加 CPU 模块“CPU1211C”，并启用时钟存储器字节和系统存储器字节，如图 10-30 所示。

③ IP 地址设置。先选中 Master 的“设备视图”选项卡（标号 1 处），再选中 CPU1214C 模块绿色的 PN 找口（标号 2 处），选中“属性”（标号 3 处）选项卡，再选中“以太网地址”（标号 4 处）选项，再设置 IP 地址（标号 5 处）为 192. 168. 0. 1，如图 10-31 所示。用同样的方法设置 Slave 的 IP 地址为 192. 168. 0. 2。

④ 在主站 Master 中创建数据块 DB1。在项目树中，选择“Master”→“程序块”→“添加新块”，选中“DB”，单击“确定”按钮，新建连接数据块 DB1，如图 10-32 所示，再在 DB1 中创建数组 A 和数组 B。

在项目树中，如图 10-33 所示，选择“Master”→“程序块”→“DB1”，单击鼠标右键，弹出快捷菜单，单击“属性”选项，打开“属性”界面，如图 10-34 所示，选择“属性”选项，去掉“优化的块访问”前面的对号“√”，也就是把块变成非优化访问。

图 10-30　硬件配置

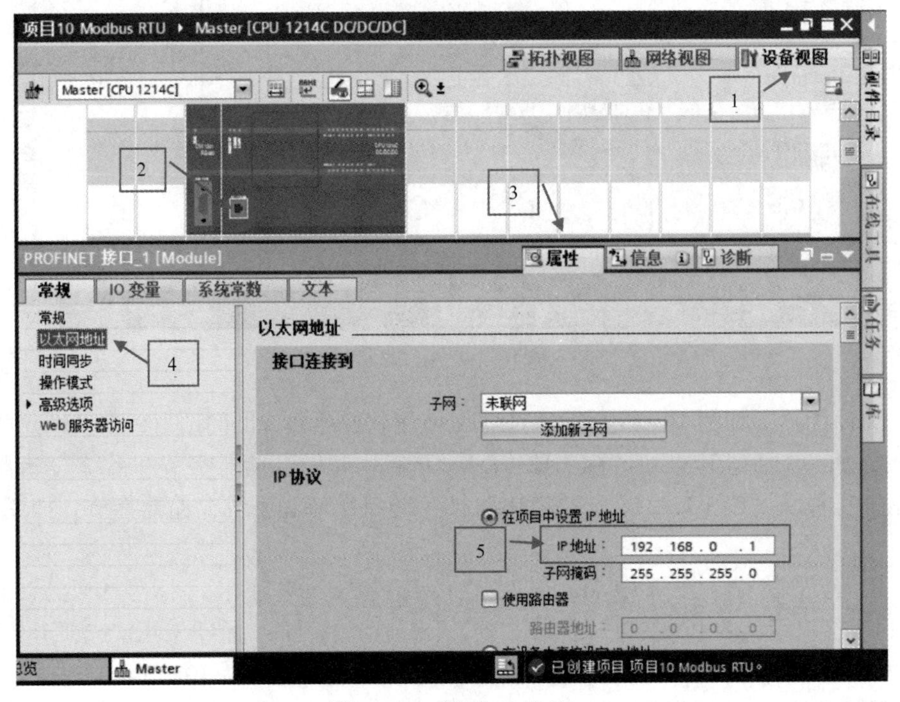

图 10-31　设置 IP 地址

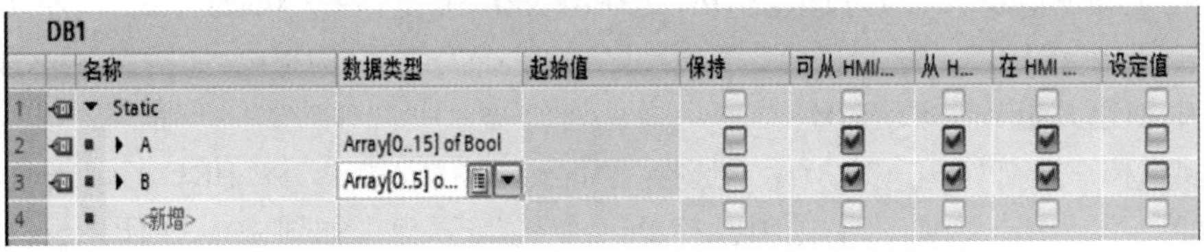

DB1

	名称	数据类型	起始值	保持	可从 HMI/...	从 H...	在 HMI ...	设定值
1	▼ Static			☐	☐	☐	☐	☐
2	▸ A	Array[0..15] of Bool		☐	☑	☑	☑	☐
3	▸ B	Array[0..5] o...		☐	☑	☑	☑	☐
4	<新增>			☐	☐	☐	☐	☐

图 10-32　在主站 Master 中，创建数据块 DB1

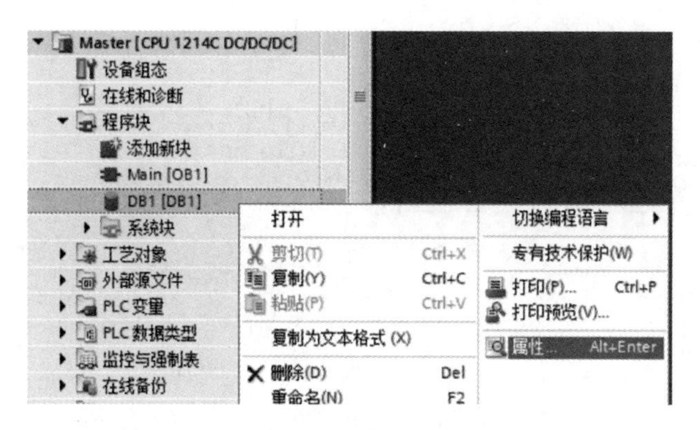

图 10-33　打开 DB1 的属性

图 10-34　修改 DB1 的属性

⑤ 在从站 Slave 中创建数据块 DB1。在项目树中，选择“Slave”→“程序块”→“添加新块”，选中“DB”，单击“确定”按钮，新建连接数据块 DB1，如图 10-35 所示，再在 DB1 中创建数组 A。用前述的方法，把 DB1 块的属性改为非优化访问。

DB1

	名称	数据类型	起始值	保持	可从 HMI/...	从 H...	在 HMI ...	设定值
1	▼ Static			☐	☐	☐	☐	☐
2	▼ A	Array[0..5] o...		☐	☑	☑	☑	☐
3	A[0]	Word	16#0	☐	☑	☑	☑	☐
4	A[1]	Word	16#0	☐	☑	☑	☑	☐
5	A[2]	Word	16#0	☐	☑	☑	☑	☐
6	A[3]	Word	16#0	☐	☑	☑	☑	☐
7	A[4]	Word	16#0	☐	☑	☑	☑	☐
8	A[5]	Word	16#0	☐	☑	☑	☑	☐
9	<新增>			☐	☐	☐	☐	☐

图 10-35　在从站 Slave 中创建数据块 DB1

（3） PLC 编程

① 编写主站的 LAD 程序，如图 10-36 所示。

② 编写从站的 LAD 程序，如图 10-37 所示。

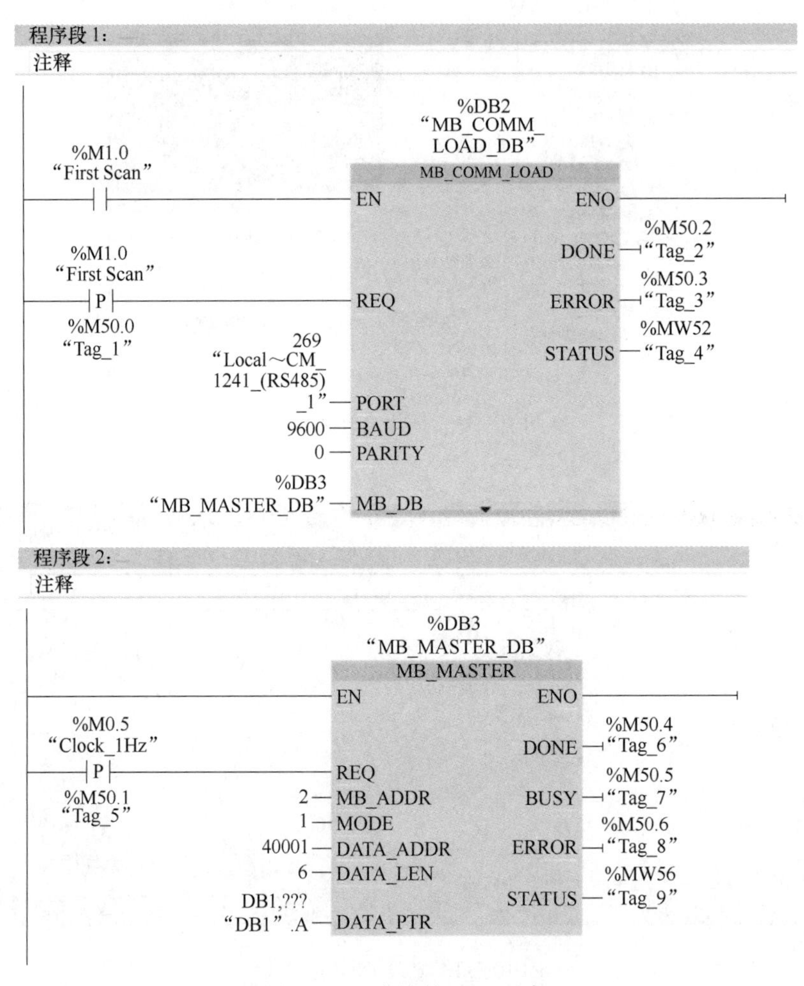

图 10-36　主站的 LAD 程序

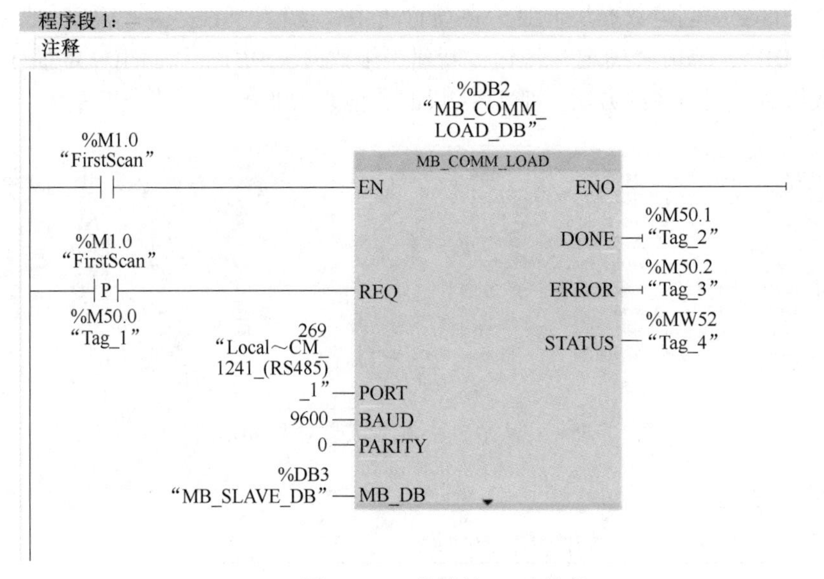

图 10-37　从站的 LAD 程序

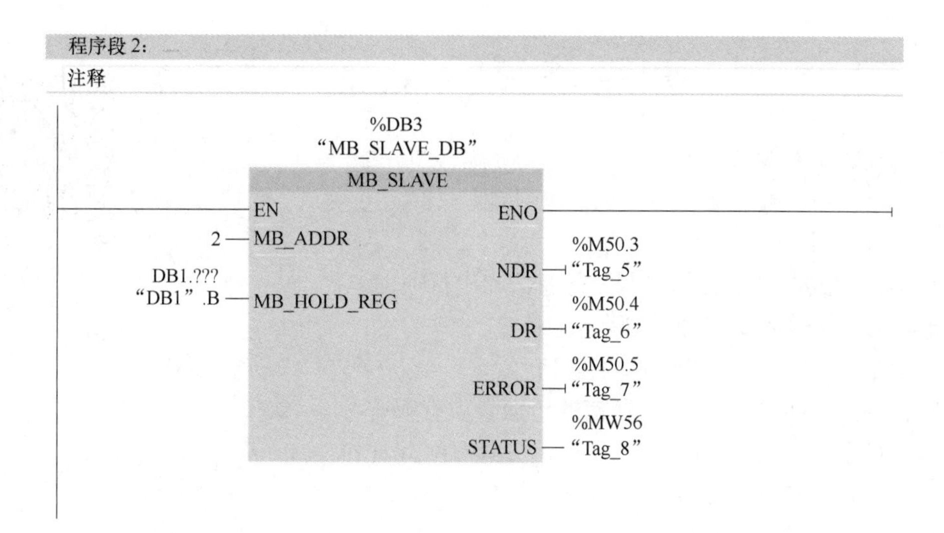

图 10-37　从站的 LAD 程序（续）

知识扩展与思政园地

［烽火传军情］

“烽火”是我国古代用以传递边疆军事情报的一种通信方法，始于商周，延至明清，相习几千年之久，其中尤以汉代的烽火组织规模为大。在边防军事要塞或交通要冲的高处，每隔一定距离建筑一高台，俗称烽火台，亦称烽燧、墩堠、烟墩等。高台上有驻军守候，发现敌人入侵，白天燃烧柴草以“烟”报警，夜间燃烧薪柴以“举烽”（火光）报警。一台燃起烽烟，邻台见之也相继举火，逐台传递，须臾千里，以达到报告敌情、调兵遣将、求得援兵、克敌制胜的目的。在我国的历史上，还有一个为了讨得美人欢心而随意点燃烽火，最终导致亡国的“烽火戏诸侯”的故事。周灭商后建都镐京，历史上称作西周。初期，周王为巩固国家，先后把自己的兄弟、亲戚、功臣分封到各地做诸侯，建立诸侯国，还建立了一整套制度，农业、手工业、商业都有了一定的发展。

［青鸟传书］

据我国上古奇书《山海经》记载，青鸟共有三只，名曰诏兰、紫燕（还有一只青鸟的名字笔者没有查阅到），是西王母的随从与使者，它们能够飞越千山万水传递信息，将吉祥、幸福、快乐的佳音传递给人间。据说，西王母曾经给汉武帝写过书信，西王母派青鸟前去传书，而青鸟则一直把西王母的信送到了汉宫承华殿前。在以后的神话中，青鸟又逐渐演变成为百鸟之王——凤凰。南唐中主李璟有诗“青鸟不传云外信，丁香空结雨中愁”，唐代李白有诗“愿因三青鸟，更报长相思”，李商隐有诗“蓬山此去无多路，青鸟殷勤为探看”，崔国辅有诗“遥思汉武帝，青鸟几时过”，借用的均是“青鸟传书”的典故。

思考练习

1. 基础知识在线自测

2. 扩展练习

（1）简答题

① 通信方式有哪几种？何谓并行通信和串行通信？

② PLC可与哪些设备进行通信？

③ 何谓单工、半双工和全双工通信？

④ 西门子PLC与其他设备通信的传输介质有哪些？

⑤ 西门子S7-1200 PLC的常见通信方式有哪几种？

⑥ 自由口通信涉及哪些通信指令？

⑦ 如何修改CPU的IP地址？

⑧ 如何创建两台PLC的以太网连接？

（2）PLC编程练习

① 完成两台S7-1200 PLC的通信：将PLC_1的发送数据块DB1中100个字节单元的数据发送到PLC_2的接收数据块DB1中，同时PLC_1的接收数据块DB2接收来自PLC_2发送数据块DB2中的100个字节单元的数据。

a. 用开放式用户通信指令中的TSEND、TRCV指令实现。

b. 用S7通信方式实现。

② PLC_1的MB10的初始数据为16#0F，PLC_2的MB20的初始数据为16#F0，用TCP或IS on TCP协议的以太网通信把PLC_1的MB10和PLC_2的MB20里的数据互换。

项目 11　S7-1200 PLC 在运动控制中的应用

项目11　S7-1200 PLC在运动控制中的应用

（1）项目导入

运动控制（Motion Control）是工业自动化领域中的一项核心技术，主要用于精确控制机器和设备的运动过程。运动控制系统的基本架构组成包括运动控制器、驱动器、执行器及反馈传感器等，从运动控制的基本架构可以看到 PLC 作为自动化控制系统的核心，在运动控制中发挥着至关重要的作用。PLC 运动控制是指通过 PLC 对各种运动控制系统进行集成、协调和控制，实现自动化生产线和设备的精确运动控制。

西门子 S7-1200 PLC 实现运动控制的途径主要包括程序指令块、定义工艺对象"轴"、CPU PTO 硬件输出及定义相关执行设备等。本项目的运动控制的驱动对象是伺服系统。

（2）项目目标

素质目标

① 培养严谨的逻辑思维和问题解决能力，能够运用所学知识分析、解决实际工程问题。

② 培养团队合作和沟通能力，能够在团队中发挥积极作用，与团队成员有效协作。

③ 培养自主学习和终身学习的意识，不断更新知识和技能，适应不断发展的工业自动化技术。

知识目标

① 了解运动控制系统的组成和作用，包括电机、驱动器、传感器等关键组件及其在系统中的作用。

② 熟悉常见的伺服运动控制系统，了解其特性和应用场景。

③ 理解反馈传感器（光电编码器）的工作原理。

④ 掌握工艺对象"轴"的应用。

⑤ 掌握 PLC 运动控制指令的语法和语义。

能力目标

① 能够编写简单的 PLC 运动控制程序，实现基本的运动控制功能，如位置控制。

② 能够进行基本的系统调试和维护，确保运动控制系统正常运行，解决常见的系统故障。

11.1 基础知识

11.1.1 运动控制的概念

运动控制系统是以机械运动的驱动设备-电动机为控制对象，以控制器为核心，以电力电子、功率变换装置为执行机构，在自动控制理论的指导下组成的电气传动控制系统。这类系统控制电动机的转速、转矩和转角，将电能转换为机械能，实现运动机械的运动要求。

运动控制系统广泛应用于工农业生产、交通运输、国防、航空航天、医疗卫生以及家用电器、消费电子产品中。

（1）运动控制系统组成

运动控制系统的基本架构组成，如图 11-1 所示。

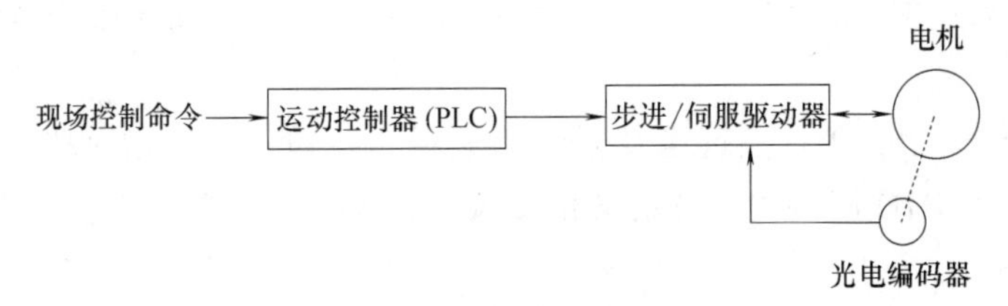

图 11-1 运动控制系统的基本架构组成

① 运动控制器。运动控制器是 PLC 运动控制系统的核心，它负责根据输入的指令和反馈信号调整输出，以控制执行机构的运动。运动控制器可以采用独立的硬件设备，也可以集成在 PLC 中。运动控制器的主要功能包括：

a. 插补算法：通过插补算法实现多轴之间的协同运动，实现复杂轨迹的加工。

b. 轨迹规划：根据工艺要求和工件形状，规划机器人的运动轨迹。

c. 实时控制：对执行机构的实时位置、速度等进行精确控制。

② 驱动系统。驱动系统是将电信号转换为机械运动的装置，主要包括电机、变频器、齿轮、链条等。在 PLC 运动控制系统中，常用的驱动系统包括：

a. 步进电机：步进电机是一种将电脉冲信号转换为角位移的装置，通过控制步进电机的脉冲数和频率，可以精确控制执行机构的位移和速度。

b. 伺服电机：伺服电机是一种能够快速响应、精确控制的电机，通过控制伺服电机的转速和位置，可以实现高精度的运动控制。

③ 执行机构。执行机构是实现精确运动的机构，主要包括轴、导轨、丝杠、滑块等。执行机构的设计与选择需要根据具体的应用场景和工艺要求来确定。常见的执行机构包括：

a. 滚珠丝杠：滚珠丝杠是一种将旋转运动转换为直线运动的机构，具有高精度、高刚度、低摩擦等优点。

b. 线性导轨：线性导轨是一种高精度、高刚度的导向机构，用于确保执行机构在运动过程中的稳定性和精度。

④ 反馈传感器。反馈传感器用于检测执行机构的位移、速度等参数，并将检测到的

信号反馈给控制器。如光电编码器、旋转变压器或霍尔效应设备，用于反馈执行器的位置到位置控制器，以实现与位置控制环的闭合。

（2）西门子 S7-1200 PLC 实现运动控制的方式

西门子 S7-1200 PLC 可以实现运动控制的基础在于集成了高速计数口、高速脉冲输出口等硬件和相应的软件功能。尤其是西门子 S7-1200 PLC 在运动控制中使用了轴的概念，通过对轴的组态，包括硬件接口、位置定义、动态特性、机械特性等与相关的指令块组合使用，可以实现绝对位置、相对位置、点动、转速控制及自动寻找参考点的功能。

西门子 S7-1200 PLC 运动控制根据连接驱动方式不同，分为 PROFIdrive，PTO，模拟量等三种控制方式，如图 11-2 所示。

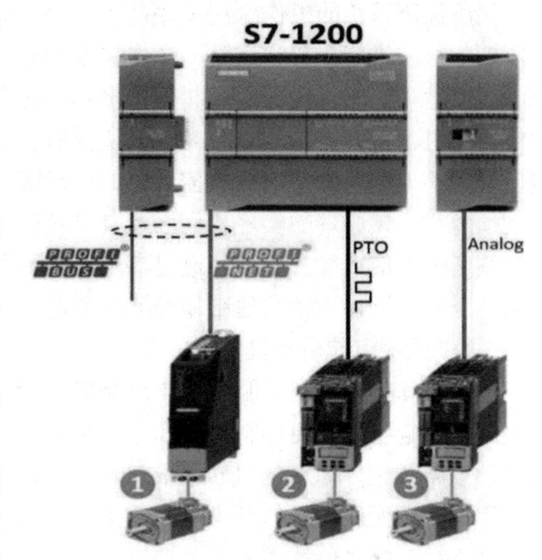

图 11-2　西门子 S7-1200 PLC 运动控制方式

西门子 S7-1200 PLC 的运动控制主要基于三种不同的驱动方式，分别为：

① PROFIdrive：S7-1200 PLC 通过基于 PROFIBUS/PROFINET 的 PROFIdrive 方式与支持 PROFIdrive 的驱动器连接，进行运动控制。

② PTO：PTO（脉冲串输出 Pulse Train Output，简称 PTO）的控制方式是目前为止所有版本的 S7-1200 CPU 都有的控制方式，该控制方式由 CPU 向轴驱动器发送高速脉冲信号（以及方向信号）来控制轴的运行。这种控制方式是开环控制。

③ 模拟量：S7-1200 PLC 通过输出模拟量来控制驱动器。

注意：对于固件 V4.0 及其以下的 S7-1200 CPU 来说，运动控制功能只有 PTO 这一种方式。另外，目前 1 个 S7-1200 PLC 最多可以控制 4 个 PTO 轴，该数值不能扩展。至于具体选择哪种控制方式，需根据实际的应用需求和设备配置来决定。

11.1.2　伺服控制的概念

伺服控制系统是一种基于反馈原理实现的自动控制系统。它能够根据输入的指令信号，经过一系列的转换和运算，对输出进行精确控制，使其符合指令要求。伺服控制系统广泛应用于各种需要高精度、快速响应控制的场合，如数控机床、机器人、包装机械等。

（1）伺服控制系统组成

如图 11-3 所示伺服系统是一种基于反馈控制的运动系统，它能够根据输入的指令信号，通过控制电机的转动来精确地跟踪和定位。伺服系统主要由以下几个部分组成：

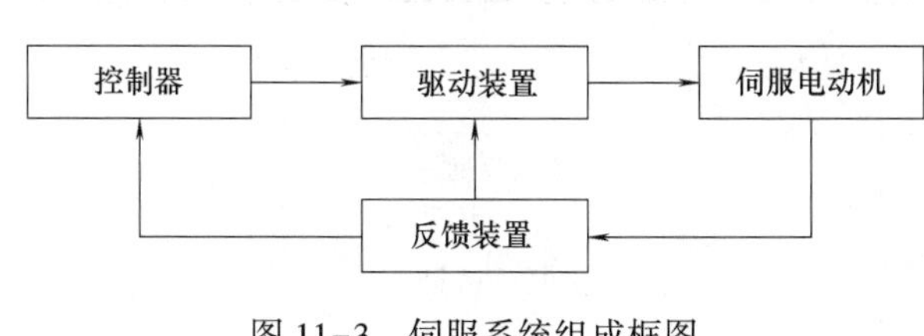

图 11-3　伺服系统组成框图

① 控制器：接收输入的指令信号，并根据指令信号进行运算处理，产生控制信号。

② 伺服驱动器：接收控制信号，并将其转换为相应的控制电压或电流，驱动伺服电机。

③ 伺服电动机：接受驱动器的控制信号，转换为相应的旋转或直线运动，输出动力。

④ 反馈装置：反馈装置的作用是将电机的实际位置和速度反馈给控制器，以便控制器能够根据实际位置和速度调整电机的转动速度和方向。常见的反馈装置有编码器、光栅等。

（2）伺服控制系统工作原理

伺服控制系统的工作原理主要基于负反馈原理。控制器接收输入的指令信号和传感器的反馈信号，进行比较和运算，产生控制信号。控制信号通过伺服驱动器转换为相应的控制电压或电流，驱动伺服电机。伺服电机的运动经过执行机构，驱动被控对象进行相应的动作。同时，传感器检测被控对象的实际状态，将检测信号反馈给控制器，控制器根据反馈信号调整控制信号，使得被控对象的运动能够快速、准确地跟随指令信号的变化。

通过负反馈原理的实现，伺服控制系统能够有效地减小被控对象的误差，提高系统的控制精度和响应速度。同时，通过参数调整和算法优化，伺服控制系统还能够适应不同的应用场景和性能要求，实现更加灵活和智能的控制。

（3）伺服电动机及其驱动

伺服电动机是指在伺服系统中控制机械元件运转的发动机，是一种补助马达间接变速装置。伺服电机可以使控制速度和位置精度非常准确，可以将电压信号转化为转矩和转速以驱动控制对象。伺服电机转子转速受输入信号控制，并能快速反应，在自动控制系统中，用作执行元件，且具有机电时间常数小、线性度高等特性，可把所收到的电信号转换成电动机轴上的角位移或角速度输出。

伺服电动机分为直流和交流伺服电动机两大类。其主要特点是，当信号电压为零时无自转现象，转速随着转矩的增加而匀速下降。交流伺服电机也是无刷电机，分为同步和异步电机，目前运动控制中一般都用同步电机，它的功率范围大，可以做到很大的功率。

本项目中选用台达 ECMA-C30604PS 交流伺服电机，驱动器为台达 ECMA-C30604-PS，编码器分辨率为 17bit。

- 伺服电机的参数设定。

a. 控制模式：驱动器提供位置、速度和扭矩三种基本操作模式，可以用单一控制模式，即固定在一种模式控制，也可选择用混合模式来进行控制。

b. 参数设置方式操作说明：ASD-B2 伺服驱动器的参数共有 187 个，如 P0-xx、P1-xx、P2-xx、P3-xx 和 P4-xx，可以在驱动器上的面板上进行设置。伺服驱动器可采用自动增益调整模式。伺服驱动器参数设置如表 11-1 所示。

表 11-1　　　伺服驱动器参数设置

序号	参数		设置数值	功能和含义
	参数编号	参数名称		
1	P0-02	LED 初始状态	00	显示电机反馈脉冲数
2	P1-00	外部脉冲列指令输入形式设定	2	2:脉冲数“+”符号

续表

序号	参数		设置数值	功能和含义
	参数编号	参数名称		
3	P1-01	控制模式及控制命令输入源设定	00	位置控制模式(相关代码 Pt)
4	P1-44	电子齿轮比分子(N)	1	指令脉冲输入比值设定 指令脉冲输入比值范围:1/50<N/M≤200 当 P1-44 分子设置为“1”、P1-45 分母设置为“1”时,脉冲数为 10000,一周脉冲数 = $\frac{\text{P1-44 分子=1}}{\text{P1-45 分母=1}}\times 10000=10000$
5	P1-45	电子齿轮比分母(M)	1	
6	P2-00	位置控制比例增益	35	位置控制增益值加大时,可提升位置应答性及缩小位置控制误差量。但若设定太大时易产生振动及噪声
7	P2-02	位置控制前馈增益	5000	位置控制命令平滑变动时,增益值加大可改善位置跟随误差量。若位置控制命令不平滑变动时,降低增益值可降低机构的运转振动现象
8	P2-08	特殊参数输入	0	10:参数复位

11.1.3　运动控制指令

S7-1200 运动控制指令主要由 8 条指令构成，如表 11-2 所示，可以完成运动控制的使能、回原点、点动、绝对、相对运行，出现错误时候需要进行轴复位，这些指令使用的前提是需要完成对轴工艺配置。

表 11-2　　运动控制指令

序号	指令名称	功能
1	MC_Power	轴启用、禁用
2	MC_Reset	轴错误确认、复位
3	MC_Home	设置轴回参考点
4	MC_Halt	轴停止
5	MC_MoveAbsolute	轴的绝对定位
6	MC_MoveRelative	轴的相对定位
7	MC_MoveVelocity	轴以预设的速度运动
8	MC_MoveJog	轴在手动模式下点动

（1） MC_Power 启动/禁用轴指令

MC_Power 为启动/禁用轴指令，在使用指令进行运动控制调试的情况下，不论是点动调试还是绝对或相对定位调试，都需要先启用该指令上使能。具体引脚参数含义如表 11-3 所示。

（2） MC_Reset 轴故障确认指令

MC_Reset 为轴故障确认，输出端除了 Done 指令，其他输出管脚同 MC_Power 指令，这里不再赘述。指令用来确认“轴运行和轴停止出现的运行错误”和“组态错误”。必须调用复位指令块进行复位，Execute 用上升沿触发。具体引脚参数含义如表 11-4 所示。

表 11-3　　MC_Power 启动/禁用轴指令块参数说明

指令(LAD)	引脚	含义
	EN	使能端
	Axis	轴名称
	Enable	轴使能端 Enable=0:根据组态的“StopMode”中断当前所有作业停止并禁用轴; Enable=1:如果组态了轴的驱动信号,则 Enable=1 时将接通驱动器的电源
	StartMode	轴启动模式 Enable=0:启用位置不受控的定位轴即速度控制模式; Enable=1:启用位置受控的定位轴即位置控制(默认)
	StopMode	轴停止模式 StopMode=0:紧急停止 StopMode=1:立即停止
	ENO	使能输出
	Status	轴的使能状态
	Busy	标记 MC_Power 指令是否处于活动状态
	Error	标记 MC_Power 指令是否产生错误
	ErrorID	MC_Power 指令产生错误时,ErrorID 表示错误号
	ErrorInfo	MC_Power 指令产生错误时,ErrorInfo 表示错误信息

表 11-4　　MC_Reset 轴故障确认指令块参数说明

指令(LAD)	引脚	含义
	EN	使能端
	Axis	轴名称
	Execute	MC_Reset 指令的启动位,用上升沿触发
	Restart	Restart=0:用来确认错误; Restart=1:将轴的组态从装载存储器下载到工作存储器(只有在禁用轴的时候才能执行该命令)
	Done	表示轴的错误已确认

（3） MC_Home 回原点指令

MC_Home 为回原点指令，主要功能是使轴归位，设置参考点，用来将轴坐标与实际的物理驱动器位置进行匹配。使用时注意当轴做绝对位置定位前一定要触发 MC_Home 指令。部分引脚参考 MC_Power 指令中的说明。具体引脚参数含义如表 11-5 所示。

（4） MC_Halt 停止轴运行指令

MC_Halt 为停止轴运行指令，该指令用于停止轴运动，当上升沿使能 Execute 后，会按照已配置的减速曲线停车。常用 MC_Halt 指令来停止通过 MC_MoveVelocity 指令触发的轴的运行。具体引脚参数含义如表 11-6 所示。

表 11-5　　MC_Home 回原点指令块参数说明

指令(LAD)	引脚	含义
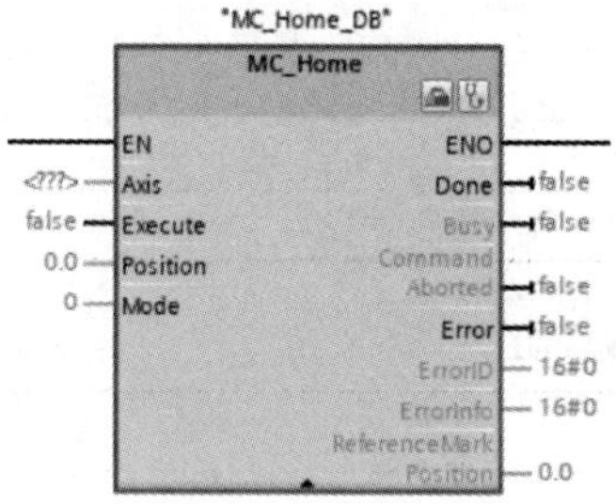	Position	位置值 Mode=1 时对当前轴位置的修正值; Mode=0,2,3 时:轴的绝对位置值
	Mode	回原点模式值 Mode=0:绝对式直接回零点,轴的位置值为参数"Position"的值; Mode=1:相对式直接回零点,轴的位置值等于当前轴位置+参数"Position"的值; Mode=2:被动回零点,轴的位置值为参数"Position"的值; Mode=3:主动回零点,轴的位置值为参数"Position"的值; Mode=6:绝对编码器相对调节,将当前的轴位置设定为当前位置+参数"Position"的值; Mode=7:绝对编码器绝对调节,将当前的轴位置设置为参数"Position"的值
	Busy	正在执行任务
	Done	任务完成

表 11-6　　MC_Halt 停止轴运行指令块参数说明

指令(LAD)	引脚	含义
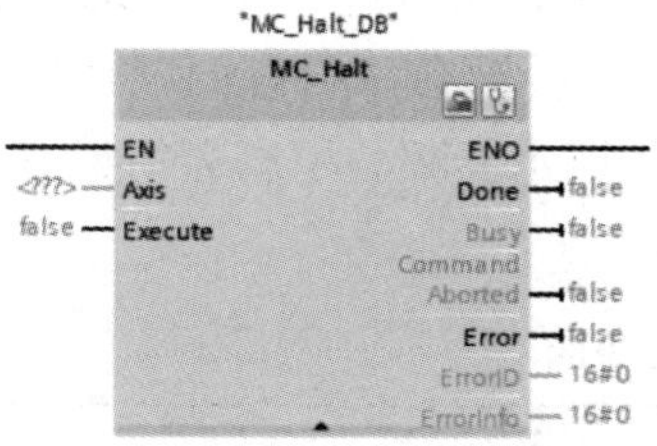	EN	使能端
	Axis	轴名称
	Execute	上升沿使能
	Busy	正在执行任务
	Done	任务完成
	CommandAborted	任务在执行期间被另一任务中止

（5） MC_MoveAbsolute 轴绝对定位指令

MC_MoveAbsolute 为轴绝对定位指令，该指令的执行需要建立参考点，通过定义速度、距离和方向，当上升沿使能 Execute 后，按照设定的速度和方向运行到定义好的绝对位置处。注意使用绝对位置指令之前，轴必须回原点，因此 MC_MoveAbsolute 指令之前必须有 MC_Home 指令。具体引脚参数含义如表 11-7 所示。

（6） MC_MoveRelative 轴相对定位指令

MC_MoveRelative 为轴相对定位指令，它的执行不需要建立参考点，通过定义速度、距离和方向，当上升沿使能 Execute 后，轴按照设定的速度和方向运行，其方向由距离中的正负号（+/-）决定，运行到设定的距离后停止。不需要轴执行回原点命令。具体引脚参数含义如表 11-8 所示。

表 11-7　　MC_MoveAbsolute 轴绝对定位指令块参数说明

指令(LAD)	引脚	含义
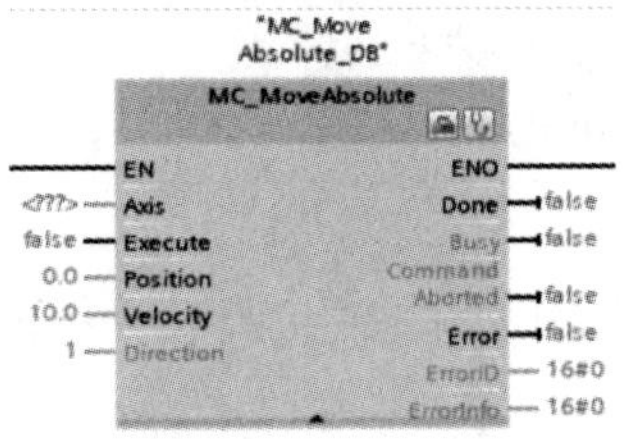	EN	使能端
	Axis	轴名称
	Execute	上升沿使能
	Position	绝对目标位置
	Velocity	绝对运动的速度
	Busy	正在执行任务
	Done	已达到目标位置
	CommandAborted	任务在执行期间被另一任务中止

表 11-8　　MC_MoveRelative 轴相对定位指令块参数说明

指令(LAD)	引脚	含义
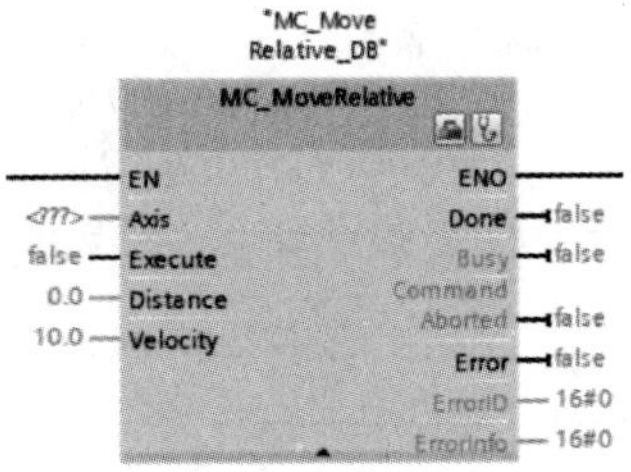	EN	使能端
	Axis	轴名称
	Execute	上升沿使能
	Distance	相对轴当前位置移动的距离，该值通过正/负数值来表示距离和方向
	Velocity	绝对运动的速度
	Busy	正在执行任务
	Done	已达到目标位置
	CommandAborted	任务在执行期间被另一任务中止

（7） MC_MoveVelocity 轴预设速度指令

MC_MoveVelocity 为轴预设速度指令，轴按照设定的速度和方向运行，直到 MC_Halt 轴停止指令使能。如果设定“Velocity”数值为 0.0，触发指令后轴会以组态的减速度停止运行，相当于 MC_Halt 指令。具体引脚参数含义如表 11-9 所示，部分引脚介绍请参考 MC_Power 指令中的说明。

表 11-9　　MC_MoveVelocity 轴预设速度指令块参数说明

指令(LAD)	引脚	含义
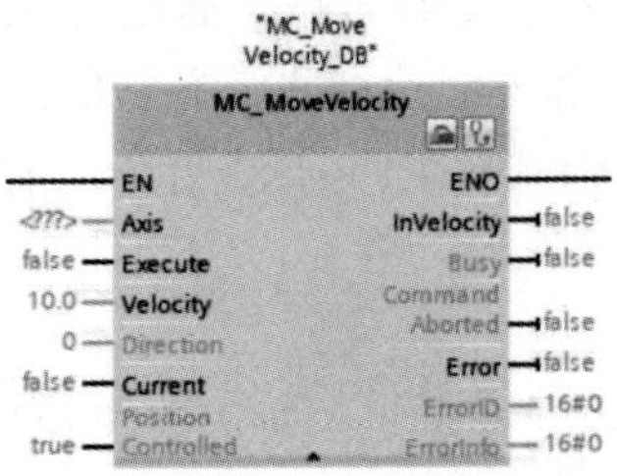	Velocity	轴的速度
	Direction	方向数值 Direction=0：旋转方向取决于参数“Velocity”值的符号 Direction=1：正方向旋转，忽略参数“Velocity”值的符号 Direction=2：负方向旋转，忽略参数“Velocity”值的符号
	Current	Current=0：轴按照参数“Velocity”和“Direction”值运行 Current=1：轴忽略参数“Velocity”和“Direction”值，轴以当前速度运行
	PositionControlled	PositionControlled=0：非位置控制即运行在速度控制模式 PositionControlled=1：位置控制操作即运行在位置控制模式
	InVelocity	InVelocity=0：输出未达到速度设定值 InVelocity=1：输出已达到速度设定值

（8） MC_MoveJog 轴点动指令

MC_MoveJog 为轴点动指令，可实现在点动模式下以指定的速度连续移动轴，使用注意正向点动和反向点动不能同时触发。具体引脚参数含义如表 11-10 所示，部分引脚介绍请参考 MC_Power 指令中的说明。

表 11-10　　　　MC_MoveJog 轴点动指令块参数说明

指令(LAD)	引脚	含义
"MC_MoveJog_DB" MC_MoveJog EN　ENO <???> — Axis　InVelocity — false false — JogForward　Busy — false false — JogBackward　CommandAborted — false 10.0 — Velocity　Error — false true — PositionControlled　ErrorID — 16#0 ErrorInfo — 16#0	JogForward	正向点动，不是用上升沿触发，JogForward 为 1 时，轴运行 JogForward 为 0 时，轴停止
	JogBackward	反向电动，使用方法参考 JogForward
	Velocity	点动速度设定
	Position Controlled	PositionControlled = 0：非位置控制即运行在速度控制模式 PositionControlled = 1：位置控制操作即运行在位置控制模式

11.2　项目实施

【项目要求】

设备上有一套伺服驱动系统，伺服驱动器的型号为 ASD-B-20421-B，伺服电动机的型号为 ECMA-C30604PS，控制要求如下：

① 按下复位按钮 SB1，伺服驱动系统回原点。

② 按下启动按钮 SB2，伺服电动机带动滑块向前运行 50mm，停 2s，然后返回原点完成一个循环过程。

③ 按下急停按钮 SB3 时，系统立即停止。

④ 系统运行时，指示灯以 2s 的周期闪亮。

11.2.1　硬件设计

（1） I/O 地址表

运动控制项目 I/O 地址分配表如表 11-11 所示。

表 11-11　　　　I/O 地址分配表

输入信号			输出信号		
绝对地址	符号地址	注释	绝对地址	符号地址	注释
I0.0	SB1	复位按钮	Q0.0	PULSE	脉冲输出
I0.1	SB2	启动按钮	Q0.1	SIGN	方向输出
I0.2	SB3	急停按钮	Q0.2	HL1	指示灯
I0.3	SQ1	左极限位			
I0.4	SQ2	原点			
I0.5	SQ3	右极限位			

（2）硬件接线图

S7-1200 CPU 采用 CPU1212C DC/DC/DC，其订货号为 6ES7 212-1AE40-0XB0，其输入回路和输出回路电压均为 DC24V，伺服驱动器的型号为 ASD-B-20421-B，伺服电动机的型号为 ECMA-C30604PS，其控制电路接线图如图 11-4 所示。

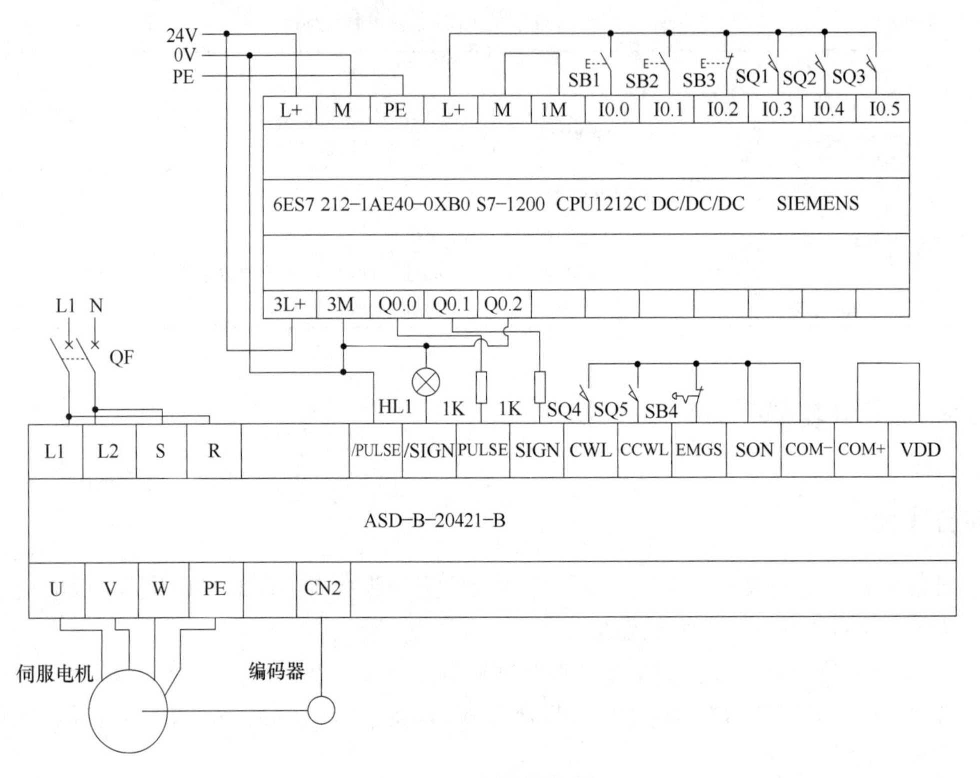

图 11-4　硬件接线图

（3）伺服驱动器参数设定

根据运动控制模型和运动控制的要求，本系统采用台达型号为 ASD-B-20421-B 伺服驱动器，并选用位置控制方式，同时设置伺服电机的圈脉冲为 10000，相关参数设置如表 11-12 所示。

表 11-12　伺服驱动器参数设置表

序号	参数编号	参数名称	设置值
1	P1-44	电子齿轮比分子	160
2	P1-45	电子齿轮比分母	10

该型号伺服驱动器内置编码器的分辨精度为 160000，P1-44 和 P1-45 分别用于设置电子齿轮比的分子和分母，故伺服电机旋转一圈，PLC 需发送脉冲的个数等于分辨率除以电子齿轮比即：

$$圈脉冲=\frac{160000}{P1-44/P1-45}\times 10000=10000$$

（4）硬件配置

① 新建项目及定义脉冲发生器 PTO。

a. 新建项目，添加 CPU。打开 TIA 博途软件，新建项目“运动控制”，单击项目树的“添加新设备”选项，添加“CPU1212C”，如图 11-5 所示。

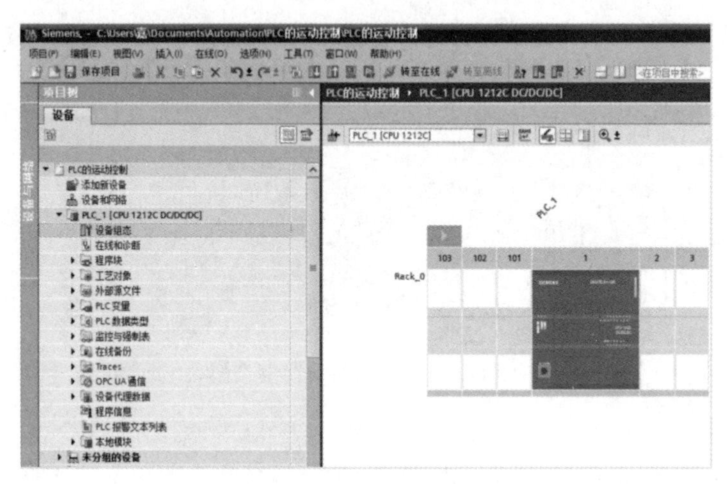

图 11-5　新建项目

b. 启用脉冲发生器。在设备视图中，选中“属性”→“常规”→“脉冲发生器”（PTO/PWM）→“PTO1/PWM1”，勾选“启用该脉冲发生器”选项，如图 11-6 所示，表示启用了“PTO1/PWM 1”脉冲发生器。

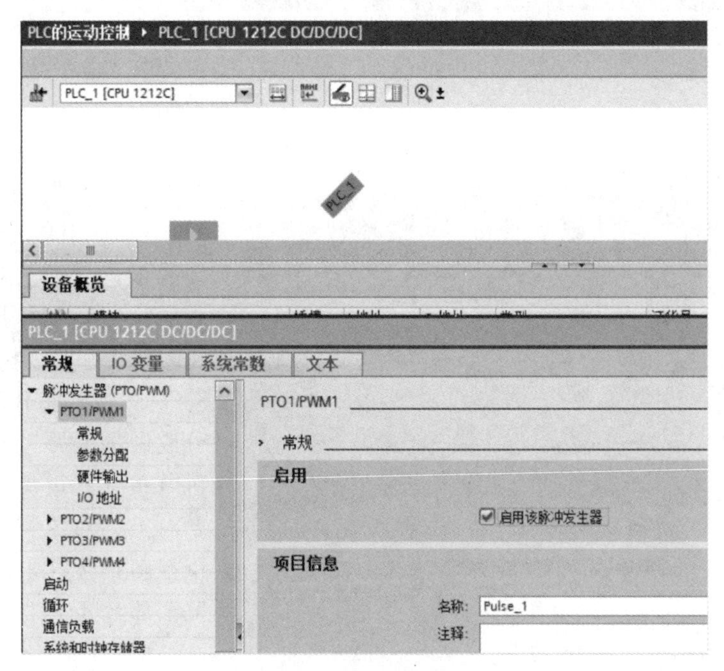

图 11-6　启用脉冲发生器

c. 选择脉冲发生器的类型。在设备视图中，选中“属性”→“常规”（PTO/PWM）→“PTO1/PWM1”→“参数分配”，选择信号类型为“PTO（脉冲 A 和方向 B）”，如图 11-7

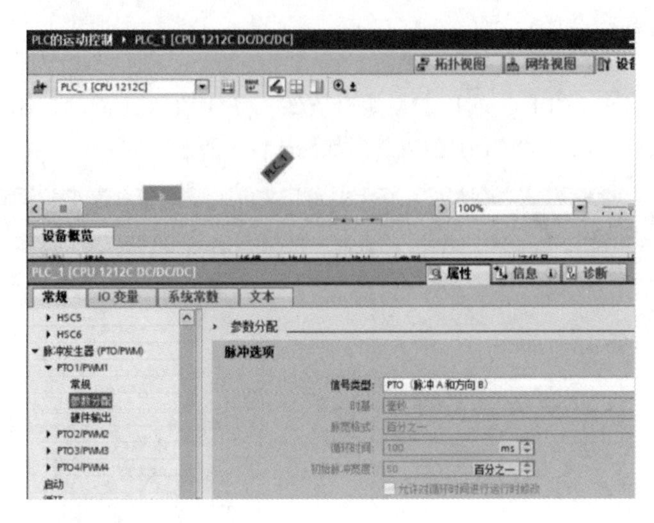

图 11-7　选择脉冲发生器类型

所示。

信号类型有五个选项，分别是：PWM、PTO（脉冲 A 和方向 B）、PTO（正数 A 和倒数 B）、PTO（A/B 移相）和 PTO（A/B 移相-四倍频）。

d. 配置硬件输出。在设备视图中，选中“属性”→“常规”→“脉冲发生器（PTO/PWM）”→“PTO1/PWM1”→“硬件输出”，选择脉冲输出点为 Q0.0，勾选“启用方向出”，选择方向输出为 Q0.1，如图 11-8 所示。硬件标识符默认值为 265，此标识符在编写程序时要用到。

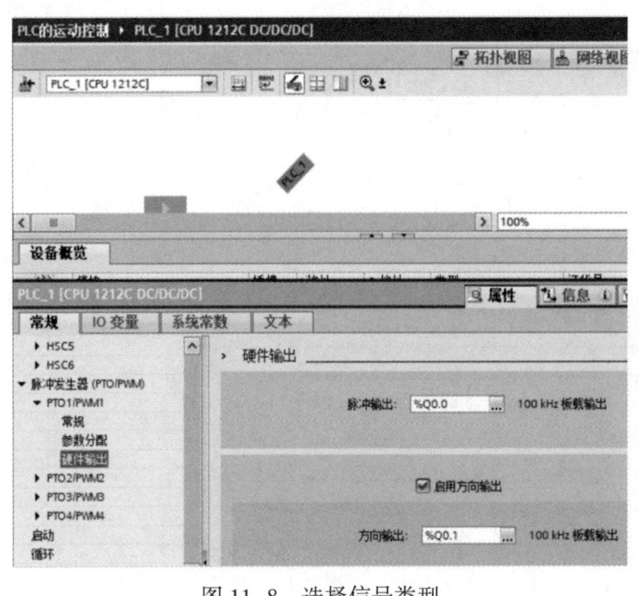

图 11-8　选择信号类型

② 工艺对象“轴”配置。“轴”表示驱动的工艺对象，“轴”工艺对象是用户程序与驱动的接口。工艺对象从用户 N 程序收到运动控制命令，在运行时执行并监视执行状态。“驱动”表示步进电动机加电源部分或者伺服驱动加脉冲接口的机电单元。运动控制中，必须要对工艺对象进行配置才能应用控制指令块。工艺配置包括三个部分工艺参数配置、轴控制面板、诊断面板。

轴控制面板：用户可以使用轴控制面板调试驱动设备、测试轴和驱动的功能。轴控制面板允许用户在手动方式下实现参考点定位、绝对位置运动、相对位置运动和点动等功能。使用轴控制面板并不需要编写和下载程序代码。

诊断面板：在“手动模式”还是“自动模式”中，都可以通过在线方式查看诊断面板。诊断面板用于显示轴的关键状态和错误消息。

本节主要讲解工艺参数配置具体步骤如下：

a. 工艺参数配置：插入新对象，在 TIA Portal 软件项目视图的项目树中，选择“PLC 的运动控制”→“PLC1”→“工艺对象”→“插入新对象”，双击“插入新对象”，选择“PLC 的运动控制”→“TO Positioning Axis”，单击“确定”按钮，弹出如图 11-9 所示的界面。

b. 配置常规参数：在“功能图”选项卡中，选择：“基本参数”→“常规”，“驱动器”9 项目中有三个选项：PTO（表示运动控制由脉冲控制）、模拟驱动装置接口（表示运动控制由模拟量控制）和 PROFI drive（表示运动控制由通信控制），本例选择色“PTO”选项，测量单位可根据实际情况选择，本例选用默认设置，如图 11-10 所示。

图 11-9　插入抽对象

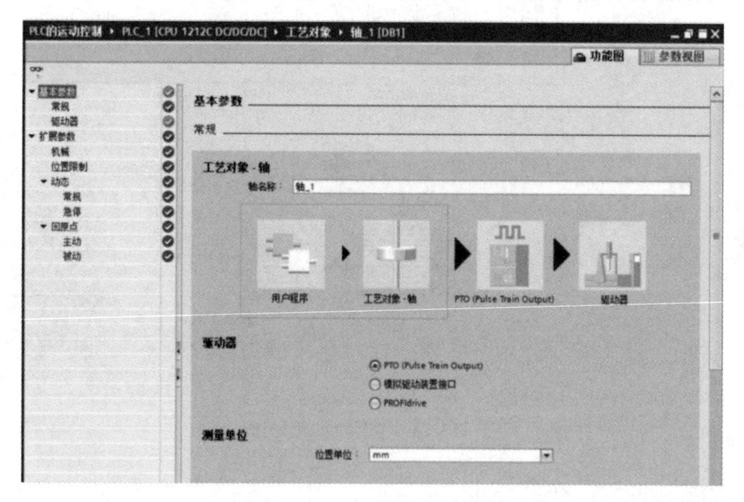

图 11-10　配置基本参数

c. 配置驱动器参数：在“功能图”选项卡中，选择“基本参数”→“驱动器”，选择脉冲发生器为“Pulse_1”，其对应的脉冲输出点和信号类型以及方向输出都已经在硬件配置时定义了，在此不作修改，如图 11-11 所示。

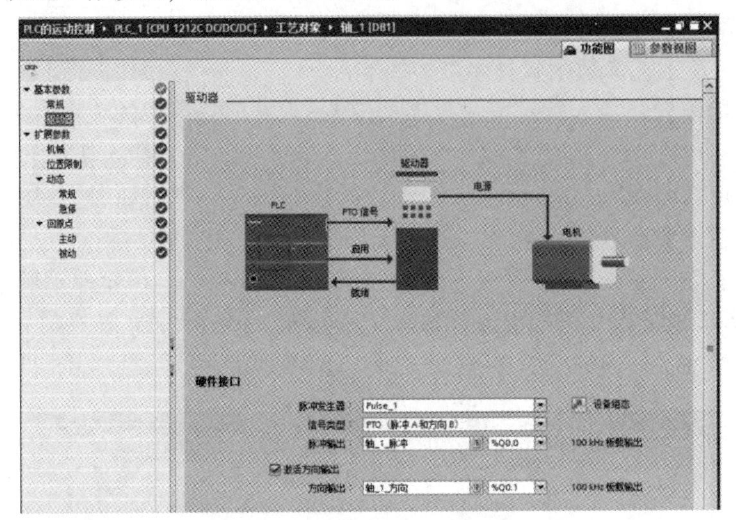

图 11-11　驱动器参数配置

“驱动器的使能和反馈”在工程中经常用到，当 PLC 准备就绪，输出一个信号到伺服驱动器的使能端子上，通知伺服驱动器 PLC 已经准备就绪。当伺服驱动器准备就绪后发出一个信号到 PLC 的输入端，通知 PLC，伺服驱动器已经准备就绪。本例中没有使用此功能。

d. 配置机械参数：在“功能图”选项卡中，选择“扩展参数”→“机械”，设置“电机每转的脉冲数”为“10000”，此参数取决于伺服电动机自带编码器的参数。“电机每转的负载位移”取决于机械结构，如伺服电动机与丝杠直接相连接，则此参数就是丝杠的螺距，本例为“10”，如图 11-12 所示。

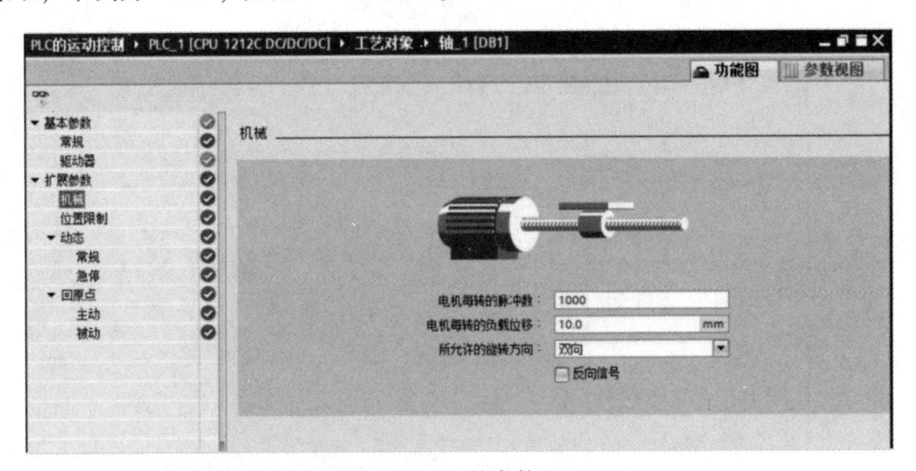

图 11-12　机械参数配置

e. 配置位置限制参数：在“功能图”选项卡中，选择“扩展参数”→“位置限制”，勾选“启用硬件限位开关”和“启用软件限位开关”，如图 11-13 所示。在“硬件下限位开关输入”电选择“I0.3”，在“硬件上限位开关输入”中选择“I0.5”，选择电平为“低电平”这些设置必须与原理图匹配。由于本例的限位开关在原理图中接入的是常闭触点，而且是 PNP 输入接法，因此当限位开关起作用时为“低电平”，所以此处选择：“低电平”，如果输入端是 NPN 接法，那么此处应选择“高电平”，这一点要特别注意。

软件限位开关的设置根据实际情况确定，本例设置为“-1000”和“1000”。

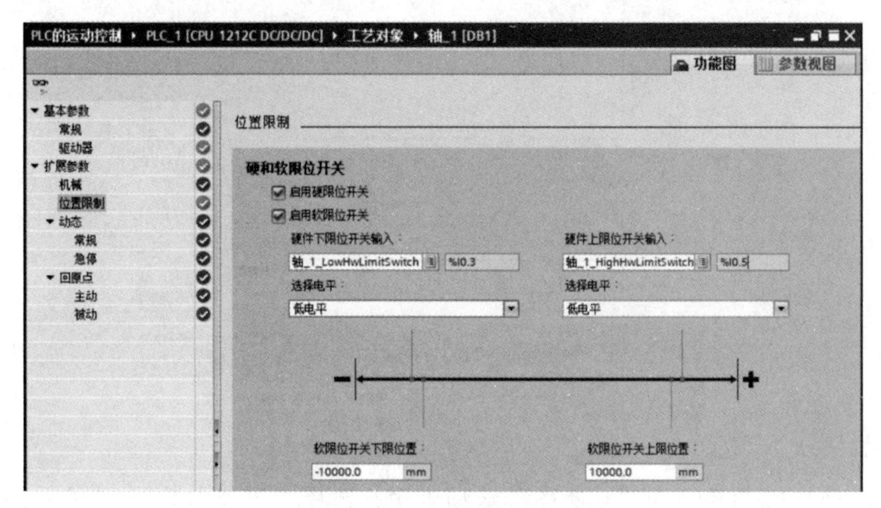

图 11-13　位置限制参数配置

f. 配置动态参数：在“功能图”选项卡中，选择“扩展参数”→“动态”→“常规”，根据实际情况修改最大转速、启动/停止速度和加速时间/减速时间等参数（此处的加速时间和减速时间是正常停机时的数值），本例设置如图 11-14（1）所示。在“功能图”选项卡中，选择“扩展参数”→“动态”-“急停”，根据实际情况修改减速时间等参数（此处的减速时间是急停时的数值），本例设置如图 11-14（2）所示。

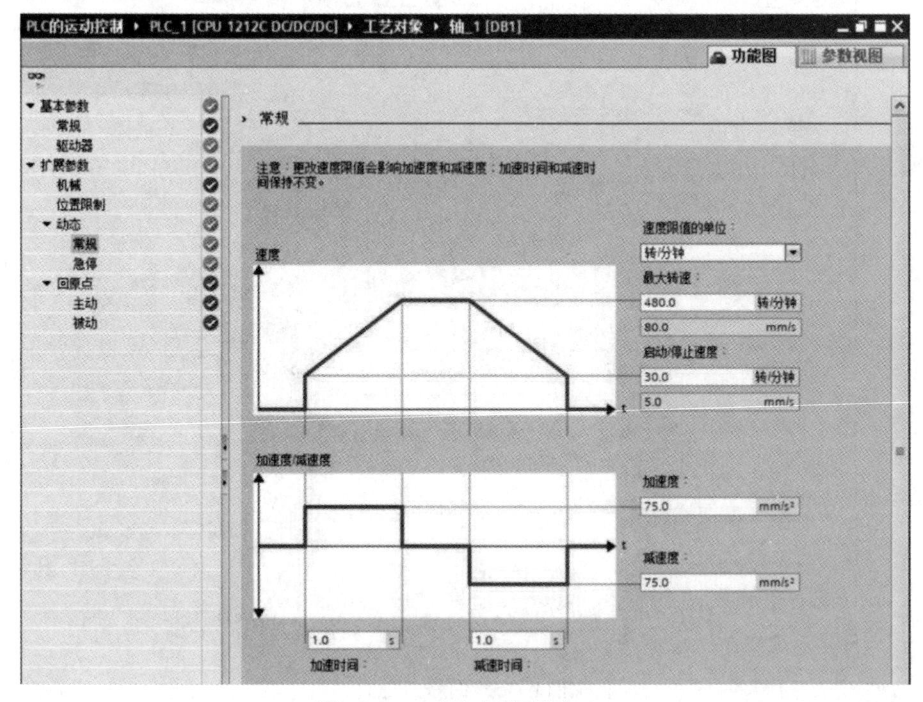

图 11-14　动态参数配置（1）

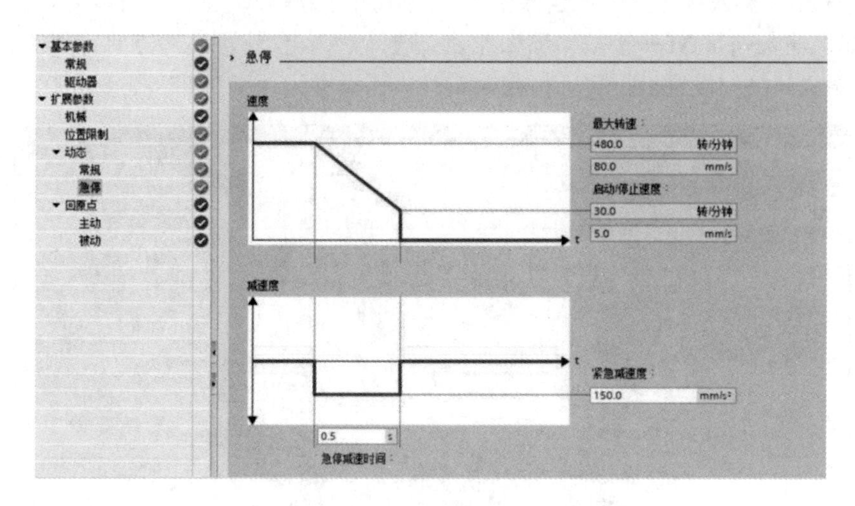

图 11-14　动态参数配置（2）（续）

g. 配置回原点参数：在“功能图”选项卡中，选择“扩展参数”→“回原点”→“主动”，根据原理图选择“输入原点开关”是 I0.4。由于输入是 PNP 电平，所以“选择电平”选项是“高电平”。

“起始位置偏移量”为 0，表明原点就在 I0.4 的硬件物理位置上。本例设置如图 11-15 所示。

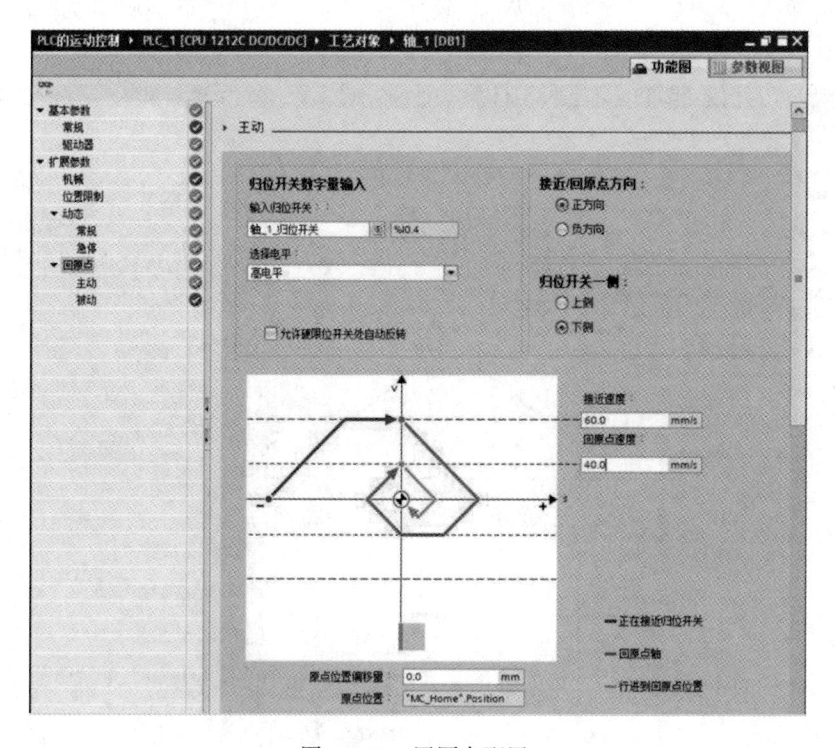

图 11-15　回原点配置

11.2.2　软件设计

编写程序

程序段 1：启停控制

注释

%I0.1
"启动按钮"

%I0.2
"急停按钮"

%M10.0
"Tag_4"

%M10.0
"Tag_4"

程序段 2：轴启用

注释

%DB2
"MC_Power_DB"

MC_Power

EN　ENO

%DB1
"轴_1" — Axis

Status — %M50.0 "Tag_6"

Error — %M51.0 "Tag_7"

%M10.1
"Tag_5"

Enable

1 — StartMode

0 — StopMode

%M10.0
"Tag_4"

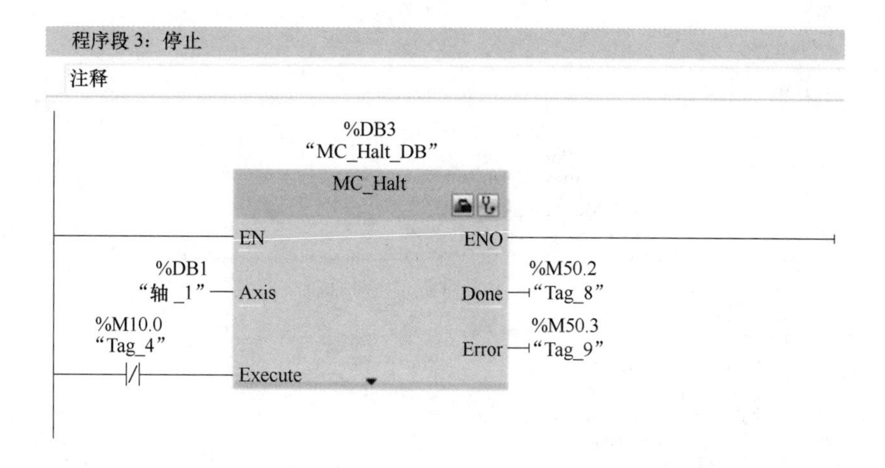

图 11-16　PLC 编程程序

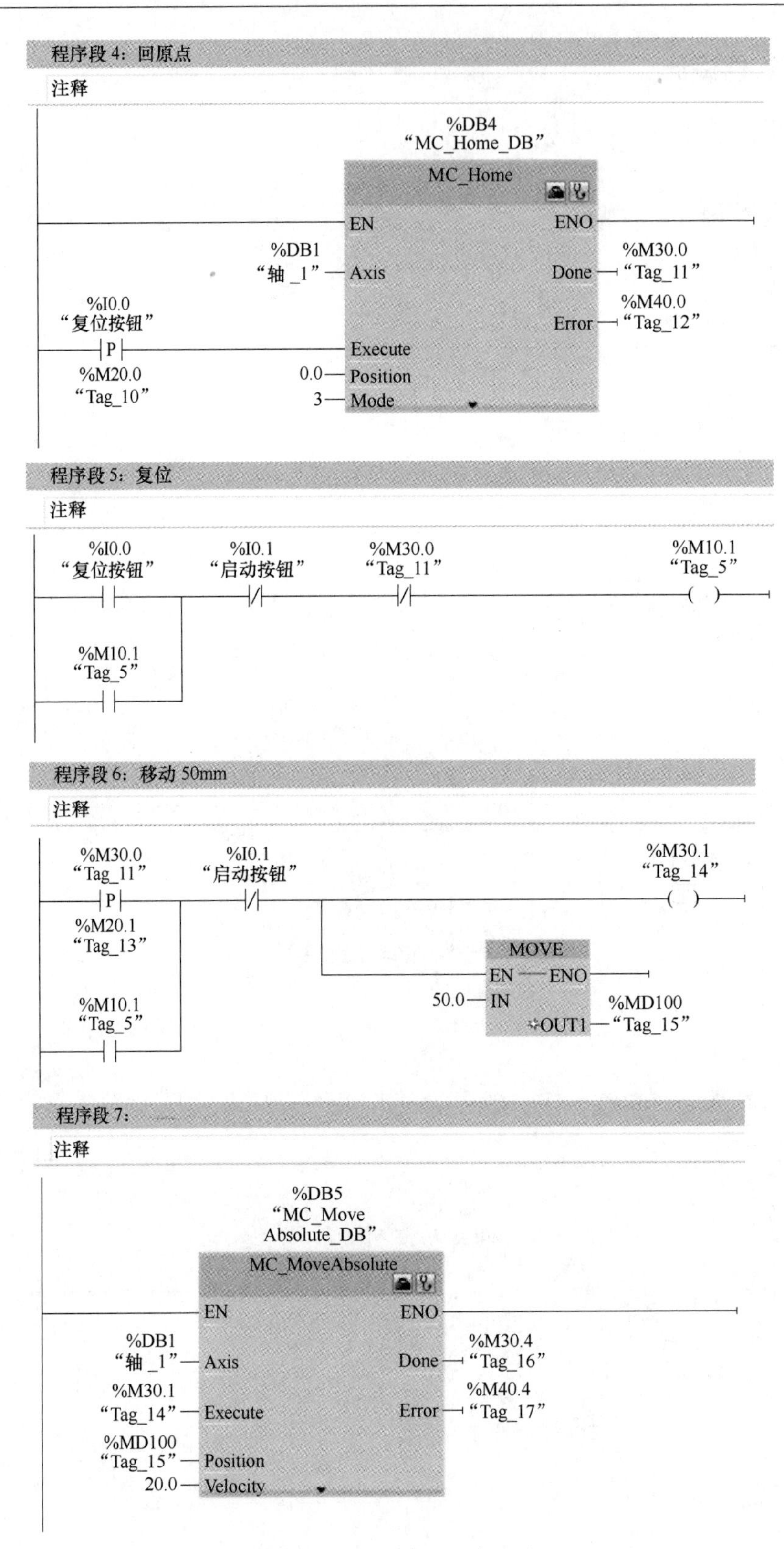

图 11-16　PLC 编程程序（续）

程序段 8：停 2s

注释

%M30.1 "Tag_14"
%M30.4 "Tag_16"
%M30.3 "Tag_18"
%M30.2 "Tag_19"
%M30.2 "Tag_19"
%DB6 "IEC_Timer_0_DB"
TON Time
IN　Q
T#2s — PT　ET — T#0ms

程序段 9：回到原点

注释

%M30.2 "Tag_19"
%M30.7 "Tag_20"
%I0.4 "轴_1_归位开关"
%M30.3 "Tag_18"
%M30.3 "Tag_18"
MOVE
EN — ENO
0.0 — IN
OUT1 — %MD100 "Tag_15"

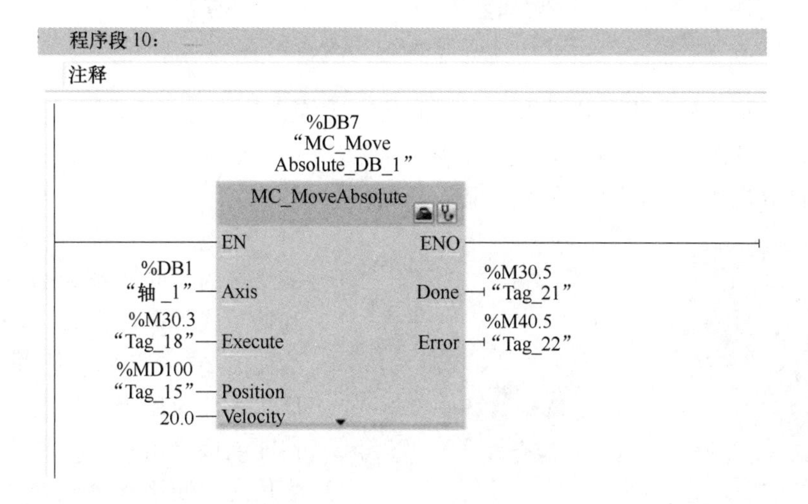

程序段 11：指示灯以 2s 的周期闪亮

注释

%M30.1 "Tag_14"
%M0.5 "Clock_1Hz(1)"
%Q0.2 "指示灯"

图 11-16　PLC 编程程序（续）

11.3 项目拓展

11.3.1 光电编码器

伺服电机矢量控制需要实时获取电机的速度和位置信息，对于优化算法和提高控制性能具有重要意义，目前用于电机位置检测的方法主要有光电编码器、TMR 传感器、旋转变压器等。本节主讲光电编码器。

光电编码器也被称为轴编码器和光电角位置传感器，主要由光源、透镜、随轴旋转的码盘、窄缝和光敏元件等组成。由于光电码盘与电动机同轴，电动机旋转时，光栅盘与电动机同速旋转，经发光二极管等电子元件组成的检测装置检测输出若干脉冲信号，通过计算每秒光电编码器输出脉冲的个数就能反映当前电动机的转速。其外形图如图 11-17 所示。

图 11-17　光电编码器外形图

光电编码器是一种集光、机、电于一体的数字式传感器，它广泛应用于测量转轴的转速、角位移、丝杆的线位移等。它具有测量精度高、分辨率高、稳定性好、抗干扰能力强、便于与计算机接口、适宜远距离传输等特点。

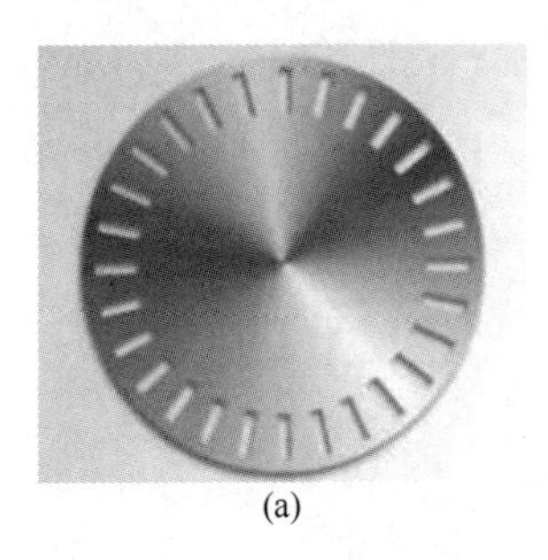

(a)

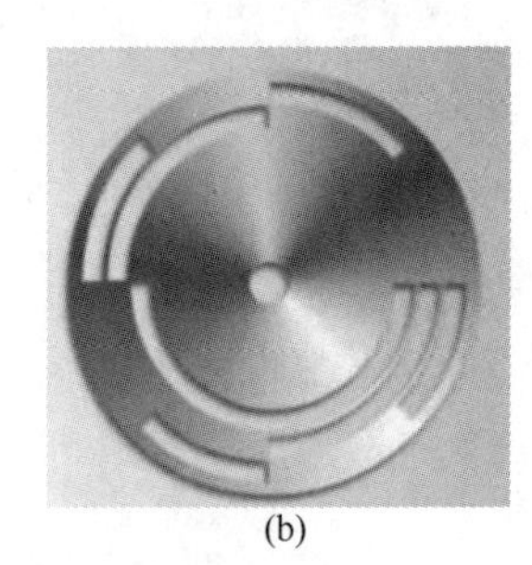

(b)

图 11-18　增量式和绝对式码盘外形

（a）增量式编码器码盘　（b）绝对式编码器码盘

光电编码器按照它的码盘和内部结构的不同可分为增量式编码器和增量式编码器两种。增量式光电编码器结构简单、体积小、价格低，因此应用很广泛。绝对式编码器能直接给出对应于每个转角的数字信息，便于计算机处理，但当进给数大于一转时，须作特别处理，使其结构复杂、成本高。

（1）增量式编码器

① 工作原理。增量式编码器是指随转轴旋转的码盘给出一系列脉冲，然后根据旋转方向用计数器对这些脉冲进行加减计数，以此来表示转过的角位移量。增量式编码器是由光源、光栅板、增量式码盘和光敏元件等组成，其内部结构图如图 11-19 所示。

工作原理主要是基于光电转换原理，它能够将位移转换成周期性的电信号，并将这个电信号转换成计数脉冲。通过计数脉冲的个数，可以表示位移的大小。增量式编码器通常输出三组方波脉冲如图 11-20 所示，分别是 A、B 和 Z 相。其中，AB 两组脉冲的相位相差 90°，这使得它们可以用来判断旋转方向。当码盘随轴正转时，A 信号超前 B 信号 90°；当码盘反转时，B 信号超前 A 信号 90°。Z 相则每转产生一个脉冲，它用于基准点定位。

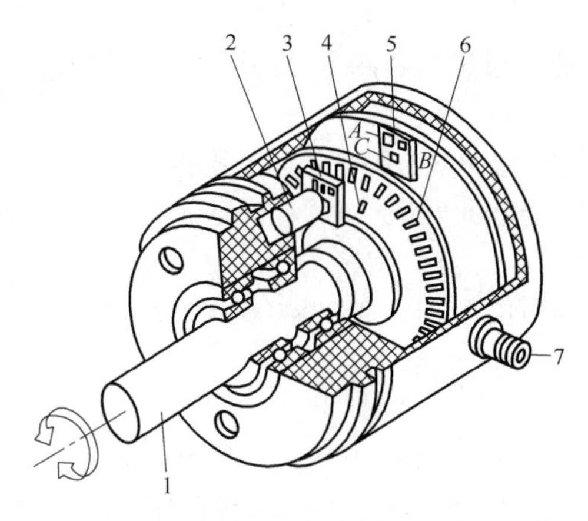

图 11-19　增量式编码器内部结构图

1—转轴　2—光源　3—光栅板　4、6—码盘

5—光敏元件　7—数字量输出

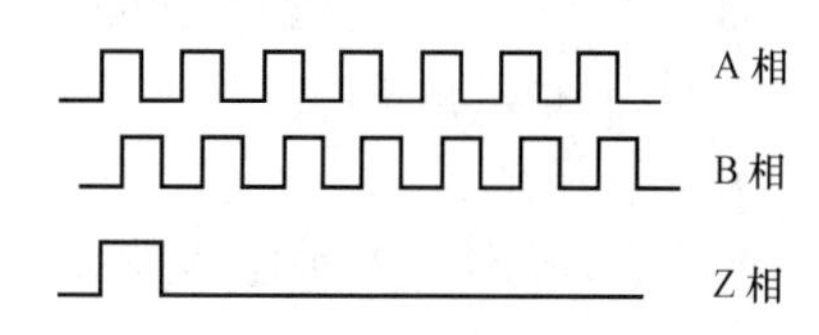

图 11-20　输出波形图

② 技术参数。

a. 分辨率。分辨率是增量式编码器终于技术参数，它是以编码器轴转动一周所产生的输出信号基本周期数来表示的，即脉冲数/转（PPR）。码盘上的透光缝隙的数目就等于编码器的分辨率，码盘上刻的缝原越多，编码器的分辨率就越高。此外，对光电转换信号进行逻辑处理，可以得到 2 倍频或 4 倍频的脉冲信号，从而进一步提高分辨率。

增量式编码器的分辨率又称为线数，比如 2500 线 4 倍频，那么它的分辨率就是 2500×4＝10000 个脉冲。编码器的分辨率越高说明电机的最小刻度就越小，那么电机旋转的角位移也就越小，控制的精度也就越高。

b. 精度。精度是一种度量，在所选定的分辨率范围内，确定任一脉冲相对另一脉冲位置的能力。精度通常用角度、角分或角秒来表示。增量式编码器的精度与码透光缝隙的加工质量、码盘的机械旋转情况的制造精度因素有关，也与安装技术有大。

c. 输出信号的稳定性。增量式编码器输出信号的稳定性是指在实际运行条件下，保持规定精度的能力。影响增量式编码器输出信号稳定性的主要因素是温度对电子器件造成的漂移、外界加于增重式编码器的变形力以及光源特性的变化等。

d. 响应频率。增量式编码器输出的响应频率取决于光电检测器件、电子处理线路的响应速度。当增量式编码器高速旋转时，如果其分辨率很高，那么增量式编码器输出的信号频率将会很高。

增量式编码器的最大响应频率、分辨率和最高转速之间的关系为：

$$f_{\max}=\frac{R_{\max}N}{60}$$

式中：f_{max}——最大响应频率；

R_{max}——最高转速；

N——分辨率。

• 通过以上分析，得出增量式编码器的以下特点：

a. 当轴旋转时，光电编码器有相应的脉冲输出，其旋转方向的判别和脉冲数量的增减需外部的判向电路和计数器来实现。

b. 其计数起点可任意设定，并可实现多圈的无限累加和测量。还可以把每转发出一个脉冲的C信号作为参考机械零位。

c. 编码器的转轴转一圈输出固定的脉冲，输出脉冲数与码盘的刻度线相同。

d. 输出信号为一串脉冲，每一个脉冲对应一个分辨角 α，对脉冲进行计数 N，就是对 a 的累加，即，角位移 $\theta=\alpha N$。

如：分辨角 $\alpha=0.352°$，脉冲数 $N=1000$，则角位移 $\theta=0.352°\times1000=352°$

（2）绝对式编码器

• 工作原理。

绝对值编码器是一种能够测量旋转或线性位移的传感器，其输出信号为数字码，即绝对位置值。与增量编码器不同，绝对值编码器在停电或停机后不会丢失位置信息，因为其输出值是直接与实际位置对应的。

图 11-21　4位二进制码盘

绝对式编码器，它由光电码盘和光电检测装置组成，如右图所示：码盘与电机的转轴固定，可以随转子旋转；一列光电转换装置（光敏三极管）位置固定，可以检测到正对位置的黑/白状态。

图中的码盘有4圈编码，是4位编码器。如果白色识别为0黑色识别为1，则图中位置4个光敏三极管的输出为0000；如果逆时针转动22.5°，则输出为0001。4位编码器一共可以表示16种状态，所以图示的编码器的分辨角为360°/16=22.5°。因为它的输出就指示了转盘的角度位置，所以称为绝对编码器。

知识扩展与思政园地

锲而不舍

中国古代哲学家荀子说过：“锲而舍之，朽木不折；锲而不舍，金石可镂”。意思是说人生一定要有追求，更要有毅力、有恒心，只有坚持不懈，持之以恒，才能获得成功。一个锲而不舍的人，必将视工作为事业，为之奋斗终生；视责任为使命，为之敬业奉献；视技艺为财富，为之刻苦钻研。

高凤林，是中国航天科技集团公司第一研究院的一名焊工，也是一个默默无闻的幕后工作者。他所承担的焊接工作，是一项耗费体力和精力的苦差事，更是多数人眼中的“低等职业”。可高凤林就是在这样一个被人低看的普通工种上，一干就是几十年，并最终坚持到了实现了自己的人生价值的那一刻，同时也把自己的专业业务水平，提高到了一个令人望尘莫及的高度。

俗语说得好，“三百六十行，行行出状元”，坚持做一行，方可专一行。高凤林的焊接基本功起初并不出色，为了提高技术，他加班加点摸索，废寝忘食的勤学苦练。水滴石穿，铁杵成针，他的付出有了相应的回报。他曾经在管壁只有 0.33mm 的火箭大喷管上进行焊接，材料昂贵，部件重要，一旦出错就会造成巨大的损失。这样的工作极其考验焊接工的专业能力和毅力，可他通过多年的磨炼，积累了厚重的经验，这也帮助他克服了重重难关，出色地完成了这项工作，成为这一领域的佼佼者。

思考练习

在线自测

项目11　基础知识测试

1. 基础知识在线自测

2. PLC 编程练习

设备上有一套伺服驱动系统，伺服驱动器的型号为 ASD-B-20421-B，伺服电动机的型号为 ECMA-C30604PS，控制要求如下：

（1）按下复位按钮 SB1，伺服驱动系统回原点；

（2）按下启动按钮 SB2，伺服电动机带动滑块向前运行 60mm，停 5s，然后返回原点完成一个循环过程；

（3）按下急停按钮 SB3 时，系统立即停止；

（4）系统运行时，指示灯以 1.5s 的周期闪亮。

参 考 文 献

[1] 向晓汉. 西门子 S7-1200 PLC 学习手册-基于 LAD 和 SCL 编程 [M]. 北京：化工工业出版社，2018.
[2] 姚晓宁. S7-1200 PLC 技术及应用 [M]. 北京：电子工业出版社，2018.
[3] 李方园. S7-1200 PLC 从入门到精通 [M]. 北京：电子工业出版社，2018.
[4] 赵丽君，路泽永. S7-1200 PLC 应用基础 [M]. 北京：机械工业出版社，2020.
[5] 西门子（中国）有限公司. 西门子 S7-1200 PLC 编程及使用指南 [M]. 北京：机械工业出版社，2020.
[6] 廖常初. S7-1200 PLC 应用教程 [M]. 北京：机械工业出版社，2020.
[7] 张安洁，应再恩. S7-1200 PLC 编程与调试 [M]. 北京：北京理工大学出版社，2020.
[8] 陈鬼银，祝福. 西门子 S7-1200 PLC 编程技术与应用工作手册式教程 [M]. 北京：电子工业出版社，2021.
[9] 周海君. S7-1200 PLC 应用技术项目化教程 [M]. 北京：化学工业出版社，2022.
[10] 余攀峰. 西门子 S7-1200 PLC 项目化教程 [M]. 北京：化学工业出版社，2022.